高职高专铁路机械化维修技术专业规划教材

AutoCAD机械制图实例教程

主　编 / 马艳芳　常　玮
副主编 / 刑献芳 张淑敏
主　审 / 贺振通

人民交通出版社
China Communications Press

内 容 提 要

本书采用实例教学模式组织知识内容，对 AutoCAD 机械制图进行了系统介绍。本书分二维绘图和三维建模两大部分，共有 9 个教学任务，每个教学任务包括若干典型教学实例，每个实例包括实例分析、相关知识、任务实施、知识总结与拓展四个教学环节，突出专业特色，适应教学改革新模式，提高教学效果。

本书可供高职高专机械类专业使用，亦可供中职及相关课程教学使用。

图书在版编目（CIP）数据

AutoCAD 机械制图实例教程/马艳芳，常玮主编．—北京：人民交通出版社，2012.1
ISBN 978-7-114-09596-2

Ⅰ.①A… Ⅱ.①马… ②常… Ⅲ.①机械制图—AutoCAD 软件—教材 Ⅳ.①TH126

中国版本图书馆 CIP 数据核字(2012)第 004259 号

书　　名：AutoCAD 机械制图实例教程
著 作 者：马艳芳　常　玮
责任编辑：陈志敏　杜　琛
出版发行：人民交通出版社
地　　址：(100011)北京市朝阳区安定门外外馆斜街 3 号
网　　址：http://www.ccpress.com.cn
销售电话：(010)59757969,59757973
总 经 销：人民交通出版社发行部
经　　销：各地新华书店
印　　刷：北京盈盛恒通印刷有限公司
开　　本：787 × 1092　1/16
印　　张：19
字　　数：454 千
版　　次：2012 年 1 月　第 1 版
印　　次：2012 年 1 月　第 1 次印刷
书　　号：ISBN 978-7-114-09596-2
定　　价：38.00 元

前　言

随着计算机技术的广泛应用,计算机辅助设计和计算机辅助绘图也在许多领域得到了推广和普及。美国 Autodesk 公司的 AutoCAD 软件,为广大图形设计者提供了强大的计算机绘图平台,该软件绘图功能丰富、编辑功能强大、用户界面友好,且具有易于掌握、使用方便、体系结构开放等优点,广泛应用于机械、建筑、电子等工程图形的绘制。为此,熟练掌握 AutoCAD 软件已经成为高职高专学生必须掌握的一种现代化绘图技能。

本书主要为高职高专学生作为教材之用。全书内容采用实例教学模式组织知识内容,体现了高等职业教育课程改革的精神,突出了专业特色,适应任务驱动、实例教学和做中学的教学新模式。通过完成教学实例,使学生在实践中掌握相关知识和技能,符合高等职业院校学生的心理特点、认知规律和掌握技能的规律。

本书分二维绘图和三维建模两个模块,共有 9 个教学任务,每个教学任务中包括几个典型教学实例,按由简到难的顺序排列,每个实例中基本包括实例分析、相关知识、任务实施 、知识总结与拓展(训练与提高)四个教学环节。每个教学实例中都先给出实做任务与目标;实例分析是对教学实例的任务进行分析,梳理出需要的相关知识和方法;相关知识则是将该实例中用到的基本知识、相关命令、基本方法进行展开介绍,原则是以例代述、用到则讲、学以致用;任务实施详细介绍教学实例的完成过程;知识拓展(训练与提高)是将以上实例教学过程中的知识和技能加以巩固,并实现拓展提高。

本书在使用中,教师需要先简单分析实例,在分析实例的过程中让学生知道要做什么、目标是什么,完成目标需要用到哪些知识,将需要掌握的知识通过分析实例梳理出来,然后让学生带着任务听实例中用到的基本知识、相关命令和基本方法,这样避免了没有目的性的、被动的听课;接下来的任务实施就是将运用所讲相关知识来完成实例,教师需要通过任务实施详细介绍教学实例的完成过程,并对学生易出错的地方给出重点提示,对学习中关键点进行梳理;最后的知识拓展(训练与提高)是将以上实例教学过程中的知识和技能加以巩固,并实现拓展提高,给学有余力的学生提供了进一步的发展空间,此部分也可作为选讲,教师根据教学情况具体掌握。

在本书的编著过程中，我们始终抱着求实的作风、严谨的态度和探索的精神，对本书中的每一个实例、细节都进行精心设计，力争做到准确、通俗和实用，以尽量完美的内容和形式奉献给读者。

本书由石家庄铁路职业技术学院马艳芳、常玮任主编，石家庄铁路职业技术学院刑献芳、张淑敏任副主编。全书由马艳芳统稿，由石家庄铁路职业技术学院贺振通老师担任主审。

本书在编写出版过程中，得到了人民交通出版社陈志敏主任的大力帮助，在此表示衷心的感谢。

此外，由于时间仓促，加上编者水平有限，书中难免存在不足之处，敬请广大读者和同行批评指正。

编　者

2012 年 1 月

目　录

第一篇　AutoCAD 二维图形绘制

第二篇　AutoCAD 三维模型制作

第一篇

AutoCAD二维图形绘制

任务1

绘制简单二维图形

实例1-1 绘制七边形

一 实例分析

图 1-1 为七边形，主要由直线段构成，在 AutoCAD 中可以用绘制直线的命令 LINE 来完成；工程中的图样都需要精确绘制，而 AutoCAD 可以通过坐标输入来实现精确绘图，坐标输入方式有绝对坐标输入法或相对坐标输入法，坐标形式有直角坐标和极坐标。本实例中直线的绘制，就是通过输入直线端点的相对直角坐标或相对极坐标来完成。

二 相关知识

(一)AutoCAD 的用户界面

AutoCAD 为用户提供了两种工作空间，即 **“AutoCAD 经典”** 和 **“三维建模”**，分别用于二维和三维绘图。**“AutoCAD 经典”** 是传统的用户界面，由标题栏、菜单、工具栏、绘图区、文本框、命令行和状态栏等部分组成，如图 1-2 所示。

(1)标题栏

标题栏位于程序窗口的最上方，用于显示软件名称、版本和当前正在使用的文件名，默认文件名为 Drawing1。位于标题栏右侧的各个窗口管理按钮用于实现窗口的最小化、最大化(或还原)或关闭程序。

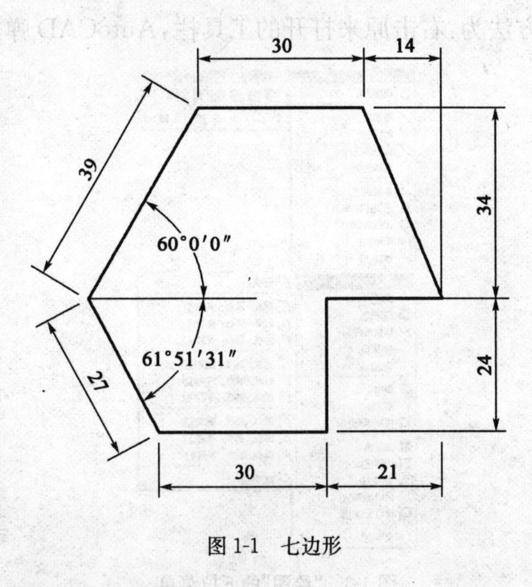

图 1-1 七边形

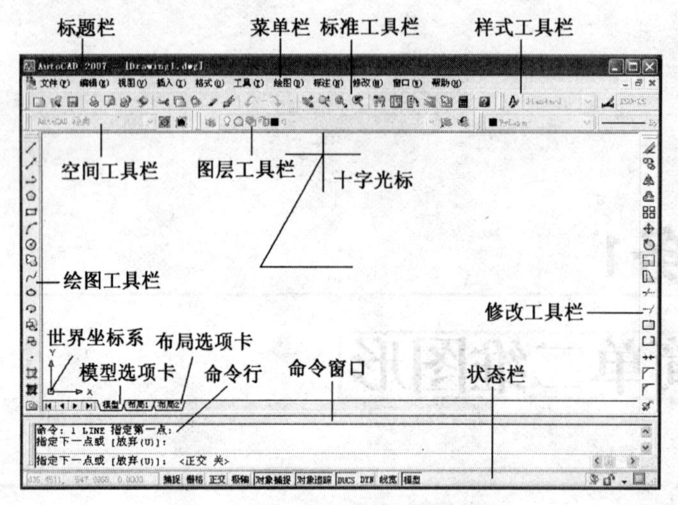

图 1-2　**“AutoCAD 经典”**用户界面

(2)下拉菜单

下拉菜单位于标题栏的下面,由**“文件”**、**“编辑”**、**“视图”**、**“格式”**、**“绘图”**、**“标注”**、**“修改”**和**“帮助”**等几部分组成,包括了 AutoCAD 的常用功能和命令。

AutoCAD 的下拉菜单具有以下几个特点:

①命令后带“▶”表示该命令有下一级菜单,称为级联菜单;如图 1-3 中显示出了**“圆弧”**的子菜单。

②命令后带“…”表示执行该命令时将弹出一个对话框。

③若命令呈灰色,表示该命令在当前状态下不可使用。

(3)工具栏

工具栏是用图标表示的命令执行按钮,默认状态下,工作界面显示**“标准”**、**“特性”**

“图层”、**“绘图”**、**“修改”**和**“样式”**等工具栏。根据需要可以打开或关闭某个工具栏,具体方法为:右击原来打开的工具栏,AutoCAD 弹出工具栏快捷菜单,如图 1-4 所示。

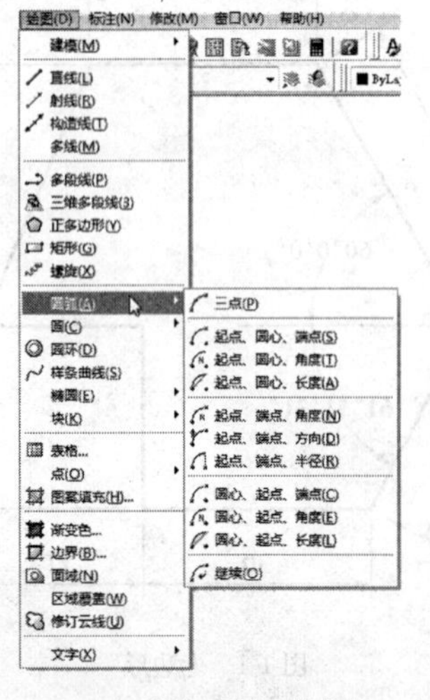

图 1-3　**“绘图”**的下拉菜单

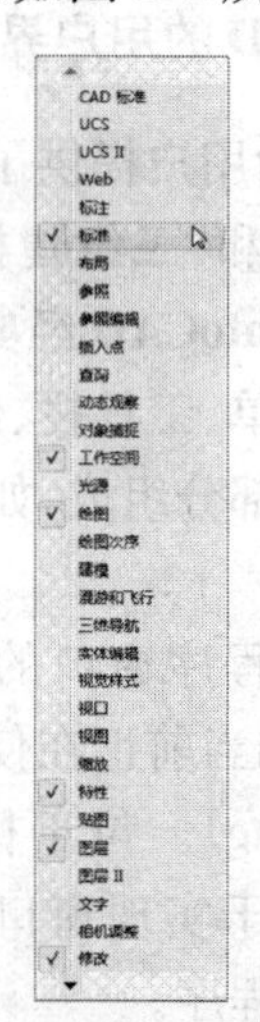

图 1-4　工具栏右键菜单

通过选择快捷菜单中的菜单命令可以打开或关闭工具栏(有图标“√”的菜单项表示相应的工具栏已被打开,否则表示工具栏被关闭)。

(4)绘图区

绘图窗口类似于手工绘图时的图纸,是显示、绘制和编辑图形的工作区域。绘图区的左下角显示坐标系图标及其原点。绘图区下面有**“模型”**和**“布局”**两种类型的选项卡,模型空间用于图形的绘制;**“布局”**是在图纸空间,用于图形的精确出图设置。

(5)命令窗口

命令窗口在绘图区下方。在命令窗口输入命令是AutoCAD最基本的命令调用方式,AutoCAD的所有命令都可以在命令行里输入执行,并根据命令行中的提示信息进行相应的操作绘图。

命令窗口可以随意改变命令行窗口的大小,也可以被拖动到AutoCAD窗口中的任何位置。功能键**“F2”**用来切换打开或关闭AutoCAD的命令文本窗口,命令文本窗口记录了AutoCAD命令执行的过程。

(6)状态栏

状态栏位于屏幕的最下方,主要对当前的绘图状态进行显示或设置。状态栏左侧显示的是当前光标位置的绝对坐标值。位于状态栏中部的是10个功能按钮,这10个按钮在图形的绘制中十分重要,单击某一按钮可以实现启用或关闭相应功能的切换。

(二)图形文件管理

文件管理包括创建新的图形文件、打开原有的图形文件以及图形文件的保存等操作。

(1)创建新的图形

①命令调用方式

下拉菜单:**“文件”**/**“新建”**

工具栏:**“标准”**/**“新建”**按钮

命令行:NEW

②命令执行

命令执行后,系统会弹出**“选择样板”**对话框,如图1-5所示。

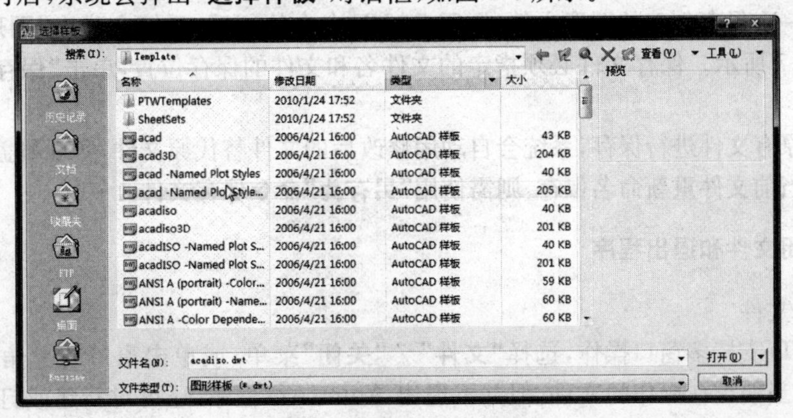

图1-5　**“选择样板”**对话框

通过此对话框选择相应的样板后，单击**“打开”**按钮，就可以创建一个默认文件名为**“Drawing1. dwg”**的图形文件，AutoCAD图形文件的扩展名为. dwg。

(2)打开图形

①命令调用方式

下拉菜单：**“文件”/“打开”**

工具栏：**“标准”/“打开”**按钮

命令行：OPEN

②命令执行

命令执行后，系统弹出**“选择文件”**对话框，如图1-6所示。通过**“搜索”**下拉列表框，找到需要打开文件的目录路径，选定文件，单击**“打开”**按钮，即可打开已有的图形文件。

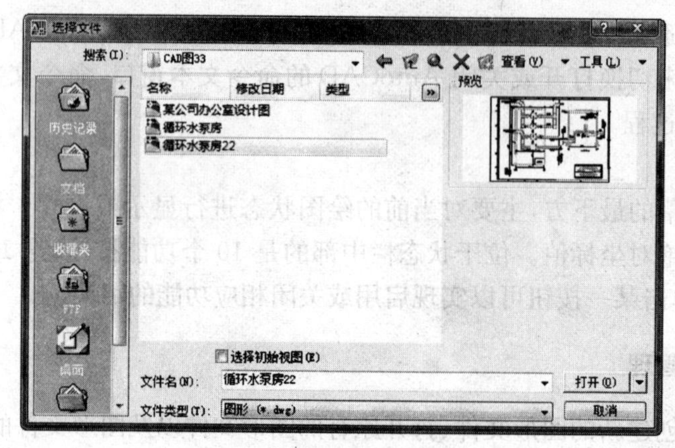

图1-6　**“选择文件”**对话框

(3)保存图形文件

①命令调用方式

下拉菜单：**“文件”/“保存”/“另存为”**

工具栏：**“标准”/“保存”**按钮

命令行：SAVE、QSAVE、SAVE AS

②命令执行

若是第一次保存创建的图形文件，调用SAVE命令执行后，系统会弹出**“图形另存为”**对话框，如图1-7所示。保存文件必须指定的文件名和文件的保存位置，单击**“保存”**按钮，完成文件的保存。

若是对原有文件进行保存，系统会自动用修改后的文件替代原文件，实现覆盖保存。

如要将当前文件重新命名保存，则需使用**“另存为”**命令保存文件。

(三)关闭文件和退出程序

(1)关闭文件

AutoCAD支持多窗口操作，选择**“文件”/“关闭”**菜单，或单击窗口右上角的**“关闭”**按钮，即可关闭当前正在操作的文件，但并不退出AutoCAD程序，还可对新建或打开的其他图形文件进行操作。

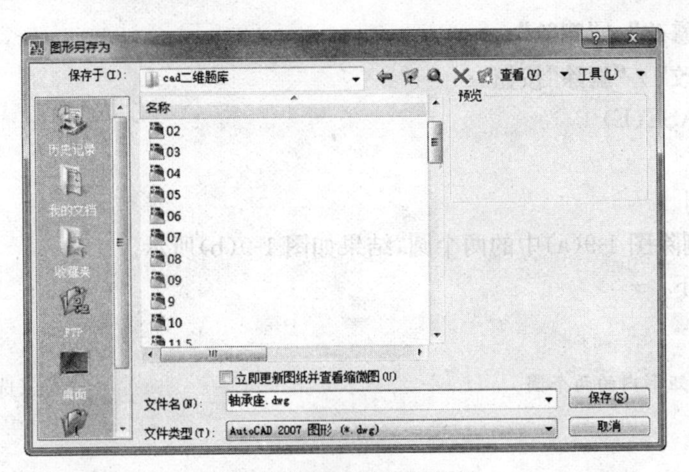

图 1 7　**"图形另存为"对话框**

(2)退出 AutoCAD 程序

选择**"文件"**/**"退出"**菜单,或单击窗口右上角的关闭图标,或双击左上角的控制图标,即可退出 AutoCAD 的工作界面。

(四)绘制直线命令

(1)功能

绘制一段或几段直线段,每个线段都是一个单独的对象。

直线命令是最常用、最简单的命令,当命令行提示输入点时,可用鼠标单击指定点的位置,也可在命令提示行输入点的坐标绘制一条直线。

(2)命令调用方式

下拉菜单:**"绘图"**/**"直线"**

工具栏:**"绘图"**/**"直线"**按钮

命令行:LINE(L)

(3)命令举例

【例 1-1】　绘制三角形,如图 1-8 所示。

操作步骤如下:

命令:LINE　(调用直线命令)
指定第一点:单击 A 点　(指定 A 点作为直线的第一点)
指定下一点或[放弃(U)]:单击 B 点　(指定 B 点作为直线的第一点)
指定下一点或[放弃(U)]:单击 C 点　(指定 C 点作为直线的下三点)
指定下一点或[闭合(C)/放弃(U)]:　C　(闭合直线段,结束命令)

(五)删除对象命令

(1)功能

删除图形文件中选取的对象。

(2)命令调用方式

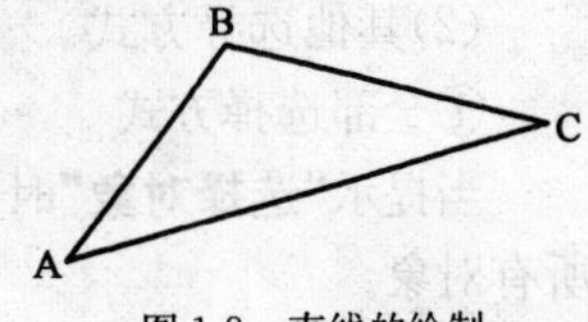

图 1-8　直线的绘制

下拉菜单:**“修改”/“删除”**

工具栏:**“修改”/“删除”**按钮

命令行:ERASE(E)

快捷键:Del

(3)命令举例

【例 1-2】 删除图 1-9(a)中的两个圆,结果如图 1-9(b)所示。

操作步骤如下:

命令:ERASE	(调用对象删除命令)
选择对象:选择矩形内的两个圆	(选择想要删除的对象)
选择对象:回车	(确定选择)

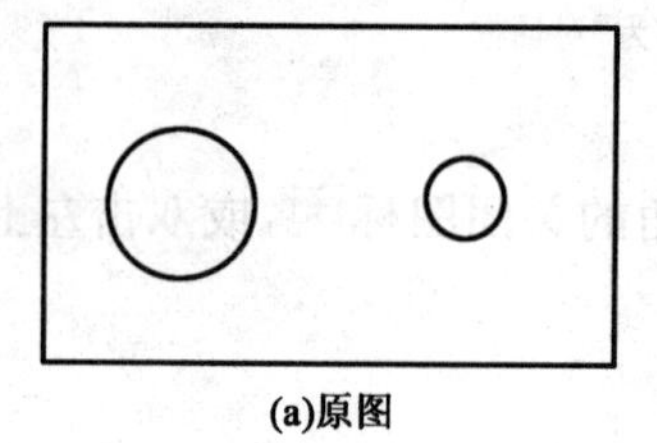

(a)原图

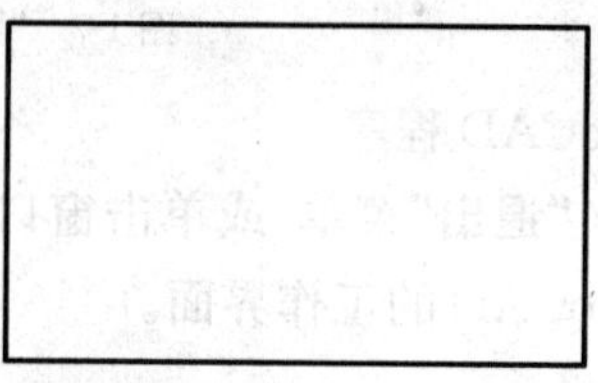

(b)执行删除命令之后的图形

图 1-9 删除对象

(六)选择对象

在进行图形编辑操作之前,首先要选择对象,这时光标在绘图区域变成一个拾取方框,选中的对象亮显为虚线。AutoCAD 选择对象的方式很多,这里重点介绍几种常用的对象选择方式。

(1)基本选择方式

①直接单击对象方式

这是一种默认选择方式,当命令提示**“选择对象”**时,移动鼠标将拾取框放在要选择的对象上,单击鼠标左键,该对象变为虚线,表示被选中,如图 1-9 中圆被选中,还可继续选择其他对象。

②窗口选择方式

该选择方式使用一个矩形窗口来选择一个或多个对象。通过用光标指定窗口的一个顶点,然后移动光标,确定矩形窗口的另一个顶点,来选择对象。如果从左向右移动光标来确定矩形窗口,则完全处于窗口内的对象将被选中,这种选择方式称为**“窗选”**,如图 1-10 中只有圆和圆弧被选中。如果从右向左移动光标来确定矩形窗口,则处于窗口内的对象和与窗口相交的对象均被选中,这种选择方式称为**“窗交”**,如图 1-11 中,圆、圆弧和直线都被选中。

(2)其他选择方式

①全部选择方式

当提示**“选择对象”**时,输入**“ALL”**,按回车键,即选中绘图区中除锁定层和冻结层以外的所有对象。

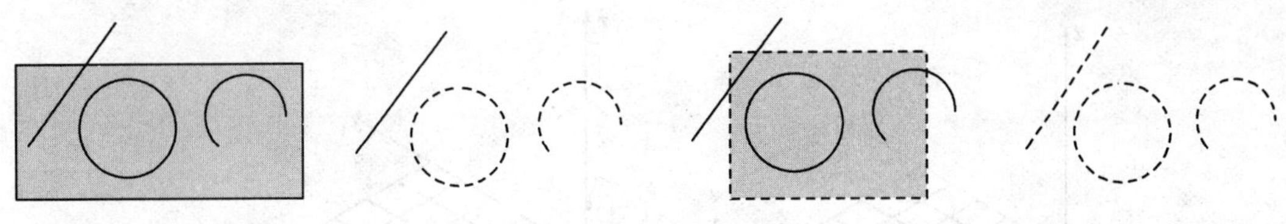

图 1-10 窗选选择　　　　图 1-11 窗交选择

②多边形窗口方式

当提示**"选择对象"**时，输入**"WP"**，按回车键，即选中绘图区中落在多边形内的对象，如图 1-12 所示。

③多边形交叉窗口方式

当提示**"选择对象"**时，输入**"CP"**，按回车键，即选中绘图区中落在多边形内及与该多边形相交的对象，如图 1 13 所示。

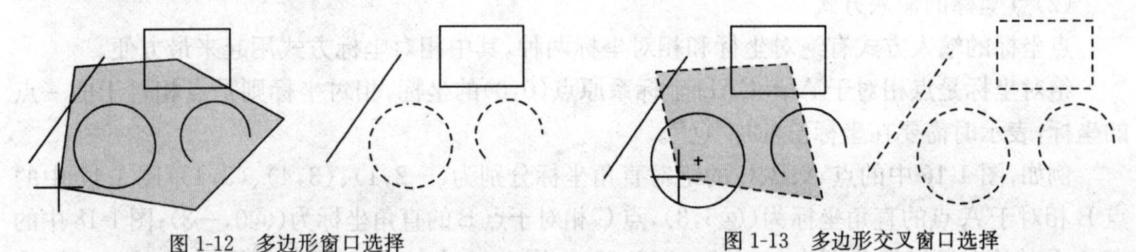

图 1-12 多边形窗口选择　　　　图 1-13 多边形交叉窗口选择

④栏选方式

当提示**"选择对象"**时，输入**"F"**，按回车键，绘制一条开放的线，凡与这条线相交的对象均被选中，如图 1-14 所示。

(七)在 AutoCAD 中输入点的坐标

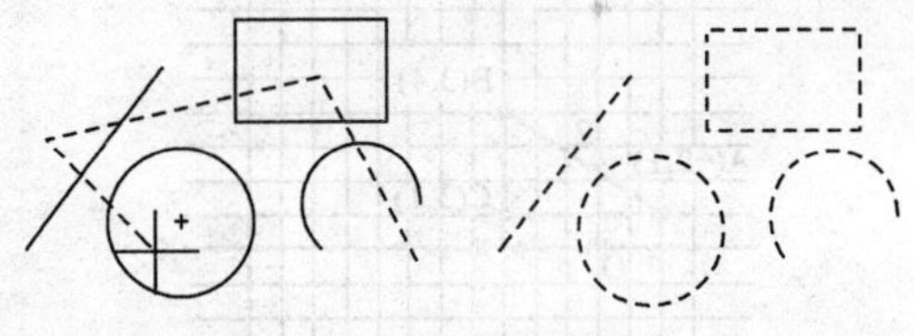

图 1-14 栏选选择

(1)点的坐标形式

点的坐标形式有直角坐标和极坐标两种。

①直角坐标

直角坐标是用点在 X、Y、Z 3 个坐标轴方向上的位移值来表示点位置的坐标形式，坐标值用 X,Y,Z 表示，坐标值用逗号隔开，直角坐标格式为(X,Y,Z)。比如，X 方向位置值为 5、Y 方向位置值为 2 的点坐标为(5,2)，如图 1-15(a)所示。

②极坐标

极坐标是用点的距离和角度方向来表示点位置的坐标形式，距离叫极径，角度叫极角，极径与极角之间用"<"号隔开，极坐标格式为(d<θ)。

极角以正右方(正东方向)为 0 角度，逆时针方向为角度正方向，顺时针方向为角度负方向。

角度的单位**"度"**、**"分"**、**"秒"**分别用"°"、"′"、"″"输入，比如，距离为 8、角度方向为45°26′34″的点极坐标为(8<45°26′34″)；如果角度只精确到**"度"**时，**"d"**可省略，比如距离为 5、角度方向为 45°的点坐标为(5<45)，如图 1-15(b)所示。

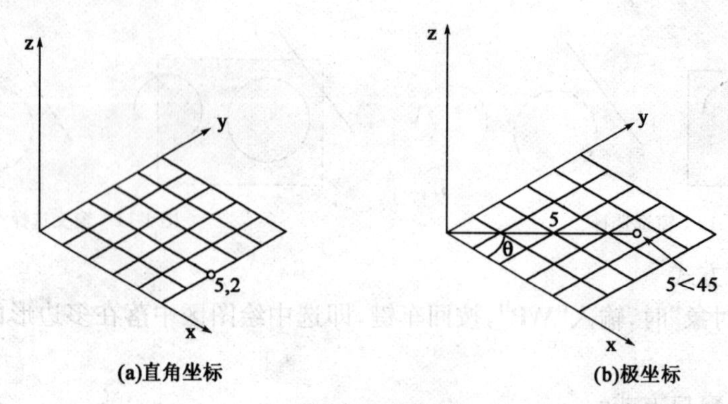

图 1-15　坐标形式

二维绘图中，点的 Z 坐标都是**"0"**，可以省略。

(2)点坐标的输入方式

点坐标的输入方式有绝对坐标和相对坐标两种，其中相对坐标方式用起来最方便。

绝对坐标是点相对于 AutoCAD 坐标系原点(0,0)的坐标，相对坐标则是点相对于前一点的坐标，表示时需要在坐标值前加**"@"**。

例如，图 1-16 中的点 A、B、C 的绝对直角坐标分别为(－2,1)、(3,4)、(3,1)；图 1-17 中的点 B 相对于 A 点的直角坐标为(@5,3)，点 C 相对于点 B 的直角坐标为(@0,－3)；图 1-18 中的点 A、B 的绝对极坐标分别为(4＜120)、(5＜30)；图 1-19 中的点 A 相对于原点 O 的极坐标为(@10＜30)，点 B 相对于点 A 的极坐标为(@20＜90)，点 C 相对于点 B 的极坐标为(@50＜－45)。

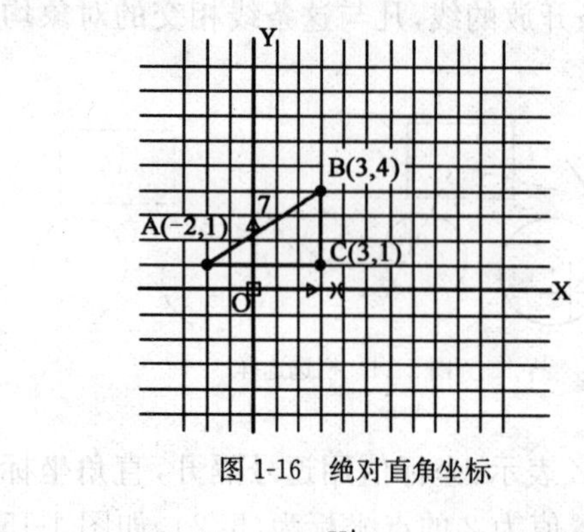

图 1-16　绝对直角坐标

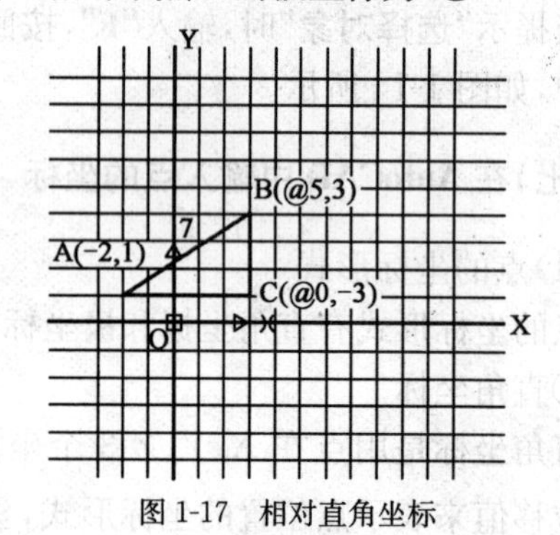

图 1-17　相对直角坐标

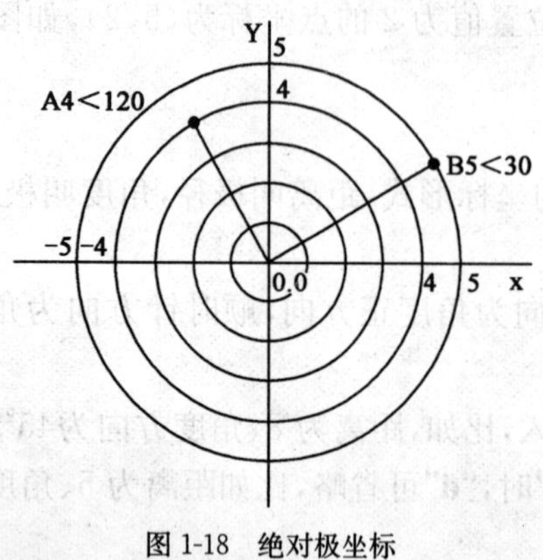

图 1-18　绝对极坐标

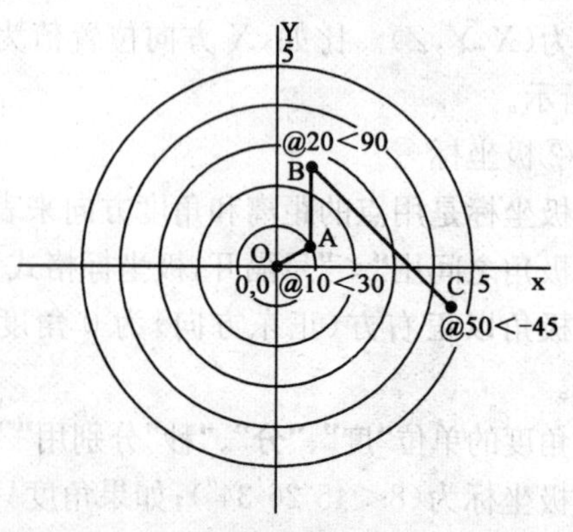

图 1-19　相对极坐标

三 任务实施

(一)新建图形文件

(1)新建文件

单击**“标准”**工具栏上的**“新建”**按钮，在弹出的**“选择样板”**对话框中选择相应的样板后，单击**“打开”**按钮，即可创建一个名为 Drawing1. dwg 的图形文件。

(2)保存文件

将文件命名为**“七边形. dwg”**。单击**“标准”**工具栏上的**“保存”**按钮，在弹出的**“图形另存为”**对话框中将当前名为 Drawing1. dwg 的图形文件重新命名为**“七边形. dwg”**并单击**“保存”**按钮。

(二)绘制七边形

操作步骤如下：

```
命令:line                                              (调用直线命令)
指定第一点:单击任一点 A                                 (指定 A 点作为直线的第一点)
指定下一点或[放弃(U)]:@30,0                             (输入 B 点相对于 A 点的直角坐标)
指定下一点或[放弃(U)]:@0,24                             (输入 C 点相对于 B 点的直角坐标)
指定下一点或[闭合(C)/放弃(U)]:@21,0                     (输入 D 点相对于 C 点的直角坐标)
指定下一点或[闭合(C)/放弃(U)]:@－14,34                  (输入 E 点相对于 D 点的直角坐标)
指定下一点或[闭合(C)/放弃(U)]:@－30,0                   (输入 F 点相对于 E 点的直角坐标)
指定下一点或[闭合(C)/放弃(U)]:@39＜－120                (输入 G 点相对于 F 点的极坐标)
指定下一点或[闭合(C)/放弃(U)]:@27＜－61d51'31"          (输入 A 点相对于 G 点的极角坐标)
指定下一点或[闭合(C)/放弃(U)]:回车                      (结束命令)
```

绘制好的图形如图 1-20 所示。

(三)保存文件并退出

(1)保存文件

图形绘制完成后，再次单击**“标准”**工具栏上的**“保存”**按钮，完成文件的保存。

(2)关闭图形文件

选择**“文件”**/**“退出”**菜单，即可退出 AutoCAD 的工作界面。

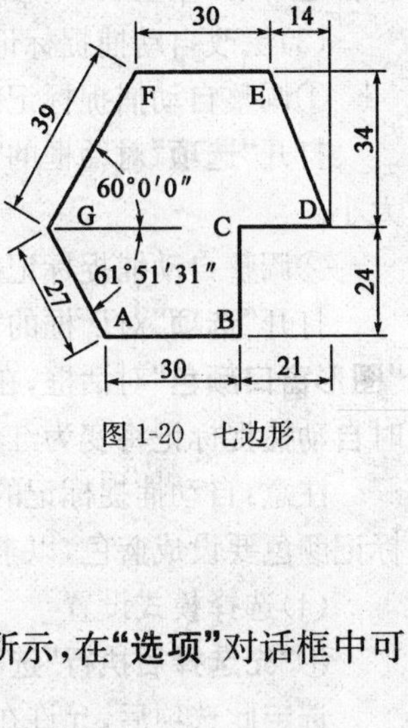

图 1-20 七边形

四 知识扩展

(一)AutoCAD 的系统参数设置

选择下拉菜单**“工具”**/**“选项”**，弹出**“选项”**对话框，如图 1-21 所示，在**“选项”**对话框中可以进行 AutoCAD 的系统参数设置。

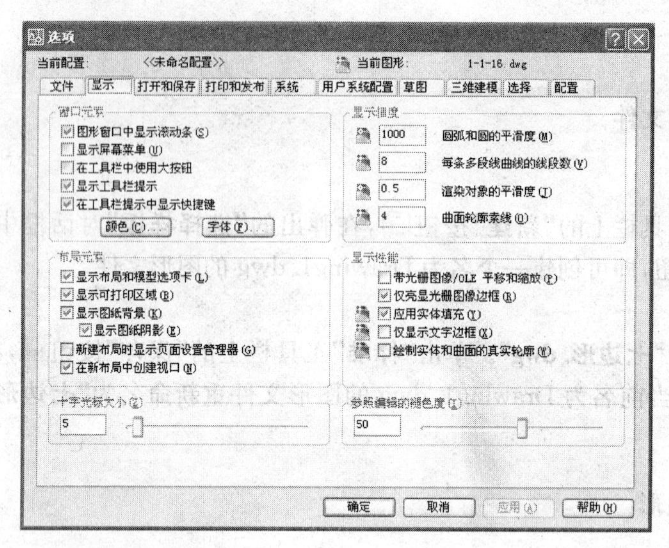

图 1-21　**"选项"**对话框

(1)更改图形窗口的背景颜色

AutoCAD 图形窗口的背景颜色默认为黑色,可通过下面的步骤改变它的背景颜色。

打开**"选项"**对话框的**"显示"**选项卡,单击**"颜色"**按钮将弹出**"图形窗口颜色"**对话框,在**"颜色"**的下拉列表中选择**"白色"**,单击**"应用并关闭"**按钮,这时图形窗口颜色被改变成白色。

(2)调整圆弧、圆和椭圆显示的平滑度

如果将绘制好的圆弧和圆实时放大,会发现圆弧和圆的轮廓线变得不平滑,通过下面的步骤可调整轮廓线的平滑度。

打开**"选项"**对话框的**"显示"**选项卡,在**"显示精度"**选项组中的**"圆弧和圆的平滑度"**选项中输入**"2000"**。此处的有效取值范围为 1 到 20000,默认设置为 1000,输入的值越高,生成的对象越平滑,重生成、平移和缩放对象所需的时间也就越多。

(3)更改自动捕捉标记的颜色和大小

①调整自动捕捉标记的大小

打开**"选项"**对话框的**"草图"**选项卡,在**"自动捕捉标记大小"**栏中,调整自动捕捉标记的大小。

②调整自动捕捉标记的颜色

打开**"选项"**对话框的**"草图"**选项卡,在**"自动捕捉设置"**选项组中单击**"颜色"**按钮,将弹出**"图形窗口颜色"**对话框,在**"颜色"**的下拉列表中选择红色,单击**"应用并关闭"**。进行对象捕捉时自动捕捉标记将变为红色。

注意:自动捕捉标记的颜色与图形窗口颜色要匹配,如果图形窗口颜色为白色,自动捕捉标记颜色要设成蓝色,以求醒目。

(4)选择模式设置

①**"先选择后执行"**选项

选定此选项后,允许在启动命令之前选择对象,然后再调用命令对先前选定的对象执行。

②**“用 Shift 键添加至选择集”**选项

选定此选项后，要想向选择集中添加对象，必须同时按下 Shift 键并选择对象才能添加，建议不要选中此选项。

(5)将**“新建文件”**对话框改为 AutoCAD 的传统模式

打开**“选项”**对话框的**“系统”**选项卡，在**“基本选项”**区域中，将**“启动”**选项改为**“显示‘启动’对话框”**，可以将**“新建”**文件操作改为 AutoCAD 的传统模式。如图 1-22 所示。

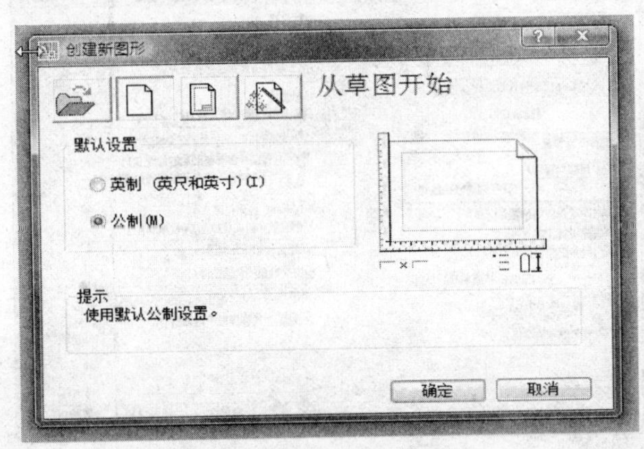

图 1-22　**“新建”**文件传统模式

(二)利用自动保存文件功能加强文件的安全

(1)自动保存功能设置

AutoCAD 给用户提供定时自动存盘功能，以防出现意外（如出现死机、掉电等）将用户的最新操作丢失。

①设置自动保存文件的位置

打开**“选项”**对话框的**“文件”**选项卡，双击**“自动保存文件位置”**，再双击当前的自动保存的路径，在弹出的**“浏览文件夹”**对话框中重新选择自动保存的路径，如图 1-23 所示。

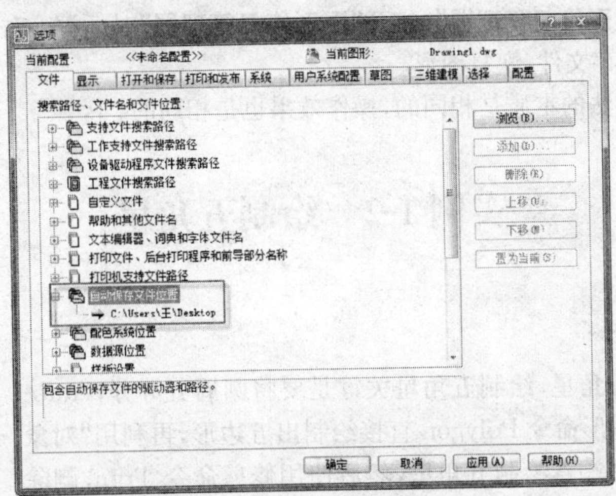

图 1-23　指定自动保存路径

②设置自动保存文件的时间间隔

打开**“选项”**对话框的**“打开和保存”**选项卡，将**“文件安全措施”**栏的**“自动保存”**选项选中，并在**“保存间隔分钟数”**中输入自动存盘的间隔时间即可，间隔一般为 5min 为宜，如图 1-24 所示。

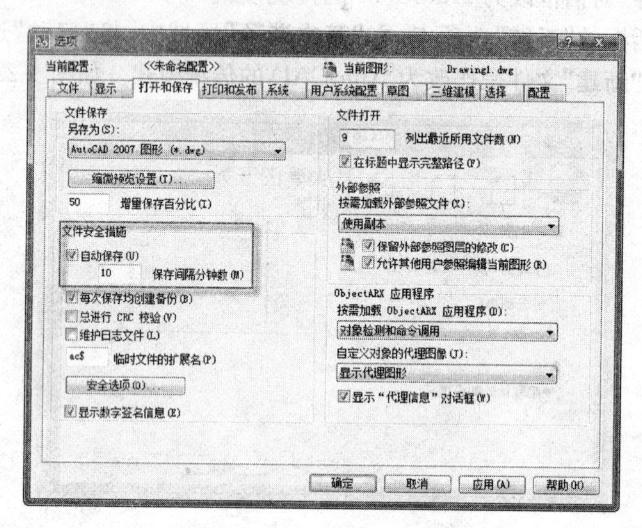

图 1-24　设置自动保存时间间隔

(2)恢复因故障丢失的图形内容

在 AutoCAD 软件安装之后首先设置自动保存文件的位置和时间间隔，系统将当前打开的图形文件产生一个自动保存文件，保存在设置的路径下，比如，**“轴承座.dwg”**的自动保存文件为**“轴承座_1_1_6827.sv $”**。自动保存文件是一个临时文件，每隔一个时间间隔进行一次自动刷新，在图形正常关闭时，自动保存文件将被自动删除，若出现程序故障或断电故障时，自动保存文件被保留下来。

出现故障后，可到设置的自动保存文件路径下找到自动保存文件，将其扩展名**“sv $”**改为**“dwg”**，即可打开图形并恢复丢失的部分内容。也可以打开 AutoCAD 软件，使用下拉菜单**“文件”|“实用程序”|“图形修复管理器”**，打开**“图形修复管理器”**对话框，双击备份文件中的扩展名为**“sv $”**的自动保存文件，恢复图形。

以上两种恢复方法的本质是相同的，操作效果也是相同的。

实例 1-2　绘制五角星

一　实例分析

图 1-25　五角星

图 1-25 是一个五角星，绘制五角星关键是要将圆周五等分，AutoCAD 中可使用正多边形命令 Polygon 直接绘制出五边形，再利用**“对象捕捉”**功能连接五边形端点绘制五角星，然后使用修剪命令 Trim、删除命令 Erase 编辑修改图形，最后使用图案填充命令 Bhatch 对五角星进

行颜色填充。

二 相关知识

(一)绘制正多边形命令

(1)功能

创建正多边形,边数可以是 3～1024 条。

绘制正多边形有 3 种方法:第一种方法是指定多边形的中心与内接圆半径绘制多边形;第二种方法是指定多边形的中心与外切圆半径绘制多边形;第三种方法是指定一条边绘制多边形。

(2)命令调用方式

下拉菜单:**"绘图"/"正多边形"**

工具栏:**"绘图"/"正多边形"**⬠

命令行:POLYGON(POL)

(3)命令举例

【例 1-3】 指定一条边绘制多边形,如图 1-26(a)所示。

操作步骤如下:

```
命令:POLYGON                                   (调用正多边形命令)
输入边的数目<4>:6                               (输入正多边形边的数目)
指定正多边形的中心点或[边(E)]:E                 (选择指定一条边的方式绘制)
指定边的第一个端点:拾取 A 点                    (指定多边形某条边的第一个端点)
指定边的第二个端点:拾取 B 点                    (指定边的第二个端点)
```

【例 1-4】 指定中心与内接圆半径,绘制多边形,如图 1-26(b)所示。

操作步骤如下:

```
命令:POLYGON                                   (调用正多边形命令)
输入边的数目<4>:6                               (输入多边形边的数目)
指定正多边形的中心点或[边(E)]:拾取 A 点         (拾取圆心)
输入选项[内接于圆(I)/外切于圆(C)]<I>:I          (选择输入正多边形内接圆半径的方式)
指定圆的半径:拾取 B 点                          (输入圆的半径值)
```

【例 1-5】 指定中心与外切圆半径,绘制正多边形,如图 1-26(c)所示。

操作步骤如下:

```
命令:POLYGON                                   (调用正多边形命令)
输入边的数目<4>:6                               (输入多边形边的数目)
指定正多边形的中心点或[边(E)]:拾取 C 点         (拾取圆心)
输入选项[内接于圆(I)/外切于圆(C)]<I>:C          (选择输入正多边形外切圆半径的方式)
指定圆的半径:50                                 (直接输入圆的半径值为 50)
```

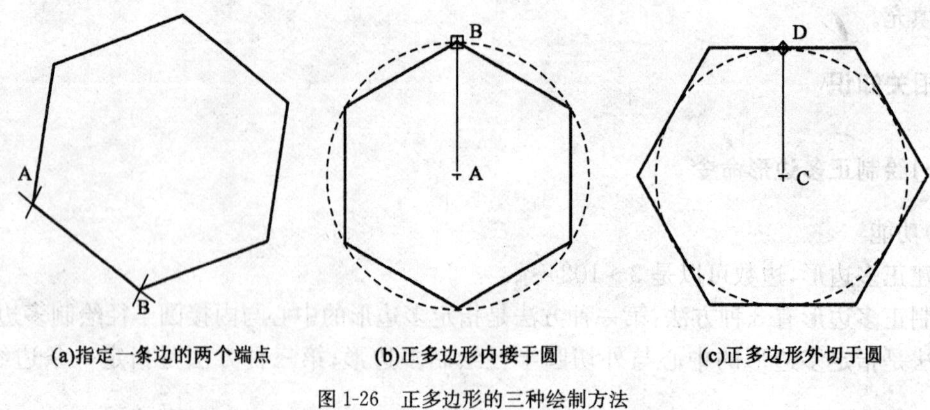

(a)指定一条边的两个端点　(b)正多边形内接于圆　(c)正多边形外切于圆

图 1-26　正多边形的三种绘制方法

(二)旋转命令

(1)功能

可以绕指定基点旋转图形对象,源对象可以删除也可以保留。

旋转对象有两种方式:第一种是将对象旋转过指定的角度;第二种是将对象旋转到某一指定角度。

(2)命令调用方式

下拉菜单:**"修改"/"旋转"**

工具栏:**"修改"/"旋转"**

命令行:ROTATE(RO)

(3)命令举例

【例 1-6】　将球拍逆时针旋转 30°,如图 1-27 所示。

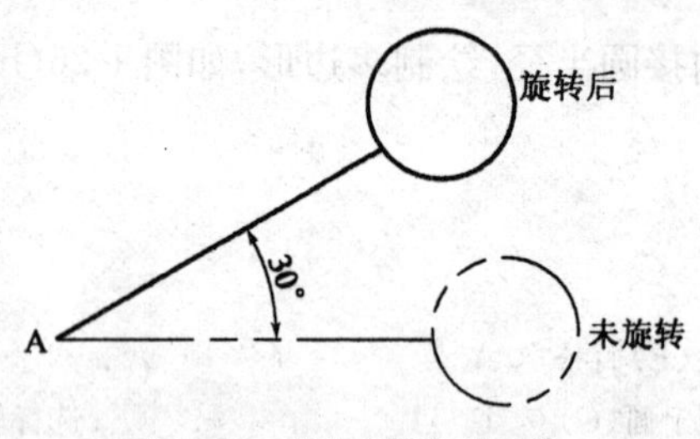

图 1-27　指定角度旋转对象

操作步骤如下:

命令:ROTATE	(调用旋转命令)
选择对象:选择直线与圆	(选择旋转的对象)
选择对象:回车	(结束选择)
指定基点:选择 A 点	(指定旋转的基点)
指定旋转角度,或[复制(C)/参照(R)]:30	(输入旋转角度)

【例 1-7】　通过光标拖动的方式将零件旋转一个角度,如图 1-28 所示。

操作步骤如下:

命令:ROTATE　　(调用旋转命令)
选择对象:单击 A 点和 B 点　　(使用交叉窗口选择对象,如图 1-28(a))
选择对象:回车　　(结束选择)
指定基点:拾取三个同心圆的圆心　　(指定旋转的基点)
指定旋转角度,或[复制(C)/参照(R)]:拖动到"C"点。　　(拖动指定旋转到的位置,如图 1-28(b))

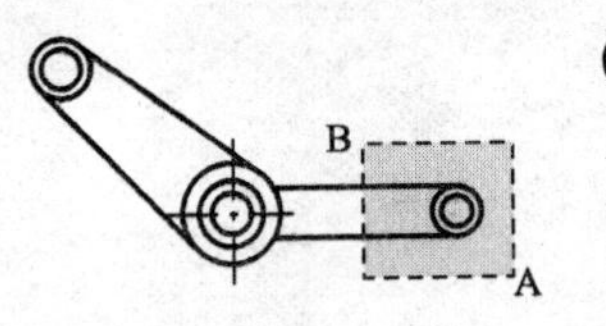

(a)选择对象

(b)指定基点,拖动旋转

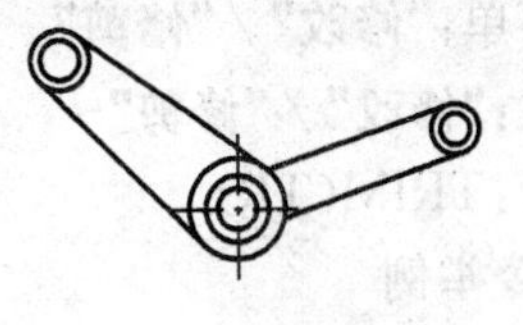
(c)旋转结果

图 1-28　用拖动方式输入旋转角度

【例 1-8】 将正五边形旋转到底边为水平的位置,如图 1-29 所示。

操作步骤如下:

命令:ROTATE　　(调用旋转命令)
选择对象:选择正五边形　　(选择旋转的对象)
指定基点:指定 A 点　　(指定旋转的基点)
指定旋转角度,或[复制(C)/参照(R)]＜90＞:R　　(选择"参照"选项)
指定参照角＜0＞:单击 A 点和 B 点　　(指定 AB 边原来的角度)
指定新角度或[点(P)]＜0＞:0　　(指定 AB 边的新角度)

如果不知道源对象的位置和要旋转的角度,只知道最终要转到的角度,可采用此**"参照(R)"**选项来旋转对象。

【例 1-9】 将矩形旋转 60°,并保留原矩形,如图 1-30 所示。

操作步骤如下:

命令:ROTATE　　(调用旋转命令)
选择对象:选择矩形　　(指定旋转对象)
选择对象:回车　　(结束选择)
指定基点:选择基点　　(指定旋转时的基点)
指定旋转角度,或[复制(C)/参照(R)]＜0＞:C　　(输入复制选项)
指定旋转角度,或[复制(C)/参照(R)]＜0＞:60　　(输入旋转的角度)

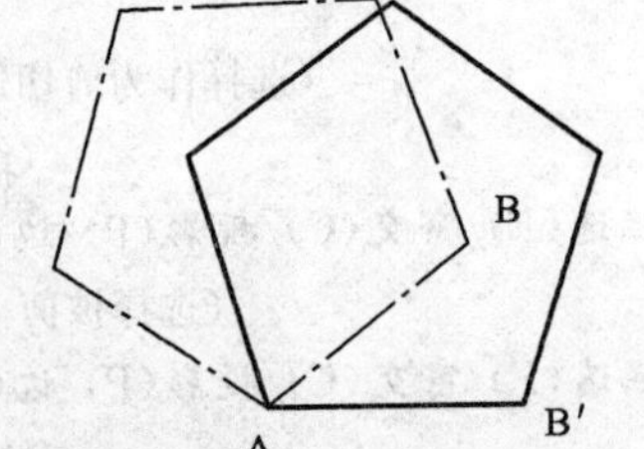

图 1-29　**"参照"**方式旋转对象

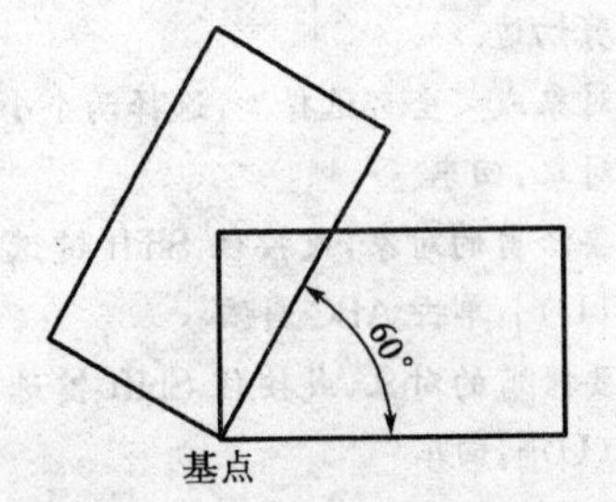

图 1-30　**"复制"**旋转对象

(三)修剪命令

(1)功能

用一个或多个对象去修剪一个与它们相交的对象。选择的剪切边对象也可以互相修剪。

(2)命令调用方式

下拉菜单:**“修改”/“修剪”**

工具栏:**“修改”/“修剪”**-/--

命令行:TRIM(TR)

(3)命令举例

【例 1-10】 剪去圆弧左侧的直线,如图 1-31 所示。

操作步骤如下:

命令:TRIM　　(调用修剪命令)
选择剪切边...
选择对象或<全部选择>:单击圆弧　　(选择作为剪切边的对象)
选择对象:回车　　(结束选择)
选择要修剪的对象,或按住 Shift 键选择要延伸的对象,或[栏选(F)/窗交(C)/投影(P)/边(E)/删除(R)/放弃(U)]:单击圆弧左侧的直线　　(选择被剪去的部分)
选择要修剪的对象,或按住 Shift 键选择要延伸的对象,或[栏选(F)/窗交(C)/投影(P)/边(E)/删除(R)/放弃(U)]:回车　　(结束命令)

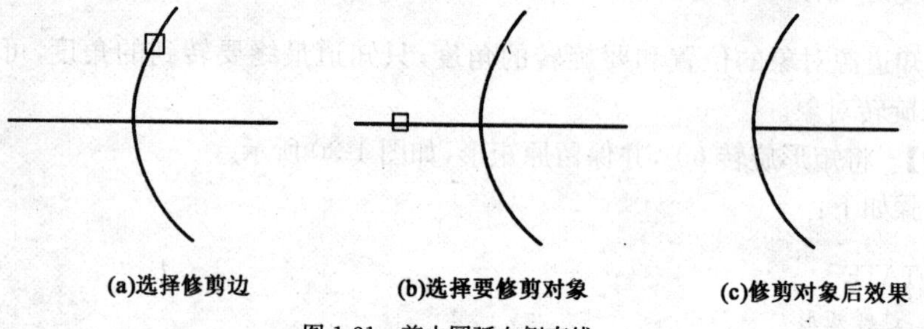

图 1-31　剪去圆弧左侧直线

【例 1-11】 剪去 ABC 圆弧,如图 1-32 所示。

操作步骤如下:

命令:TRIM　　(调用修剪命令)
选择剪切边...
选择对象或<全部选择>:选择两个小圆　　(选择作为剪切边的对象)
选择对象:回车　　(结束选择)
选择要修剪的对象,或按住 Shift 键选择要延伸的对象,或[栏选(F)/窗交(C)/投影(P)/边(E)/删除(R)/放弃(U)]:单击 ABC 圆弧　　(选择被剪去的部分)
选择要修剪的对象,或按住 Shift 键选择要延伸的对象,或[栏选(F)/窗交(C)/投影(P)/边(E)/删除(R)/放弃(U)]:回车　　(结束命令)

【例 1-12】 修剪边互相修剪,如图 1-33 所示。

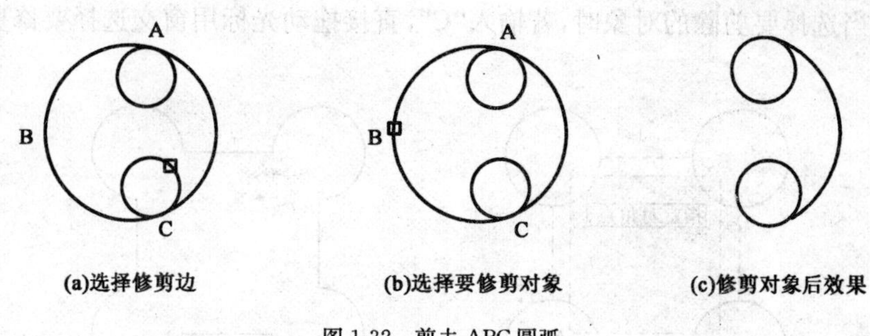

图 1-32　剪去 ABC 圆弧

操作步骤如下：

命令：TRIM　（调用修剪命令）

选择剪切边...

选择对象或<全部选择>：使用交叉选择方式，第 1 点在右，第 2 点在左　（选择作为剪切边的对象）

选择对象或：回车　（结束选择）

选择要修剪的对象，或按住 Shift 键选择要延伸的对象，或[栏选(F)/窗交(C)/投影(P)/边(E)/删除(R)/放弃(U)]：依次单击轮廓边 A、B、C、D　（选择被剪去的部分）

选择要修剪的对象，或按住 Shift 键选择要延伸的对象，或[栏选(F)/窗交(C)/投影(P)/边(E)/删除(R)/放弃(U)]：回车　（结束命令）

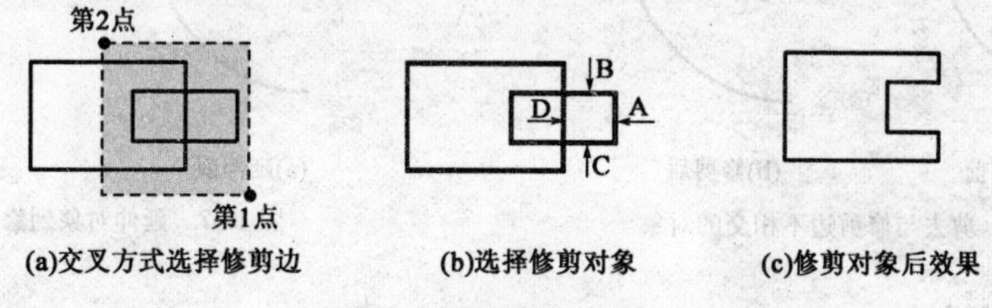

图 1-33　交叉选择修剪对象

(4)其他选项功能说明

①**"栏选(F)和窗交(C)"**选项

使用这两种选择方法可以一次性选择多个剪切边和修剪对象，提高修剪效率。

a. 栏选：当选择要剪除的对象时，输入**"F"**，然后在屏幕上画出一条穿过被剪切线段的虚线，然后回车，这时与该虚线相交的图形全部被剪切掉，如图 1-34 所示。

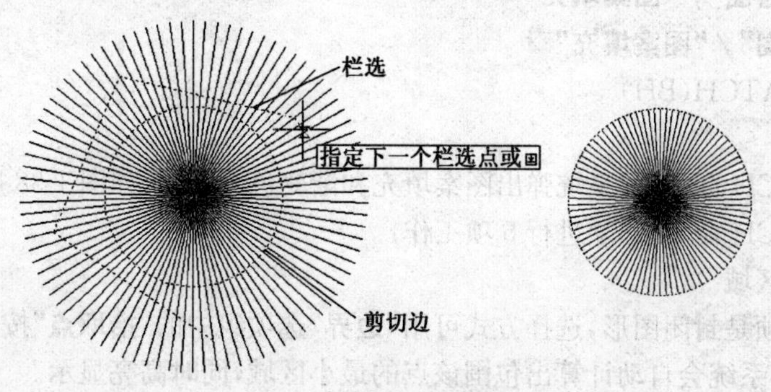

图 1-34　**"栏选"**修剪对象

b. 窗交：当选择要剪除的对象时，若输入**"C"**，直接拖动光标用窗交选择要修剪的对象，如图 1-35 所示。

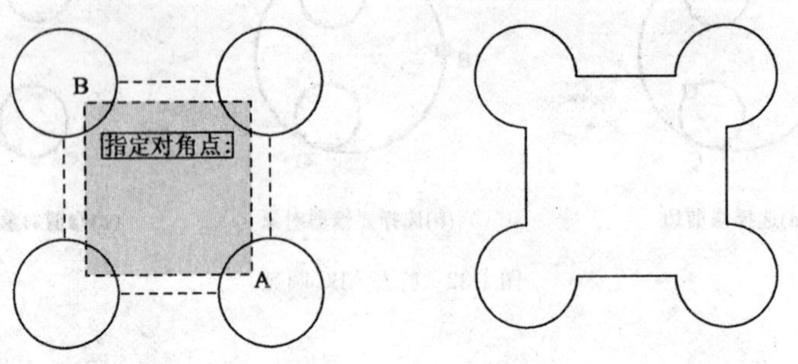

图 1-35 **"窗交"**修剪对象

②**"边(E)"**选项

当对象不与修剪边相交时，系统默认为**"隐含边不延伸"**模式，则只有与修剪边相交的对象可以被修剪；若设置为**"隐含边延伸"**模式，不相交仍可修剪对象，如图 1-36 所示。

③按住 Shift 键选择对象

按住 Shift 键选择对象，可将与修剪边不相交的对象延伸到修剪边上，如图 1-37 所示。

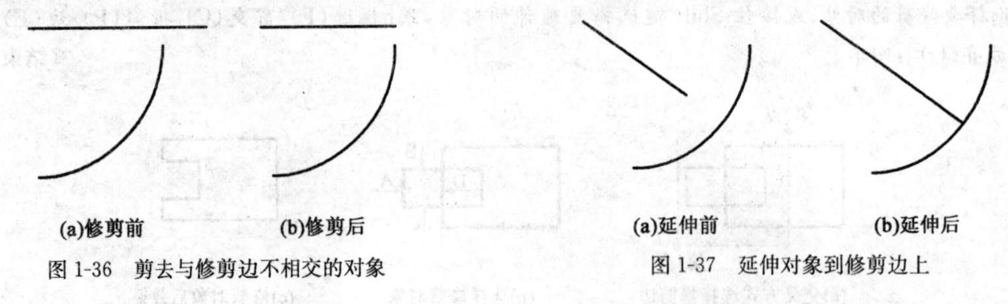

图 1-36 剪去与修剪边不相交的对象

图 1-37 延伸对象到修剪边上

(四)填充命令

(1)功能

在指定的封闭区域内填充上指定的图案。可用于绘制剖面线，表明物体材料图例或表面的纹理。

(2)命令调用方式

下拉菜单：**"绘图"/"图案填充"**

工具栏：**"绘图"/"图案填充"**

命令行：BHATCH(BH)

(3)命令说明

执行 BHATCH 命令后，系统弹出图案填充和渐变色对话框，如图 1-38 所示。

完成 BHATCH 命令，必须进行 5 项工作：

①选择填充区域

填充区域必须是封闭图形，选择方式可用**"边界"**选项组中的**"拾取点"**按钮，单击要填充区域内的任意一点，系统会自动计算出包围该点的最小区域，同时高亮显示。

如果在拾取点后，则会显示错误提示信息，则说明要填充的区域没有封闭。

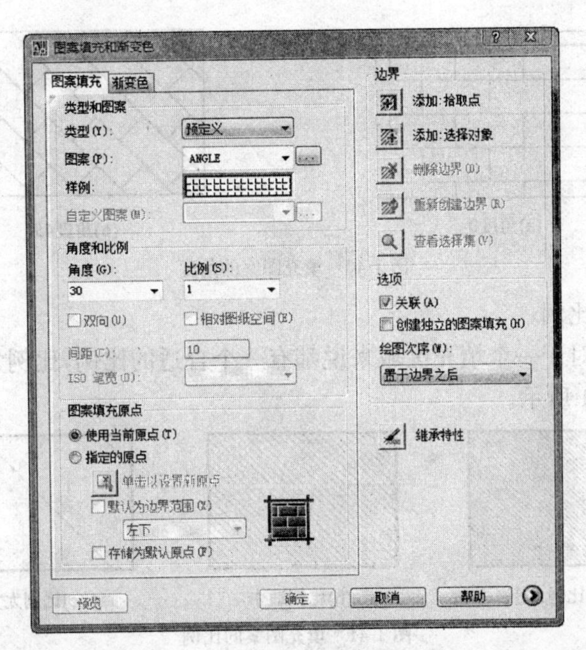

图 1-38 **“图案填充与渐变色”**对话框

②选择填充图案

单击**“类型和图案”**选项组中**“图案”**名称右面的按钮，可以打开**“填充图案选项板”**对话框如图 1-39，其中经常用到的图案在**“ANSI”**组和**“其他预定义组”**中，比如：**“ANSI”**中的**“ANSI31”**为一般剖面线、**“其他预定义组”**中的**“SOLID”**为实心填充、**“AR-SAND”**为沙子。

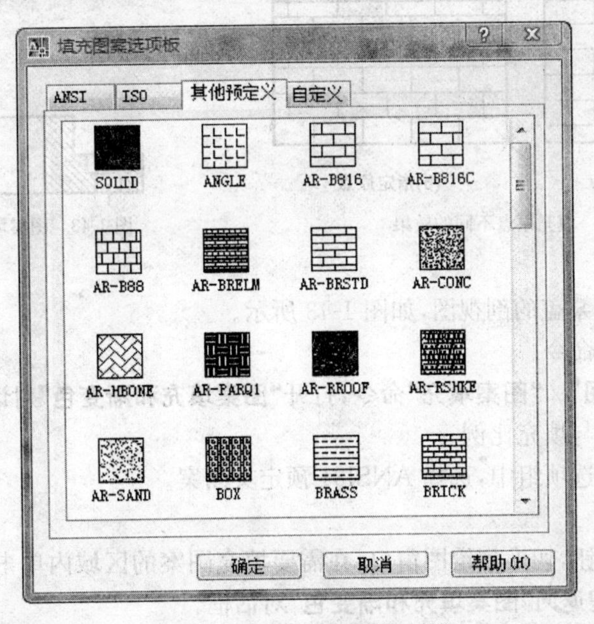

图 1-39 **“填充图案选项板”**对话框

③选择填充图案角度

控制填充图案的填充角度，不同填充角度产生填充结果如图 1-40 所示。

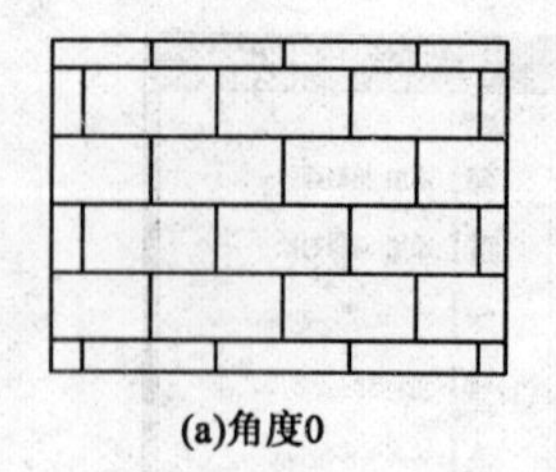
(a)角度0

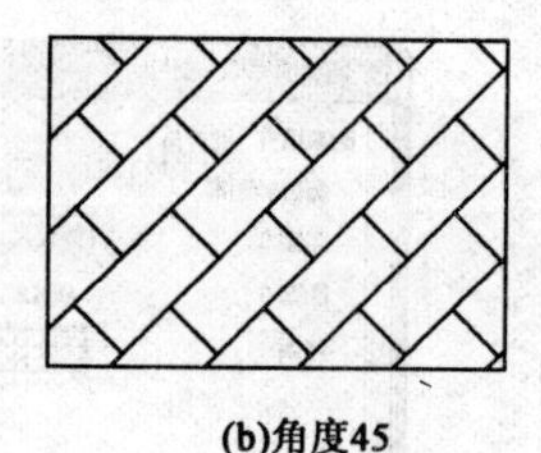
(b)角度45

图 1-40　填充图案的角度

④选择填充图案比例

每种填充图案相对于一个填充区域来说都有一个合适的比例，比例太大图案太稀，比例太小图案太密，如图 1-41 所示。

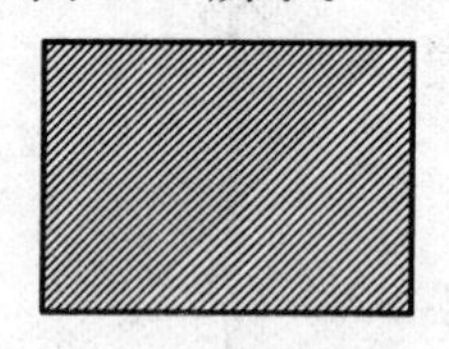
(a)比例太小

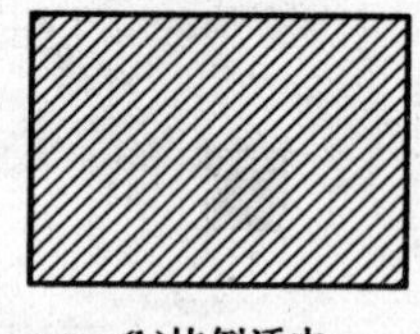
(b)比例适中

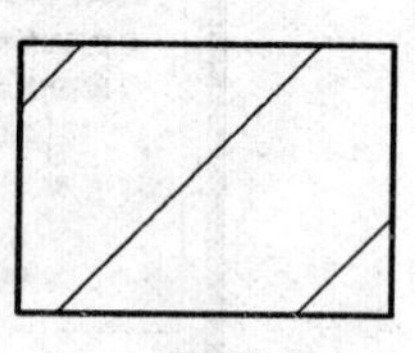
(c)比例太大

图 1-41　填充图案的比例

⑤图案填充原点

默认情况下，是使用当前坐标系的原点(0,0)作为图案填充的原点，但是有时可能需要移动图案填充的起点(原点)。例如，如果创建砖形图案，可能希望在填充区域的左下角以完整的砖块开始，在这种情况下，可使用**“指定的原点”**单选框，如图 1-42 所示。

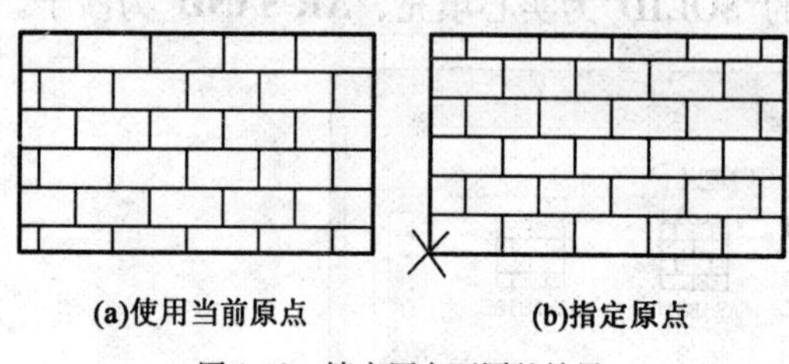
(a)使用当前原点　(b)指定原点

图 1-42　填充原点不同的效果

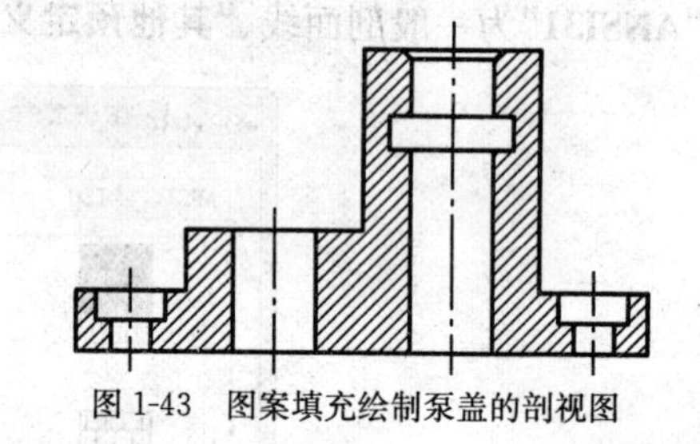
图 1-43　图案填充绘制泵盖的剖视图

(4)命令举例

【例 1-13】　绘制泵盖的剖视图，如图 1-43 所示。

①调用图案填充命令

选择工具栏**“绘图”**/**“图案填充”**命令，打开**“图案填充和渐变色”**对话框。

②选择填充图案与填充比例

在**“类型和图案”**选项组中，选择 ANSI31 预定义图案。

③选择填充区域

单击**“拾取点”**按钮，切换到绘图窗口，在需要填充图案的区域内单击鼠标，系统将高亮显示该边界，按 Enter 键返回**“图案填充和渐变色”**对话框。

④预览填充效果

单击**“预览”**按钮，观察填充效果。若效果满意，单击右键确定；不满意，单击左键(或按**“Esc”**键)返回**“图案填充和渐变色”**对话框，重新设置参数。

(五)控制图形图线颜色

(1)功能

控制对象的颜色。可以先设置好颜色再绘图,也可以先绘制好图形再改颜色。

(2)命令调用方式

下拉菜单:**“格式”/“颜色”**

工具栏:**“特性”/“颜色”**

命令行:COLOR(COL)

(3)命令使用

①提前设定当前颜色

利用**“特性”**工具栏设置颜色。单击**“特性”**工具栏中**“颜色”**下拉列表的按钮,弹出如图1-44所示的下拉列表。可以直接选择下拉列表中的某种颜色作为当前颜色,若要选择其他颜色,可选择**“选择颜色”**选项,在弹出的**“选择颜色”**对话框中进行选择,如图1-44所示。

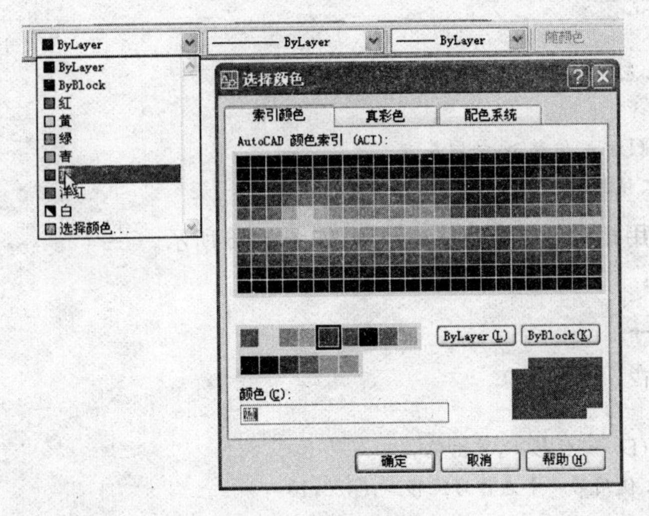

图1-44　设置当前颜色

设置好当前颜色后,绘制的图形的颜色都是这种颜色。

②修改已有对象的颜色

选中要改颜色的对象,单击**“特性”**工具栏中**“颜色”**下拉列表的按钮,选择要改成的颜色,按**“Esc”**键退出选中状态。

(六)移动命令

(1)功能

将对象移动位置。可以指定移动的基点和目标点,也可以使用输入相对坐标精确控制移动的距离和位置。

(2)命令调用方式

下拉菜单:**“修改”/“移动”**

工具栏:**“修改”/“移动”**✣

命令行：MOVE(M)

(3)命令举例

【例 1-14】 指定基点和目标点移动对象，如图 1-45 所示。

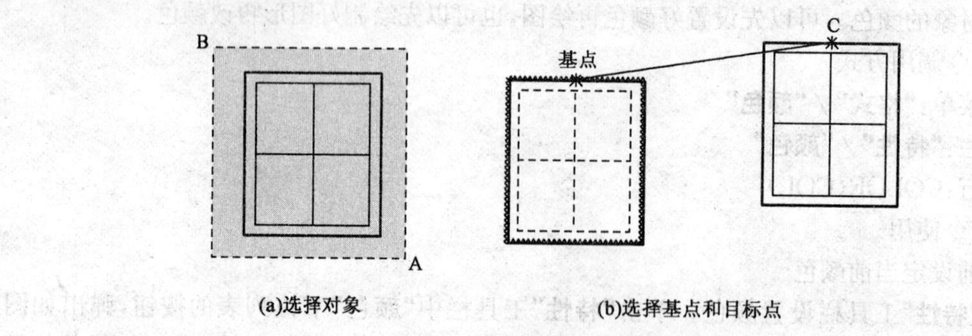

图 1-45 选择基点和目标点移动

操作步骤如下：

命令：MOVE	(调用移动命令)
选择对象：单击 A 点和 B 点	(选择要移动的对象)
选择对象：回车	(结束选择)
指定基点或[位移(D)]＜位移＞：拾取基点	(选择移动的基点)
指定第二个点或＜使用第一个点作为位移＞：单击 C 点	(选择移动的目标点)

【例 1-15】 使用相对坐标控制移动距离，如图 1-46 所示。

操作步骤如下：

命令：MOVE	(调用移动命令)
选择对象：选择矩形	(选择要移动的对象)
选择对象：回车	(结束选择)
指定基点或[位移(D)]＜位移＞：单击 A 点	(选择移动的基点)
指定第二个点或＜使用第一个点作为位移＞：@20,10	(选择移动的目标点)

(七)阵列命令

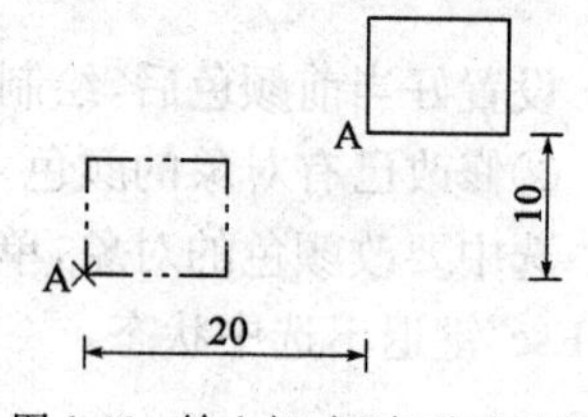

图 1-46 输入相对坐标移动对象

(1)功能

将对象复制成多个，并将复制的这些对象按矩形或环形方式排列。

(2)命令调用方式

下拉菜单：**“修改”/“阵列”**

工具栏：**“修改”/“阵列”**

命令行：ARRAY(AR)

(3)命令举例

【例 1-16】 进行多行多列的矩形阵列，如图 1-48 所示。

操作步骤如下：

命令：ARRAY　　(调用阵列命令)
在"阵列"对话框中，各选项设置如图 1-47 所示，然后单击"选择对象"按钮，返回到屏幕窗口　　(设置阵列参数)
　　(选择阵列对象)
选择对象：选择矩形
选择对象：回车　　(结束选择)

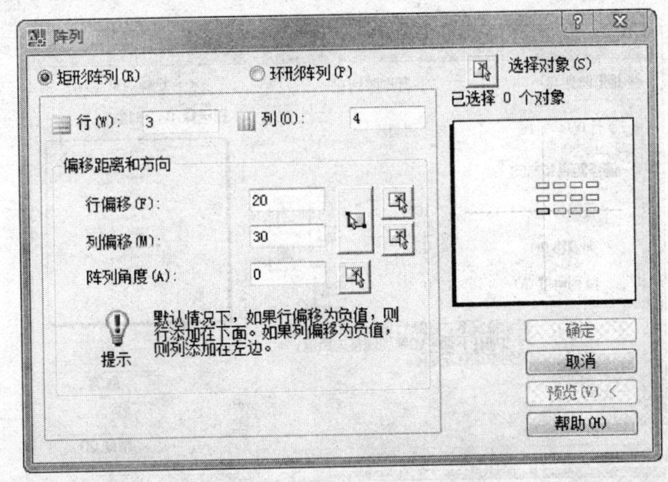

图 1-47 "多行多列阵列"对话框

再重新返回**"阵列"**对话框，单击**"确定"**按钮执行。操作结果如图 1-48 所示。

阵列角度是将整体阵列图形旋转角度，但单个物体方向并不发生改变，如图 1-49 所示。

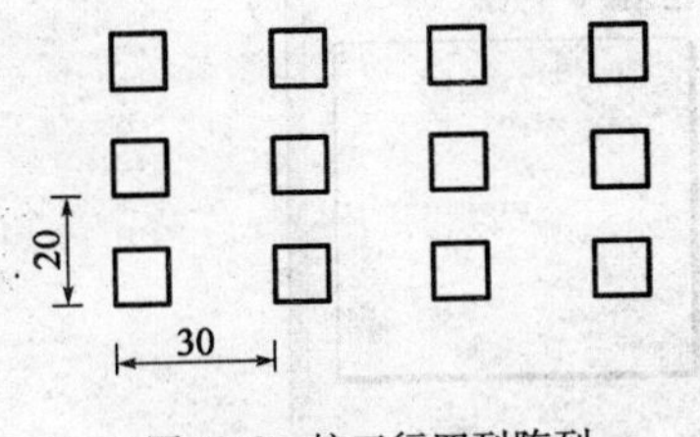

图 1-48 按三行四列阵列

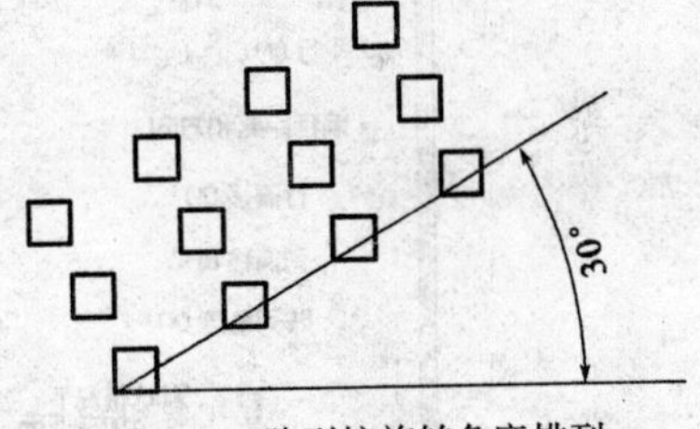

图 1-49 阵列按旋转角度排列

【例 1-17】 创建五子棋盘，如图 1-52 所示。

首先用直线命令 LINE 绘制长度为 1400 的一条水平线和一条竖直线，如图 1-52(a)所示。用阵列命令阵列出其他直线。

操作步骤如下：

命令：ARRAY　　(调用阵列命令)
在"阵列"对话框中各选项设置如图 1-50 所示，然后单击"选择对象"按钮，返回到屏幕窗口　　(设置阵列参数)
　　(选择阵列对象)
选择对象：单击水平直线
选择对象：回车　　(结束选择)
重新返回"阵列"对话框，单击"确定"按钮，阵列结果如图 1-52(b)所示
命令：ARRAY　　(再次调用阵列命令)

在“阵列”对话框中各选项设置如图 1-51 所示，然后单击“选择对象”按钮，返回到屏幕窗口
（设置阵列参数）
选择对象：单击竖直线 （选择阵列对象）
选择对象：回车 （结束选择）
重新返回“阵列”对话框，单击“确定”按钮，阵列结果如图 1-52(c)所示

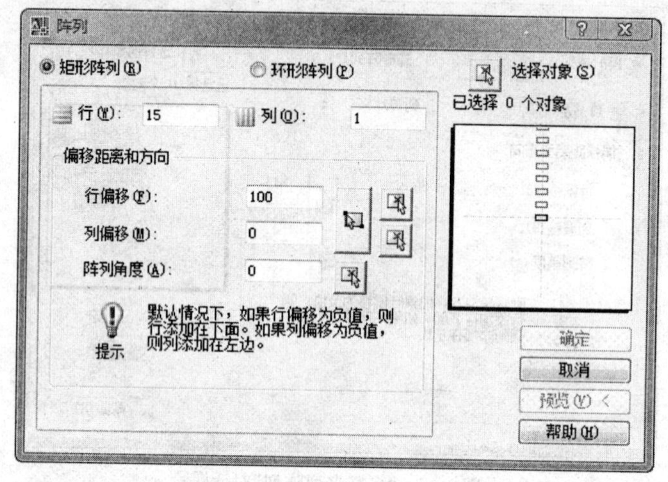

图 1-50 “多行单列阵列”对话框

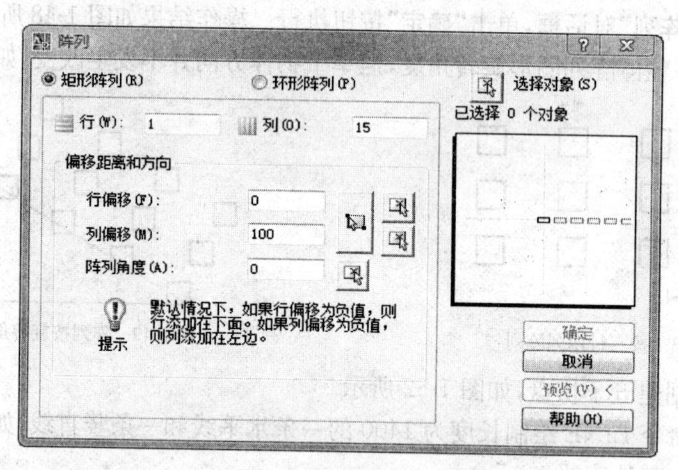

图 1-51 “单行多列阵列”对话框

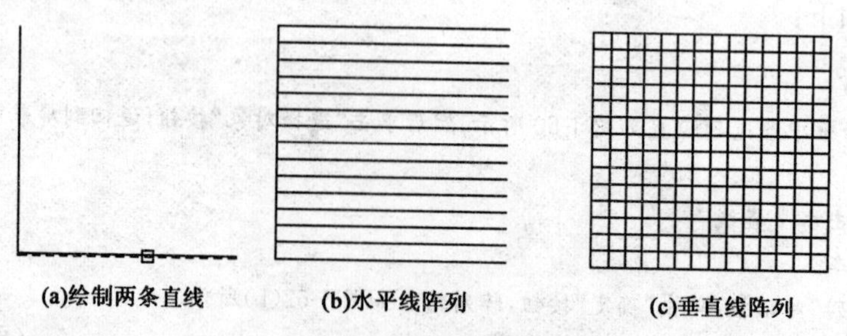

图 1-52 创建五子棋棋盘

【例 1-18】 将椅子进行环形阵列，如图 1-54 所示。

操作步骤如下：

命令：ARRAY	（调用阵列命令）
各选项设置如图 1-53 所示	（设置阵列参数）
单击"中心点"按钮，返回到屏幕窗口，单击圆心重新返回"阵列"对话框	（选择列阵中心）
再单击"选择对象"按钮	（选择阵列对象）
再一次返回到屏幕窗口	（结束选择）
选择对象：单击 A 点和 B 点	（如图 1-54(a)所示）
选择对象：回车	（结束选择）

重新返回**"阵列"**对话框，单击**"确定"**按钮，阵列结果如图 1-54(b)所示。

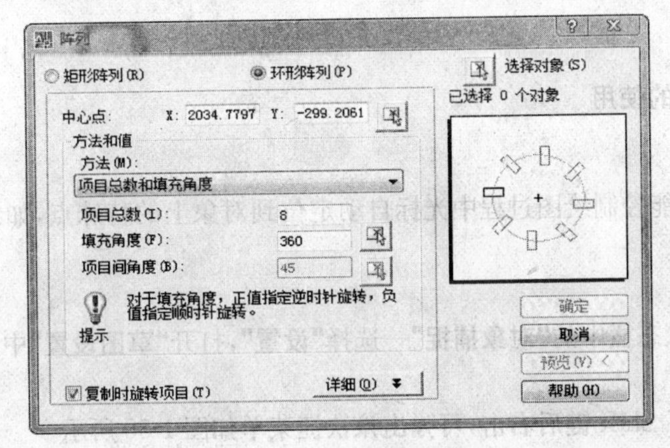

图 1-53　环行阵列对话框

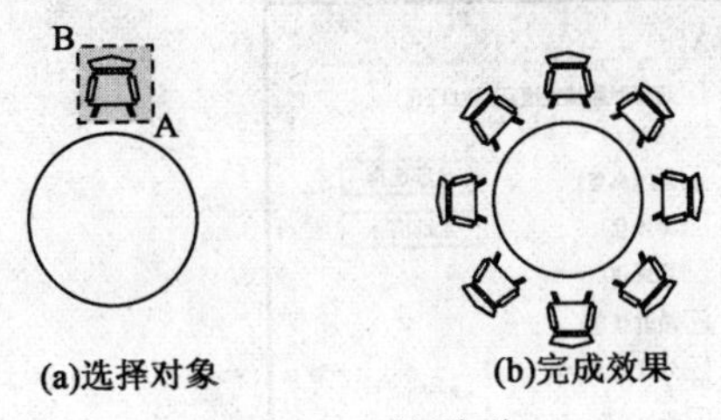

图 1-54　环行阵列

(4)重点选项功能举例

①**"中心点"**位置的影响

"中心点"拾取的位置不同，阵列出的结果也各不相同，如图 1-55 所示。

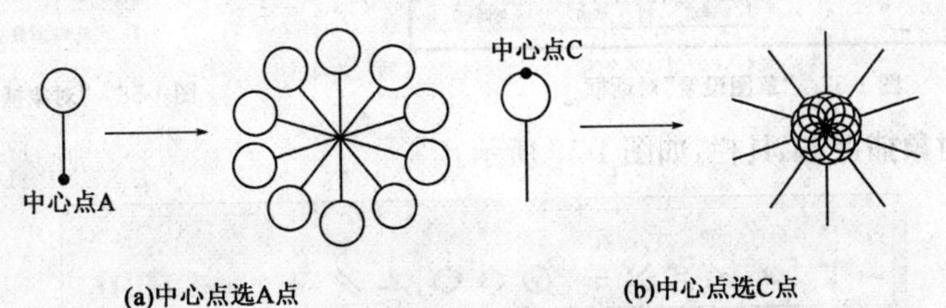

图 1-55　选取不同中心点的阵列结果

②**“复制时旋转项目”**选项

控制阵列对象是否随旋转阵列的方向旋转，其结果如图 1-56 所示。

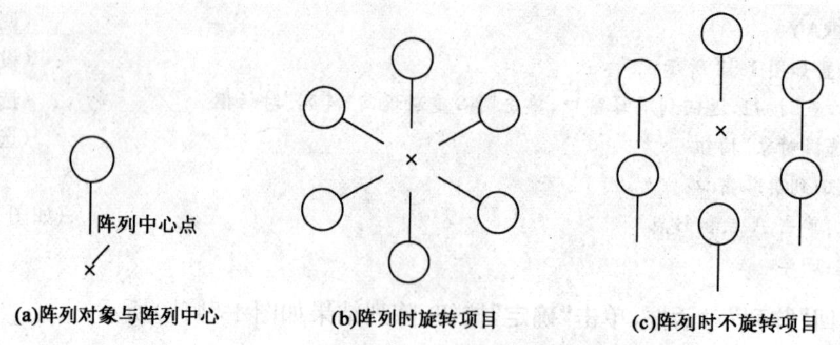

(a)阵列对象与阵列中心　(b)阵列时旋转项目　(c)阵列时不旋转项目

图 1-56　阵列时是否旋转项目的不同结果

(八)对象捕捉的使用

(1)功能

“对象捕捉”功能控制绘图过程中光标自动定位到对象上的特殊点，如线段的中点、端点，圆和圆弧的圆心等。

(2)调用方式

状态栏：右击状态栏中的**“对象捕捉”**—选择**“设置”**，打开**“草图设置”**中的**“对象捕捉”**选项卡，如图 1-57 所示。

弹出菜单：按下 Shift 键后右击，可弹出该快捷菜单如图 1-58 所示。

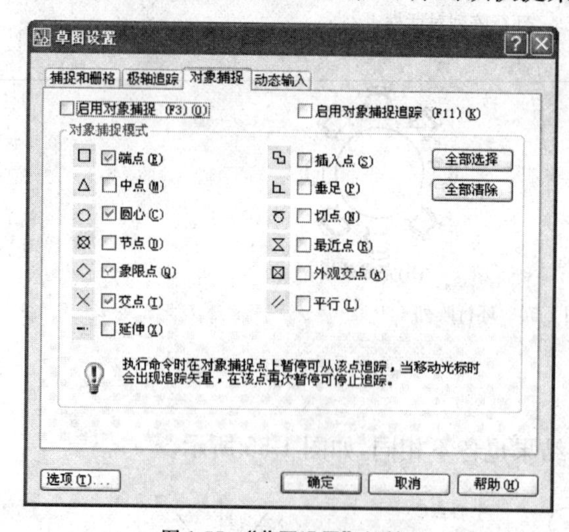

图 1-57　**“草图设置”**对话框

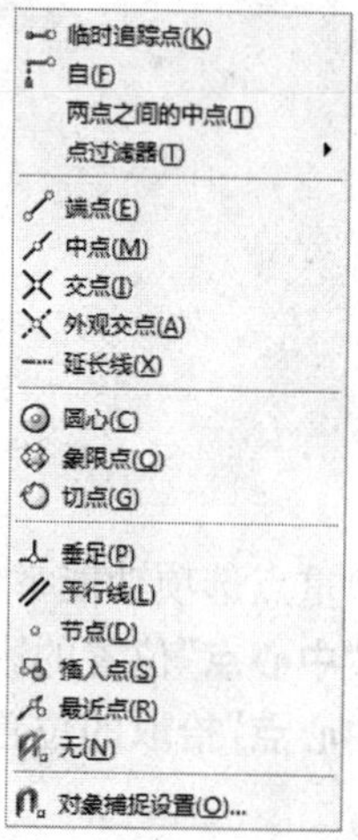

临时追踪点(K)
自(F)
两点之间的中点(T)
点过滤器(T)
端点(E)
中点(M)
交点(I)
外观交点(A)
延长线(X)
圆心(C)
象限点(Q)
切点(G)
垂足(P)
平行线(L)
节点(D)
插入点(S)
最近点(R)
无(N)
对象捕捉设置(O)...

图 1-58　**“对象捕捉”**弹出菜单

工具栏：**“对象捕捉”**工具栏，如图 1-59 所示。

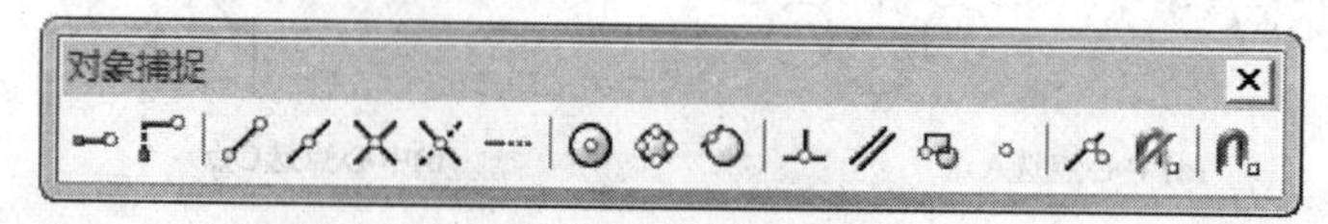

图 1-59　**“对象捕捉”**工具栏

注：以上三种对象捕捉的调用方式中，任务栏中的设置捕捉方式为“永久性”捕捉，只要任务栏中“对象捕捉”按钮打开，设置的特殊点捕捉就一直起作用；其他两种调用方式为“一次性”捕捉，调用一次只起一次作用。

(3)功能举例

①捕捉端点

“捕捉端点”用于捕捉直线段、圆弧等对象上离光标最近的端点，如图 1-60 所示。

②捕捉中点

“捕捉中点”用于捕捉直线段、圆弧等对象的中点，如图 1-61 所示。

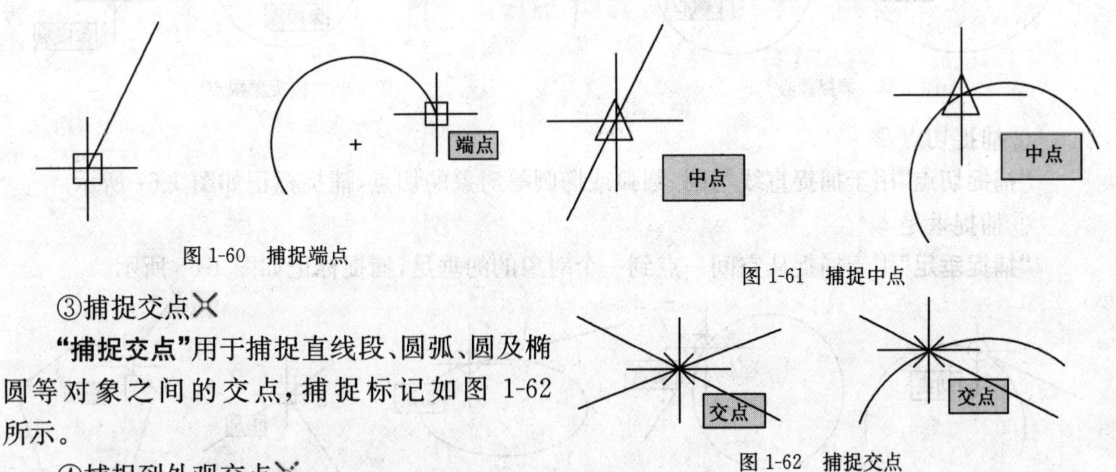

图 1-60　捕捉端点

图 1-61　捕捉中点

③捕捉交点

“捕捉交点”用于捕捉直线段、圆弧、圆及椭圆等对象之间的交点，捕捉标记如图 1-62 所示。

图 1-62　捕捉交点

④捕捉到外观交点

“捕捉外观交点”用于捕捉两个对象之间延长线的交点。

例如，如果希望将直线延伸后与圆的交点作为新绘直线的起始点，其过程如图 1-63 所示。

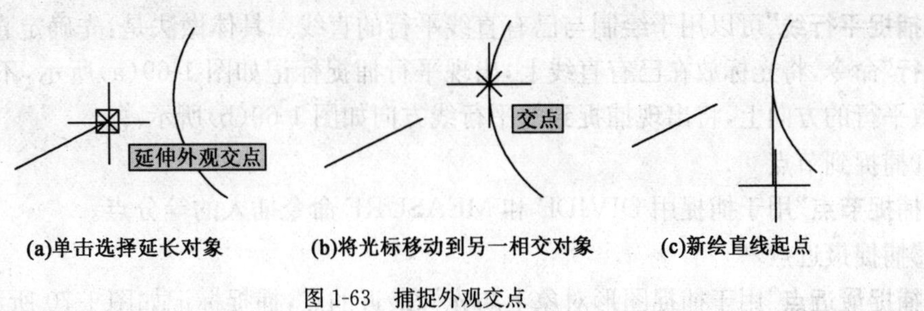

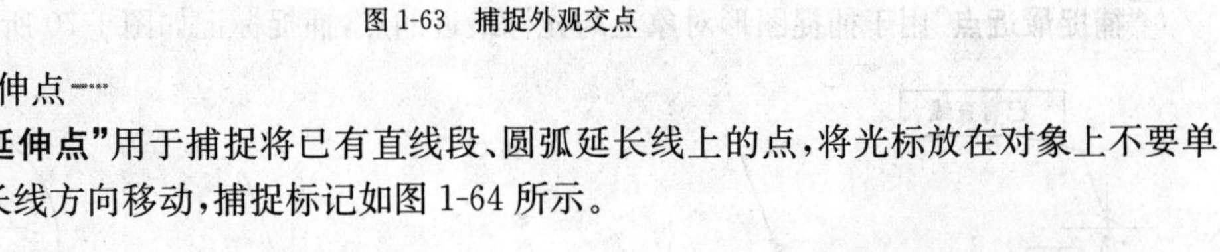

(a)单击选择延长对象　(b)将光标移动到另一相交对象　(c)新绘直线起点

图 1-63　捕捉外观交点

⑤捕捉延伸点

“捕捉到延伸点”用于捕捉将已有直线段、圆弧延长线上的点，将光标放在对象上不要单击，然后向延长线方向移动，捕捉标记如图 1-64 所示。

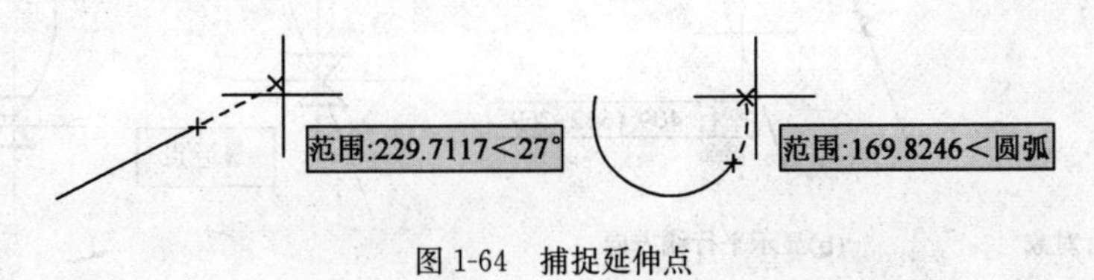

图 1-64　捕捉延伸点

⑥捕捉圆心

"捕捉圆心"用于捕捉圆或圆弧的圆心位置,捕捉标记如图 1-65 所示。

⑦捕捉象限点

"捕捉象限点"用于捕捉圆、圆弧、椭圆上的象限点,即周边上位于 0°、90°、180°或 270°位置的点,捕捉标记如图 1-66 所示。

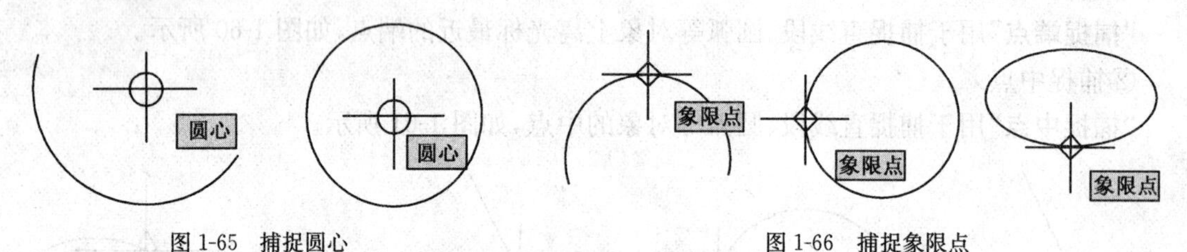

图 1-65 捕捉圆心　　图 1-66 捕捉象限点

⑧捕捉切点

"捕捉切点"用于捕捉直线与圆、圆弧或椭圆等对象的切点,捕捉标记如图 1-67 所示。

⑨捕捉垂足

"捕捉垂足"用于捕捉从空间一点到一个对象的的垂足,捕捉标记如图 1-68 所示。

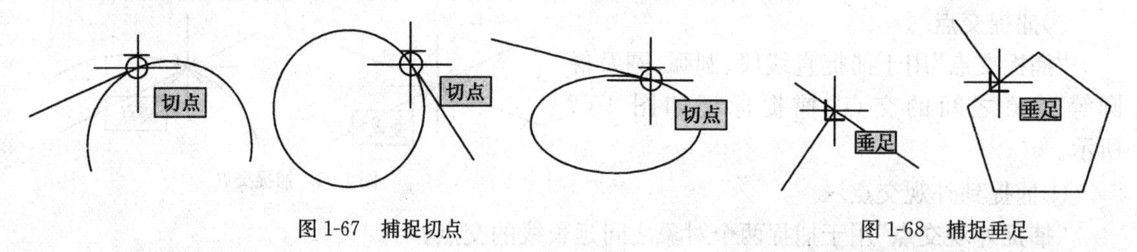

图 1-67 捕捉切点　　图 1-68 捕捉垂足

⑩捕捉到平行线

"捕捉平行线"可以用于绘制与已有直线平行的直线。具体做法是:先确定直线第一点,调用**"平行"**命令,将光标放在已有直线上,出现平行捕捉标记如图 1-69(a)所示,不要单击,再移到大致平行的方向上,将出现捕捉到的平行线方向如图 1-69(b)所示。

⑪捕捉到节点

"捕捉节点"用于捕捉用 DIVIDE 和 MEASURE 命令插入的等分点。

⑫捕捉最近点

"捕捉最近点"用于捕捉图形对象上与光标最近的点,捕捉标记如图 1-70 所示。

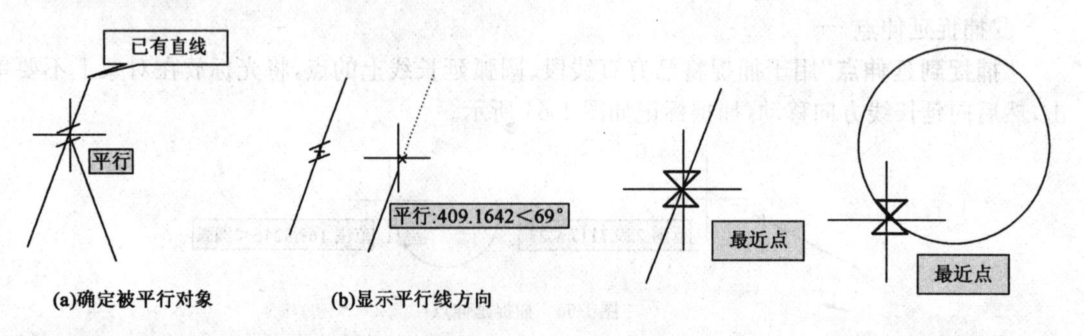

图 1-69 捕捉到平行线　　图 1-70 捕捉最近点

⑬捕捉插入点

"捕捉插入点"用于捕捉文字、属性和块等对象的定义点或插入点。

三　任务实施

绘制一个五角星。

(一)方法一

(1)用正多边形命令 POLGON 绘制正五边形,如图 1-71 所示。

操作步骤如下:

命令:POLYGON	(调用正多边形命令)
输入边的数目<4>:5	(正多边形边数)
指定正多边形的中心点或[边(E)]:(指定绘图区内任一点)	(指定正多边形的中心点)
输入选项[内接于圆(I)/外切于圆(C)]<I>:回车	(选择内接于圆选项)
指定圆的半径:120	(指定正多边形内接圆半径)

(2)打开**"端点"**、**"交点"**捕捉功能,用直线命令 LINE 相互连接正五边形的 5 个顶点,如图 1-72 所示。

(3)用直线命令 LINE 分别连接正五边形的 5 个顶点与对应的交点,选中并按按钮删除五边形,如图 1-73 所示。

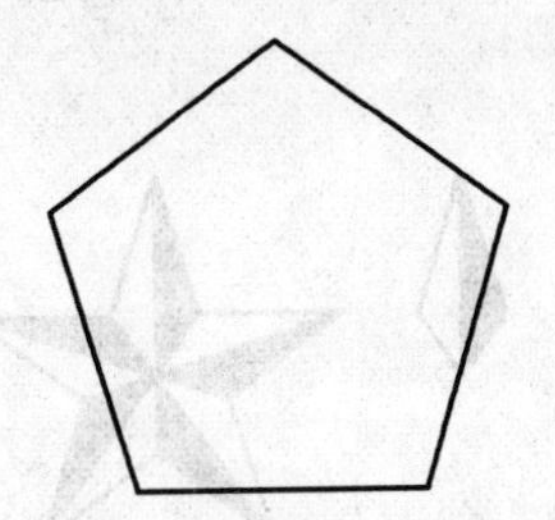

图 1-71　绘制正五边形

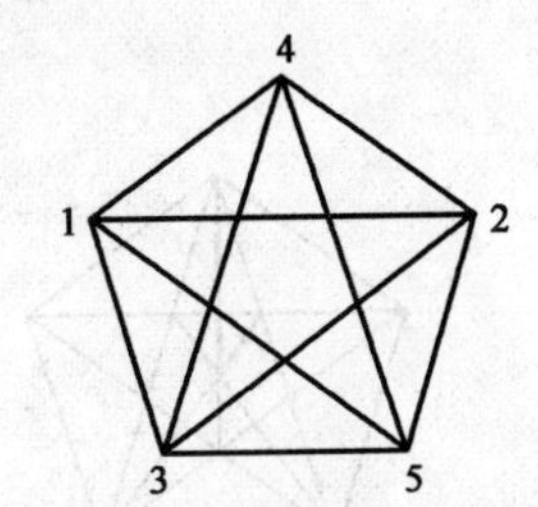

图 1-72　连接正五边形的顶点

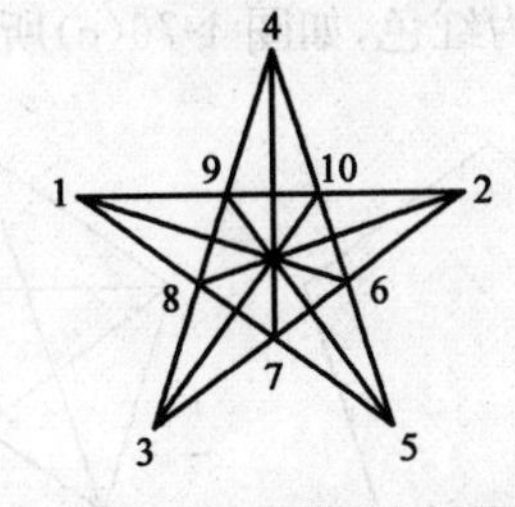

图 1-73　连接正五边形的顶点与对应的交点

(4)用修剪命令 TRIM 剪去多余的线段,如图 1-74 所示。

操作步骤如下:

命令:TRIM	(调用修剪命令)
选择剪切边...选择对象或<全部选择>:选择线段 12、23、34、45、51	(选择剪切边)
选择对象:回车	(结束选择)
选择要修剪的对象,或按住 Shift 键选择要延伸的对象,或[栏选(F)/窗交(C)/投影(P)/边(E)/删除(R)/放弃(U)]:选择 6—7、7—8、8—9、9—10、10—6 线段	(选择要修剪的对象)
选择要修剪的对象,或按住 Shift 键选择要延伸的对象,或[栏选(F)/窗交(C)/投影(P)/边(E)/删除(R)/放弃(U)]:回车	(结束选择)

(5)用填充命令 BHATCH 给五角星填充颜色。

①调用图案填充命令,打开**"图案填充和渐变色"**对话框:

②在**"类型和图案"**选项组中,选择图案**"SOLID"**;

③在**"样例"**中选择**"红色"**;

④填充区域选择 A、B、C、D、E 区域。

填充结果如图 1-75 所示。

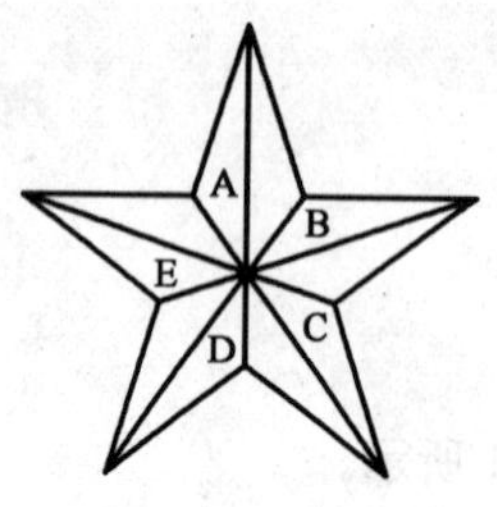

图 1-74　剪去多余线段

图 1-75　填充图案颜色

(二)方法二

(1)用正多边形命令 POLGON 绘制正五边形。

调用正五边形命令,绘制正五边形,如图 1-76(a)所示。

(2)用直线命令 LINE 相互连接正五边形的 5 个顶点,如图 1-76(b)所示。

(3)绘制五角星的一个角并填充。

①用直线命令 LINE 连接正五边形的顶点与对应的交点,形成五角星的一个角;

②移动出上步中的五角星一角;

③用填充命令 BHATCH 对五角星一角的左半个三角形进行填充,填充 SOLID 预定义图案,颜色为红色,如图 1-76(c)所示。

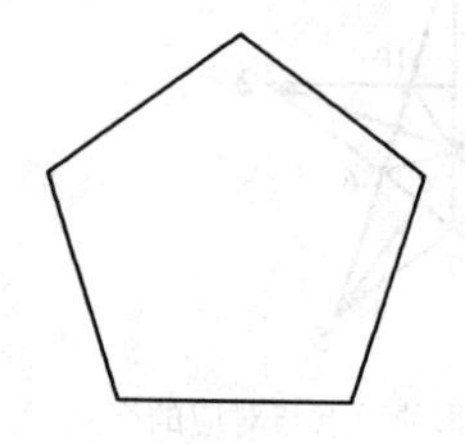

(a)绘制五边形

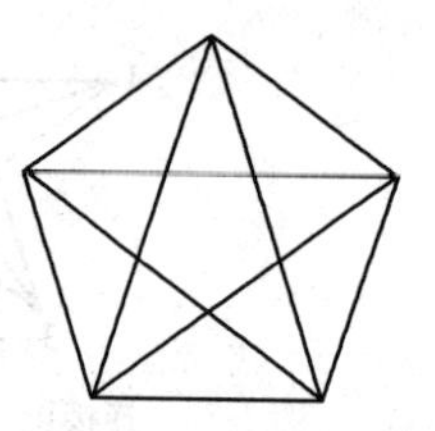

(b)连接正五边形顶点

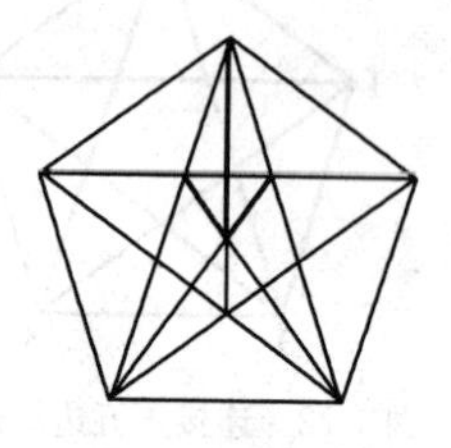

(c)绘制五角星一角

(d)阵列五角星一角

图 1-76　绘制五角星(方法二)

(4)将五角星一角进行阵列。

①调用阵列 ARRAY 命令,打开**"阵列"**对话框;

②选择环形阵列;

③阵列中心选择五角星一角的最下点;

④项目总数输入**"5"**;

⑤填充角度输入**"360"**。

阵列结果如图 1-76(d)所示。

四　训练与提高

绘制如图 1-77 所示的图形。

图 1-77　练习图形

实例 1-3　绘制太极图

一　实例分析

图 1-78 为太极图，绘制太极图主要使用绘制圆命令 CIRTCLE 和绘制圆弧命令 ARC 来完成图线绘制，再使用图案填充 BHATCH 命令对太极图进行填充。

图 1-78　太极图

二　相关知识

(一)绘制圆命令

(1)功能

绘制圆，可以用 6 种方式绘制。

(2)命令调用方式

下拉菜单：**“绘图”/“圆”**/级联子菜单(6 种方式)

工具栏：**“绘图”/“圆”**

命令行：CIRCLE(C)

(3)命令举例

【例 1-19】　根据圆心、半径画圆(默认方式)，如图 1-79(a)所示。

操作步骤如下：

命令：CIRCLE	(调用圆命令)
指定圆的圆心或[三点(3P)/两点(2P)/相切、相切、半径(T)]：单击 A 点	(指定圆心)
指定圆的半径或[直径(D)]：单击 B 点或输入 50	(具体操作如图 1-79 所示)

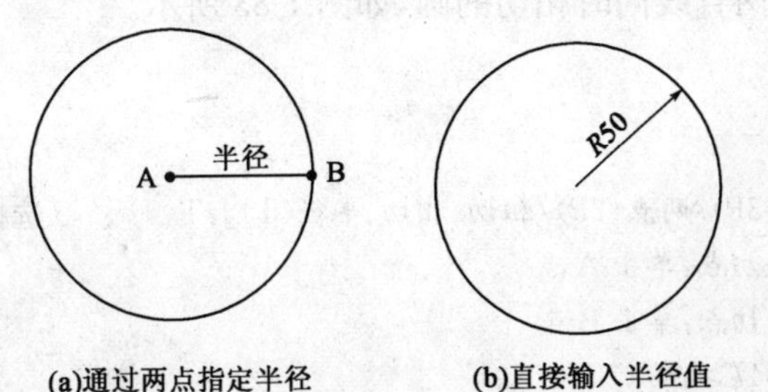

(a)通过两点指定半径　　(b)直接输入半径值

图 1-79　圆心、半径方式画圆

【例 1-20】 根据圆心、直径画圆，如图 1-80(a)所示。

操作步骤如下：

命令：CIRCLE　（调用圆命令）
指定圆的圆心或[三点(3P)/两点(2P)/相切、相切、半径(T)]：单击 A 点　（指定圆心）
指定圆的半径或[直径(D)]：D　（选择输入直径的方式）
指定圆的直径：单击 C 点或输入直径值 50　（具体操作如图 1-80 所示）

【例 1-21】 以直线 AB 为直径画圆，如图 1-81 所示。

操作步骤如下：

命令：CIRCLE　（调用圆命令）
指定圆的圆心或[三点(3P)/两点(2P)/相切、相切、半径(T)]：2P　（选择两点画圆方式）
指定圆直径的第一个端点：单击 A 点
指定圆直径的第二个端点：单击 B 点

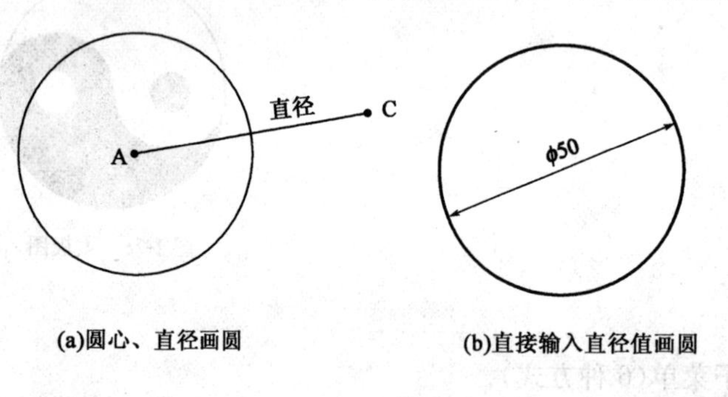

(a)圆心、直径画圆　(b)直接输入直径值画圆

图 1-80　圆心、直径画圆

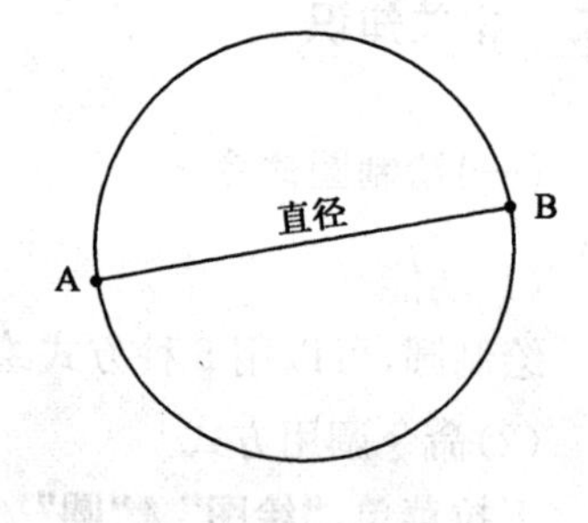

图 1-81　两点定圆

【例 1-22】 绘制三角形 ABC 的外接圆，如图 1-82 所示。

操作步骤如下：

命令：CIRCLE　（调用圆命令）
指定圆的圆心或[三点(3P)/两点(2P)/相切、相切、半径(T)]：3P　（选择三点画圆方式）
指定圆上的第一个点：单击 A 点
指定圆上的第二个点：单击 B 点
指定圆上的第三个点：单击 C 点

【例 1-23】 绘制与两直线同时相切的圆，如图 1-83 所示。

操作步骤如下：

命令：CIRCLE　（调用圆命令）
指定圆的圆心或[三点(3P)/两点(2P)/相切、相切、半径(T)]：T　（选择相切、相切、半径方式画圆）
指定对象与圆的第一个切点：单击 A 点　（选择第一个相切对象）
指定对象与圆的第二个切点：单击 B 点　（选择第二个相切对象）
指定圆的半径<187.4547>：100　（输入圆的半径）

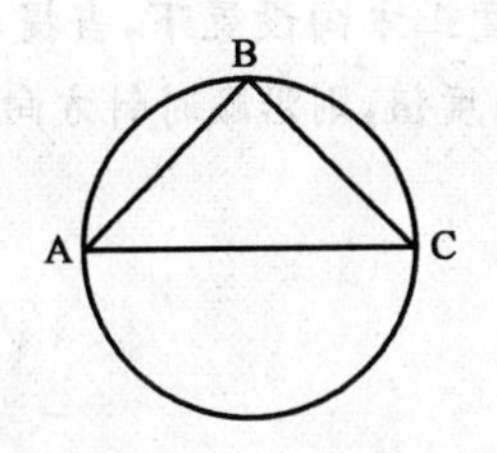

图 1-82　三点定圆

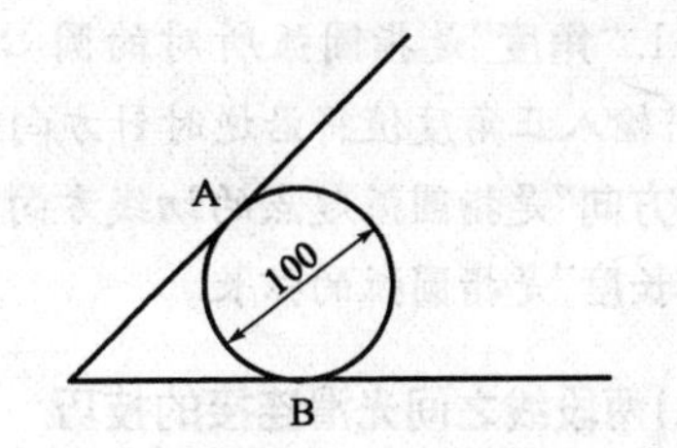

图 1-83　指定两相切对象、半径定圆

【例 1-24】 绘制三角形的内切圆，如图 1-84 所示。

操作步骤如下：

对象捕捉只打开"切点"捕捉功能	
命令：CIRCLE	（调用圆命令）
指定圆的圆心或[三点(3P)/两点(2P)/相切、相切、半径(T)]：3P	（选择三点画圆方式）
指定圆上的第一个点：_tan 到单击边 AB	（选择第一个相切对象）
指定圆上的第二个点：_tan 到单击边 BC	（选择第二个相切对象）
指定圆上的第三个点：_tan 到单击边 AC	（选择第三个相切对象）

(二)圆弧绘制命令

(1)功能

绘制圆弧，共有 11 种方式。

(2)命令调用方式

下拉菜单：**"绘图"** / **"圆弧"** / 级联子菜单(11 种方式)

工具栏：**"绘图"** / **"圆弧"**

命令行：ARC(AC)

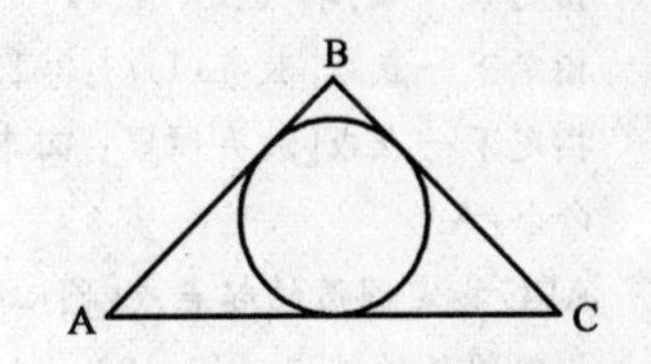

图 1-84　指定 3 个相切对象定圆

(3)命令说明

执行 ARC 命令，默认方式是三点绘制圆弧，即用光标指定圆弧起点、第二点、端点，即可绘制圆弧。如果选择其他绘制圆弧方式，可通过根据命令行输入其他圆弧要素选项，也可通过下拉菜单**"绘图"** / **"圆弧"**右边的级联子菜单来选择绘制方式，下拉菜单中有 11 种绘制圆弧方式，其中有 3 种与其他方式重复，实际上是有 8 种，如图 1-85 所示。

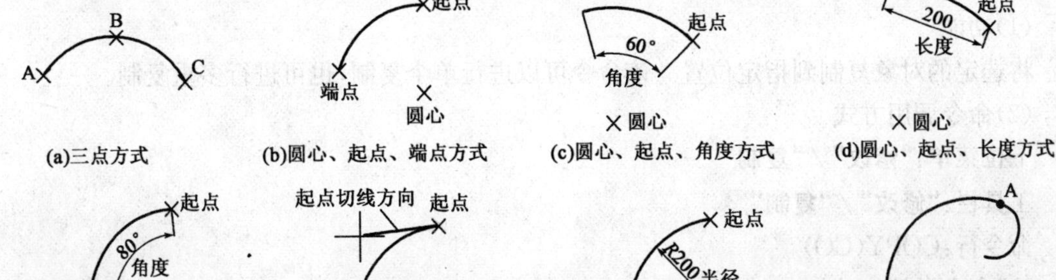

图 1-85　绘制圆弧的各种方式

注：1.“**角度**”是指圆弧所对的圆心角的角度。在默认角度正方向设置下，当提示“**指定包含角**”时，若输入正角度值将沿逆时针方向绘制圆弧；如果输入负角度值，则沿顺时针方向绘制圆弧。

2.“**方向**”是指圆弧起点的切线方向。

3.“**长度**”是指圆弧的弦长。

(三)两段线之间光滑连接的技巧

在绘制完一条直线或圆弧后，AutoCAD系统能自动记住最后一点的位置坐标和切线方向，在绘制下一条直线或圆弧时，当系统提示让指定第一点时，直接按回车键，系统则自动将上一段最后一点的位置坐标和切线方向作为下一段的起点和切线方向，从而实现两段之间的光滑连接。

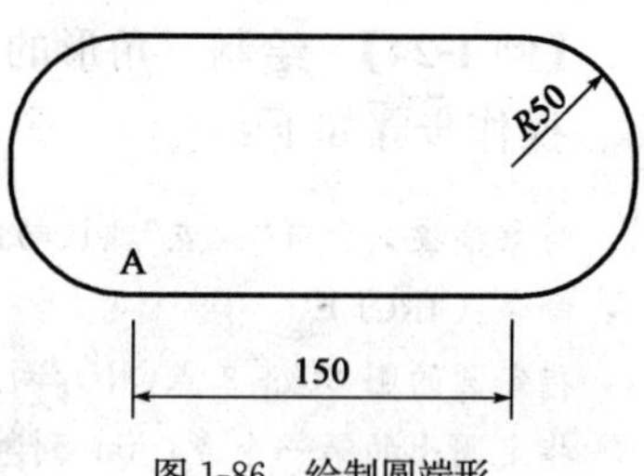

图 1-86 绘制圆端形

【例 1-25】 绘制一个圆端形，如图 1-86 所示。

操作步骤如下：

命令：LINE	(调用直线命令)
指定第一点：单击任一点 A	(输入直线的第一点)
指定下一点或[放弃(U)]：@150,0	(输入直线下一点相对于起点的坐标)
指定下一点或[放弃(U)]：回车	(结束直线命令)
命令：A	(调用圆弧命令)
ARC 指定圆弧的起点或[圆心(C)]：回车	(用上一段的终点作为起点)
指定圆弧的端点：@0,100	(输入圆弧端点相对于起点的坐标)
命令：L	(再次调用直线命令)
LINE 指定第一点：回车	(用上一段的终点作为起点)
直线长度：150	(输入直线的长度)
指定下一点或[放弃(U)]：回车	(结束直线命令)
命令：A	(再次调用圆弧命令)
ARC 指定圆弧的起点或[圆心(C)]：回车	(用上一段的终点作为起点)
指定圆弧的端点：选择 A 点	(选择 A 点作为圆弧的端点)

(四)对象复制命令

(1)功能

将选定的对象复制到指定位置。该命令可以进行单个复制，也可进行多重复制。

(2)命令调用方式

下拉菜单：**“修改”/“复制”**

工具栏：**“修改”/“复制”**

命令行：COPY(CO)

(3)命令举例

【例 1-26】 将圆进行多重复制，如图 1-87 所示。

操作步骤如下：

命令:COPY　（调用复制命令）
选择对象:选择圆　（选择复制对象）
选择对象:回车　（结束选择）
指定基点或[位移(D)]<位移>:拾取圆心 O　（以圆心 O 作为复制的基点）
指定第二个点或<使用第一个点作为位移>:选择 A 点　（指定复制的目标点位置）
指定第二个点或<使用第一个点作为位移>:依次选择 B、C、D、E、F
（指定其他目标点的位置,实现多重复制）
指定第二个点或<使用第一个点作为位移>:回车　（结束命令）

三　任务实施

绘制太极图。

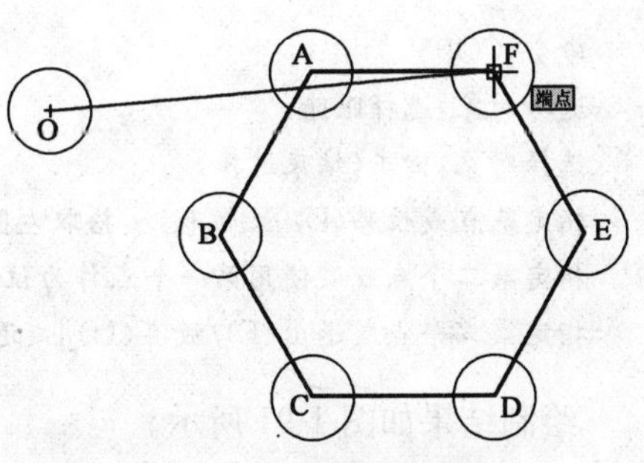

图 1-87　多重复制对象

(一)方法一

(1)绘制任意一个圆。

(2)分别以大圆圆心 O 和左右两个象限点 A、B 为小圆直径的两端点,绘制两个小圆打开对象捕捉的**“端点”“圆心”“象限点”“交点”**选项。

操作步骤如下:

命令:CIRCLE
指定圆的圆心或[三点(3P)/两点(2P)/相切、相切、半径(T)]:2P
指定圆直径的第一个端点:拾取点 A
指定圆直径的第二个端点:拾取圆心 O

重复 CIRCLE 命令,操作同上,绘制第二个圆,如图 1-88 所示。

(3)修剪左圆的上半圆和右圆的下半圆。

命令:TRIM
选择剪切边...
选择对象或<全部选择>:选择一个大圆和两个小圆
选择对象:回车(结束选择)
选择要修剪的对象,或按住 Shift 键选择要延伸的对象,或
[栏选(F)/窗交(C)/投影(P)/边(E)/删除(R)/放弃(U)]:单击左圆的上半部分和右圆的下半部分
选择要修剪的对象,或按住 Shift 键选择要延伸的对象,或
[栏选(F)/窗交(C)/投影(P)/边(E)/删除(R)/放弃(U)]:回车(结束命令)

绘制结果如图 1-89 所示。

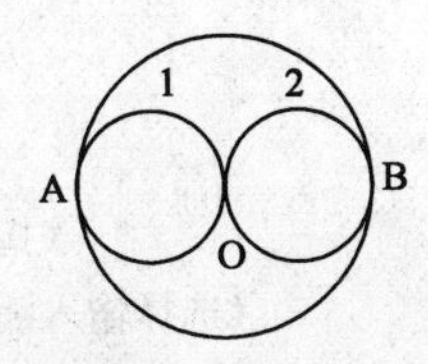

图 1-88　绘制两个小圆

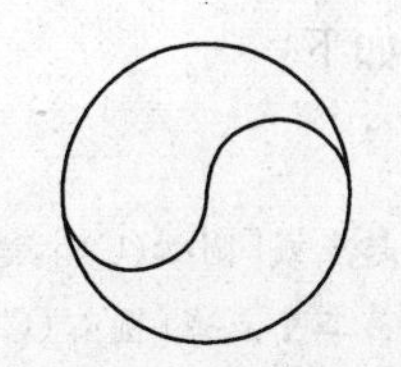
图 1-89　修剪两个小圆

(4)绘制双头鱼的一个眼睛。

操作步骤如下：

命令：CIRCLE

指定圆的圆心或[三点(3P)/两点(2P)/相切、相切、半径(T)]：拾取左圆的圆心 C

指定圆的半径或直径(D)]：光标拖动指定半径

绘制结果如图 1-90 所示。

(5)复制出双头鱼的另一只眼睛。

操作步骤如下：

命令：COPY

选择对象：选择眼睛

选择对象：回车(结束选择)

指定基点或位移(D)]<位移>：拾取左圆的圆心 C

指定第二个点或<使用第一个点作为位移>：拾取右圆的圆心 D

指定第二个点或退出(E)/放弃(U)]<退出>：回车(结束命令)

绘制结果如图 1-91 所示。

(6)填充颜色。

调用图案填充命令，打开**“图案填充和渐变色”**对话框。

在**“类型和图案”**选项组中，选择 SOLID 预定义图案，在样例中选择黑色。

填充边界选择左眼睛内的区域和右眼睛外的鱼身区域。

填充结果如图 1-92 所示。

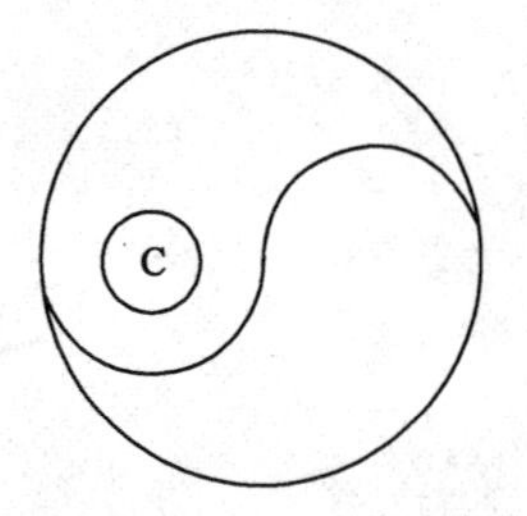

图 1-90 绘制双头鱼的一只眼睛

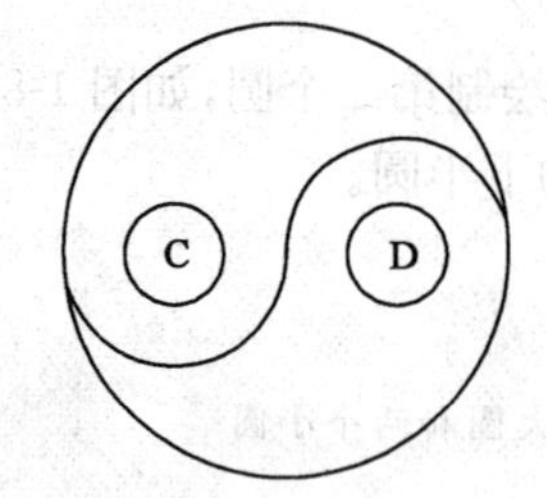

图 1-91 复制出另一只双头鱼眼睛

图 1-92 填充颜色

(二)方法二

(1)绘制一个圆。

(2)用圆弧命令绘制左侧的下半圆和右侧的上半圆。

操作步骤如下：

命令：ARC	(调用圆弧命令)
指定圆弧的起点或[圆心(C)]：选择 A 点	(指定圆弧的起点)
指定圆弧的第二个点或[圆心(C)/端点(E)]：E	(选择输入圆弧端点的方式)
指定圆弧的端点：选择圆心 O	(指定圆弧的端点)

指定圆弧的圆心或[角度(A)/方向(D)/半径(R)]:A　　(选择输入圆弧角度的方式)
指定包含角:180　　(输入圆弧的角度)
命令:回车　　(重新调用圆弧命令)
ARC 指定圆弧的起点或[圆心(C)]:回车　　(用上一段圆弧的端点作为下一段的起点)
指定圆弧的端点:选择 B 点　　(指定圆弧的端点)

绘制结果如图 1-93 所示。

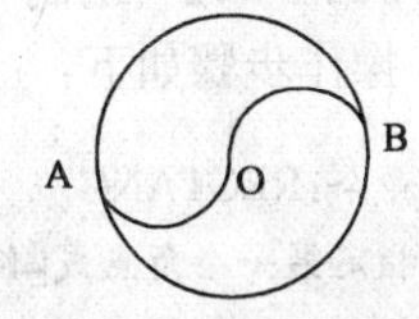

图 1-93　绘制两个半圆弧

(3)绘制双头鱼的眼睛(与方法一同)。
(4)填充颜色(与方法一同)。

四　训练与提高

绘制如图 1-94 所示的图形。

图 1-94　练习图形

实例 1-4　绘制运动场跑道

一　实例分析

图 1-95 为一个运动场的跑道。跑道的形状为几条圆端形平行线,绘制时可以用矩形命令 RECTANG 的圆角矩形方式绘制一个圆端形,再用偏移命令 OFFSET 作出其他平行线。

二　相关知识

(一)绘制矩形命令

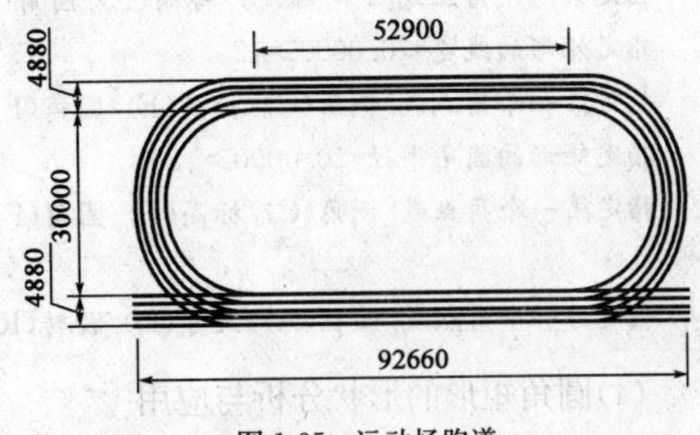

图 1-95　运动场跑道

(1)功能
绘制矩形、带倒角的矩形、带圆角的矩形。
(2)命令调用方式
下拉菜单:**“绘图”/“矩形”**
工具栏:**“绘图”/“矩形”**
命令行:RECTANG(REC)
(3)命令举例

【例 1-27】　绘制一个长 100、宽 80 的矩形,如图 1-96(a)所示。
操作步骤如下:

命令:RECTANG　　(调用矩形命令)
指定第一个角点或[倒角(C)/标高(E)/圆角(F)/厚度(T)/宽度(W)]:单击任一点
　　(指定矩形的第一个角点)
指定另一个角点或[面积(A)/尺寸(D)/旋转(R)]:@100,80　　(输入对角点的相对坐标)

【例 1-28】 绘制一个长 100、宽 80 的矩形,4 个角带 20×20 的倒角,如图 1-96(b)所示。

操作步骤如下:

命令:RECTANG　　(调用矩形命令)
指定第一个角点或[倒角(C)/标高(E)/圆角(F)/厚度(T)/宽度(W)]:C　　(选择设置倒角)
指定矩形的第一个倒角距离＜0.0000＞:20　　(输入第一倒角距离)
指定矩形的第二个倒角距离＜20.0000＞:20　　(输入第二倒角距离)
指定第一个角点或[倒角(C)/标高(E)/圆角(F)/厚度(T)/宽度(W)]:单击任一点
　　(指定矩形的第一个角点)
指定另一个角点或[面积(A)/尺寸(D)/旋转(R)]:@100,80　　(输入对角点的相对坐标)

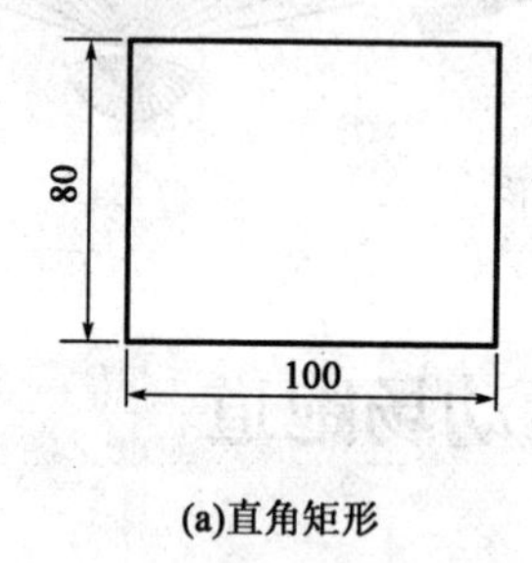

(a)直角矩形

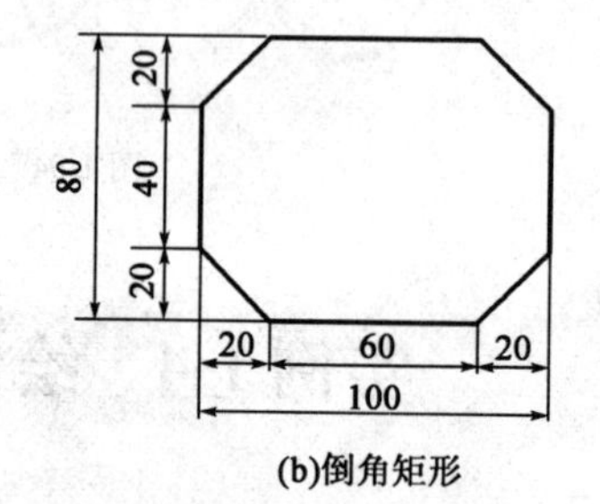

(b)倒角矩形

图 1-96　绘制直角和倒角矩形

【例 1-29】 绘制一个长 100、宽 80 的矩形,4 个角带半径为 20 的圆角,矩形的线宽为 2,如图 1-97(a)所示。

操作步骤如下:

命令:RECTANG　　(调用矩形命令)
指定第一个角点或[1 倒角(C)/标高(E)/圆角(F)/厚度(T)/宽度(W)]:W　　(选择设置矩形线宽)
指定矩形的线宽＜0.0000＞:2　　(输入矩形线宽)
指定第一个角点或[倒角(C)/标高(E)/圆角(F)/厚度(T)/宽度(W)]:F　　(选择设置圆角)
指定矩形的圆角半径＜0.0000＞:20　　(输入圆角半径)
指定第一个角点或[倒角(C)/标高(E)/圆角(F)/厚度(T)/宽度(W)]:单击任一点
　　(指定矩形的第一个角点)
指定另一个角点或[面积(A)/尺寸(D)/旋转(R)]:@100,80　　(输入对角点的相对坐标)

(4)圆角矩形的形状分析与应用

①圆角矩形的形状分析

分析图 1-97(a)中的圆角矩形可知:

a. 圆角矩形的长边长度 100=中间直线段长度 60+两个圆角半径 40;

b. 圆角矩形的短边长度 80=中间直线段长度 40+两个圆角半径 40;

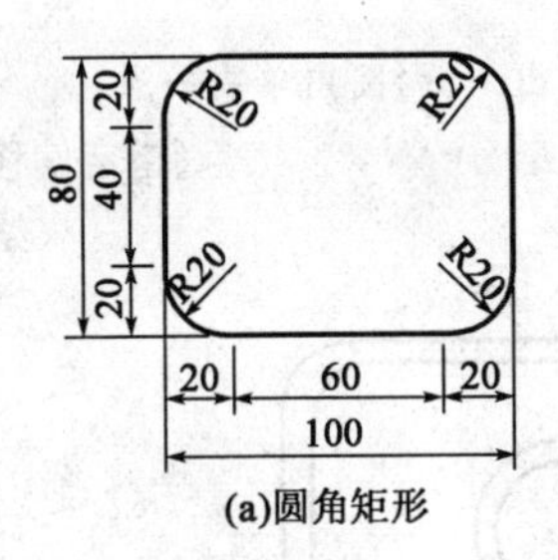

(a)圆角矩形

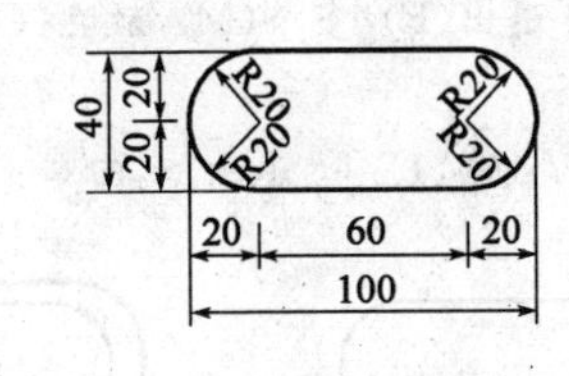

(b)圆端形

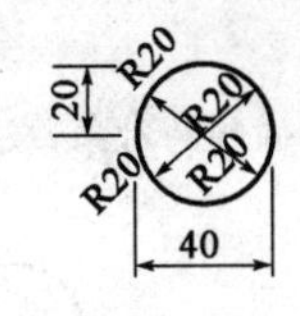

(c)圆形

图 1-97 绘制圆角矩形

若将圆角矩形的短边长度改为 40＝中间直线段长度 0＋两个圆角半径 40，则圆角矩形变为图 1-97(b)中的圆端形；

若将长边、短边的长度都改为 40＝中间直线段长度 0＋两个圆角半径 40，则圆角矩形变为图 1-97(c)中的圆形。

②圆角矩形的应用

通过以上分析可知，用圆角矩形命令可以绘制出圆端形，绘制时只需将参数作以下处理：

a. 圆角半径设为圆端形的宽度的一半；

b. 圆角矩形的长边长度＝圆端形两个半圆的圆心距＋两个圆角半径长；

c. 圆角矩形的短边长度＝两个圆角半径长。

(二)偏移对象命令

(1)功能

用于创建同心圆、平行线或等距曲线，偏移操作又称为偏移复制。

偏移有两种方式：可以指定偏移距离创建偏移对象，也可以通过一个点创建偏移对象。

(2)命令调用方式

下拉菜单：**“修改”/“偏移”**

工具栏：**“修改”/“偏移”**

命令行：OFFSET(O)

(3)命令举例

【例 1-30】 绘制洗菜盆的平面图，如图 1-98 所示。

①用圆角矩形命令绘制洗菜盆的内边，矩形长 120，宽 80，圆角半径 20；

②用圆命令绘制洗菜盆下水口的外边，圆的直径为 16；

③用偏移命令 OFFSET 偏移出洗菜盆的外边、下水口的内边。

操作步骤如下：

```
命令：OFFSET                                                        (调用偏移命令)
当前设置：删除源＝否  图层＝源  OFFSETGAPTYPE＝0
指定偏移距离或[通过(T)/删除(E)/图层(L)]<通过>：5                       (指定偏移距离)
选择要偏移的对象，或[退出(E)/放弃(U)]<退出>：选择矩形                     (选择偏移对象)
指定要偏移的那一侧上的点，或[退出(E)/多个(M)/放弃(U)]<退出>：向矩形外单击一点
                                                                  (指定偏移的方向)
选择要偏移的对象，或[退出(E)/放弃(U)]<退出>：选择圆                       (选择偏移对象)
```

指定要偏移的那一侧上的点,或[退出(E)/多个(M)/放弃(U)]<退出>:向圆内单击一点 (指定偏移的方向)

选择要偏移的对象,或[退出(E)/放弃(U)]<退出>:回车 (结束命令)

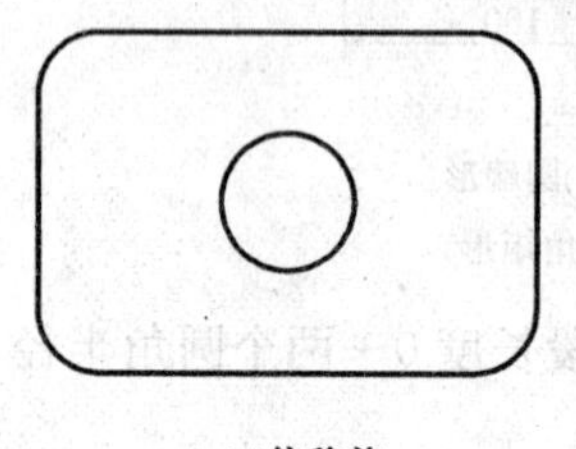

(a)偏移前

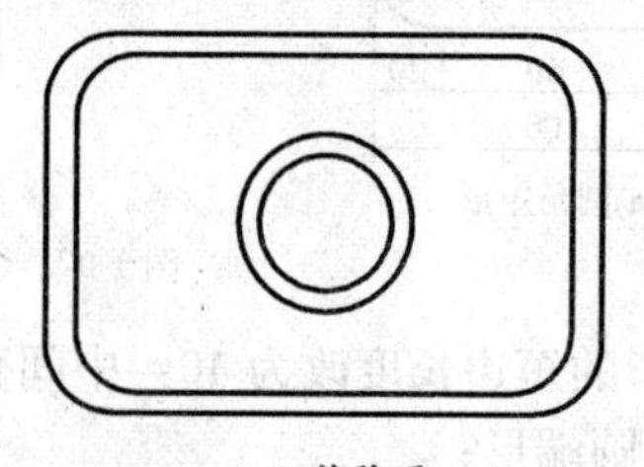

(b)偏移后

图 1-98 指定距离偏移对象

【例 1-31】 作一个圆弧通过 C 点且与圆弧 AB 平行,如图 1-99 所示。

操作步骤如下:

命令:OFFSET (调用偏移命令)
当前设置:删除源=否 图层=源 OFFSETGAPTYPE=0
指定偏移距离或[通过(T)/删除(E)/图层(L)]<通过>:T (选择通过点的方式偏移)
选择要偏移的对象,或[退出(E)/放弃(U)]<退出>:选择圆弧 AB (选择偏移对象)
指定通过点或[退出(E)/多个(M)/放弃(U)]<退出>:拾取 C 点 (选择偏移对象的通过点)
选择要偏移的对象,或[退出(E)/放弃(U)]<退出>:回车 (结束命令)

(三)拉伸对象命令

(1)功能

拉伸改变对象中被选中的特征点位置,选择对象的方式只能用交叉窗口的方式。

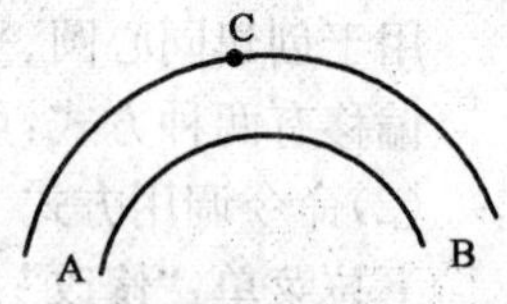

图 1-99 指定对象通过点的方式偏移

(2)命令调用方式

下拉菜单:**“修改”/“拉伸”**

工具栏:**“修改”/“拉伸”**

命令行:STRETCH(S)

(3)命令举例

【例 1-32】 将汽车水平拉长成加长汽车,如图 1-100 所示。

操作步骤如下:

命令:STRETCH (调用拉长命令)
以交叉窗口或交叉多边形选择要拉伸的对象...
选择对象:拾取点 A (指定窗口的第一点)
指定对角点:拾取点 B。找到 48 个 (指定窗口的对角点)
选择对象:回车
指定基点或[位移(D)]<位移>:拾取点 C (指定拉伸的基点)
指定第二个点或<使用第一个点作为位移>:@30,0 (指定拉伸的目标点)

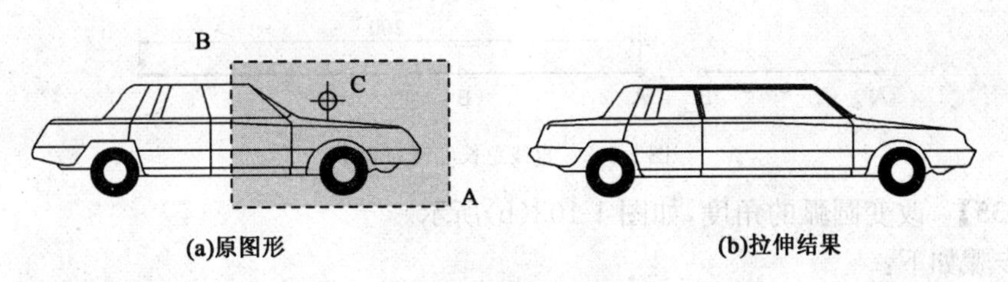

图 1-100　拉伸对象

注：1. STRETCH 命令能拉伸线段、弧、多义线等对象，但是不能拉伸圆、文本、图块等，只能将其移动。

2. 选择拉伸对象时位于选择窗口内的对象将被移动，与窗口相交的对象则被拉伸。

(四)修改长度命令

(1)功能

用于改变直线、多义线、圆弧、椭圆弧和非封闭的曲线的长度。

(2)命令调用方式

下拉菜单：**“修改”/“拉长”**

命令行：LENGTHEN(LEN)

(3)命令举例

【例 1-33】 将直线的长度延长 50，如图 1-101 所示。

操作步骤如下：

命令：LENGTHEN	(调用延长命令)
当前长度：94.376486	
选择对象或[增量(DE)/百分数(P)/全部(T)/动态(DY)]：DE	(采用指定延长量的方式)
输入长度增量或[角度(A)]<10.0000>：50	(输入延长量)
选择要修改的对象或[放弃(U)]：选择直线 AB	(选择拉长对象)
选择要修改的对象或[放弃(U)]：回车	(结束命令)

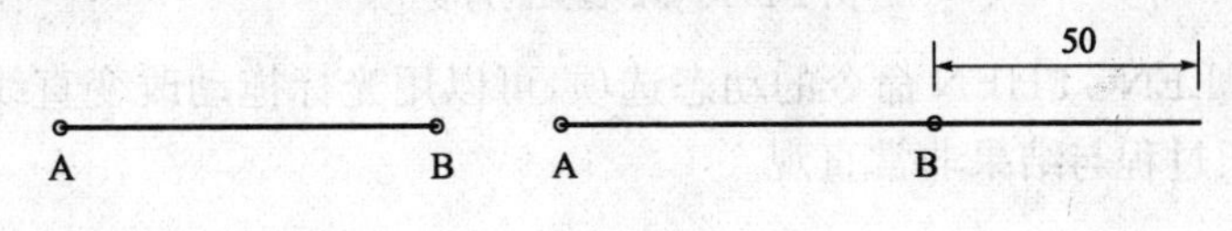

图 1-101　直线延长 50

【例 1-34】 将直线的总长度改为 200，如图 1-102 所示。

操作步骤如下：

命令：LENGTHEN	(调用延长命令)
选择对象或[增量(DE)/百分数(P)/全部(T)/动态(DY)]：T	(采用修改总长的方式)
指定总长度或[角度(A)]<1.0000)>：200	(将总长改为 200)
选择要修改的对象或[放弃(U)]：选择直线 AB	(选择拉长对象)
选择要修改的对象或[放弃(U)]：回车	(结束命令)

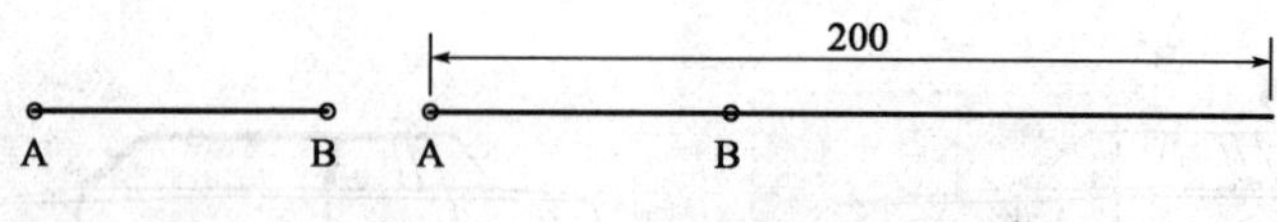

图 1-102　直线总长度改为 200

【例 1-35】 改变圆弧的角度，如图 1-103(b)所示。

操作步骤如下：

命令：LENGTHEN　　（调用延长命令）
选择对象或[增量(DE)/百分数(P)/全部(T)/动态(DY)]：T　　（采用修改总长的方式）
输入长度增量或[角度(A)]<50.000000>：A　　（采用控制角度的方式）
输入角度增量<0°0′0″>：60　　（将圆弧角度改为 60°）
选择要修改的对象或[放弃(U)]：选择圆弧　　（选择要修改的圆弧）
选择要修改的对象或[放弃(U)]：回车　　（结束命令）

【例 1-36】 将圆弧的角度增加 30°，如图 1-103(c)所示。

操作步骤如下：

命令：LENGTHEN　　（调用延长命令）
选择对象或[增量(DE)/百分数(P)/全部(T)/动态(DY)]：DE　　（采用指定延长量的方式）
输入长度增量或[角度(A)]<50.000000>：A　　（采用控制角度的方式）
输入角度增量<0°0′0″>：30　　（将圆弧角度增加 30°）
选择要修改的对象或[放弃(U)]：选择圆弧　　（选择要修改的圆弧）
选择要修改的对象或[放弃(U)]：回车　　（结束命令）

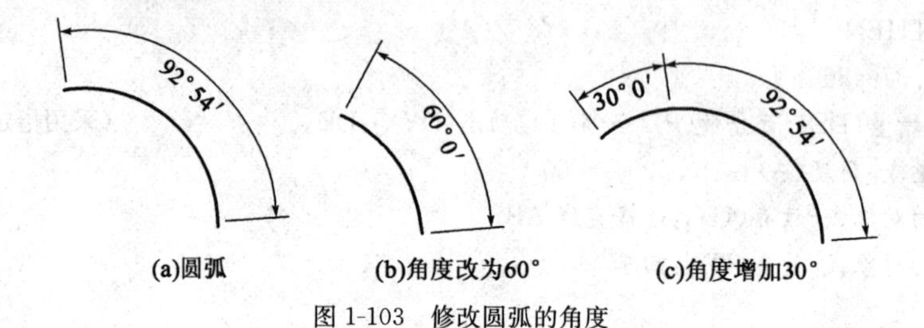

(a)圆弧　　(b)角度改为60°　　(c)角度增加30°

图 1-103　修改圆弧的角度

【例 1-37】 用 LENGTHEN 命令的动态选项，可以用光标拖动改变直线或圆弧的长度，而不改变方向，拉长过程与结果非常直观。

操作步骤如下：

命令：LENGTHEN　　（调用延长命令）
当前长度：33.736076
选择对象或[增量(DE)/百分数(P)/全部(T)/动态(DY)]：DY　　（采用直观动态的拉长方式）
选择要修改的对象或[放弃(U)]：选择一直线或圆弧，拖动光标观察结果

(五)分解命令

(1)功能

将复合对象如多段线、块、图案填充等分解成多个独立的、简单的直线或圆弧对象。

(2)命名调用方式

下拉菜单:**“修改”/“分解”**

工具栏:**“修改”/“分解”**

命令行:EXPLODE(X)

(3)命名举例

【例 1-38】 将一个矩形对象分解成 4 个直线对象,如图 1-104 所示。

操作步骤如下:

```
命令:EXPLODE                                  (调用分解命令)
选择对象:选择矩形                              (选择分解对象)
选择对象:回车                                  (结束选择并执行)
```

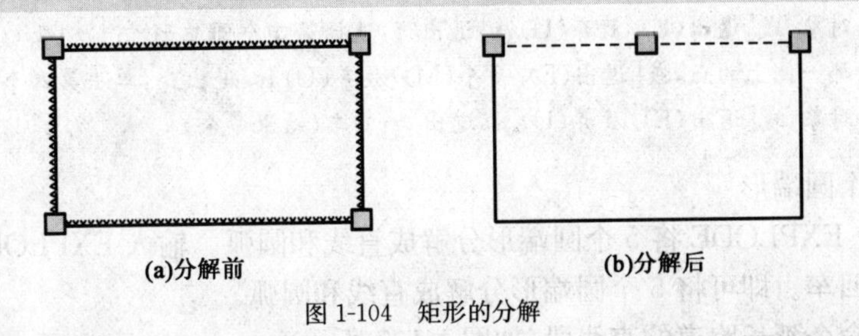

图 1-104 矩形的分解

三 任务实施

绘制跑道的内圈圆端形

(1)用矩形命令 RECTANG 的圆角方式绘制圆端形

操作步骤如下:

```
命令:RECTANG
当前矩形模式:圆角=0.000000
指定第一个角点或[倒角(C)/标高(E)/圆角(F)/厚度(T)/宽度(W)]:F
指定矩形的圆角半径<20.000000>:15000
指定第一个角点或[倒角(C)/标高(E)/圆角(F)/厚度(T)/宽度(W)]:单击任一点
指定另一个角点或[面积(A)/尺寸(D)/旋转(R)]:@82900,30000
```

绘制结果如图 1-105 所示。

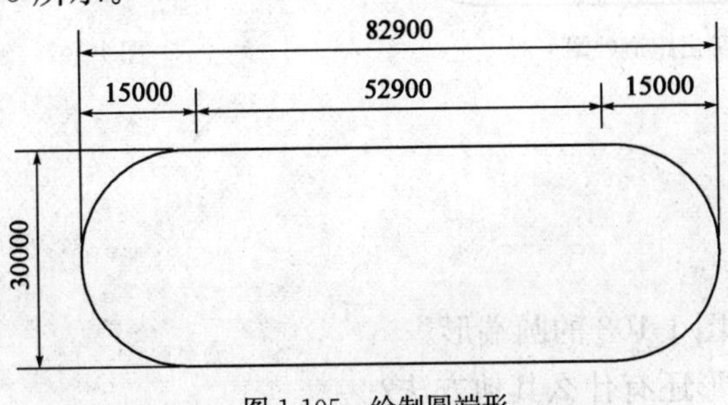

图 1-105 绘制圆端形

(2)用偏移命令OFFSET偏移出跑道外圈的4个圆端形(如图1-106所示)

操作步骤如下:

命令:OFFSET

当前设置:删除源=否　图层=源　OFFSETGAPTYPE=0

指定偏移距离或[通过(T)/删除(E)/图层(L)]<通过>:1220

选择要偏移的对象,或[退出(E)/放弃(U)]<退出>:选择圆端形

指定要偏移的那一侧上的点,或[退出(E)/多个(M)/放弃(U)]<退出>:单击圆端形外侧的一点

选择要偏移的对象,或[退出(E)/放弃(U)]<退出>:选择第二个圆端形

指定要偏移的那一侧上的点,或[退出(E)/多个(M)/放弃(U)]<退出>:单击第二个圆端形外侧的一点

选择要偏移的对象,或[退出(E)/放弃(U)]<退出>:选择第三个圆端形

指定要偏移的那一侧上的点,或[退出(E)/多个(M)/放弃(U)]<退出>:单击第三个圆端形外侧的一点

选择要偏移的对象,或[退出(E)/放弃(U)]<退出>:选择第四个圆端形

指定要偏移的那一侧上的点,或[退出(E)/多个(M)/放弃(U)]<退出>:单击第四个圆端形外侧的一点

选择要偏移的对象,或[退出(E)/放弃(U)]<退出>:回车(结束命令)

(3)分解5个圆端形

用分解命令EXPLODE将5个圆端形分解成直线和圆弧。输入EXPLODE命令后,再选中5个圆端形,回车。即可将5个圆端形分解成直线和圆弧。

(4)用拉长命令延长跑道的直线段(如图1-107所示)

命令:LENGTHEN

选择对象或[增量(DE)/百分数(P)/全部(T)/动态(DY)]:DE

输入长度增量或[角度(A)]<0.0000>:19880

选择要修改的对象或[放弃(U)]:在靠近直线的左端依次选择五条线段

选择要修改的对象或[放弃(U)]:在靠近直线的右端依次选择五条线段

选择要修改的对象或[放弃(U)]:回车(结束命令)

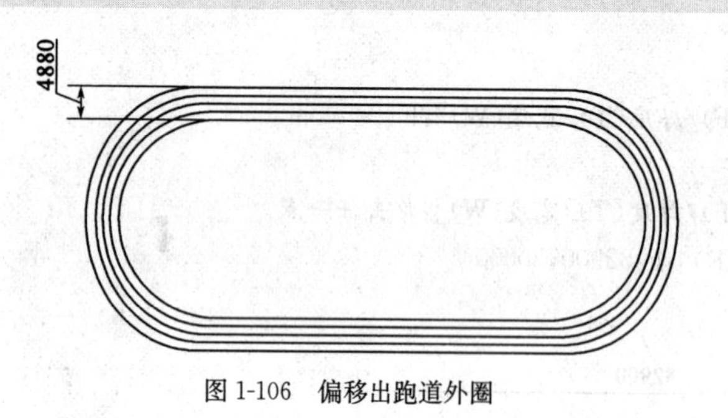

图1-106　偏移出跑道外圈

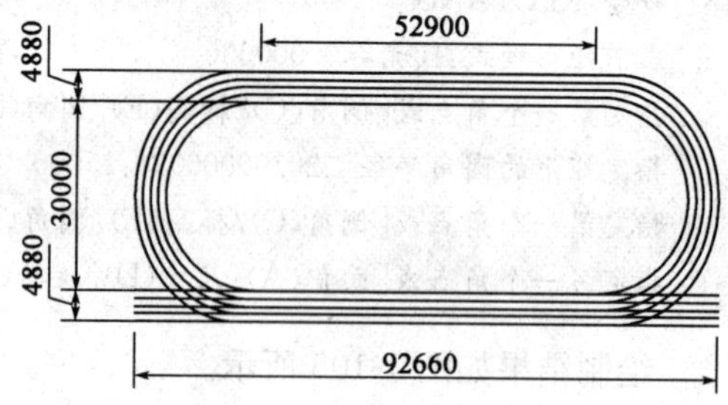

图1-107　延长跑道的直线段

四　训练与提高

(1)用矩形命令绘制图1-108的圆端形。

(2)想一想绘制圆端形还有什么其他方法?

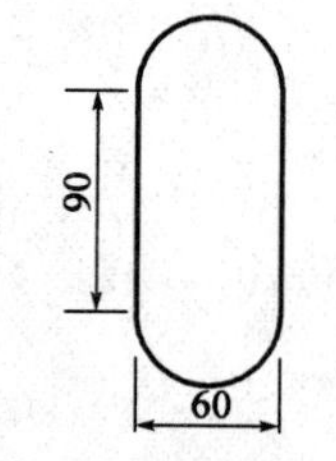

图1-108　绘制圆端形

实例 1-5　绘制星状图

一　实例分析

图 1-109 是一个星状图，由 20 条曲线在一个圆周内均匀分布而成的。每条曲线有四段宽度变化的圆弧组成，四段圆弧颜色从中心向外依次为黄、绿、红、黑，它们的线宽缓和变化，圆弧之间的连接处光滑过渡。

星状图的具体画法是先用绘制多段线的命令 PLINE 进行绘制一条由四段圆弧组成、线宽均匀变化的曲线，然后利用阵列命令 ARRAY 进行环形阵列，作出 20 条曲线，得到星状图。

图 1-109　星状图

二　相关知识

(一)多段线绘制命令

(1)功能

用于绘制一条包含若干条直线段和圆弧段、并且线宽可以变化的复合线，无论一条多段线含有多少条直线段或圆弧段，它们都是一个整体。

(2)命令调用方式

下拉菜单：**“绘图”/“多段线”**

工具栏：**“绘图”/“多段线”**

命令行：PLINE(PL)

(3)命令举例

【例 1-39】　绘制一个长度为 5、宽度为 1 的直线箭头，如图 1-110 所示。

图 1-110　直线箭头

操作步骤如下：

命令：PLINE　(调用多段线命令)
指定起点：单击 A 点　(指定 A 点作为多段线起点)
当前线宽为 0.000 0
指定下一个点或[圆弧(A)/半宽(H)/长度(L)/放弃(U)/宽度(W)]：W　(选择设置线宽选项)
指定起点宽度＜0.0000＞：1　(指定多段线起点宽度)
指定端点宽度＜1.0000＞：0　(指定多段线端点宽度)
指定下一个点或[圆弧(A)/半宽(H)/长度(L)/放弃(U)/宽度(W)]：@5,0　(输入下一点的相对坐标)
指定下一个点或[圆弧(A)/半宽(H)/长度(L)/放弃(U)/宽度(W)]：回车　(结束命令)

【例 1-40】 绘制圆弧箭头，如图 1-111 所示。

操作步骤如下：

命令：PLINE （调用多段线命令）
指定起点：单击任一点 A （指定点 A 为多段线的起点）
当前线宽为 0.000 0
指定下一个点或［圆弧(A)/半宽(H)/长度(L)/放弃(U)/宽度(W)］：W （选择设置线宽选项）
指定起点宽度 <0.000 0>：1 （指定起点宽度）
指定端点宽度 <1.000 0>：0 （指定端点宽度）
指定下一个点或［圆弧(A)/半宽(H)/长度(L)/放弃(U)/宽度(W)］：A （选择绘制圆弧段选项）
指定圆弧的端点或［角度(A)/圆心(CE)/方向(D)/半宽(H)/直线(L)/半径(R)/第二个点(S)/放弃(U)/宽度(W)］：CE （选择指定圆弧圆心选项）
指定圆弧的圆心：单击 C 点 （指定 C 点为圆弧段的圆心）
指定圆弧的端点或［角度(A)/长度(L)］：A （选择指定圆心角的方式）
指定包含角：60 （指定圆弧的圆心角为 60°）
指定圆弧的端点或［角度(A)/圆心(CE)/闭合(CL)/方向(D)/半宽(H)/直线(L)/半径(R)/第二个点(S)/放弃(U)/宽度］：单击端点 B （指定 B 点为圆弧多段线的端点）
指定圆弧的端点或［角度(A)/圆心(CE)/闭合(CL)/方向(D)/半宽(H)/直线(L)/半径(R)/第二个点(S)/放弃(U)/宽度(W)］：回车 （结束命令）

【例 1-41】 绘制包含圆弧和直线的多段线，如图 1-112 所示。

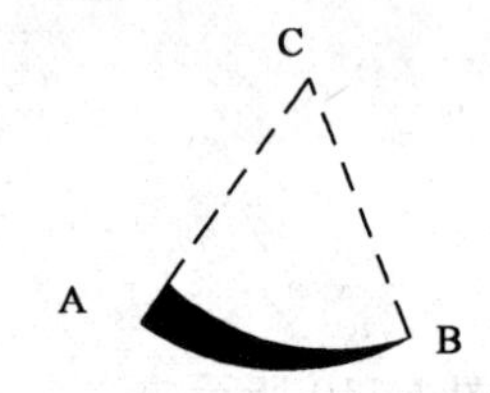

图 1-111 圆弧箭头

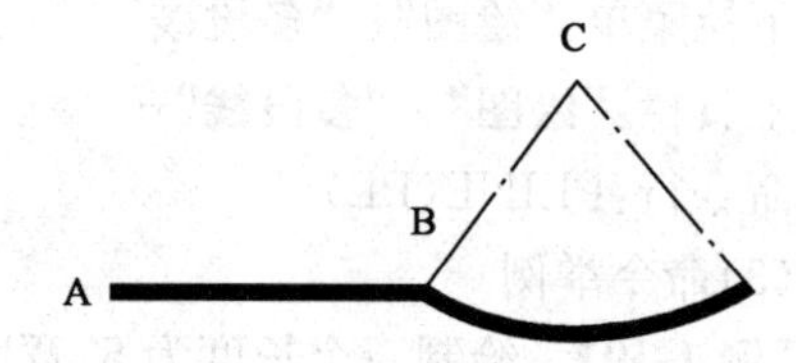

图 1-112 包含直线和圆弧的多段线

操作步骤如下：

命令：PLINE （调用多段线命令）
指定起点：单击任一点 A （指定多段线的起点）
当前线宽为 1.000 0
指定下一个点或［圆弧(A)/半宽(H)/长度(L)/放弃(U)/宽度(W)］：W （选择设置线宽选项）
指定起点宽度 <1.000 0>：1 （指定起点宽度）
指定端点宽度 <1.000 0>：1 （指定端点宽度）
指定下一个点或［圆弧(A)/半宽(H)/长度(L)/放弃(U)/宽度(W)］：@20,0 （指定下一点 B 的相对坐标）
指定下一点或［圆弧(A)/闭合(C)/半宽(H)/长度(L)/放弃(U)/宽度(W)］：A （选择绘制圆弧选项）
指定圆弧的端点或［角度(A)/圆心(CE)/闭合(CL)/方向(D)/半宽(H)/直线(L)/半径(R)/第二个点(S)/放弃(U)/宽度(W)］：CE （选择指定圆心选项）

指定圆弧的圆心：指定圆弧圆心 C　　　　（指定圆弧圆心）
指定圆弧的端点或[角度(A)/长度(L)]：A　　　　（选择指定角度选项）
指定包含角：60　　　　（输入圆弧的角度 60°）
指定圆弧的端点或[角度(A)/圆心(CE)/闭合(CL)/方向(D)/半宽(H)/直线(L)/半径(R)/第二个点(S)/放弃(U)/宽度(W)]：回车　　　　（结束命令）

【例 1-42】 创建包括圆弧和直线的多段线，其中圆弧和多段线相切，如图 1-113 所示。

操作步骤如下：

命令：PLINE　　　　（调用多段线命令）
指定起点：单击任一点 A　　　　（指定多段线起点）
当前线宽为 1.000 0
指定下一个点或[圆弧(A)/半宽(H)/长度(L)/放弃(U)/宽度(W)]：@20,0（输入下一点 B 的相对坐标）
指定下一点或[圆弧(A)/闭合(C)/半宽(H)/长度(L)/放弃(U)/宽度(W)]：A　　　　（选择绘制圆弧选项）
指定圆弧的端点或[角度(A)/圆心(CE)/闭合(CL)/方向(D)/半宽(H)/直线(L)/半径(R)/第二个点(S)/放弃(U)/宽度(W)]：单击点 C　　　　（指定某一点 C 作为圆弧端点）
指定圆弧的端点或[角度(A)/圆心(CE)/闭合(CL)/方向(D)/半宽(H)/直线(L)/半径(R)/第二个点(S)/放弃(U)/宽度(W)]：回车　　　　（结束命令）

【例 1-43】 绘制一个半径为 10、线宽为 2 的粗线圆，如图 1-114。

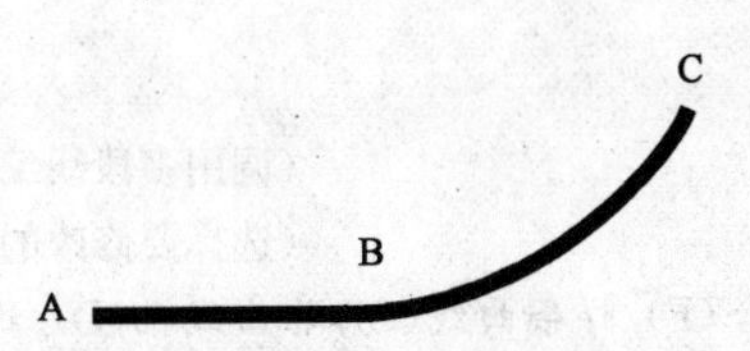

图 1-113　直线和圆弧相切的多段线

图 1-114　粗线圆

操作步骤如下：

命令：PLINE　　　　（调用多段线命令）
指定起点：单击任一点　　　　（指定多段线起点）
当前线宽为 1.000 0
指定下一个点或[圆弧(A)/半宽(H)/长度(L)/放弃(U)/宽度(W)]：A　　　　（选择绘制圆弧选项）
指定圆弧的端点或[角度(A)/圆心(CE)/方向(D)/半宽(H)/直线(L)/半径(R)/第二个点(S)/放弃(U)/宽度(W)]：W　　　　（选择设置线宽选项）
指定起点宽度 <1.000 0>：2　　　　（设置起点宽度）
指定端点宽度 <2.000 0>：2　　　　（设置端点宽度）
指定圆弧的端点或[角度(A)/圆心(CE)/方向(D)/半宽(H)/直线(L)/半径(R)/第二个点(S)/放弃(U)/宽度(W)]：R　　　　（选择指定半径选项）
指定圆弧的半径：10　　　　（输入圆弧半径值）
指定圆弧的端点或[角度(A)]：@20,0　　　　（指定圆弧下一点的相对坐标）
指定圆弧的端点或[角度(A)/圆心(CE)/闭合(CL)/方向(D)/半宽(H)/直线(L)/半径(R)/第二个点(S)/放弃(U)/宽度(W)]：CL　　　　（闭合圆弧）

(二)多段线编辑命令

(1)功能

修改多段线,并且可以把直线或者圆弧转换成多段线进行修改。

(2)命令调用方式

下拉菜单:**"修改"/"对象"/"多段线"**

命令行:PEDIT(PE)

(3)命令举例

【例 1-44】 闭合多段线 ABC,并改变多段线宽度,如图 1-115 所示。

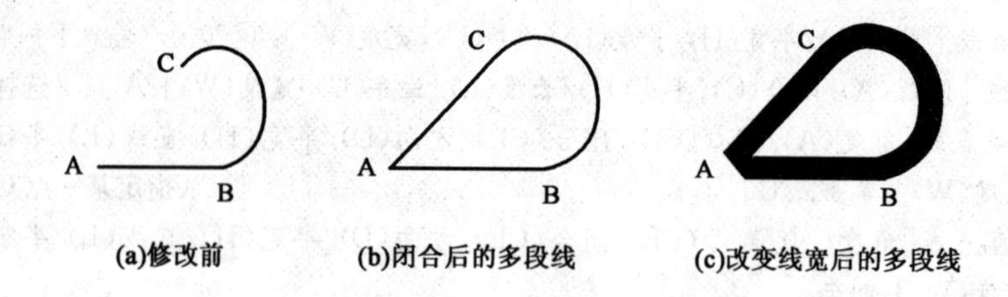

图 1-115　闭合多段线,修改线宽

操作步骤如下:

命令:PEDIT	(调用多段线编辑命令)
选择多段线或[多条(M)]:选择多段线 ABC	(选择要修改的多段线)
输入选项[闭合(C)/合并(J)/宽度(W)/编辑顶点(E)/拟合(F)/样条曲线(S)/非曲线化(D)/线型生成(L)/放弃(U)]:C	[选择闭合多段线选项如图 1-115(b)]
输入选项[打开(O)/合并(J)/宽度(W)/编辑顶点(E)/拟合(F)/样条曲线(S)/非曲线化(D)/线型生成(L)/放弃(U)]:W	(选择修改线宽选项)
指定所有线段的新宽度:1	[输入多段线的新宽度如图 1-115(c)]

【例 1-45】 将两条不同宽度多段线修改为同一宽度,如图 1-116 所示。

(a)不同宽度的多段线
(b)修改成为同一宽度的多段线

图　1-116

操作步骤如下:

命令：PEDIT　　(调用多段线编辑命令)
PEDIT 选择多段线或［多条(M)］：M　　(选择多条多段线选项)
选择对象：选择两条多段线　　(选择修改对象)
选择对象：回车　　(结束选择)
输入选项［闭合(C)/打开(O)/合并(J)/宽度(W)/拟合(F)/样条曲线(S)/非曲线化(D)/线型生成(L)/放弃(U)］：W　　(选择修改宽度选项)
指定所有线段的新宽度：3　　(输入新宽度)

【例 1-46】 多段线的拟合，如图 1-117 所示。

(a)多段线

(b)拟合后的多段线

图　1-117

操作步骤如下：

命令：PEDIT　　(调用多段线编辑命令)
PEDIT 选择多段线或［多条(M)］：单击多段线　　(选取想要编辑的多段线)
输入选项［闭合(C)/合并(J)/宽度(W)/编辑顶点(E)/拟合(F)/样条曲线(S)/非曲线化(D)/线型生成(L)/放弃(U)］：F　　(选择拟合选项)
回车　　(结束命令)

【例 1-47】 多段线转化为样条曲线，如图 1-118。

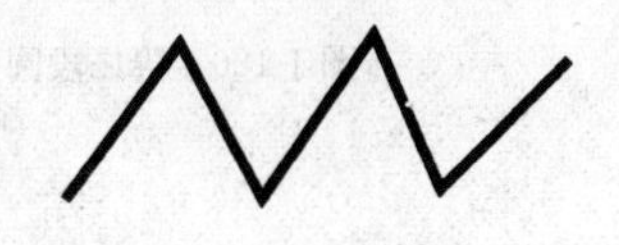
(a)多段线

(b)样条曲线

图　1-118

操作步骤如下：

命令：PEDIT　　(调用多段线编辑命令)
选择多段线或［多条(M)］：单击多段线　　(选取想要编辑的多段线)
输入选项［闭合(C)/合并(J)/宽度(W)/编辑顶点(E)/拟合(F)/样条曲线(S)/非曲线化(D)/线型生成(L)/放弃(U)］：S　　(选择样条曲线选项)
回车　　(结束命令)

三 任务实施

(一)绘制第一段圆弧 AB(如图 1-119 所示)

操作步骤如下:

将颜色改为黑色
命令:PLINE (调用多段线命令)
指定起点:指定绘图区域任一点 A (指定多段线起点)
指定下一个点或[圆弧(A)/半宽(H)/长度(L)/放弃(U)/宽度(W)]:A (选择绘制圆弧选项)
指定圆弧的端点或[角度(A)/圆心(CE)/方向(D)/半宽(H)/直线(L)/半径(R)/第二个点(S)/放弃(U)/宽度(W)]:W (选择设置线宽选项)
指定起点宽度＜5.000 0＞:0 (指定多段线起点宽度)
指定端点宽度＜0.000 0＞:5 (指定多段线端点宽度)
指定圆弧的端点或[角度(A)/圆心(CE)/方向(D)/半宽(H)/直线(L)/半径(R)/第二个点(S)/放弃(U)/宽度(W)]:拾取 B 点 (指定多段线的端点)
回车 (结束命令)

(二)绘制第二段圆弧 BC(如图 1-120 所示)

图 1-119 绘制第一段圆弧 AB

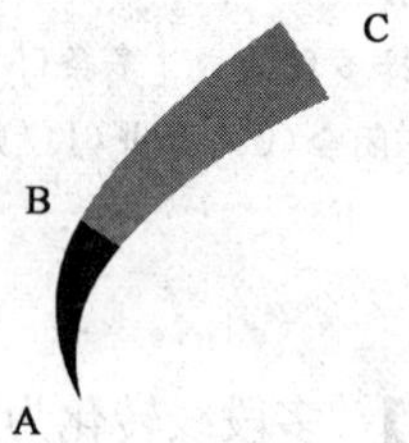

图 1-120 第二段圆弧 BC

操作步骤如下:

将颜色改为红色
命令:PLINE (调用多段线命令)
指定起点:回车 (直接回车,捕捉上一段线的端点 B 点和切线方向作为下一段线的起点和切线方向)
指定下一个点或[圆弧(A)/半宽(H)/长度(L)/放弃(U)/宽度(W)]:A (选择绘制圆弧选项)
指定圆弧的端点或[角度(A)/圆心(CE)/方向(D)/半宽(H)/直线(L)/半径(R)/第二个点(S)/放弃(U)/宽度(W)]:W (选择设置线宽选项)
指定起点宽度＜10.000 0＞:5 (指定起点宽度)
指定端点宽度＜5.000 0＞:10 (指定端点宽度)
指定圆弧的端点或[角度(A)/圆心(CE)/方向(D)/半宽(H)/直线(L)/半径(R)/第二个点(S)/放弃(U)/宽度(W)]:拾取 C 点 (指定第二条多段线端点)
回车 (结束命令)

(三)绘制第三段圆弧 CD(如图 1-121 所示)

操作步骤如下：

将颜色改为绿色

命令：PLINE　(调用多段线命令)

指定起点：回车　(直接回车，捕捉上一段线的端点 C 点和切线方向作为下一段线的起点和切线方向)

指定下一个点或［圆弧(A)/半宽(H)/长度(L)/放弃(U)/宽度(W)］：A　(选择绘制圆弧选项)

指定圆弧的端点或［角度(A)/圆心(CE)/方向(D)/半宽(H)/直线(L)/半径(R)/第二个点(S)/放弃(U)/宽度(W)］：W　(选择设置线宽选项)

指定起点宽度 <10.000 0>：10　(指定起点宽度)

指定端点宽度 <5.000 0>：5　(指定端点宽度)

指定圆弧的端点或［角度(A)/圆心(CE)/方向(D)/半宽(H)/直线(L)/半径(R)/第二个点(S)/放弃(U)/宽度(W)］：拾取 D 点　(指定第三条多段线端点)

回车　(结束命令)

(四)绘制第四段圆弧 DE，如图 1-122 所示

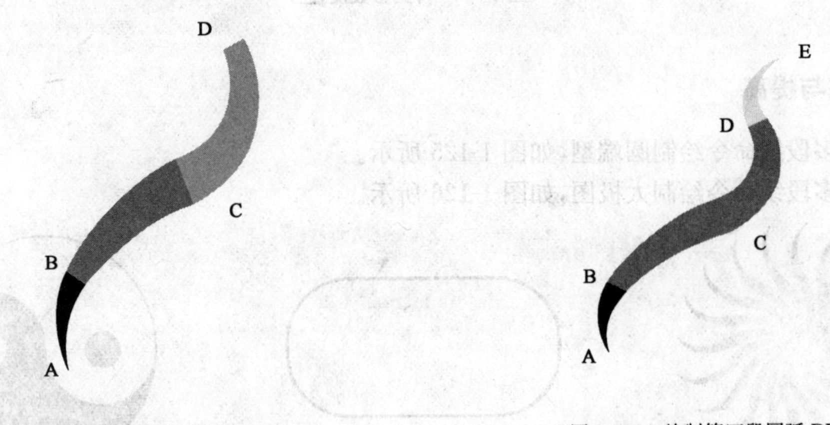

图 1-121　绘制第三段圆弧 CD　　图 1-122　绘制第四段圆弧 DE

操作步骤如下：

将颜色改为黄色

命令：PLINE　(调用多段线命令)

指定起点：回车　(直接回车，捕捉上一段线的端点 D 点和切线方向作为下一段线的起点和切线方向)

指定下一个点或［圆弧(A)/半宽(H)/长度(L)/放弃(U)/宽度(W)］：A　(选择绘制圆弧选项)

指定圆弧的端点或［角度(A)/圆心(CE)/方向(D)/半宽(H)/直线(L)/半径(R)/第二个点(S)/放弃(U)/宽度(W)］：W　(选择设置线宽选项)

指定起点宽度 <10.000 0>：5　(指定起点宽度)

指定端点宽度 <5.000 0>：0　(指定端点宽度)

指定圆弧的端点或［角度(A)/圆心(CE)/方向(D)/半宽(H)/直线(L)/半径(R)/第二个点(S)/放弃(U)/宽度(W)］：拾取 E 点　(指定第四条多段线端点)

回车　(结束命令)

(五)利用阵列命令 ARRAY 得到星状图

选择环形阵列,对象选择多线段 AB,BC,CD,DE 共 4 个(见图 1-123),中心点选择 E 点,项目总数 20,得到的星状图,如图 1-124 所示。

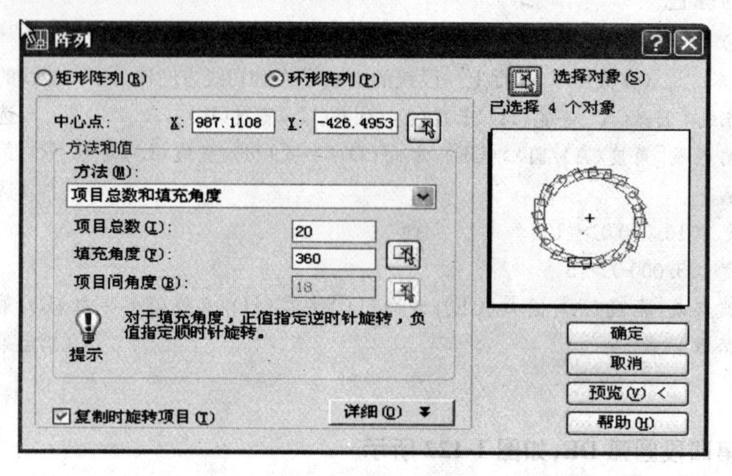

图 1-123　阵列参数设置

四　训练与提高

(1)用多段线命令绘制圆端型,如图 1-125 所示。

(2)用多段线命令绘制太极图,如图 1-126 所示。

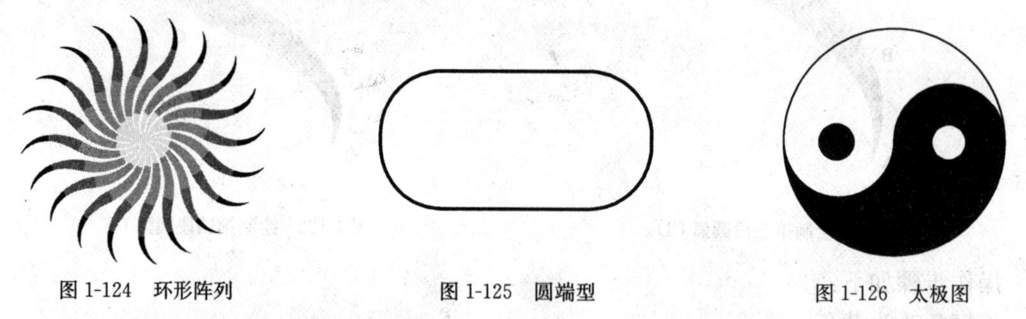

图 1-124　环形阵列　　图 1-125　圆端型　　图 1-126　太极图

(3)多段线与直线、圆弧的相互转化

①一条多段线用分解命令 EXPLODE 可以分解为直线和圆弧。

②首尾连接的几段直线、圆弧可以用修改多段线命令 PEDIT 转成多段线进行修改,如图 1-127 所示。

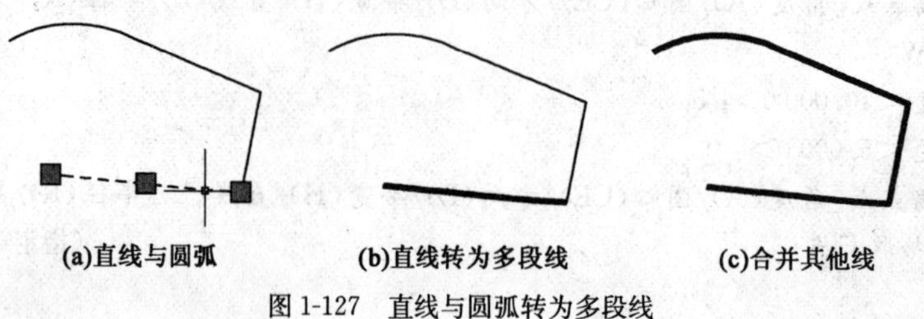

(a)直线与圆弧　　(b)直线转为多段线　　(c)合并其他线

图 1-127　直线与圆弧转为多段线

操作步骤如下：

命令：PEDIT （调用修改多段线命令）
选择多段线或［多条(M)］：选择一直线 （选择修改对象）
选定的对象不是多段线
是否将其转换为多段线？<Y>Y （将直线转为多段线）
输入选项［闭合(C)/合并(J)/宽度(W)/编辑顶点(E)/拟合(F)/样条曲线(S)/非曲线化(D)/线型生成(L)/放弃(U)］：W （选择修改线宽选项）
指定所有线段的新宽度：2 （指定线宽）
输入选项［闭合(C)/合并(J)/宽度(W)/编辑顶点(E)/拟合(F)/样条曲线(S)/非曲线化(D)/线型生成(L)/放弃(U)］：J （选择合并选项）
选择对象：选择其他几条线 （选择合并对象）
选择对象：回车 （结束选择）
3 条线段已添加到多段线
输入选项［闭合(C)/合并(J)/宽度(W)/编辑顶点(E)/拟合(F)/样条曲线(S)/非曲线化(D)/线型生成(L)/放弃(U)］：回车 （结束命令）

实例 1-6　绘制脸谱

一　实例分析

图 1-128 是一张脸谱，是一个左右对称的图形，绘图时可以先画出图形的一半，然后用镜像命令 MIRROR，镜像出图形的另一半。

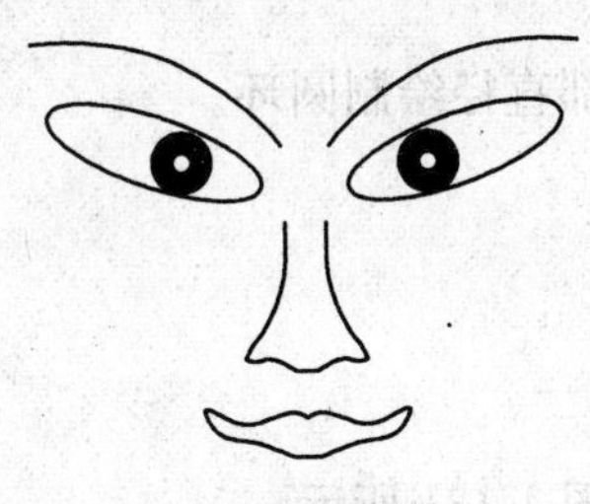

图 1-128　脸谱

绘制图形左面的一半，可以利用绘制椭圆的命令 ELLIPSE 绘制左边的眼圈，用圆弧命令 ARC 绘制眉毛，用绘制圆环的命令 DONUT 绘制眼球，用绘制样条曲线的命令 SPLINE 绘制一半鼻子和嘴。

二　相关知识

(一) 绘制椭圆命令

(1)功能

绘制椭圆或者椭圆弧。

(2)命令调用方式

下拉菜单:**“绘图”/“椭圆”**

工具栏:**“绘图”/“椭圆”**

命令行:ELLIPSE (EL)

(3)命令举例

【例 1-48】 绘制一个椭圆,如图 1-129 所示。

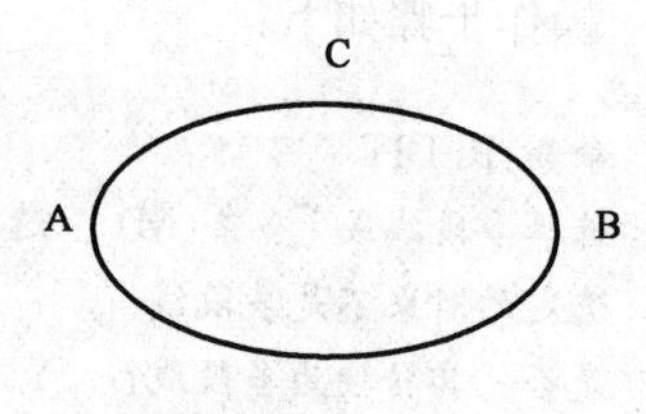

图 1-129　椭圆

命令:ELLIPSE　(调用椭圆命令)

指定椭圆的轴端点或[圆弧(A)/中心点(C)]:拾取 A 点　(指定椭圆一条轴的第一个端点)

指定轴的另一个端点:拾取 B 点　(指定椭圆一条轴的第二个端点)

指定另一条半轴长度或[旋转(R)]:拾取 C 点　(指定另一个轴的半轴长)

【例 1-49】 绘制一段椭圆弧,如图 1-130 所示。

命令: ELLIPSE　(调用椭圆命令)

指定椭圆的轴端点或[圆弧(A)/中心点(C) :A　(选择绘制圆弧选项)

指定椭圆弧的轴端点或[中心点(C)]: C　(选择椭圆中心点选项)

指定椭圆弧的中心点:指定 A 点　(指定 A 点作为圆弧中心点)

指定轴的端点:指定 B 点　(指定 B 点作为长轴端点)

指定另一条半轴长度或[旋转(R)]:指定 C 点　(指定 C 点作为短轴端点)

指定起始角度或[参数(P)]:0　(指定起始角度为 0)

指定终止角度或[参数(P)/包含角度(I)]: 90　(指定终止角度为 90°)

(二)绘制圆环命令

(1)功能

通过指定圆环的内部直径、外部直径绘制圆环。

(2)命令调用方式

下拉菜单:**“绘图”/“圆环”**

命令行:DONUT (DO)

(3)命令举例

【例 1-50】 绘制一个圆环,如图 1-131 所示。

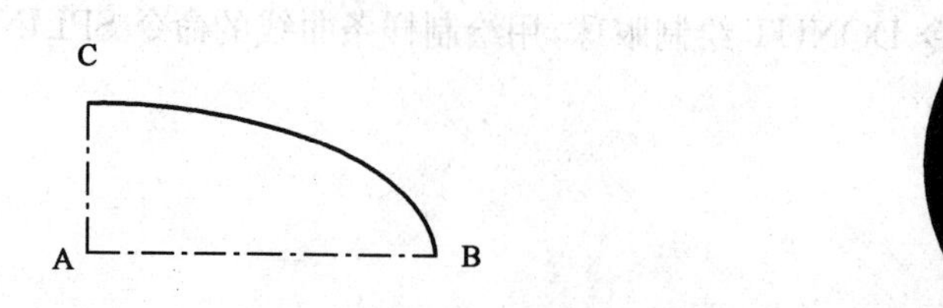

图 1-130　椭圆弧

图 1-131　圆环

操作步骤如下：

命令：DONUT （调用圆环命令）
指定圆环的内径＜0.500 0＞：30 （指定圆环的内部直径大小）
指定圆环的外径＜1.000 0＞：60 （指定圆环的外部直径大小）
指定圆环的中心点或＜退出＞：拾取绘图区内一点 （指定圆环的中心点）
回车 （结束命令）

【例 1-51】 绘制一个实心圆，如图 1-132 所示。

操作步骤如下：

命令：DONUT （调用圆环命令）
指定圆环的内径＜0.500 0＞：0 （指定圆环的内径大小）
指定圆环的外径＜1.000 0＞：60 （指定圆环的外径大小）
指定圆环的中心点或＜退出＞：拾取绘图区内一点 （指定圆环的中心点）
回车 （结束命令）

【例 1-52】 绘制一个线宽为 1 的粗线圆，如图 1-133 所示。

图 1-132 实心圆

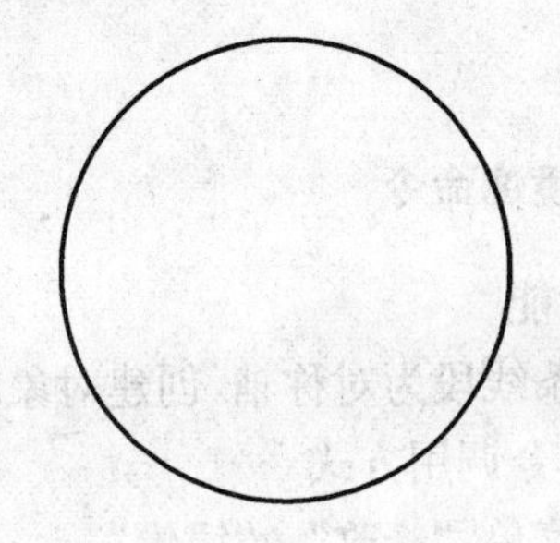

图 1-133 粗线圆

操作步骤如下：

命令：DONUT （调用圆环命令）
指定圆环的内径＜0.000 0＞：19 （指定圆环的内径大小）
指定圆环的外径＜0.000 0＞：20 （指定圆环的外径大小）
指定圆环的中心点或＜退出＞：拾取绘图区内一点 （指定圆环的中心点）
回车 （结束命令）

(三)样条曲线绘制命令

(1)功能

通过一系列的已知点绘制光滑曲线叫做样条曲线。

(2)命令调用方式

下拉菜单:**“绘图”/“样条曲线”**

工具栏:**“绘图”/“样条曲线”**

命令行:SPLINE(SPL)

(3)命令举例

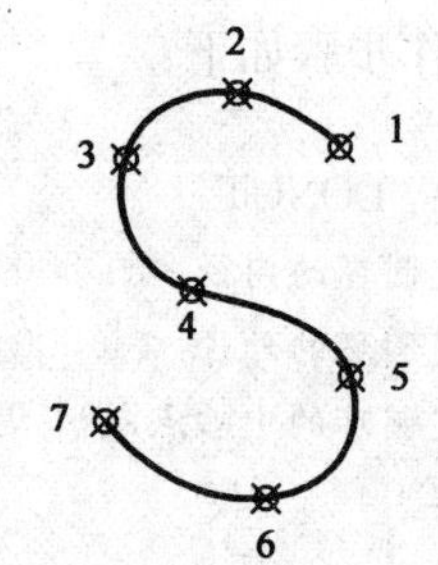

图 1-134　样条曲线绘制的“S”形

【例 1-53】　利用样条曲线绘制**“S”**形,如图 1-134 所示。

操作步骤如下:

命令:SPLINE	(调用样条曲线命令)
指定第一个点或[对象(O)]:拾取点 1	(光标指定起点)
指定下一点:拾取点 2	(光标指定第二点)
指定下一点或[闭合(C)/拟合公差(F)]<起点切向>:拾取点 3	(光标指定第三点)
指定下一点或[闭合(C)/拟合公差(F)]<起点切向>:拾取点 4	(光标指定第四点)
指定下一点或[闭合(C)/拟合公差(F)]<起点切向>:拾取点 5	(光标指定第五点)
指定下一点或[闭合(C)/拟合公差(F)]<起点切向>:拾取点 6	(光标指定第六点)
指定下一点或[闭合(C)/拟合公差(F)]<起点切向>:拾取点 7	(光标指定第七点)
指定起点切向:回车	(选择默认的起点切线)
指定端点切向:回车	(选择默认的端点切线)
回车	(结束命令)

(四)镜像命令

(1)功能

以一条线段为对称轴,创建对象的轴对称图形。

(2)命令调用方式

下拉菜单:**“修改”/“镜像”**

工具栏:**“修改”　/“镜像”**

命令行:MIRROR(MI)

(3)命令举例

【例 1-54】　以直线 12 为对称轴,镜像出六边形的对称图形,如图 1-135 所示。

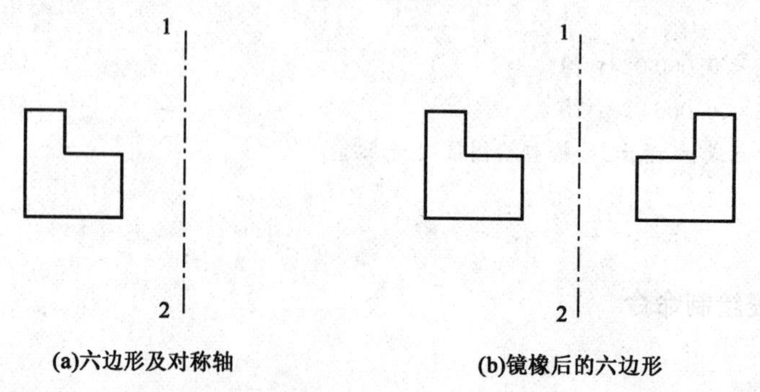

(a)六边形及对称轴　　**(b)镜像后的六边形**

图 1-135

操作步骤如下：

命令：MIRROR	(调用镜像命令)
选择对象：选择六边形	(选择要镜像的对象)
选择对象：回车	(结束选择)
指定镜像线的第一点：选择点1	(指定对称轴的第一点)
指定镜像线的第二点：选择点2	(指定对称轴的第一点)
要删除源对象吗？[是(Y)/否(N)]<N>：回车	(选择不删除源对象)

三　任务实施

(一)利用椭圆命令绘制眼圈(如图1-136所示)

命令：ELLIPSE	(调用椭圆命令)
指定椭圆的轴端点或[圆弧(A)/中心点(C)]：C	(选择椭圆中心点选项)
指定椭圆的中心点：指定绘图区域内任一点A	(指定椭圆的中心点)
指定轴的端点：指定点B	(指定一条半轴的端点)
指定另一条半轴长度或或[旋转(R)]：指定点C	(指定另一条半轴端点)

(二)利用圆弧命令的三点方式绘制眉毛(如图1-137所示)

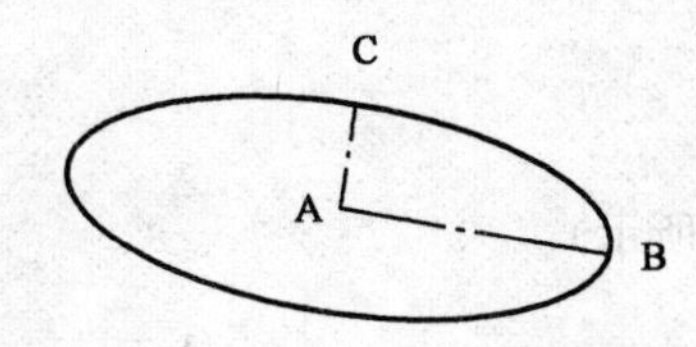

图1-136　用椭圆命令绘制眼圈

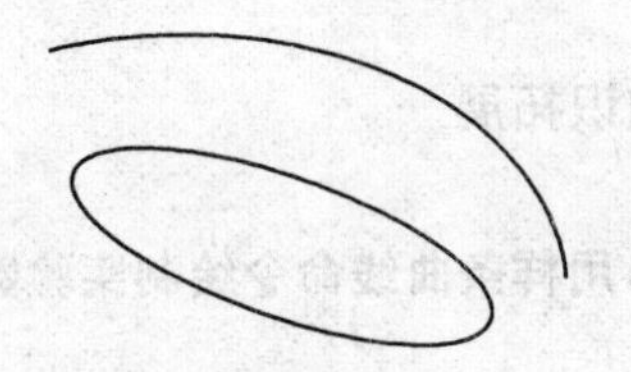

图1-137　用圆弧命令绘制眉毛

(三)利用圆环命令绘制眼球(如图1-138所示)

(四)利用SPLINE命令绘制人面部鼻子和嘴的一半(如图1-139所示)

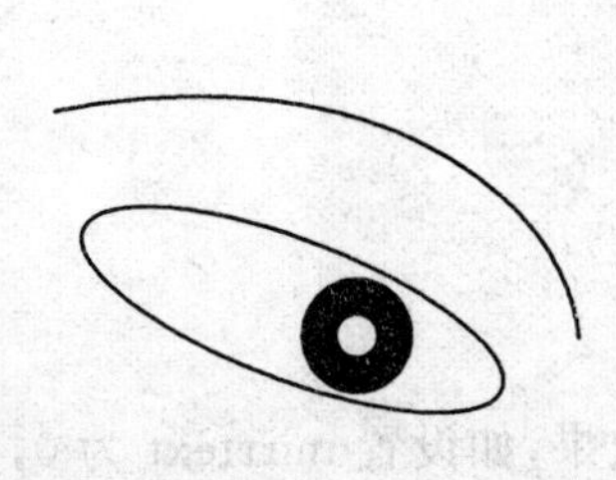

图1-138　用圆环命令绘制眼球

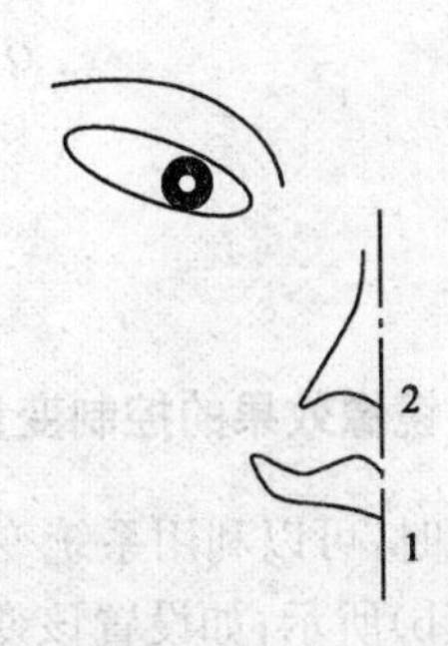

图1-139　用样条曲线命令绘制鼻子和嘴的一半

(五)利用镜像命令绘制人面部(如图 1-140 所示)

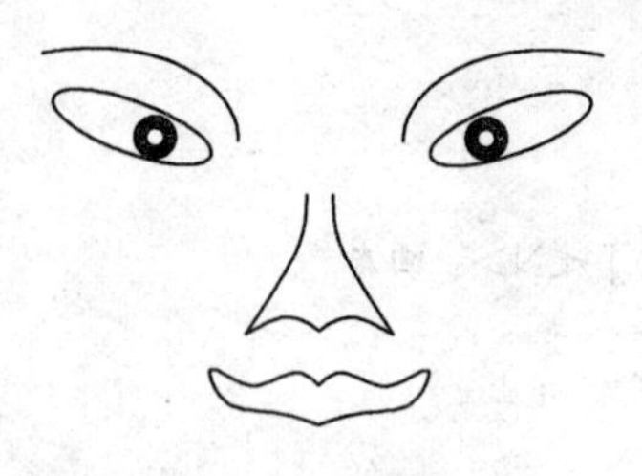

图 1-140　镜像出面部的另一半

操作步骤如下：

命令：MIRROR	(调用镜像命令)
选择对象：选择人面部左半部分	(选择要镜像的图形)
选择对象：回车	(确认选择)
指定镜像线的第一点：选择点 1	(指定对称轴第 1 点)
指定镜像线的第二点：选择点 2	(指定对称轴第 2 点)
要删除源对象吗？[是(Y)/否(N)] <N>：回车	(确认不删除源对象)

四　知识拓展

(一)用样条曲线命令绘制实验数据曲线(如图 1-141 所示)

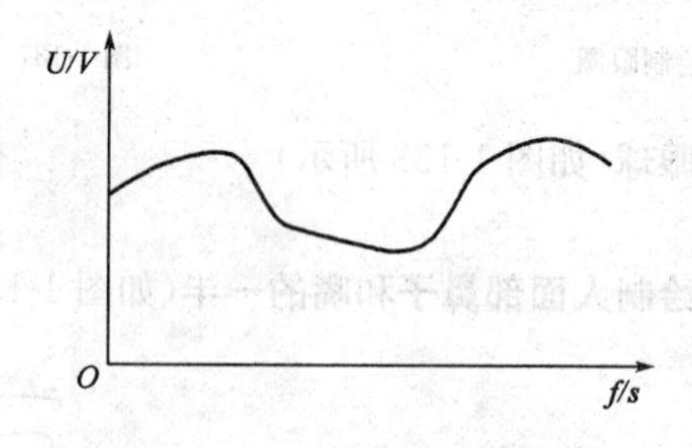

图 1-141　实验数据曲线

(二)文字镜像效果的控制变量

文字镜像时，可以利用系统变量 mirrtext 改变文字效果，如设置 mirrtext 为 0，则镜像效果如图 1-142(b)所示；如设置该变量为 1，则效果如图 1-142(c)所示。

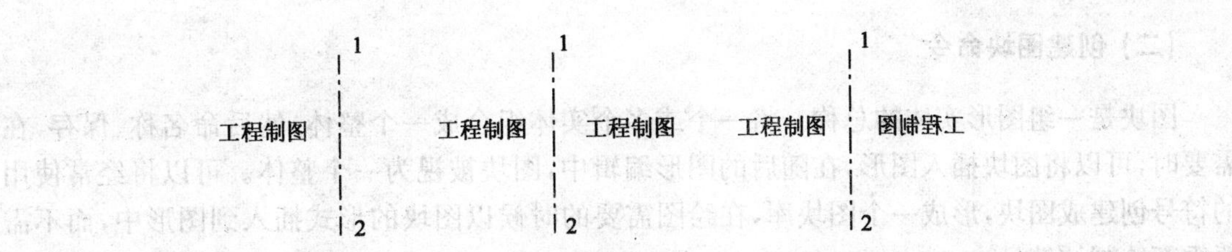

(a)原图　(b)mirrtext设为0时的镜像效果　(c)mirrtext设为1时的镜像效果

图 1-142　系统变量 mirrtext 控制文字的镜像效果

实例 1-7　绘制表盘

一　实例分析

图 1-143 所示为一个椭圆形的表盘，在绘制表盘的过程中主要使用图案填充、点的定数等分及块的制作和插入等命令。基本思路是绘制两个同心椭圆，得到表盘；然后绘制时针、分针和秒针的图块；通过插入块的命令，在不同的等分点插入时针、分针和秒针；最后填充表盘。

图 1-143　表盘

二　相关知识

(一) 设置点的类型命令

(1)功能

设置图形中所有的点(包括等分点、节点)的形状样式。

(2)命令调用方式

下拉菜单：**"格式"/"点样式"**

命令行：DDPTYPE

(3)命令操作

弹出**"点样式"**对话框，如图 1-144 所示。在**"点样式"**对话框中可以选择点的样式和点的大小。

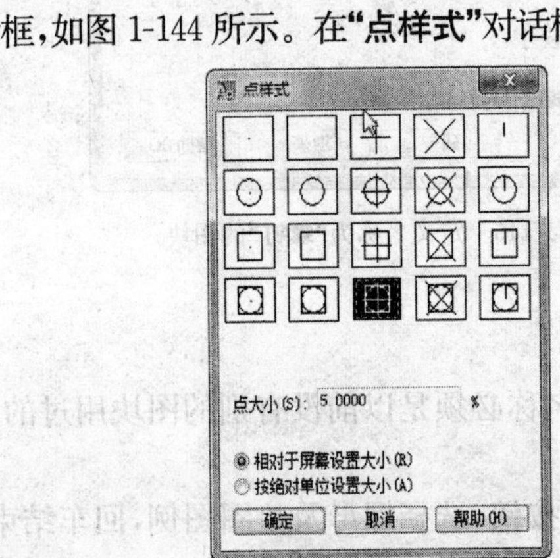

图 1-144　**"点样式"**对话框

(二)创建图块命令

图块是一组图形实体的总称。将一个或多个实体组合成一个整体,然后命名称、保存,在需要时,可以将图块插入图形,在随后的图形编辑中,图块被视为一个整体。可以将经常使用的符号创建成图块,形成一个图块库,在绘图需要的时候以图块的形式插入到图形中,而不需要重新绘制该符号。

(1)功能

用于创建当前图形内的块。

(2)命令调用方式

下拉菜单:**"绘图"/"块"/"创建"**

工具栏:**"绘图"/"创建块"**

命令行:BLOCK (B)

(3)命令举例

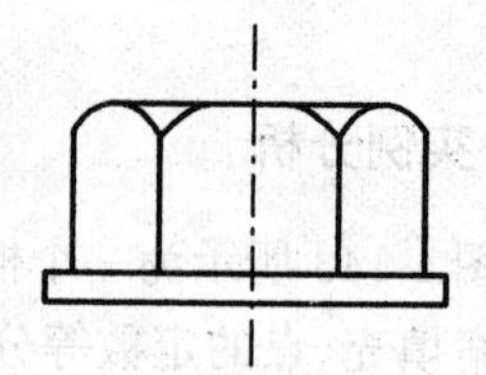

图 1-145 螺母及垫圈图例

【例 1-55】 将图 1-145 中的螺母及垫圈图例定义为一个名称为**"螺钉"**的图块。

调用创建图块命令 BLOCK,在**"块定义"**对话框中设置参数,如图 1-146 所示。

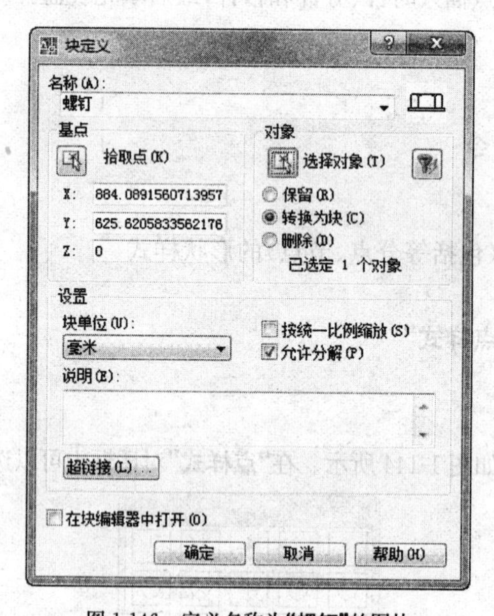

图 1-146 定义名称为**"螺钉"**的图块

创建图块需要完成 3 项工作:

①给图块起名称

在**"名称"**栏输入**"螺钉"**,图块名称必须是以前没有别的图块用过的;

②选择要定义为图块的对象

单击**"对象"**下面的**"选择对象"**按钮,选择螺母及垫圈图例,回车结束选择;

③选择基点

单击**“基点”**下面的**“拾取点”**按钮，选择垫圈底边中点作为基点，这里的基点对应着插入图块时的插入点。

（三）插入图块命令

（1）功能

将块或另一图形文件按指定位置插入到当前图形中。

（2）命令调用方式

下拉菜单：**“插入”／“块”**

工具栏：**“绘图”／“插入块”**

命令行：INSERT（I）

（3）命令举例

【例1-56】 利用插入块INSERT命令，将图块**“螺钉”**插入到零件图中。

调用插入图块命令INSERT，打开**“插入”**对话框如图1-147所示，在图块**“插入”**对话框中选择要插入图块的名称，设置比例及旋转角，单击**“确定”**按钮，在下面的图中插入一个**“螺钉”**图块，如图1-148（a）所示。重复调用以上命令可插入多个**“螺钉”**图块，垂直方向插入**“螺钉”**图块时需将角度改为**“－90”**如图1-148（b）所示。

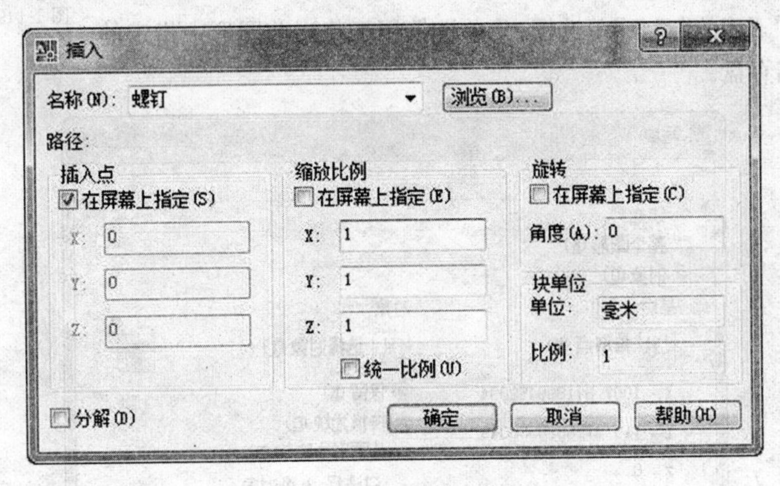

图1-147 插入图块对话框

（四）写块命令

（1）功能

写块也称创建外部块。用于将当前图形中的块写入文件并保存，其他图形文件可以调用。

（2）命令调用方式

命令行：WBLOCK（W）

（3）写块和创建块的区别

写块和创建块的方法基本相似，所不同的是保存时要为**“块文件”**指定一个路径目录，以便其他图形文件可以使用。

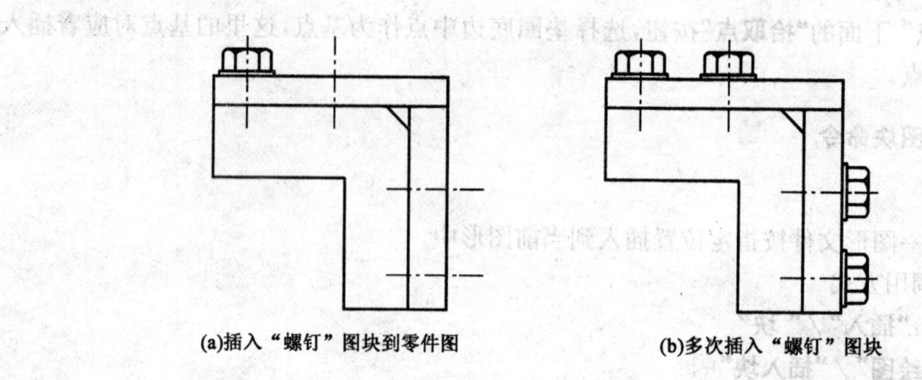

(a)插入“螺钉”图块到零件图
(b)多次插入“螺钉”图块

图 1-148　插入图块

(4)命令举例

【例 1-57】 将图 1-149 中的粗糙度符号定义为一个名称为**“CCD”**的图块。

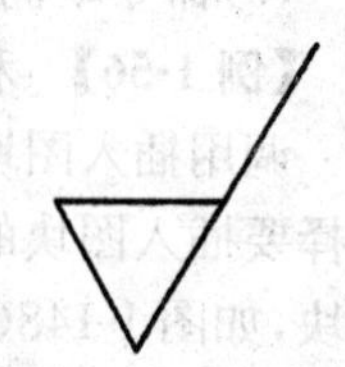

图 1-149　粗糙度符号

调用写块命令 WBLOCK,在弹出的**“写块”**对话框中设置参数,如图 1-150所示。创建外部块需要完成 4 项工作:

①确定图块的定义范围

单击**“源”**下面的**“对象”**单选框,此单选框用于将当前图形中指定的图形对象赋名存盘。

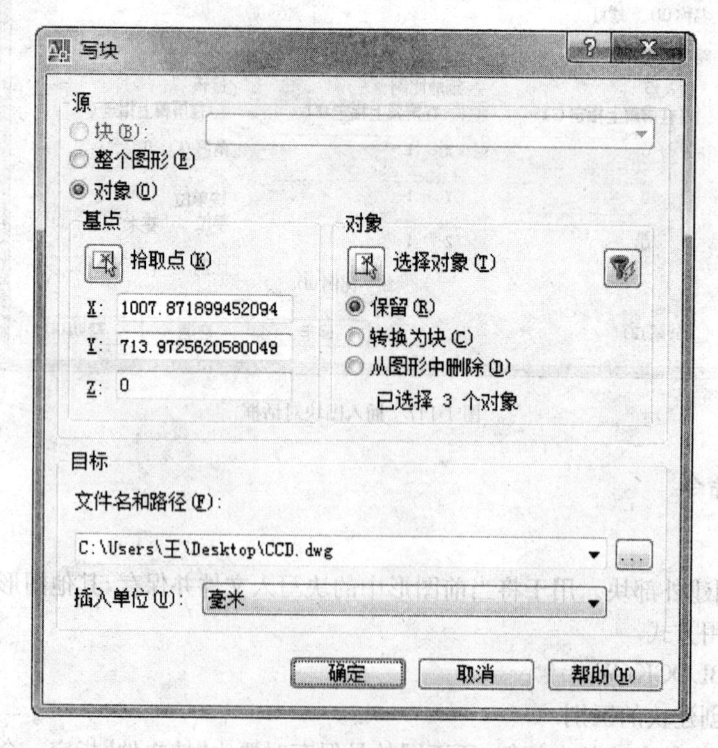

图 1-150　定义名称为**“CCD”**的图块

②选择基点

单击**"基点"**下面的**"拾取点"**按钮，选择粗糙度符号的下交点作为基点，这里的基点对应着插入图块时的插入点。

③选择要定义为图块的对象

单击**"对象"**下面的**"选择对象"**按钮，选择粗糙度符号，回车结束选择。

④指定图块文件的名称和路径

单击[浏览(B)...]按钮，打开**"浏览图形文件"**对话框，指定名称为**"CCD"**，保存位置为**"桌面"**。

【例 1-58】 利用插入块 INSERT 命令，将图块**"CCD"**插入到零件图中。

调用插入图块命令 INSERT，打开**"插入"**对话框，在图块**"插入"**对话框中单击[浏览(B)...]按钮，打开**"选择图形文件"**对话框，在桌面上找到名称为**"CCD"**的图块，单击**"打开"**，返回到**"插入"**对话框，如图 1-151 所示。设置比例及旋转角，单击**"确定"**按钮，在下面的图中插入一个**"CCD"**图块，如图 1-152(a)所示。重复调用以上命令再次插入**"CCD"**图块，插入时需将角度改为**"90"**如图 1-152(b)所示。

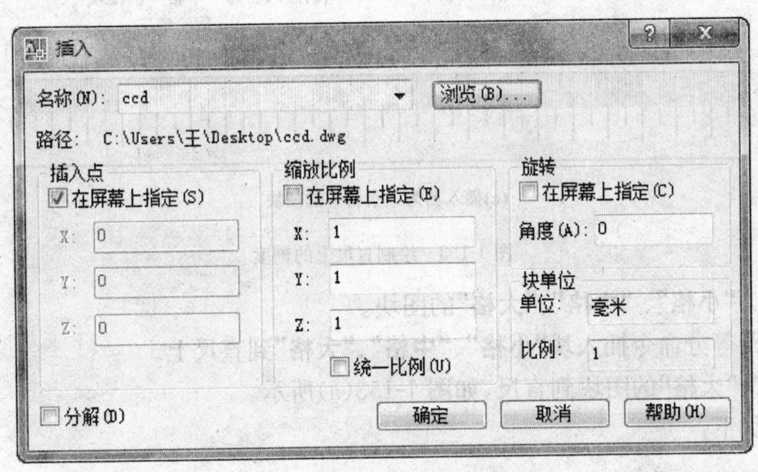

图 1-151 插入写块对话框

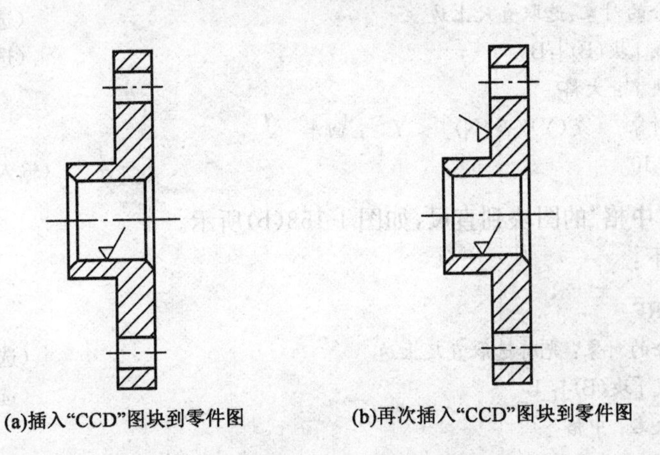

(a)插入"CCD"图块到零件图　　(b)再次插入"CCD"图块到零件图

图 1-152 插入图块

(五) 定距等分命令

(1)功能

在一条线上,每过一定距离插入一个点或者图块。

(2)命令调用方式

下拉菜单:**"绘图"/"点"/"定距等分"**

命令行:MEASURE(ME)

(3)命令举例

【例 1-59】 绘制一个 20 厘米的直尺的刻度,(每 1mm 一小格、每 5mm 一中格、每 10mm 一大格)如图 1-153 所示。

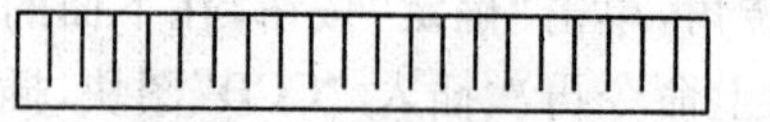

(a)插入名为"大格"的图块　　(b)插入名为"中格"的图块

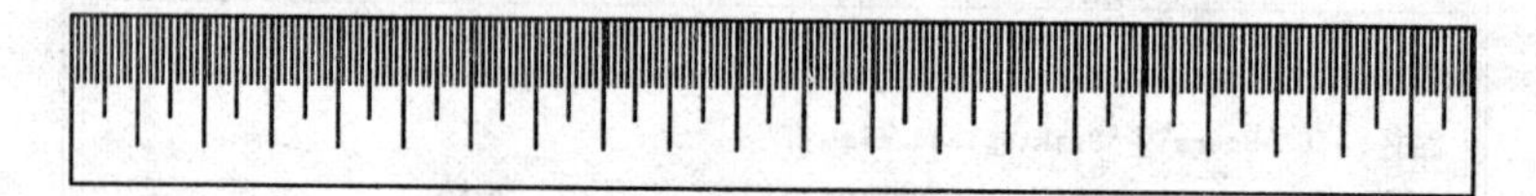

(c)插入名为"小格"的图块

图 1-153　绘制直尺上的刻度

①定义名为**"小格"**、**"中格"**、**"大格"**的图块。

②利用定距等分命令插入块**"小格"**、**"中格"**、**"大格"**到直尺上。

a. 插入名为**"大格"**的图块到直尺,如图 1-153(a)所示。

操作步骤如下:

命令:MEASURE　　(调用定距等分命令)
选择要定距等分的对象:选取直尺上边　　(选择要定距等分的对象)
指定线段长度或[块(B)]:B　　(选择用图块等分的方式)
输入要插入的块名:大格　　(插入图块的名称)
是否对齐块和对象?[是(Y)/否(N)]<Y>:回车　　(选择对齐)
指定线段长度:10　　(输入定距等分的间隔长度)

b. 插入名为**"中格"**的图块到直尺,如图 1-153(b)所示。

操作步骤如下:

命令:MEASURE　　(调用定距等分命令)
选择要定距等分的对象:光标选取直尺上边　　(选择要定距等分的对象)
指定线段长度或[块(B)]:B　　(选择用图块等分的方式)
输入要插入的块名:中格　　(插入图块的名称)
是否对齐块和对象?[是(Y)/否(N)]<Y>:回车　　(选择对齐)
指定线段长度:5　　(输入定距等分的间隔长度)

c. 插入名为**"小格"**的图块到直尺，如图 1-153(c)所示。

操作步骤如下：

命令：MEASURE　（调用定距等分命令）
选择要定距等分的对象：光标选取直尺上边　（选择要定距等分的对象）
指定线段长度或［块(B)］：B　（选择用图块等分的方式）
输入要插入的块名：小格　（插入图块的名称）
是否对齐块和对象？［是(Y)/否(N)］<Y>：回车　（选择对齐）
指定线段长度：1　（输入定距等分的间隔长度）

(六)定数等分命令

(1)功能

将一条线等分成几份，在等分点上插入一个点或者图块。

(2)命令调用方式

下拉菜单：**"绘图"/"点"/"定数等分"**

命令行：DIVIDE(DIV)

(3)命令举例

【例 1-60】 用图块将圆周六等分，如图 1-154 所示。

①绘制一个图形符号，并定义为**"LCB"**的块，如图 1-154 所示。

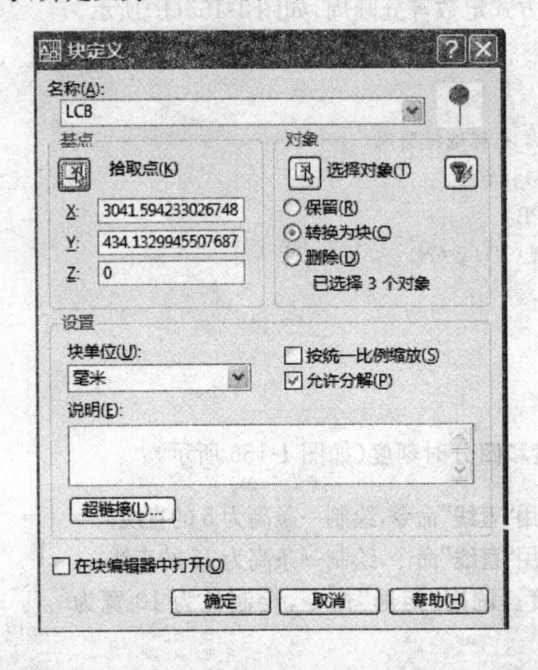

图 1-154　绘制图形并定义为块

②选择对齐块的方式定数等分圆周，如图 1-155(a)所示。

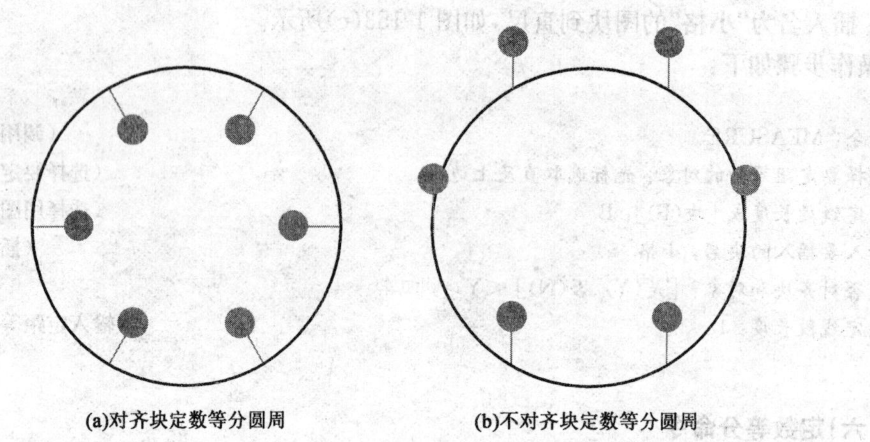

(a)对齐块定数等分圆周　　(b)不对齐块定数等分圆周

图 1-155　定数等分圆周

操作步骤如下：

命令：DIVIDE	(调用定数等分命令)
选择要定数等分的对象：光标选择圆周	(选择要定数等分的对象)
输入线段数目或［块(B)］：B	(选择用图块等分的方式)
输入要插入的块名：LCB	(输入块的名称)
是否对齐块和对象？［是(Y)/否(N)］<Y>：回车	(选择对齐方式)
输入线段数目：6	(指定等分数目)

③选择不对齐块的方式定数等分圆周，如图 1-155(b)所示。

操作步骤如下：

命令：DIVIDE	(调用定数等分命令)
选择要定数等分的对象：光标选择圆周	(选择要定数等分的对象)
输入线段数目或［块(B)］：b	(选择用图块等分的方式)
输入要插入的块名：LCB	(输入块的名称)
是否对齐块和对象？［是(Y)/否(N)］<Y>：N	(选择不对齐方式)
输入线段数目：6	(指定等分数目)

三　任务实施

(一)绘制分、时刻度和四分时刻度(如图 1-156 所示)。

(1)绘制分刻度。调用**"直线"**命令，绘制一条高为 5 的直线；

(2)绘制时刻度。调用**"直线"**命令，绘制一条高为 15 的直线；

(3)绘制四分时刻度。调用**"矩形"**命令，绘制长为 10 宽为 20 的矩形。

图 1-156　绘制的分、时刻度和四分时刻度

(二)创建四分时刻度块

(1)调用图块创建命令，打开**"块定义"**对话框；

(2)在**“名称”**文本框中输入**“四分时刻度”**作为该块的名称；

(3)单击**“拾取点”**按钮，返回绘图窗口，选中矩形底边中点作为插入点；

(4)单击**“选择对象”**按钮，返回绘图窗口，选中四分时刻度的矩形，按回车键，返回到**“块定义”**对话框，如图 1-157 所示。单击**“确定”**按钮，完成块的创建。

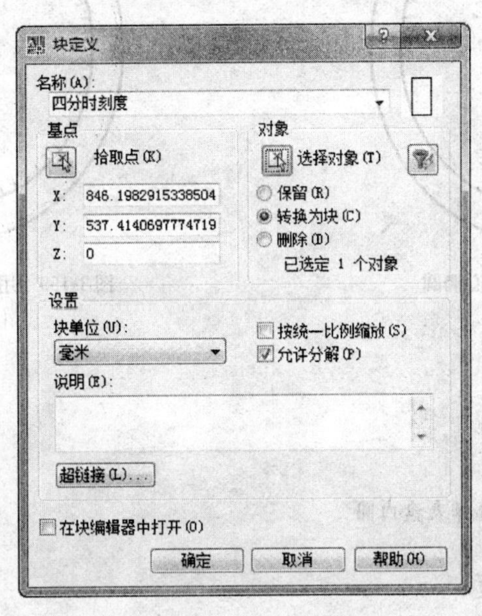

图 1-157　名称为**“四分时刻度”**图块

(三)创建分刻度块

重复上述操作，设定块名称为**“分刻度”**，块的插入点为线段的下端点。

(四)创建时刻度块

重复上述操作，设定块名称为**“时刻度”**，块的插入点为线段的下端点。

(五)绘制表盘的内外框

调用椭圆命令，绘制两个同心椭圆，其中一个短轴为 120 长轴为 140，另一个短轴为 150 长轴为 170，如图 1-158 所示。

(六)插入分刻度(如图 1-159 所示)

操作步骤如下：

命令：DIVIDE	(调用定数等分命令)
选择要定数等分的对象：选择表盘内圆	(选择要定数等分的对象)
输入线段数目或[块(B)]：B	(选择用图块等分的方式)
输入要插入的块名：分刻度	(输入块的名称)
是否对齐块和对象？[是(Y)/否(N)]<Y>：回车	(选择对齐方式)
输入线段数目：60	(指定等分数目)

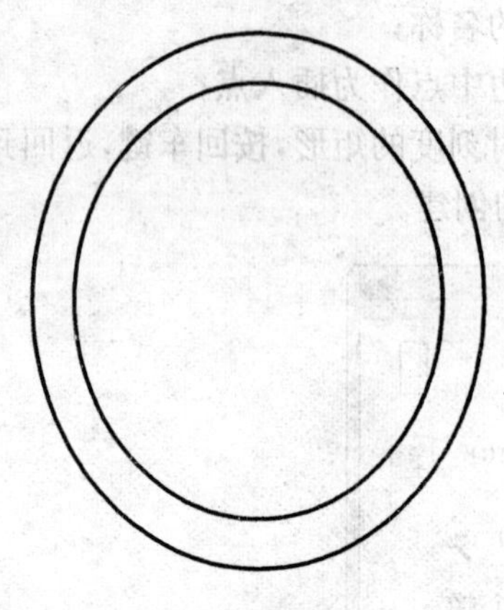

图 1-158 两个同心椭圆

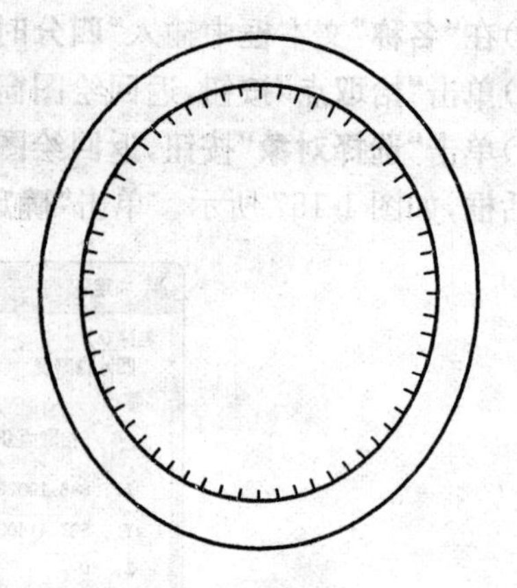

图 1-159 用定数等分插入分刻度

(七)插入时刻度

操作步骤如下：

命令：DIVIDE （调用定数等分命令）
选择要定数等分的对象：选择表盘内圆 （选择要定数等分的对象）
输入线段数目或［块(B)］：B （选择用图块等分的方式）
输入要插入的块名：时刻度 （输入块的名称）
是否对齐块和对象？［是(Y)/否(N)］<Y>：回车 （选择对齐方式）
输入线段数目：12 （指定等分数目）

(八)插入四分时刻度(如图 1-160 所示)

操作步骤如下：

命令：DIVIDE （调用定数等分命令）
选择要定数等分的对象：选择表盘内圆 （选择要定数等分的对象）
输入线段数目或［块(B)］：B （选择用图块等分的方式）
输入要插入的块名：四分时刻度 （输入块的名称）
是否对齐块和对象？［是(Y)/否(N)］<Y>：回车 （选择对齐方式）
输入线段数目：4 （指定等分数目）

(九)绘制表盘中心转轴(如图 1-161 所示)

操作步骤如下：

命令：DONUT （调用圆环命令）
指定圆环的内径 <0.500 0>：0 （指定圆环的内径大小）
指定圆环的外径 <1.000 0>：8 （指定圆环的外径大小）
指定圆环的中心点或 <退出>：拾取圆心 （指定圆环的中心点）
回车 （结束命令）

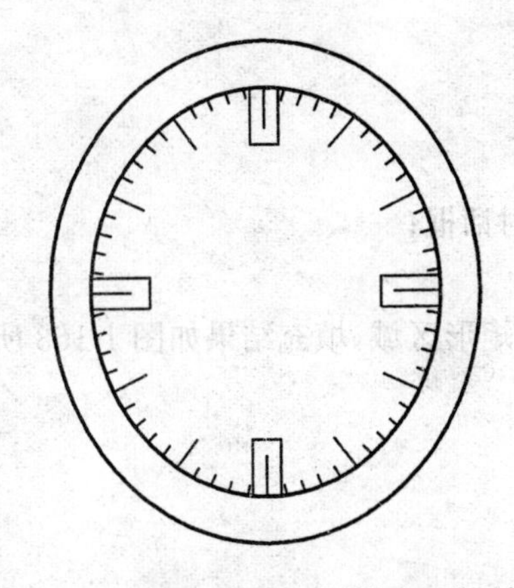

图 1-160　用定数等分插入时刻度和四分时刻度

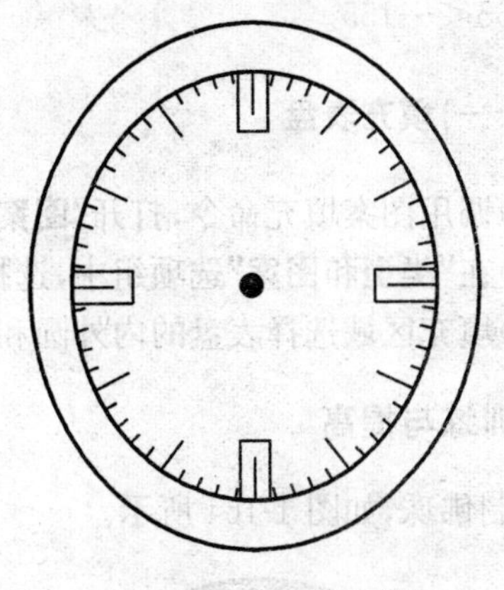

图 1-161　表盘中心转轴

(十)绘制时针、分针、秒针(如图 1-162 所示)

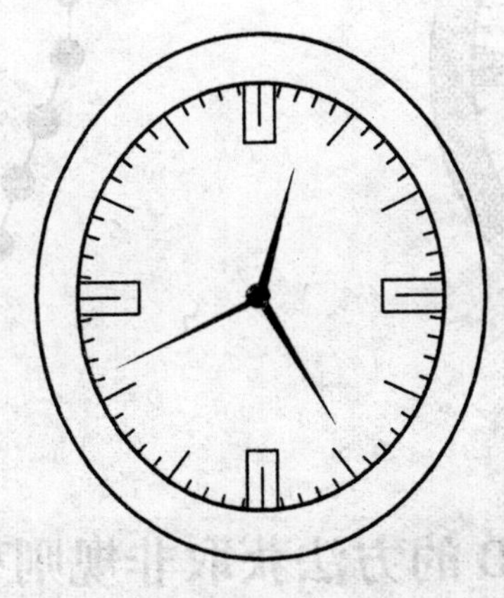

图 1-162　绘制时针、分针、秒针

(1)调用多段线命令绘制时针。操作步骤如下：

命令：PLINE　(调用多段线命令)
指定起点：拾取圆心
当前线宽为 0.000 0　(指定圆心作为多段线起点)
指定下一个点或[圆弧(A)/半宽(H)/长度(L)/放弃(U)/宽度(W)]：W　(选择设置线宽选项)
指定起点宽度 <0.000 0>：4　(指定多段线起点宽度)
指定端点宽度 <1.000 0>：0　(指定多段线端点宽度)
指定下一个点或[圆弧(A)/半宽(H)/长度(L)/放弃(U)/宽度(W)]：@45<75
(输入下一点的相对极坐标)
指定下一个点或[圆弧(A)/半宽(H)/长度(L)/放弃(U)/宽度(W)]：回车　(结束命令)

(2)重复上述操作，绘制分针，设定起点宽度为 3 端点宽度为 0，指定下一点的相对极坐标改为@50<−60。

(3)重复上述操作，绘制秒针，设定起点宽度为 2 端点宽度为 0，指定下一点的相对极坐标改为@55＜−155。

(十一)填充表盘

(1)调用图案填充命令，打开"**图案填充和渐变色**"对话框；
(2)在"**类型和图案**"选项组中，选择图案"**STARS**"；
(3)填充区域选择表盘的内外圆和四个四分时刻度矩形区域，填充结果如图1-163所示。

四 训练与提高

绘制佛珠，如图1-164所示。

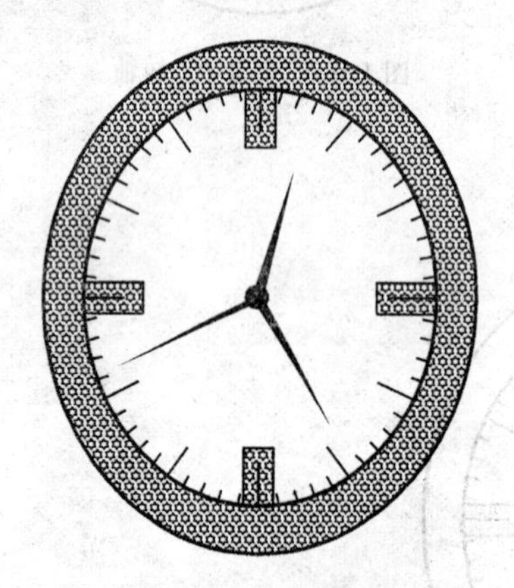

图1-163 填充图案

图1-164

实例1-8 用AutoCAD的方法获取非规则型材的几何性质参数

一 实例分析

图1-165是钢结构工程中由槽钢型材背焊而成的组合截面形状。在进行结构计算中，标准型材的几何性质参数可以到相关的设计手册中去查阅，但是非标准型材截面的几何性质参数只能根据力学中的相关公式来计算，计算过程方法很复杂。如果利用AutoCAD查询面域的功能，可以很方便的获取截面的几何性质参数。

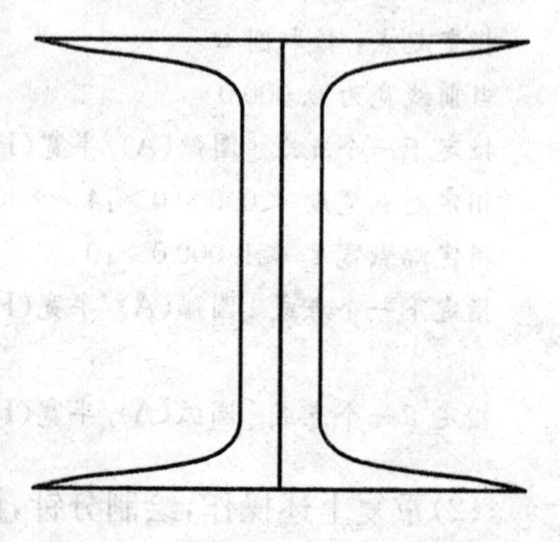

图1-165 背焊槽钢形状

利用AutoCAD获取型材截面的几何性质参数的方法是：首先在AutoCAD中绘制出截面的图形，再用创建边界命令BOUNDARY或创建面域命令REGION将截面图形转化成为面域，最后通过查询其面域质量特性的命令MASSPROP查询获得型材截面的几何性质参数。

二 相关知识

(一)面域的概念及创建方法

(1)面域的概念

面域是具有物理特性(如形心或质心)的由封闭边界所形成的二维封闭区域,与普通的线框图形不同。比如,用圆命令 CIRCLE 绘制的圆是一个圆形线框,而圆形面域则是一个圆形的板,将视觉样式设置成**"真实"**,二者区别如图 1-166 所示。

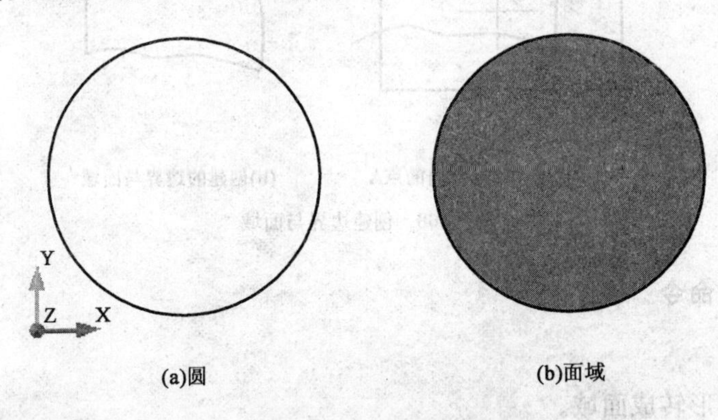

图 1-166 圆与圆形面域

面域的边界由端点相连的直线或曲线组成,曲线上的每个端点仅连接两条边,AutoCAD 不接受所有相交或自交的曲线。

(2)面域的创建方法

面域的创建方法有两种:

①用边界命令 BOUNDARY 在图形中直接创建面域;

②用面域命令 REGION 将闭合图形转化为面域。

(二)创建边界命令

(1)功能

通过在图形内指定一点,创建出一条包围该点的最小区域的边界,创建的边界可以是多段线(POLYLINE),也可以是面域(REGION)。

(2)命令调用方式

下拉菜单:**"绘图"/"边界"**

命令行:BOUNDARY(BO)

(3)命令举例

【例 1-61】 将图 1-168(a)中的右上部分区域创建成一个面域。

①调用创建边界命令 BOUNDARY,打开**"边界创建"**对话框,如图 1-167 所示;

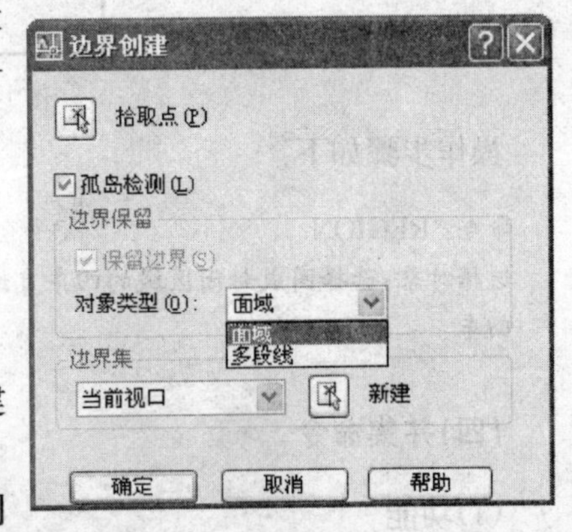

图 1-167 **"边界创建"**对话框

②在**“边界创建”**对话框中，**“对象类型”**选项选择**“面域”**；

③单击在**“边界创建”**对话框中的**“拾取点”**按钮，返回 AutoCAD 主界面；

④单击图 1-168(a)中的 A 点，屏幕中将高亮显示将要创建的边界，按**“回车”**键完成边界的创建。

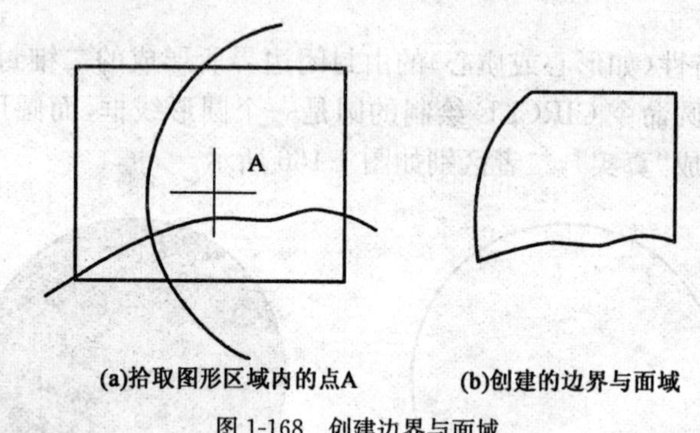

图 1-168　创建边界与面域

(三)面域转化命令

(1)功能

将二维封闭图形转成面域。

(2)命令调用方式

下拉菜单：**“绘图”/“面域”**

工具栏：**“绘图”/“面域”**

命令行：REGION(REG)

(3)命令举例

【例 1-62】　将直线围成的区域转换为面域，如图 1-169所示。

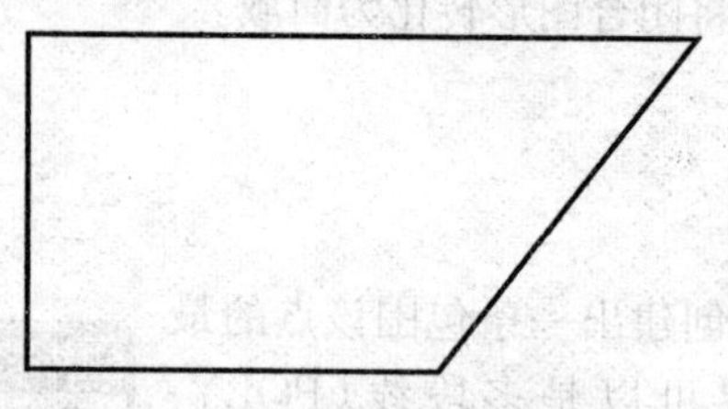

图 1-169　将封闭图形转成面域

操作步骤如下：

命令：REGION	(调用面域转化命令)
选择对象：选择围成封闭区域的四条直线	(选择想要转化为面域的对象)
回车	(结束命令)

(四)并集命令

(1)功能

并集命令用于将两个或多个面域合并为一个面域。

(2)命令调用方式

下拉菜单:**"修改"/"实体编辑"/"并集(U)"**

工具栏:**"实体编辑"/"并集"**

命令行:UNION(UNI)

(3)命令举例

【例 1-63】 将两个圆形面域利用并集命令合并,如图 1-170 所示。

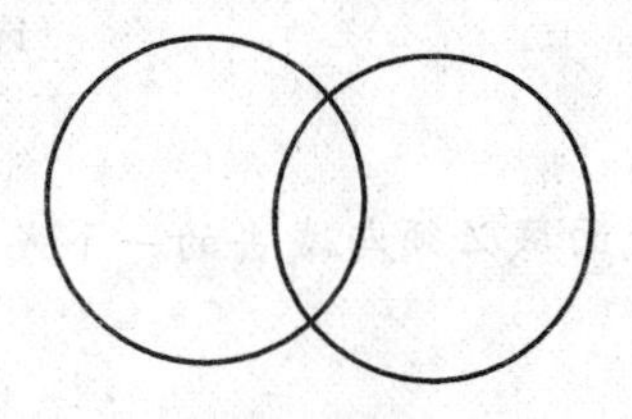

(a)合并之前的两个圆形面

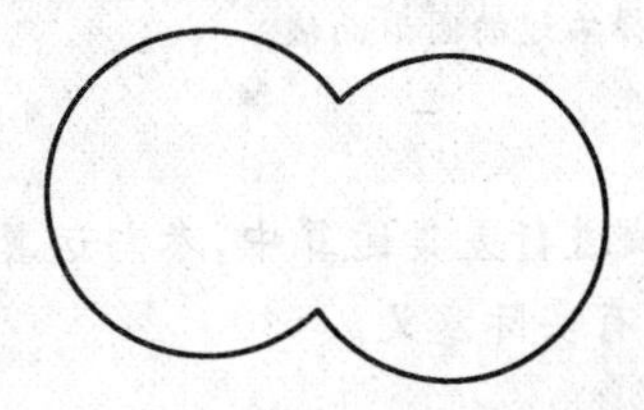

(b)合并之后的面域

图 1-170　并集

操作步骤如下:

```
命令:UNION                                   (调用并集命令)
选择对象:选择左边的圆形面域                     (选择并集对象)
选择对象:选择右边的圆形面域                     (选择并集对象)
选择对象:回车                                  (结束选择)
```

注意:对面域进行并集运算,如果面域并未相交,那么执行操作后外观上无变化,但实际上参与并集的面域已经合并为一个面域。

(五)差集命令

(1)功能

从一个或多个面域中减去另一个或多个面域。

(2)命令调用方式

下拉菜单:**"修改"/"实体编辑"/"差集(S)"**

工具栏:**"实体编辑"/"差集"**

命令行:SUBTRACT (SU)

(3)命令举例

【例 1-64】 利用命令 SUBTRACT 将两圆形面域求差集,如图 1-171 所示。

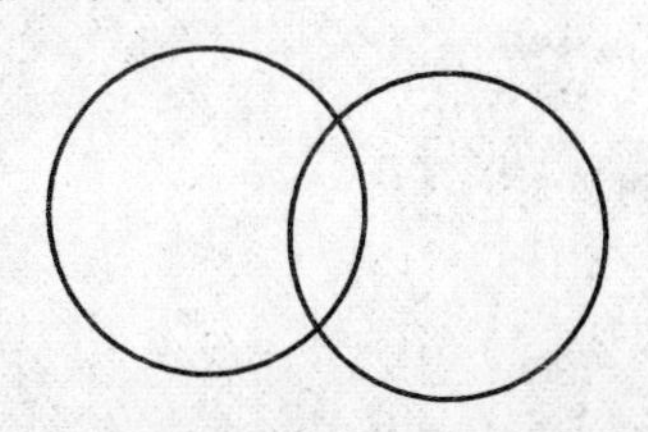

(a)差集之前的两个圆形面域

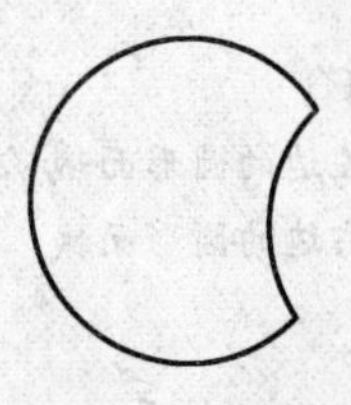

(b)差集命令执行后

图 1-171　差集

操作步骤如下：

命令：SUBTRACT　（调用差集命令）
选择要从中减去的实体或面域
选择对象：选择左边的圆形面域　（选择被减面域）
选择对象：回车　（结束选择）
选择要减去的实体或面域
选择对象：选择右边的圆形面域　（选择要减去的面域）
选择对象：回车　（结束选择）

注意：在面域进行差集运算中，参与运算的被减面域必须与减去的一个或多个面域相交，这样差集运算才有实际意义。

（六）交集命令

（1）功能
将两个或多个相交面域的公共部分提取出来成为一个新的面域。
（2）命令调用方式
下拉菜单：**“修改”/“实体编辑”/“交集(S)”**
工具栏：**“实体编辑”/“交集”**
命令行：INTERSECT (IN)
（3）命令举例
【例 1-65】 利用命令 INTERSECT 将两圆形面域求交集，如图 1-172 示。

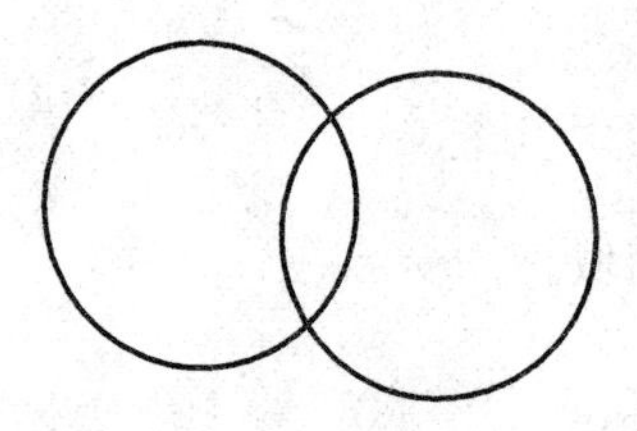

(a)执行交集之前的两个圆形面域

(b)交集命令执行后

图 1-172　交集

操作步骤如下：

命令：INTERSECT　（调用交集命令）
选择对象：选择左边的圆形面域
选择对象：选择右边的圆形面域
选择对象：回车　（结束选择）

注意：如果参与交集运算的面域没有相交，进行交集运算后，所选的对象都将被删除。

(七)查询距离命令

(1)功能

查询两点之间的距离、方向以及第二点相对于第一点的偏移量。

(2)命令调用方式

下拉菜单:**“工具”/“查询”/“距离”**

工具栏:**“查询”/“距离”**

命令行:DIST(DI)

(3)命令举例

【例 1-66】 查询直线 AB 的长度,如图 1-173 所示。

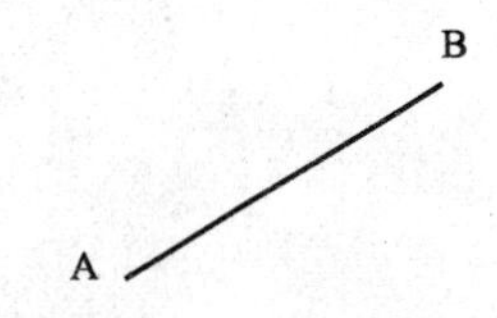

图 1-173　查询直线的长度

操作步骤如下:

命令:DIST　　(调用距离查询命令)
指定第一点:选择 A 点
指定第二点:选择 B 点

查询结果:距离 = 35.906 4,XY 平面中的倾角 = 30°,与 XY 平面的夹角 = 0°,X 增量 = 31.018 3,Y 增量 = 18.086 8,Z 增量 = 0.000 0

(八) 查询面积命令

(1)功能

查询闭合多段线或者面域的面积和周长。

(2)命令调用方式

下拉菜单:**“工具”/“查询”/“面积”**

工具栏:**“查询”/“面积”**

命令行: AREA(AA)

(3)命令举例

【例 1-67】 查询面域 ABCD 的周长和面积,如图 1-174 所示。

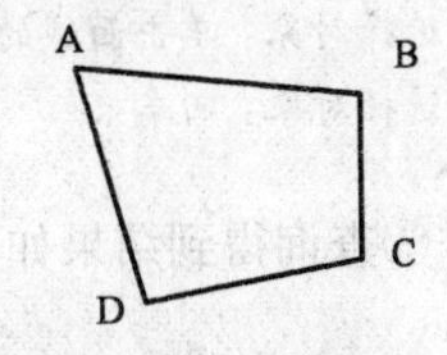

图 1-174　查询面域的周长和面积

操作步骤如下:

命令: AREA　　(调用查询命令)
指定第一个角点或[对象(O)/加(A)/减(S)]: O　　(选择查询对象选项)
选择对象: 单击面域的任一条边　　(选择想要查询的对象)

查询结果:面积 = 11 260.909 9,周长 = 433.845 0。

(九)查询面域的质量特性命令

(1)功能

查询面域的各种几何性质参数,即质量特性。

(2)命令调用方式

下拉菜单:**“工具”/“查询”/“面域/质量特性”**

工具栏:**“查询”/“面域/质量特性”**

命令行:MASSPROP

(3)命令举例

【例 1-68】 查询图 1-175 中面域的质量特性。

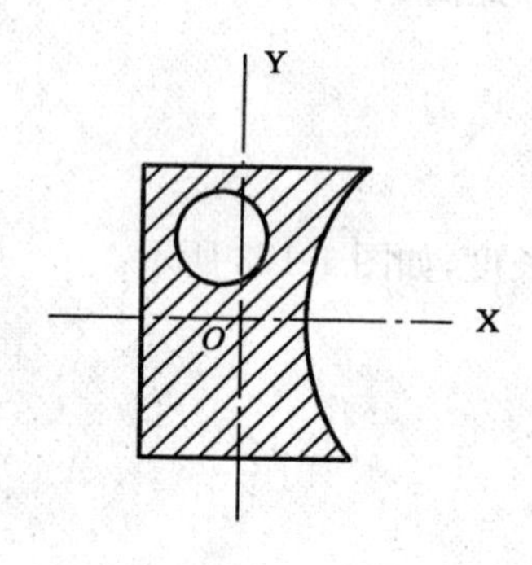

图 1-175 查询面域的质量特性

①用移动命令 MOVE 将截面面域移到原点,即以 X、Y 轴的交点 O 为基点,目标点为坐标原点(0,0);

②用 MASSPROP 命令查询面域的质量特性;

操作步骤如下:

```
命令:MASSPROP                                  (调用查询面域质量特性命令)
选择对象:单击面域的边界                          (选择想要查询的面域)
选择对象:回车                                            (结束选择)
```

③查询得到结果如下:

```
————————————  面域  ————————————
面积:          1 083.362 5
周长:          205.802 7
边界框:        X:−15.308 3  ——  19.518 5
               Y:−21.198 2  ——  23.346 5
质心:          X:−0.904 5
               Y:−0.313 2
惯性矩:        X:197 280.135 7
               Y:83 377.318 2
惯性积:        XY:9 866.788 7
旋转半径:      X:13.494 4
               Y:8.772 8
```

主力矩与质心的 $X-Y$ 方向：

I：81 699.591 8 沿 [0.082 5 0.996 6]

J：197 965.286 9 沿 [−0.996 6 0.082 5]

三　任务实施

绘制一槽钢型材：

(1)绘制槽钢型材的截面图形，如图 1-176 所示。

(2)用面域命令 REGION 将槽钢型材的截面图形转成面域。

(3)用镜像命令得到槽钢背焊组合截面的两个面域，如图 1-177 所示。

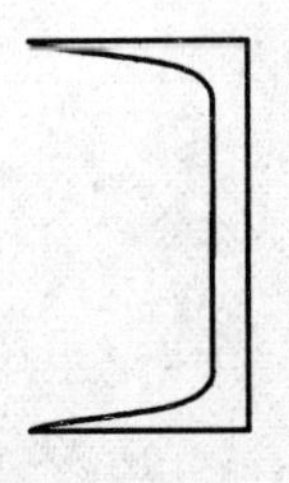

图 1-176　绘制槽钢的截面图形

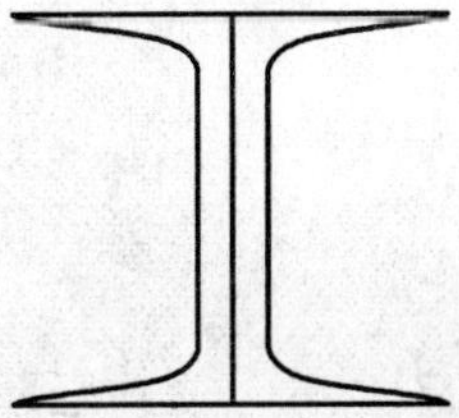

图 1-177　镜像得到组合截面

(4)用并集 UNION 命令将组合截面的两个面域合并成一个面域，如图 1-178 所示。

(5)绘制组合截面的轴线 OX、OY，如图 1-179 所示。

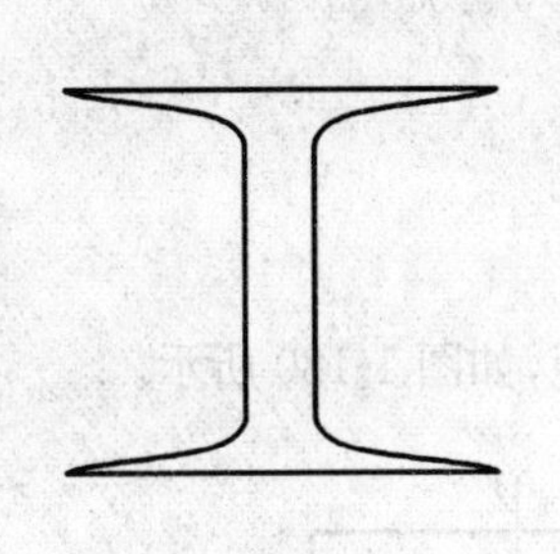

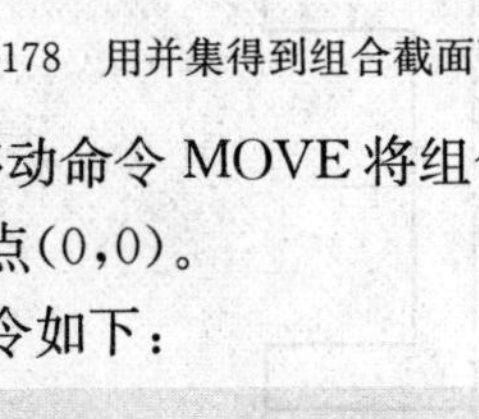

图 1-178　用并集得到组合截面面域

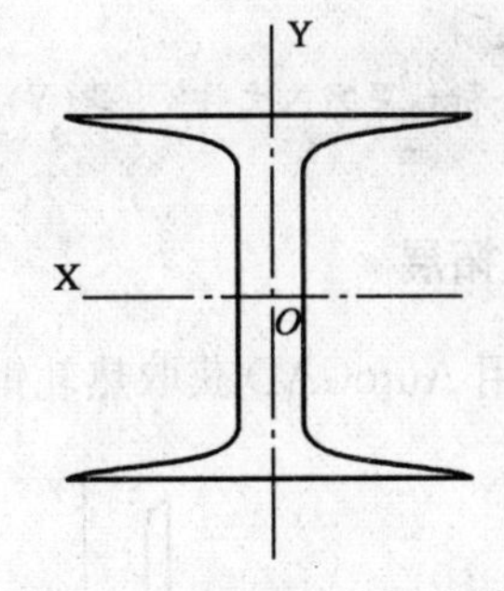

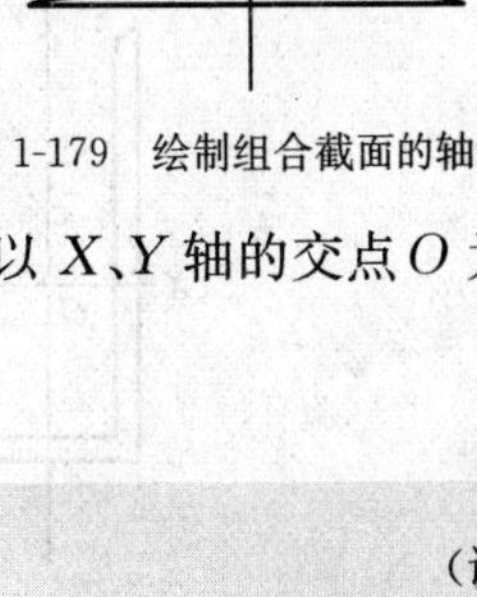

图 1-179　绘制组合截面的轴线

(6)用移动命令 MOVE 将组合截面的面域移到原点，即以 X、Y 轴的交点 O 为基点，目标点为坐标原点(0,0)。

操作命令如下：

命令：MOVE　(调用移动命令)

选择对象：选择组合面域和轴线　(选择想要移动的对象)

选择对象：回车　(结束选择)

指定基点或 [位移(D)] <位移>：捕捉 X、Y 轴交点　(指定移动的基点)

指定第二个点或 <使用第一个点作为位移>：0,0　(指定移动的目标点)

(7)查询组合截面面域的质量特性,即几何性质参数。

操作步骤如下:

命令:MASSPROP (调用查询面域质量特性命令)
选择对象:选择组合截面面域 (选择想要查询的面域)
选择对象:回车 (结束选择)

查询得到结果如下:

———————————— 面域 ————————————
面积: 234.327 5
周长: 168.183 7
边界框: X:−16.457 2～16.457 2
Y:−14.801 3～14.801 3
质心: X:0.000 0
Y:0.000 0
惯性矩: X:26 138.771 3
Y:5 427.136 5
惯性积: XY:0.000 0
旋转半径: X:10.561 6
Y:4.812 5
主力矩与质心的 X—Y 方向:
I:5427.1365 沿 [0.000 0 −1.000 0]
J:26138.7713 沿 [1.000 0 0.000 0]
是否将分析结果写入文件?[是(Y)/否(N)]<否>:回车

四 知识拓展

(1)利用 AutoCAD 获取热轧钢和工字钢截面的惯性矩,如图 1-180 所示。

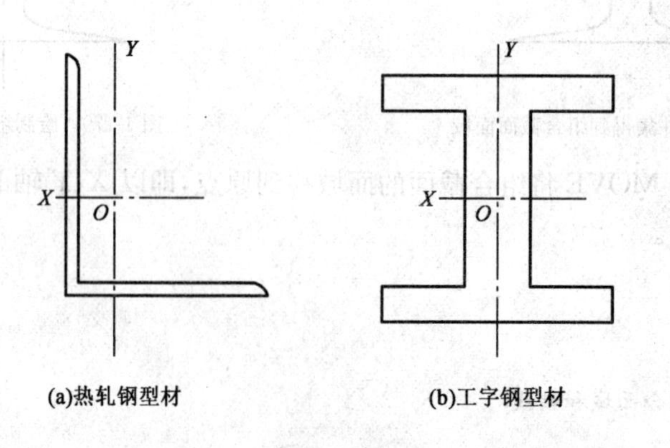

图 1-180 型材截面

(2)利用 AutoCAD 获取型材组合截面的惯性矩,如图 1-181 所示。

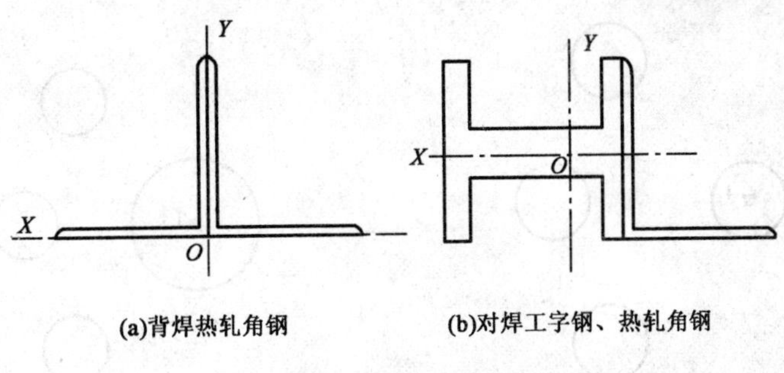

(a)背焊热轧角钢　(b)对焊工字钢、热轧角钢

图 1-181　型材的组合截面

实例 1-9　绘制靶标与贝壳

一　实例分析

图 1-182 中的标靶是 N 个同心圆构成，可以利用夹点编辑的缩放复制功能，以圆心为基点缩放复制而成；贝壳则是利用夹点编辑的缩放复制功能，以椭圆的象限点为基点缩放复制而成。

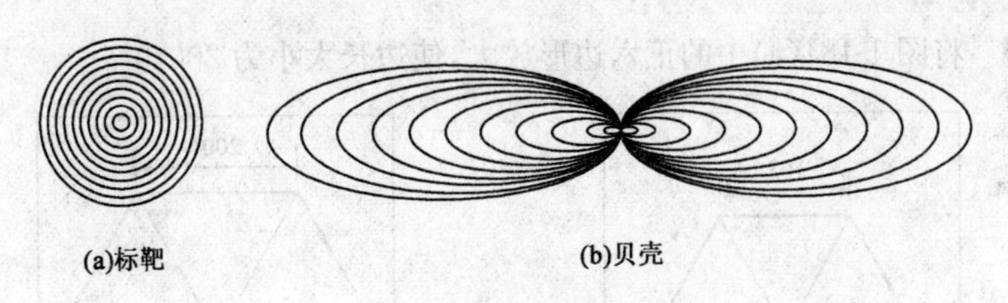

(a)标靶　(b)贝壳

图 1-182　靶标与贝壳

二　相关知识

(一) 缩放命令

(1)功能

用于放大或缩小图形对象。有两种方式：一种是按一定的比例因子缩放对象；另一种是将对象缩放到一定的尺寸大小。

(2)命令调用方式

下拉菜单：**“修改”** / **“缩放”**

工具栏：**“修改”** / **“缩放”**

命令行：SCALE(SC)

(3)命令举例

【例 1-69】 将左边的圆放大至 2 倍，如图 1-183。

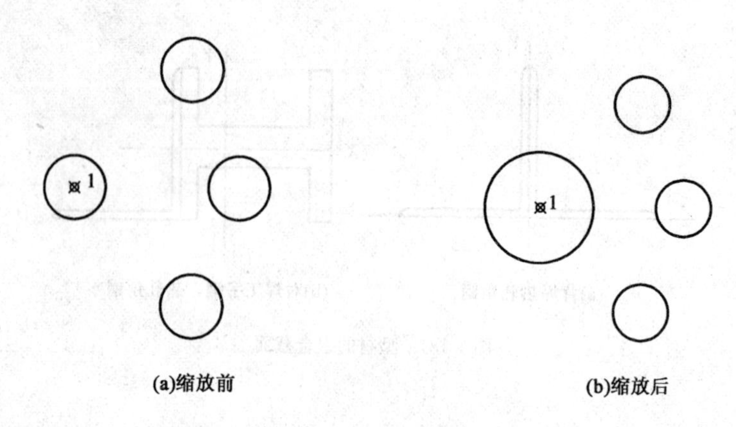

图 1-183　按比例缩放

操作步骤如下：

命令：SCALE　（调用缩放命令）
选择对象：选择左边的圆　（选择缩放对象）
选择对象：回车　（结束选择）
指定基点：选择圆心点 1　（指定缩放中心）
指定比例因子或[复制(C)/参照(R)]<1.000>:2　（输入比例因子）

【例 1-70】 将图 1-184(a)中的正六边形放大，使边长大小为 200。

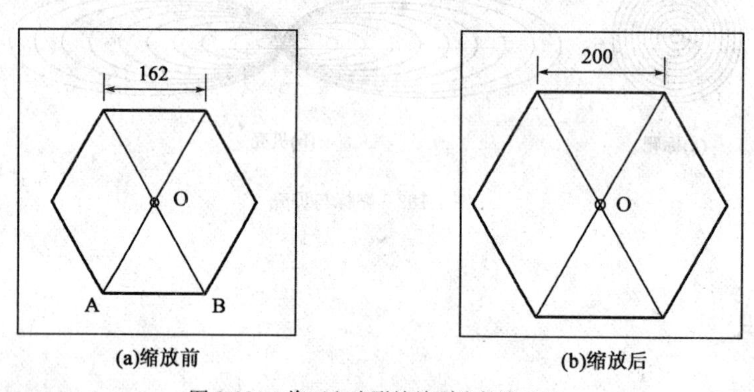

图 1-184　将正六边形缩放到边长为 200

操作步骤如下：

命令：SCALE　（调用缩放命令）
选择对象：选择六边形　（选择缩放对象）
选择对象：回车　（结束选择）
指定基点：六边形中心 O　（指定缩放中心）
指定比例因子或[复制(C)/参照(R)]<1.000 0>:R　（选择参照长度方式）
指定参照长度<1.000 0>:单击边的端点 A　（选择参照长度第一点）
指定第二点：单击边的端点 B　（选择参照长度第二点）
指定新的长度或[点(P)]<1.000 0>:200　（输入参照长度 AB 缩放后的新长度）

(二)夹点编辑

(1)功能

选中图形对象,则对象上将显示蓝色的小方框,称为夹点。

使用夹点编辑可以实现镜像、移动、旋转、拉伸和缩放五种编辑功能,并且可以将五种编辑功能与复制叠加,形成新的功能。

(2)命令调用方式

选中图形对象,对象上将显示夹点。不同的对象,其夹点种类各不相同,如图 1-185 所示。单击某个夹点,就可以将这个夹点激活(激活的夹点颜色变为红色),从而进行夹点编辑。

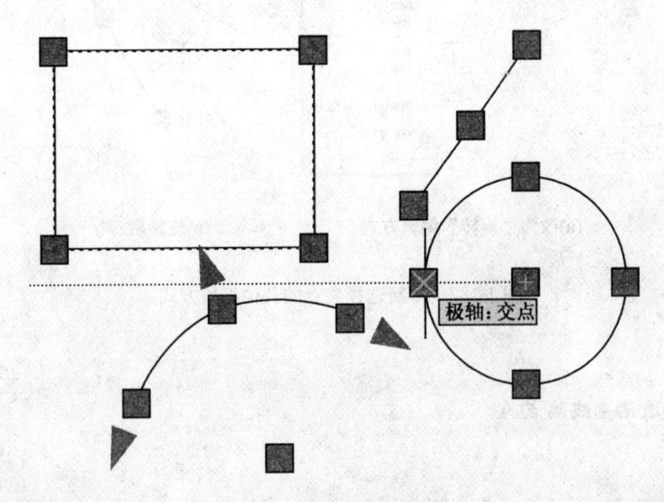

图 1-185　夹点与激活的夹点

(3)命令说明

①激活某个夹点后,有默认的编辑方式,如图 1-186 所示。激活直线的端点为拉伸;激活直线的中点为移动;激活圆的圆心为移动,激活圆的象限点为拉伸;激活多段线的端点为拉伸。

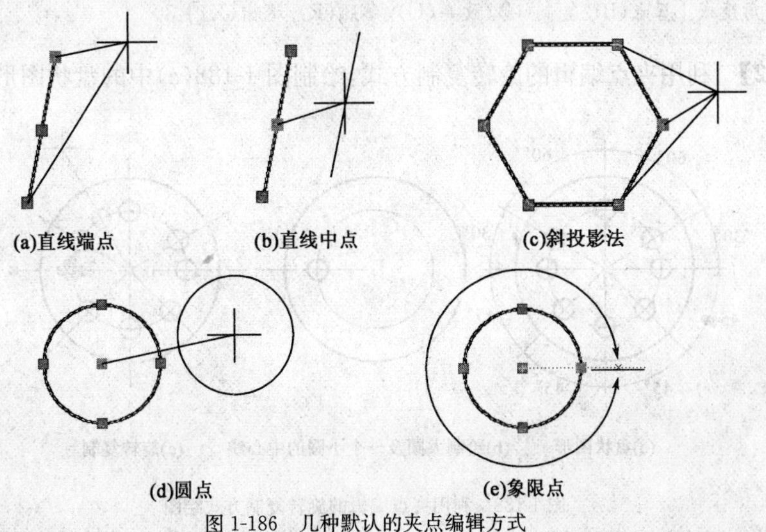

图 1-186　几种默认的夹点编辑方式

②激活某个夹点后若想改变默认的编辑方式，右击可弹出菜单如图 1-187 所示，再用单击选择其他编辑方式。

③激活某个夹点后，想要退出激活状态按“**Esc**”键即可。

(4)命令举例

【**例 1-71**】 利用夹点编辑将直线 AB 绕 A 点旋转 30°，如图 1-187 所示。

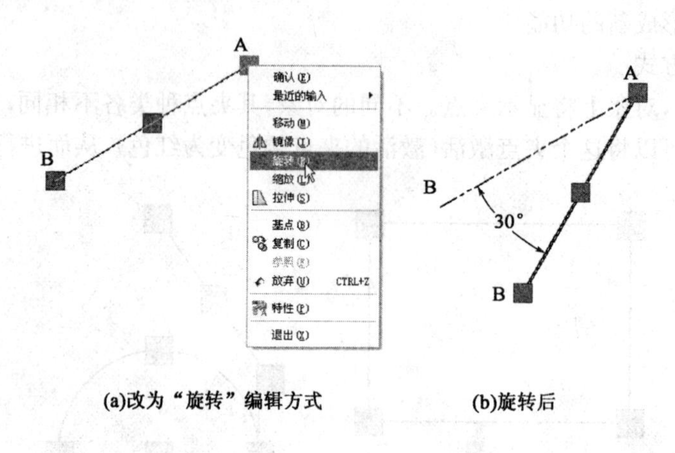

(a)改为“旋转”编辑方式　　(b)旋转后

图 1-187　重新选择夹点的其他编辑方式

操作步骤如下：

```
选中直线，再单击激活直线端点 A
命令：                                                          (进入夹点编辑状态)
* * 拉伸 * *
指定拉伸点或[基点(B)/复制(C)/放弃(U)/退出(X)]：右击，在弹出菜单中单击选择“旋转”
                                                             (默认编辑方式为拉伸)
_rotate                                                (重新选择编辑方式，改为旋转)
* * 旋转 * *
指定旋转角度或[基点(B)/复制(C)/放弃(U)/参照(R)/退出(X)]：30              (指定旋转角度)
```

【**例 1-72**】 利用夹点编辑的旋转复制方式，绘制图 1-188(a)中的盘状图形。

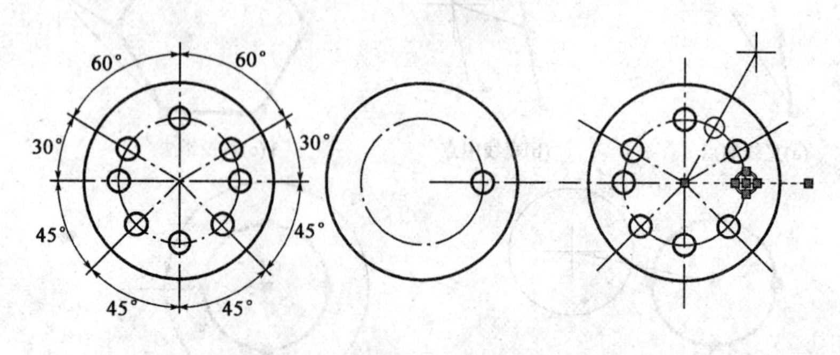

(a)盘状图形　　(b)绘制大圆及一个小圆的中心线　　(c)旋转复制

图 1-188　利用夹点编辑的旋转复制方式绘图

①绘制大圆及一个小圆的中心线，如图 1-188(b)所示；

②利用夹点编辑的旋转复制方式，复制出其他小圆及中心线，如图 1-188(c)所示。

操作步骤如下：

选中小圆与中心线，再单击激活大圆圆心处的中心线端点　　(进入夹点编辑状态)

命令：

** 拉伸 **　　(默认编辑方式为拉伸)

指定拉伸点或[基点(B)/复制(C)/放弃(U)/退出(X)]：右击，在弹出菜单中单击选择“旋转”

(重新选择编辑方式，改为旋转)

_rotate

** 旋转 **

指定旋转角度或[基点(B)/复制(C)/放弃(U)/参照(R)/退出(X)]：C　　(将复制功能叠加上)

** 旋转(多重) **

指定旋转角度或[基点(B)/复制(C)/放弃(U)/参照(R)/退出(X)]：30　　(指定第 1 个旋转角度为 30°)

** 旋转(多重) **

指定旋转角度或[基点(B)/复制(C)/放弃(U)/参照(R)/退出(X)]：90　　(指定第 2 个旋转角度为 90°)

** 旋转(多重) **

指定旋转角度或[基点(B)/复制(C)/放弃(U)/参照(R)/退出(X)]：150　　(指定第 3 个旋转角度为 150°)

** 旋转(多重) **

指定旋转角度或[基点(B)/复制(C)/放弃(U)/参照(R)/退出(X)]：180　　(指定第 4 个旋转角度为 180°)

** 旋转(多重) **

指定旋转角度或[基点(B)/复制(C)/放弃(U)/参照(R)/退出(X)]：−45

(指定第 5 个旋转角度为−45°)

** 旋转(多重) **

指定旋转角度或[基点(B)/复制(C)/放弃(U)/参照(R)/退出(X)]：−90

(指定第 6 个旋转角度为−90°)

** 旋转(多重) **

指定旋转角度或[基点(B)/复制(C)/放弃(U)/参照(R)/退出(X)]：−135

(指定第 7 个旋转角度为−135°)

** 旋转(多重) **

指定旋转角度或[基点(B)/复制(C)/放弃(U)/参照(R)/退出(X)]：回车　　(结束命令)

三　任务实施

(一)绘制标靶

(1)绘制一个半径为 100 圆。

(2)激活圆心夹点，利用夹点编辑的缩放复制得到同心圆，如图 1-189(a)、(b)所示。

操作步骤如下：

选中圆，单击激活圆心夹点　　(进入夹点编辑状态)
** 拉伸 **　　(默认编辑方式为拉伸)
指定旋转角度或[基点(B)/复制(C)/放弃(U)/参照(R)/退出(X)]：右击，在弹出菜单中单击选择“缩放”　　(重新选择编辑方式，改为缩放)
_scale
** 比例缩放 **
指定比例因子或[基点(B)/复制(C)/放弃(U)/参照(R)/退出(X)]：C　　(将复制功能叠加上)
** 比例缩放(多重) **
指定比例因子或[基点(B)/复制(C)/放弃(U)/参照(R)/退出(X)]：0.9　　(指定第1个缩放比例为0.9)
** 比例缩放(多重) **
指定比例因子或[基点(B)/复制(C)/放弃(U)/参照(R)/退出(X)]：0.8　　(指定第2个缩放比例为0.8)
** 比例缩放(多重) **
指定比例因子或[基点(B)/复制(C)/放弃(U)/参照(R)/退出(X)]：0.7　　(指定第3个缩放比例为0.7)
** 比例缩放(多重) **
指定比例因子或[基点(B)/复制(C)/放弃(U)/参照(R)/退出(X)]：0.6　　(指定第4个缩放比例为0.6)
** 比例缩放(多重) **
指定比例因子或[基点(B)/复制(C)/放弃(U)/参照(R)/退出(X)]：0.5　　(指定第5个缩放比例为0.5)
** 比例缩放(多重) **
指定比例因子或[基点(B)/复制(C)/放弃(U)/参照(R)/退出(X)]：0.4　　(指定第6个缩放比例为0.4)
** 比例缩放(多重) **
指定比例因子或[基点(B)/复制(C)/放弃(U)/参照(R)/退出(X)]：0.3　　(指定第7个缩放比例为0.3)
** 比例缩放(多重) **
指定比例因子或[基点(B)/复制(C)/放弃(U)/参照(R)/退出(X)]：0.2　　(指定第8个缩放比例为0.2)
** 比例缩放(多重) **
指定比例因子或[基点(B)/复制(C)/放弃(U)/参照(R)/退出(X)]：0.1　　(指定第9个缩放比例为0.1)
指定比例因子或[基点(B)/复制(C)/放弃(U)/参照(R)/退出(X)]：回车　　(结束命令)

结果得到图形如图1-189(b)所示。

(3)用填充命令填充上颜色，如图1-189(c)所示。

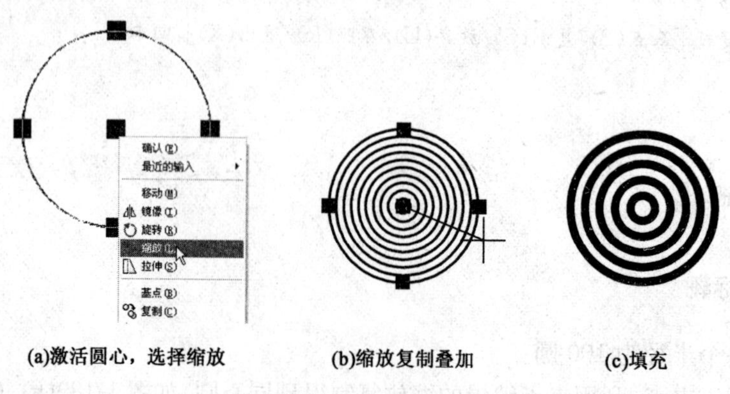

(a)激活圆心，选择缩放　(b)缩放复制叠加　(c)填充

图1-189　绘制靶标

(二)绘制贝壳

(1)绘制椭圆。

(2)激活椭圆左象限点位置的夹点,利用夹点编辑的缩放复制其他椭圆,得到一片贝壳,方法与绘制靶标相同,如图 1-190(a)、(b)所示。

(3)利用镜像命令镜像出另一片贝壳,如图 1-190(c)所示。

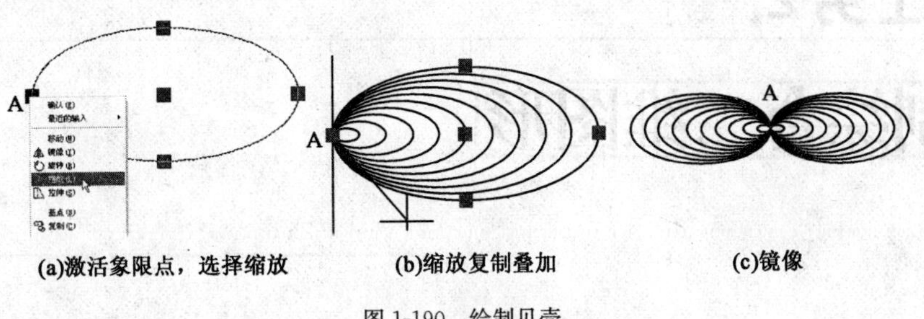

(a)激活象限点,选择缩放　(b)缩放复制叠加　(c)镜像

图 1-190　绘制贝壳

任务2

绘制综合二维图形

实例 2-1 绘制曲线图形

一 实例分析

图 2-1 所示为一个由曲线与直线构成的复杂图形，绘图之前首先要进行图形分析。图形分析一般分为三步进行，首先确定开始分析的基准，然后找出能确定的图形部分，最后再分析过渡连接的图形部分。下面针对图 2-1 进行具体分析，分析要素如图 2-2 所示。

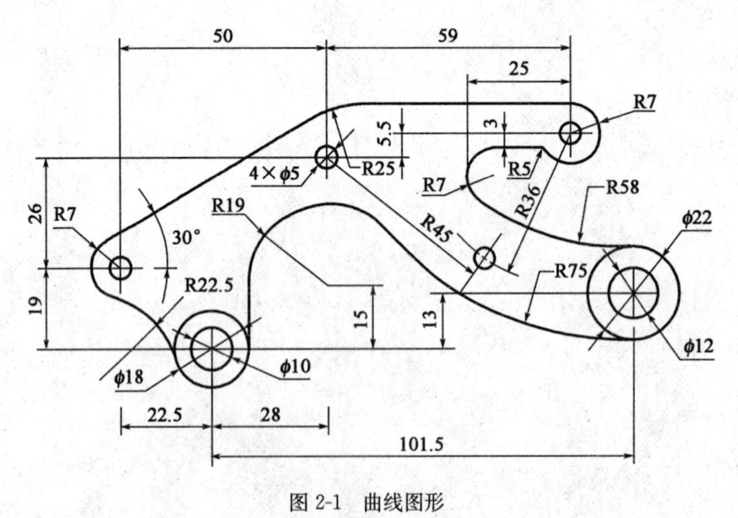

图 2-1　曲线图形

(一)确定分析基准

选择最下面的同心圆 A 的圆心作为分析基准。

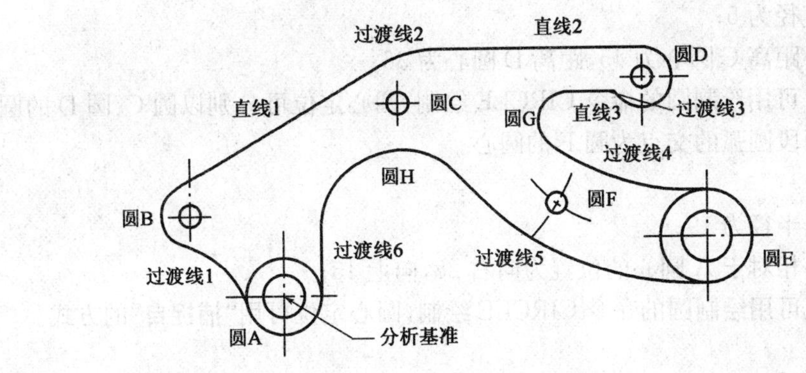

图 2-2　曲线图形的分析

(二)找出能确定的图形部分的大小和位置

(1)最下面的同心圆 A

①大小:两个圆为同心圆,大圆直径为 18,小圆直径为 10;

②位置:圆心在基准上;

③绘制方法:可用绘制圆的命令 CIRCLE 绘制。

(2)最左面的同心圆 B

①大小:两个圆为同心圆,大圆弧半径为 7,小圆直径为 5;

②位置:圆心相对于 A 圆心的位置为向左 22.5,向上 19;

③绘制方法:可用绘制圆的命令 CIRCLE 绘制,圆心定位可用**"捕捉自"**的方式。

(3)上面的圆 C

①大小:圆直径为 5;

②位置:圆心相对于 B 圆心的位置为向右 50,向上 26;

③绘制方法:可用绘制圆的命令 CIRCLE 绘制,圆心定位可用**"捕捉自"**的方式。

(4)上面的同心圆 D

①大小:两个圆为同心圆,大圆弧半径为 7,小圆直径为 5;

②位置:圆心相对于 C 圆心的位置为向右 59,向上 5.5;

③绘制方法:可用绘制圆的命令 CIRCLE 绘制,圆心定位可用**"捕捉自"**的方式。

(5)圆弧 G

①大小:圆弧半径为 7;

②位置:与两条直线相切,一条是从 D 圆心左偏 25 的竖直线,另一条是从 D 圆心下偏 3 的水平线;

③绘制方法:可用绘制圆的命令 CIRCLE 中的**"相切、相切、半径"**方式绘制。

(6)右下面的同心圆 E

①大小:两个圆为同心圆,大圆直径径为 22,小圆直径为 12;

②位置:圆心相对于 A 圆心的位置为向右 101.5,向上 13;

③绘制方法:可用绘制圆的命令 CIRCLE 绘制,圆心定位可用**"捕捉自"**的方式。

(7)小圆 F

①大小:圆直径为 5;

②位置:圆心距离 C 圆心为 45,距离 D 圆心为 36;

③绘制方法:可用绘制圆的命令 CIRCLE 绘制,圆心定位可分别以圆 C、圆 D 的圆心为圆心画两段圆弧,两段圆弧的交点为圆 F 的圆心。

(8)圆弧 H

①大小:圆弧半径为 19;

②位置:圆心相对于 A 圆心的位置为向右 28,向上 15;

③绘制方法:可用绘制圆的命令 CIRCLE 绘制,圆心定位可用**"捕捉自"**的方式。

(9)直线 1

①位置:与圆 B 相切,倾斜角为 30°;

②绘制方法:可用直线命令 LINE 绘制,直线起点用**"切点"**的捕捉方式切圆 B,倾斜度可用输入相对极坐标的方式来保证。

(10)直线 2

①位置:与圆 D 相切,水平线;

②绘制方法:可用直线命令 LINE 绘制,直线起点用**"象限点"**的捕捉方式选择圆 D 的最上象限点,再用极轴追踪方式水平绘制。

(11)直线 3

①位置:由 D 圆心向下偏 3,水平线;

②绘制方法:用偏移命令 OFFERSET 偏移圆 D 的水平中心线。

(三)连接过渡线

(1)过渡线 1

①过渡对象:圆 A、圆 B;

②过渡方式:圆弧过渡,半径 22.5,与两圆相切;

③绘制方法:用圆角命令 FILLET 绘制。

(2)过渡线 2

①过渡对象:直线 1、直线 2;

②过渡方式:圆弧过渡,半径 25,与两直线相切;

③绘制方法:用圆角命令 FILLET 绘制。

(3)过渡线 3

①过渡对象:圆 D、直线 3;

②过渡方式:圆弧过渡,半径 5,与圆 D、直线 3 相切;

③绘制方法:用圆角命令 FILLET 绘制。

(4)过渡线 4

①过渡对象:圆 G、圆 E;

②过渡方式:圆弧过渡,半径 58,与两圆相切;

③绘制方法:可用绘制圆的命令 CIRCLE 中的**"相切、相切、半径"**方式绘制。

(5)过渡线 5

①过渡对象:圆 E、圆 H;

②过渡方式:圆弧过渡,半径 75,与两圆相切;

③绘制方法:可用绘制圆的命令 CIRCLE 中的**“相切、相切、半径”**方式绘制。

(6)过渡线 6

①过渡对象:圆 A、圆 H;

②过渡方式:直线过渡,与两圆相切;

③绘制方法:可用绘制直线的命令 LINE 绘制,采用**“切点”**的捕捉方式。

(四)其他命令

其他命令在绘制图形过程中要用到:对象捕捉中的自基点捕捉功能 FROM 和圆角命令圆角命令 FILLET、偏移命令 OFFSET、设置线型命令 LINETYPE、设置线宽命令 LWEIGHT、设置图层命令 LAYER。

二 相关知识

(一)对象捕捉中的自基点捕捉功能

(1)功能

能够通过目标点到已知基点的相对坐标,准确地确定该目标点的位置。

(2)命令调用方式

工具栏:**“对象捕捉” / “捕捉自”**

弹出菜单:Shift+右键 / **“捕捉自”**

(3)命令举例

【例 2-1】 若在一个矩形中绘制一个半径为 30 的圆,圆心 O 相对于矩形左上角 A 点向右 80、向下 50,绘制方法如图 2-3 所示。

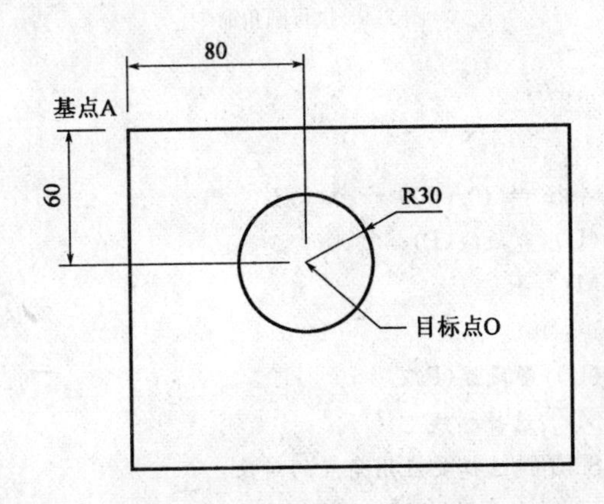

图 2-3 自基点捕捉功能 FROM 的使用

操作步骤如下:

命令:CIRCLE　(调用绘制圆命令)
指定圆的圆心或[三点(3P)/两点(2P)/相切、相切、半径(T)]:
点击捕捉自　(采用“捕捉自”的方式定位圆心)
_from 基点:选择矩形的角点 A　(选择矩形的角点 A 作为基点)
<偏移>:@80,-50　(输入圆心 O 相对于基点 A 的坐标)
指定圆的半径或[直径(D)]<100.0000>:30　(输入圆的半径)

(二)圆角命令

(1)功能

能够把两条线交点处的尖角倒成圆角,也可以同时保留尖角。

(2)命令调用方式

下拉菜单:“修改”/“圆角”

工具栏:“修改”/“圆角”

命令行:FILLET(F)

(3)命令举例

【例 2-2】　将一直角顶点用圆角命令倒成半径为 10 的圆角,如图 2-4(b)所示。

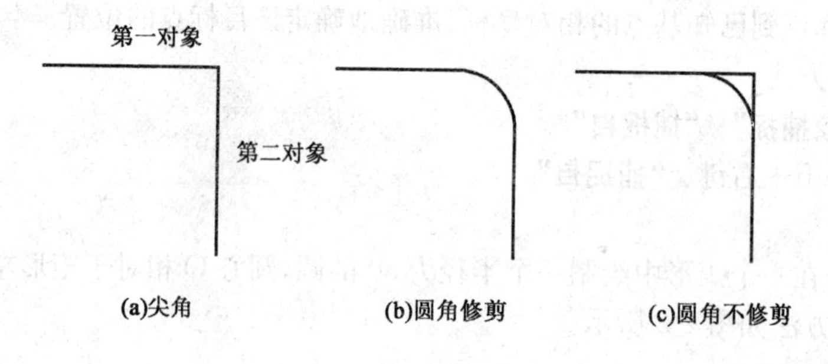

图 2-4　执行圆角命令

操作步骤如下:

命令:FILLET　(调用圆角命令)
当前设置:模式 = 修剪,半径 = 10.0000
选择第一个对象或[放弃(U)/多段线(P)/
半径(R)/修剪(T)/多个(M)]:R　(设置圆角半径)
指定圆角半径<10.0000>:10　(输入圆角半径值)
选择第一个对象或[放弃(U)/多段线(P)/
半径(R)/修剪(T)/多个(M)]:选择横线　(选择第一个圆角对象)
选择第二个对象,或按住 Shift 键选择要应用角点的对象:
选择竖线　(选择第二个圆角对象)

【例 2-3】　将一直角顶点用圆角命令倒圆角,不修剪角点,如图 2-4(c)。

操作步骤如下:

```
命令:FILLET                                              (调用圆角命令)
当前设置: 模式 = 不修剪,半径 = 10.0000
选择第一个对象或[放弃(U)/多段线(P)/
半径(R)/修剪(T)/多个(M)]: T                              (设置修剪选项)
输入修剪模式选项[修剪(T)/不修剪(N)]<不修剪>: N             (选择不修剪选项)
选择第一个对象或[放弃(U)/多段线(P)/
半径(R)/修剪(T)/多个(M)]:选择横线                         (选择第一个圆角对象)
选择第二个对象,或按住 Shift 键选择要应用角点的对象:
选择横线                                                 (选择第二个圆角对象)
```

(三)设置线型命令

(1)功能

用于设置实线、点划线、虚线、双点划线等线型类型及线型比例。

(2)命令调用方式

下拉菜单:**"格式"/"线型"**

工具栏:**"特性"/"线型"**

命令行:LINETYPE(LT)

(3)线型的设置

①加载线型类型

打开**"线型管理器"**对话框(图 2-5 所示),点击**"加载"**按钮,在**"加载或重载线型"**对话框中选择要加载的线型,实线选择 CONTINUE,虚线选择 DASHED2,点划线选择 CENTER2,双点划线选择 PHANTOM2,如图 2-6 所示。

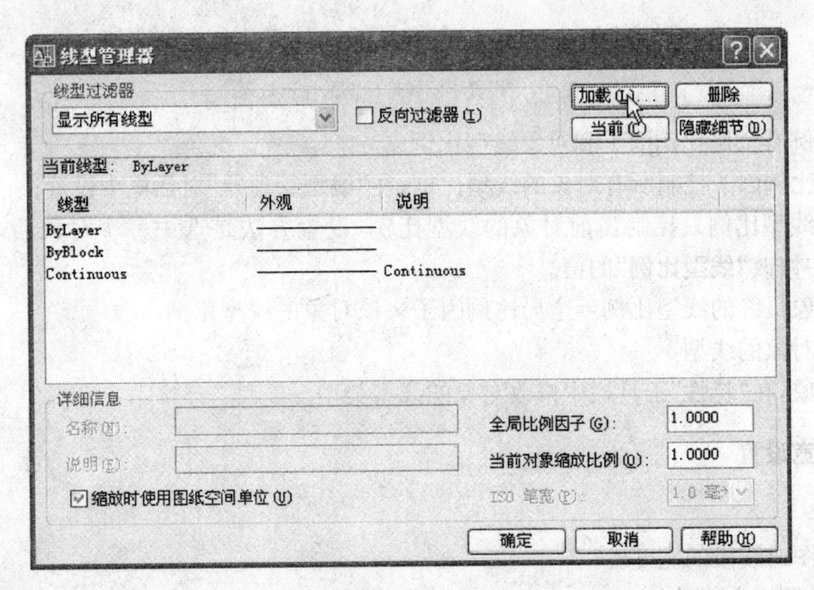

图 2-5　**"线型管理器"**对话框

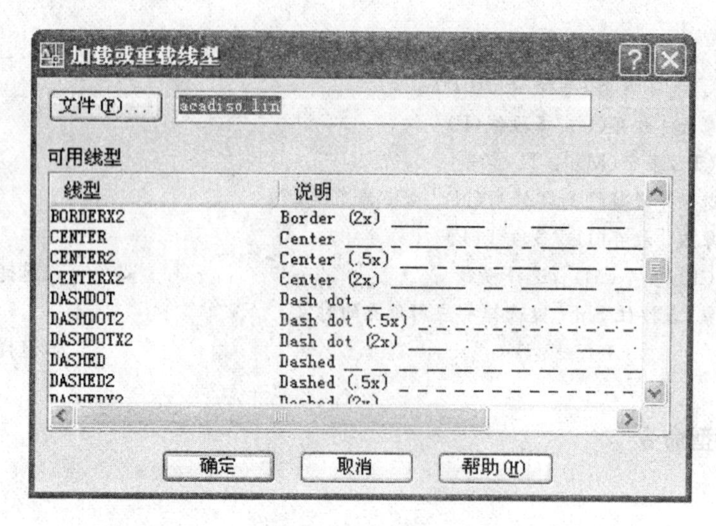

图 2-6　**"加载或重载线型"**对话框

②设置线型比例

要想在图中显示合适的线型效果，必须有合适的线型比例。不同线型比例的显示效果也不同，如图 2-7 所示。

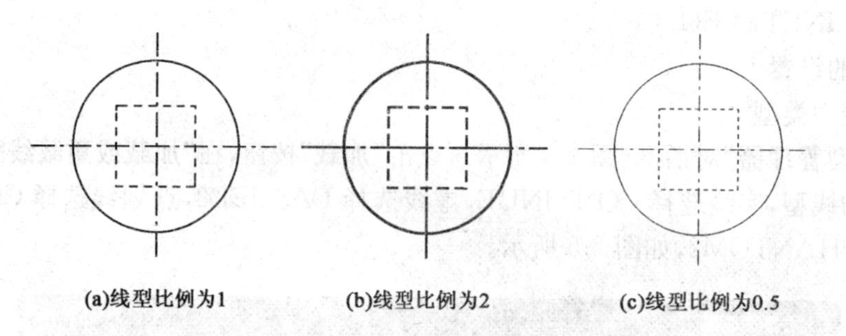

图 2-7　设置不同线型比例的显示效果

线型比例有全局比例因子和对象线型比例。

a. 全局比例因子控制所有对象的线型比例，在**"线型管理器"**对话框中设置；

b. 对象线型比例只控制当前对象的线型比例，设置方法是选中一个对象后，在**"对象特性"**对话框中修改**"线型比例"**的值。

一个对象最终的线型比例＝全局比例因子×该对象的线型比例。

③改变对象的线型

选中对象，在**"特性"**工具栏中修改对象的线型类型。

(四)线宽设置

(1)功能

设置绘图时线段的宽度。

(2)命令调用方式

下拉菜单：**"格式"/"线宽"**

工具栏：**“特性”**/**“线宽”**

状态栏：**“线宽”**

命令行：LWEIGHT(LW)

(3)命令举例

①设置当前线宽

执行线宽命令后，AutoCAD 弹出**“线宽设置”**对话框(图 2-8 所示)，在该对话框中可以进行线宽的选择、线宽单位的选择、默认线宽值的设定以及线宽显示等。还可以单击**“特性”**对话框中**“线宽”**下拉列表的按钮，弹出下拉列表来选择当前的线宽。只有打开状态栏中的**“线宽”**按钮，才能在图形中显示其线宽。

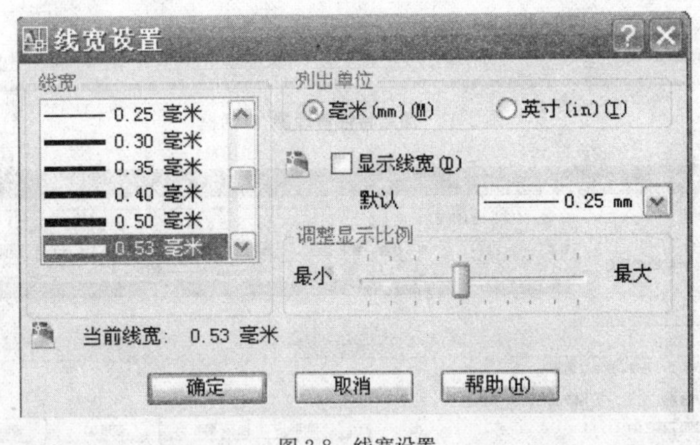

图 2-8 线宽设置

②改变对象的线宽

选中对象，在**“特性”**工具栏中修改线宽的值。

(五)设置图层命令

(1)功能

创建、管理图层及设置图层的特性。

(2)命令调用方式

下拉菜单：**“格式”**/**“图层”**

工具栏：**“格式”**/**“图层”**

命令行：LAYER(LA)

(3)创建新图层，并设置图层的特性及状态

①创建新图层

执行图层命令后，AutoCAD 弹出**“图层特性管理器”**对话框，如图 2-9 所示。AutoCAD 中默认的只有一个 0 层。单击**“图层特性管理器”**对话框中的按钮可以依照 0 层为模板创建一个新层。

②给新图层命名

新图层默认的名称为**“图层 1”**、**“图层 2”**等，新图层显示在图层列表框中。单击新图层的名称，改为**“粗实线层”**，于是创建出**“粗实线层”**图层，如图 2-10 所示。

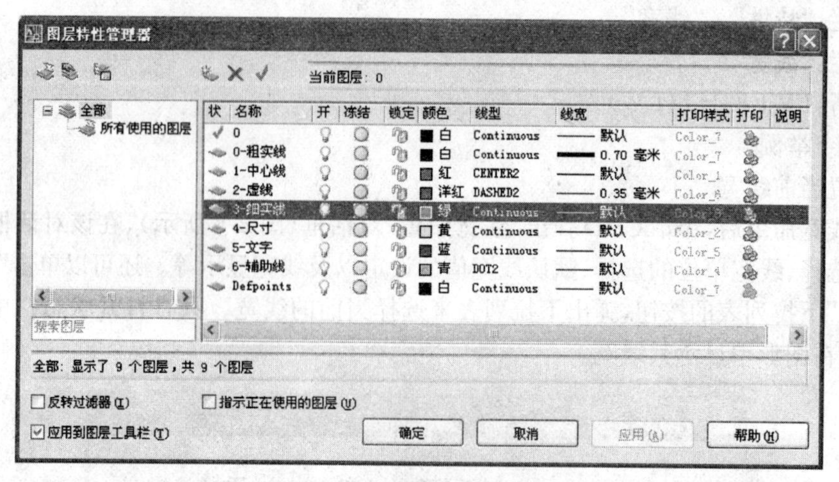

图 2-9　**“图层特性管理器”**对话框

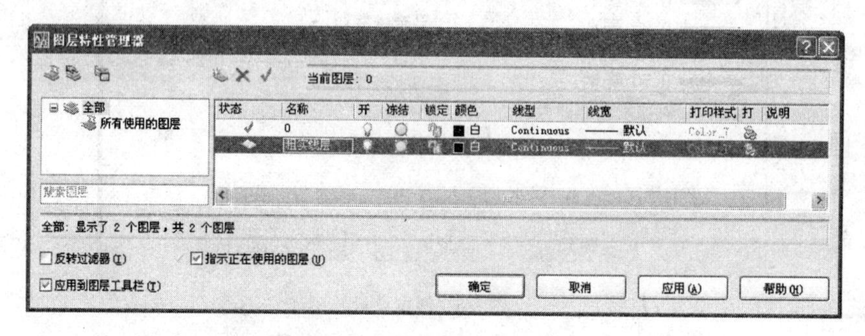

图 2-10　创建并命名新图层

③设置该图层的颜色、线型、线宽等特性

a. 单击**“图层特性管理器”**中要设置图层的**“颜色”**列，弹出**“选择颜色”**对话框如图 2-11 选项卡，可以选择颜色。

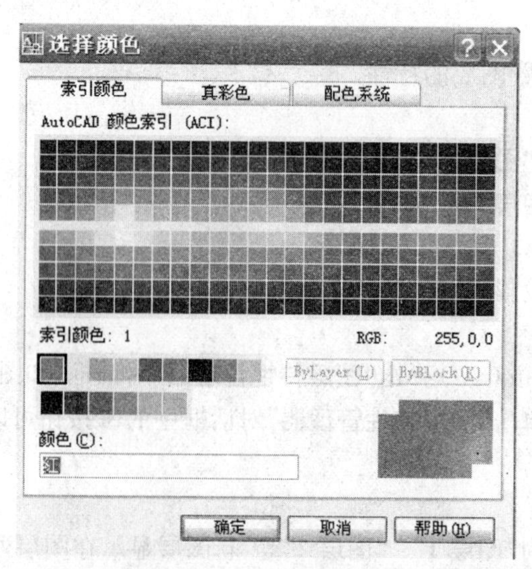

图 2-11　选择颜色

b. 单击**“图层特性管理器”**中要设置图层的**“线型”**列，弹出**“选择线型”**如图 2-12 对话框，可以选择线型。

c. 单击**“图层特性管理器”**中要设置图层的**“线宽”**列，弹出**“线宽”**对话框如图 2-13，可以设置线宽尺寸。

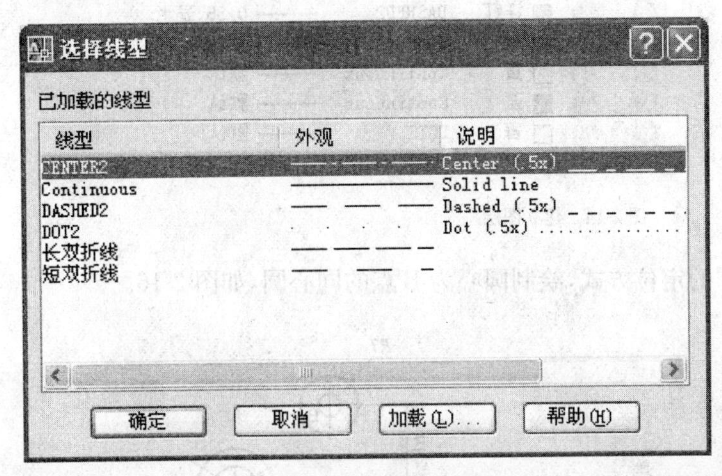

图 2-12 选择线型

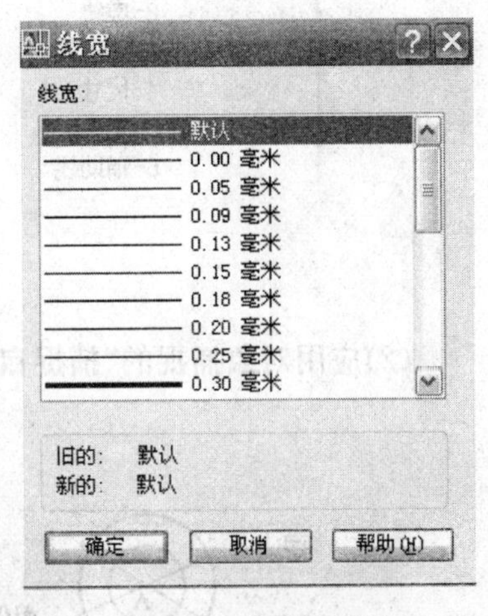

图 2-13 线宽对话框

④设置图层状态

图层状态包括**“开/关”**状态、**“冻结/解冻”**状态、**“锁定/解锁”**状态、**“打印/不打印”**状态。

a. **“开/关”**状态：当图层处于**“关闭”**状态时，图层上的对象不能显示和打印。

b. **“冻结/解冻”**状态：当图层处于**“冻结”**状态时，图层上的对象不能显示、打印或重新生成。

c. **“锁定/解锁”**状态：当图层处于**“锁定”**状态时，图层上的对象可以显示、打印，但不能编辑。

d. **“打印/不打印”**状态：当图层处于**“打印”**状态时，图层上的对象可以被打印；如果处于**“不打印”**状态，则图层上的对象不能打印。

(4)将对象从一个图层移到另一个图层

选中对象，在**“特性”**工具栏中重新选择图层，则可以将对象从一个图层移到另一个图层。

三 任务实施

(一)新建文件

新建文件，命名为**“曲线图形. dwg”**

(二)建立图层

打开**“图层特性管理器”**对话框，建立图层并设置图层的颜色、线型、线宽，如图 2-14 所示。

(三)绘制图形

(1)进入**“0—粗实线”**图层，绘制直径为 10 和 18 的同心圆，圆心为 A，如图 2-15 所示。

状态	名称	开	冻结	锁定	颜色	线型	线宽
	0				白	Continuous	默认
	0-粗实线				白	Continuous	0.70 毫米
	1-中心线				红	CENTER2	默认
	2-虚线				洋红	DASHED2	0.35 毫米
	3-细实线				绿	Continuous	默认
	4-尺寸				黄	Continuous	默认
	5-文字				蓝	Continuous	默认
	6-辅助线				青	DOT2	默认

图 2-14 建立图层

(2)应用对象捕捉的**“捕捉自”**的定位方式,绘制圆心为 B 点的同心圆,如图 2-16。

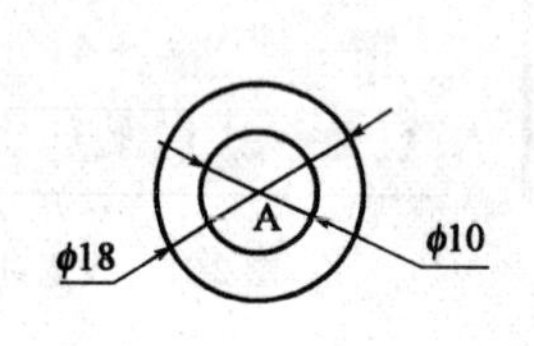

图 2-15 绘制圆心在 A 点的同心圆

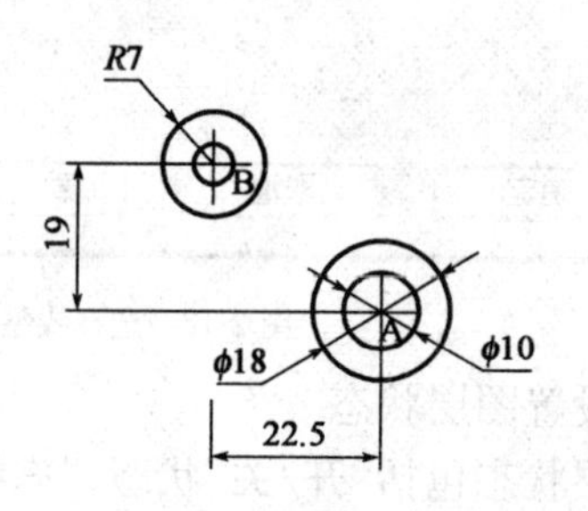

图 2-16 绘制圆心在 B 点的同心圆

操作步骤如下:

```
命令:CIRCLE                                                   (调用绘制圆的命令)
指定圆的圆心或[三点(3P)/两点(2P)/相切、相切、半径(T)]:
点击捕捉自                                                     (圆心采用“捕捉自”的定位方式)
_from 基点:选择圆心 A                                          (选择“捕捉自”的基点)
<偏移>:@-22.5,19                                              (输入圆心 B 相对于基点 A 的坐标)
指定圆的半径或[直径(D)]<7.000000>:d                            (选择直径方式)
指定圆的直径<14.000000>:5                                      (输入直径值)
命令:CIRCLE                                                   (调用绘制圆的命令)
指定圆的圆心或[三点(3P)/两点(2P)/相切、相切、半径(T)]:选择圆心 B   (指定圆心)
指定圆的半径或[直径(D)]<2.500000>:7                            (输入半径值)
```

(3)同样方法,应用**“捕捉自”**命令绘制圆心在 C、D、E、H 点的圆,如图 2-17 所示。

(4)绘制圆心在 F 点的圆。

分别以点 C、D 为圆心,以 45、36 为半径画圆弧,两圆的交点即为圆心 F,绘制直径为 5 的圆,如图 2-18。

(5)应用**“切点”**捕捉方式,绘制与圆 B 相切的倾斜直线 1,如图 2-19 所示。

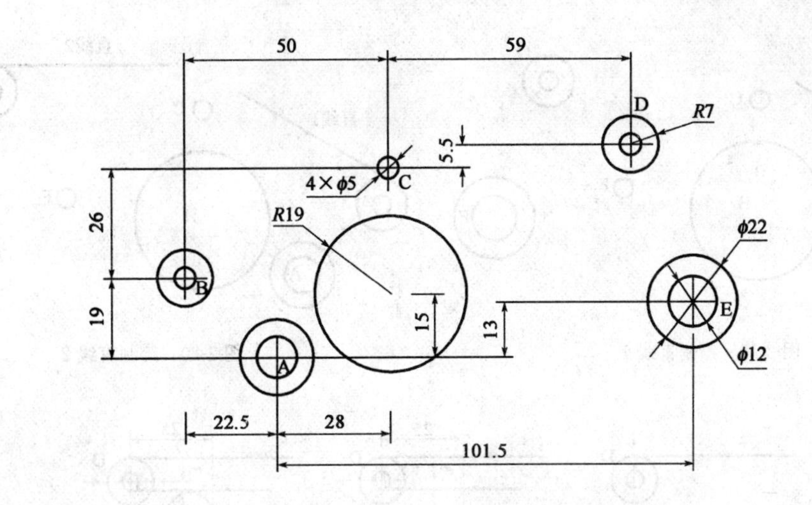

图 2-17　绘制圆心在 C、D、E、H 点的圆

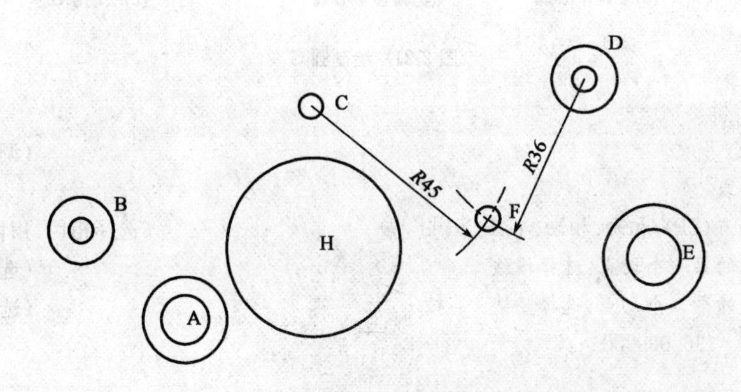

图 2-18　确定圆心 F,绘制圆

操作步骤如下:

命令:LINE	(调用直线命令)
指定第一点:点击捕捉到切点	(采用"切点" 捕捉方式)
_tan 到　单击圆 B 的左上部分	(选择切点的所在的象限)
指定下一点或［放弃(U)］:@100＜30	(输入下一点的相对极坐标)
指定下一点或［放弃(U)］:回车	

(6)绘制直线 2。

用**"象限点"**的捕捉方式、正交等辅助功能绘制直线 2,如图 2-20。

(7)绘制圆 G。

①绘制圆心 D 的中心线,如图 2-21(a)所示;

②用偏移命令偏移圆心 D 的中心线,如图 2-21(b);

③利用**"相切、相切、半径"**绘制圆 G。如图 2-21(c)所示。

操作步骤如下:

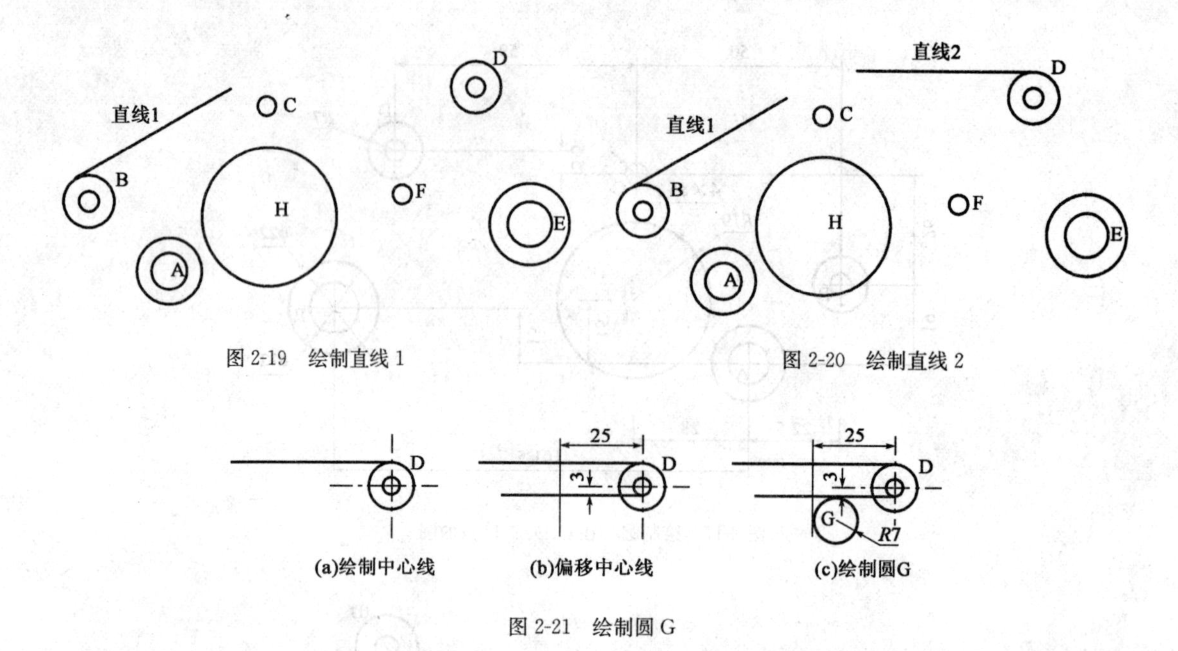

图 2-19　绘制直线 1

图 2-20　绘制直线 2

图 2-21　绘制圆 G

```
命令:CIRCLE                                              (调用绘制圆的命令)
指定圆的圆心或
[三点(3P)/两点(2P)/相切、相切、半径(T)]T                      (选择相切、相切、半径方式画圆)
指定对象与圆的第一个切点:选择横线                               (选择第一相切对象)
指定对象与圆的第二个切点:选择竖线                               (选择第二相切对象)
指定圆的半径 <36.000000>:7                                   (输入半径)
```

(8)利用圆角命令绘制过渡线 1、2、3。

①绘制过渡线 1,如图 2-22 所示。

操作步骤如下:

```
命令:FILLET                                                  (调用圆角命令)
当前设置:模式 = 修剪,半径 = 0.000000
选择第一个对象或[放弃(U)/多段线(P)/半径(R)/修剪(T)/多个(M)]:R        (设置圆角半径)
指定圆角半径 <0.000000>:22.5                                 (输入圆角半径值)
选择第一个对象或[放弃(U)/多段线(P)/半径(R)/修剪(T)/多个(M)]:选择圆心为 A 的大圆
                                                            (选择第一圆角对象)
选择第二个对象,或按住 Shift 键选择要
应用角点的对象:选择圆心为 B 的大圆                               (选择第二圆角对象)
```

②同样的方法绘制过渡线 2、3。

(9)利用**“切点”**捕捉绘制过渡直线 6。如图 2-23 所示。

操作步骤如下:

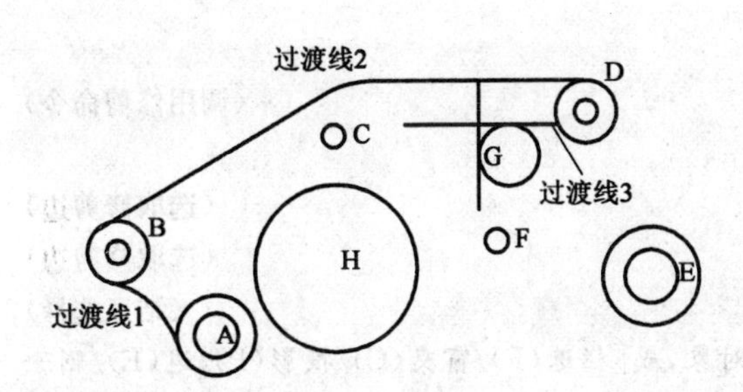

图 2-22 绘制过渡线 1、2、3

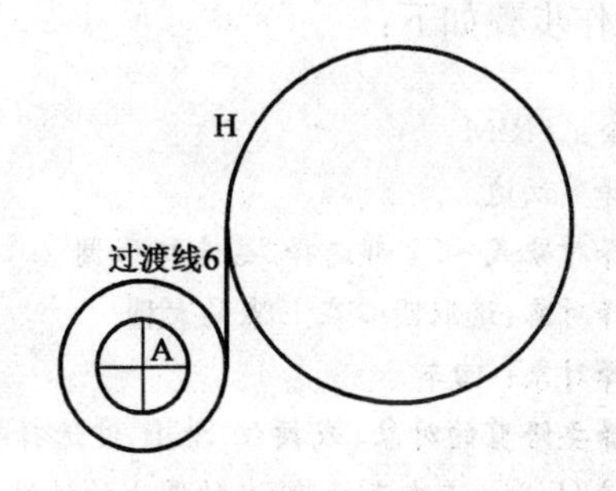

图 2-23 绘制过渡线 6

命令:LINE	(调用直线命令)
指定第一点:点击捕捉到切点	(采用"切点" 捕捉方式)
_tan 到 选取圆心为 A 的大圆右面部分	(选择直线的第一相切对象)
指定下一点或[放弃(U)]:点击捕捉到切点	(再次采用"切点" 捕捉方式)
_tan 到 选取圆心为 H 的圆左面部分	(选择直线的第二相切对象)
指定下一点或[放弃(U)]:回车	(结束命令)

(10)绘制过渡线 4、5。

①利用**"相切、相切、半径"**命令画圆,如图 2-24 所示。

操作步骤如下:

命令:CIRCLE	(调用绘制圆的命令)
指定圆的圆心或[三点(3P)/两点(2P)/相切、相切、半径(T)]:T	(选择相切、相切、半径方式画圆)
指定对象与圆的第一个切点:选取 G 圆左下部	(选择第一相切对象)
指定对象与圆的第二个切点:选取圆心在 E 点的大圆上部	(选择第二相切对象)
指定圆的半径 <58.000000>:58	(输入半径)

②利用修剪命令修剪得到过渡线 4,如图 2-25 所示。

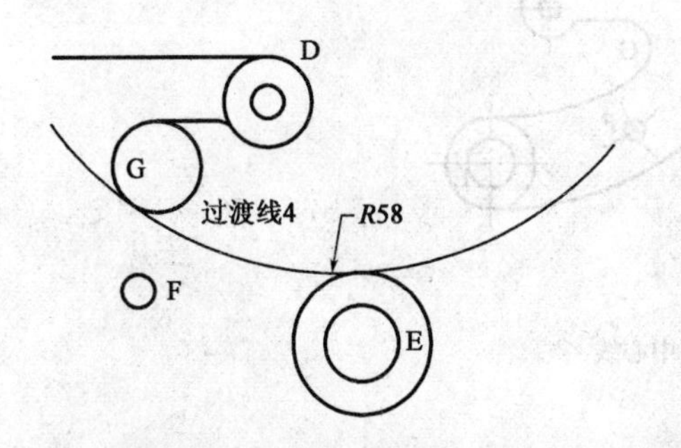

图 2-24 相切、相切、半径方式画圆

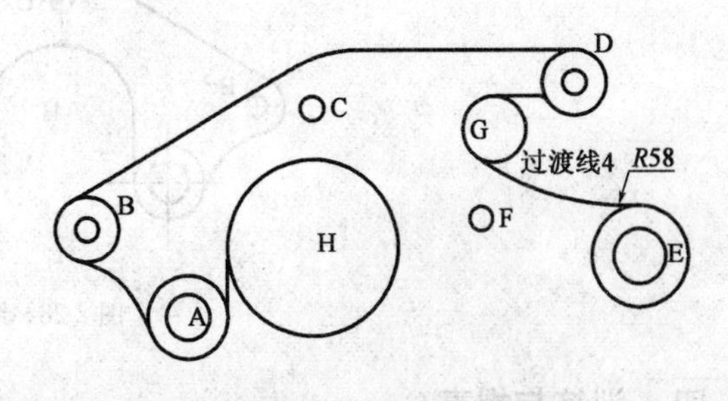

图 2-25 修剪圆上的多余部分得到过渡线 4

操作步骤如下：

命令：TRIM （调用修剪命令）
选择剪切边...
选择对象或 <全部选择>：选取 G 圆 （选取修剪边）
选择对象：选取圆心在 E 点的大圆 （选取修剪边）
选择对象：回车 （结束选择）
选择要修剪的对象，或按住 Shift 键选择要延伸的对象，或[栏选(F)/窗交(C)/投影(P)/边(E)/删除(R)/放弃(U)]：点击半径为 58 的圆上的被修剪部分 （选择被修剪部分）
选择要修剪的对象，或按住 Shift 键选择要延伸的对象，或[栏选(F)/窗交(C)/投影(P)/边(E)/删除(R)/放弃(U)]：回车 （结束命令）

③同样方法绘制过渡线 5。

利用**"相切、相切、半径"**命令绘制半径为 75 的圆。第一点选取 H 圆的右上部，第二点选取圆心为 E 点的大圆的左下部。利用修剪命令修剪得到过渡线 5，如图 2-26 所示。

(11)修剪圆心在 B、H、G、D 点的部分圆弧，如图 2-27 所示。

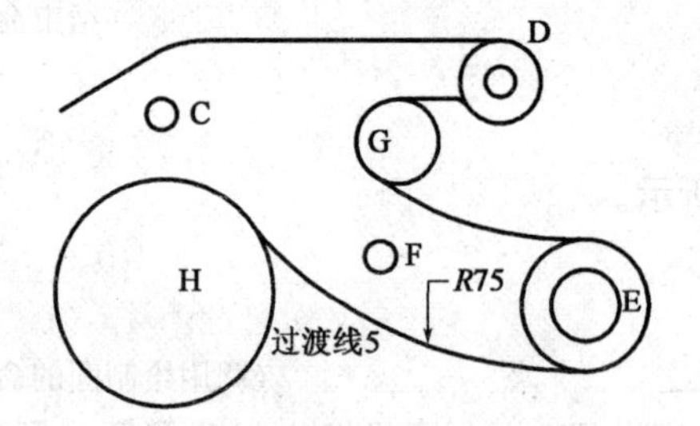

图 2-26 绘制过渡线 5

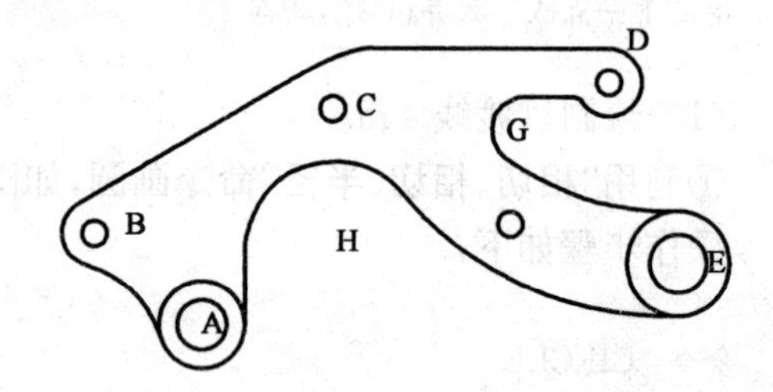

图 2-27 修剪多余的圆弧段

(12)绘制圆的中心线。

进入**"1—中心线"**图层，用直线命令绘制中心线，用拉长命令 LENGTHEN 的**"DY"**选项调整中心线的长度，如图 2-28 所示。

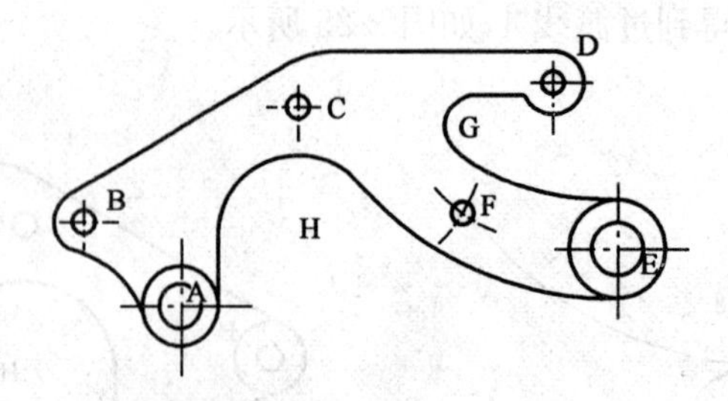

图 2-28 绘制中心线

四 训练与提高

绘制如图 2-29～图 2-34 所示的图形。

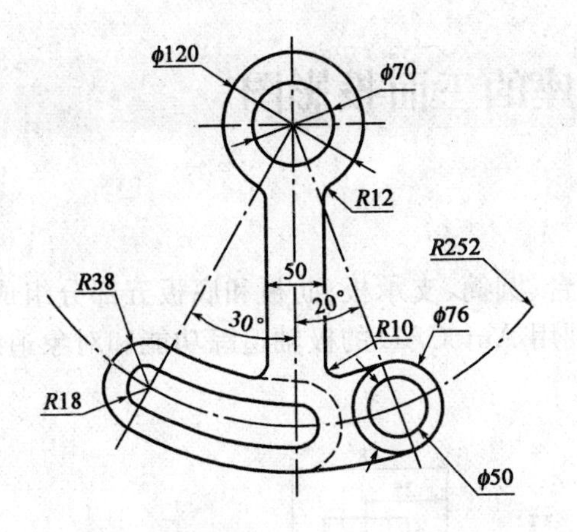

图 2-29

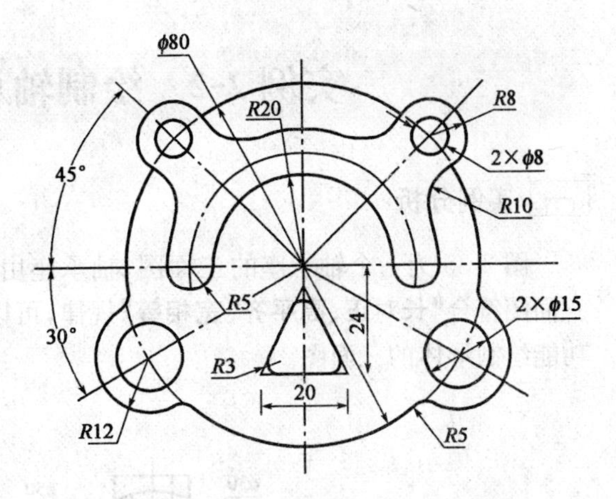

图 2-30

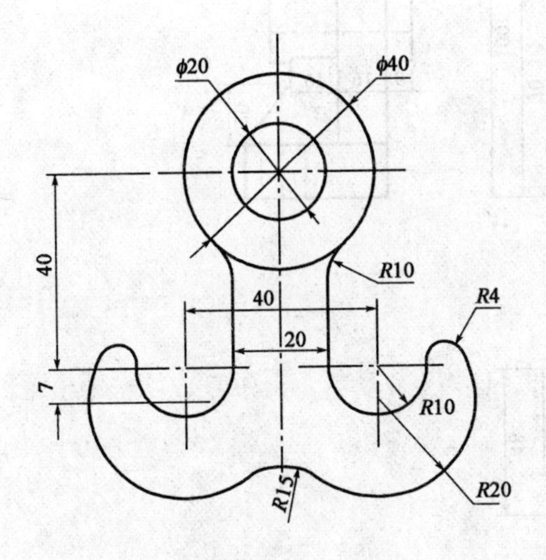

图 2-31

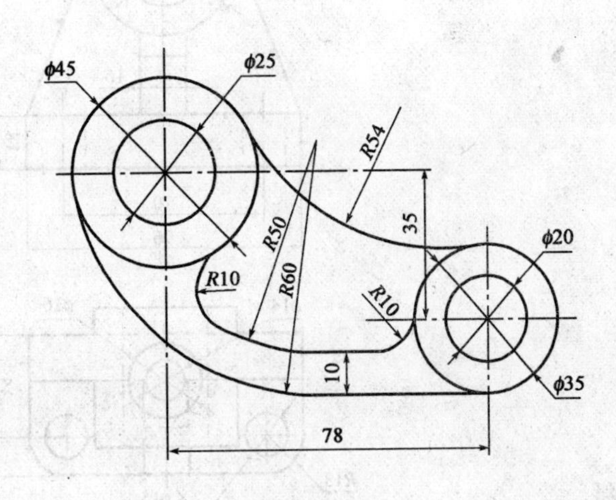

图 2-32

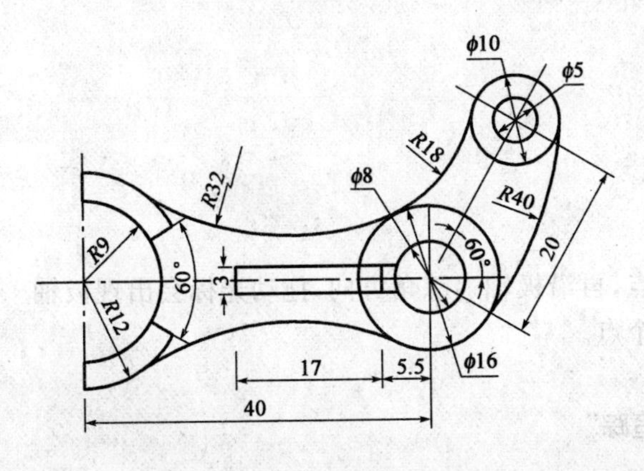

图 2-33

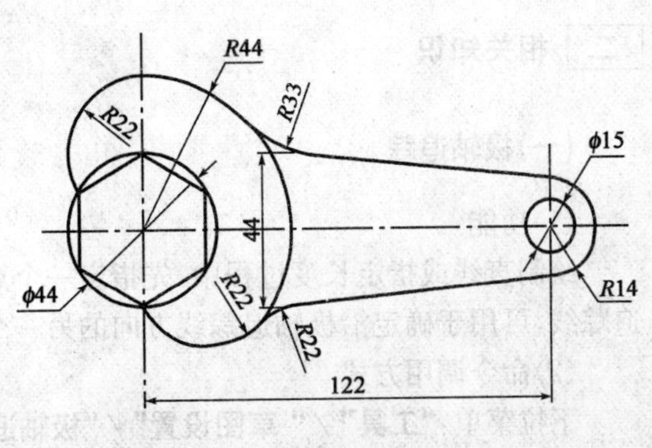

图 2-34

实例 2-2 绘制轴承座的三面投影图

一 实例分析

图 2-35 为一个轴承座的三面图，轴承座由凸台、圆筒、支承板、肋板和底板五部分组成。三面图符合**“长对正、高平齐、宽相等”**规律，可以利用 AutoCAD 的极轴追踪功能和对象追踪功能绘制形体的三面图。

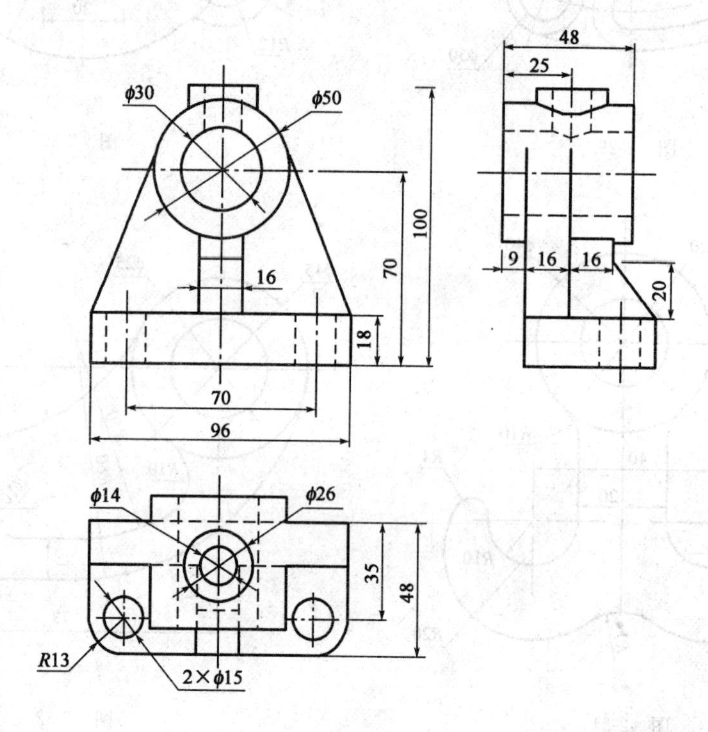

图 2-35 轴承座三视图

二 相关知识

(一)极轴追踪

(1)功能

绘制直线或指定长度过程中，先指定一个点，再沿极轴追踪角方向，拖动光标会出现极轴追踪线，可用于确定沿极轴追踪线方向的另一个点。

(2)命令调用方式

下拉菜单：**“工具”/“ 草图设置”/“极轴追踪”**

状态栏：**“极轴”**

(3)命令使用

①启用/关闭**"极轴追踪"**功能

单击状态栏上的**"极轴"**按钮或F10功能键,可切换极轴追踪功能的启用与关闭。

②极轴追踪**"增量角"**的设置及使用

右击状态栏上的**"极轴"**按钮,选择**"设置"**,在打开的**"草图设置"**对话框中的**"极轴追踪"**选项卡中,可以通过**"增量角"**下拉列表框设置极轴追踪方向的增量角,如图2-36所示。

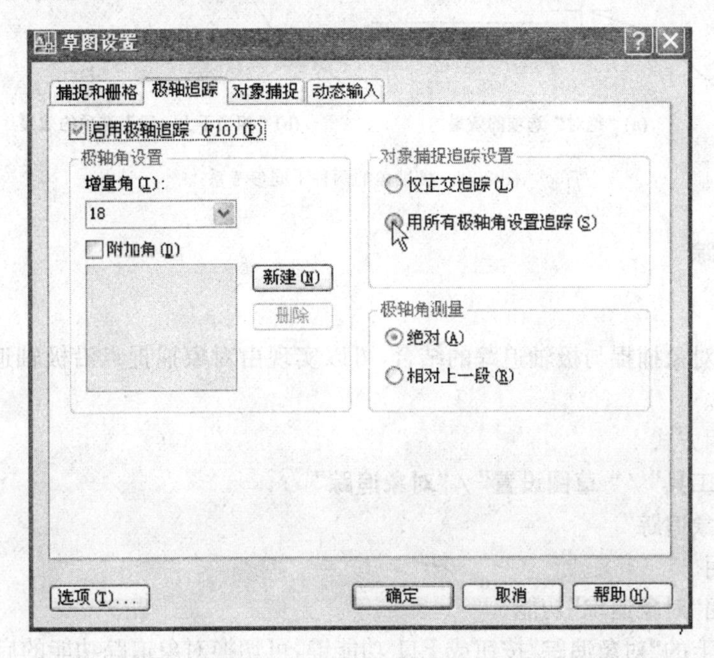

图2-36　极轴追踪的**"增量角"**设置

比如,设定了极轴追踪**"18°"**的增量角。当绘制直线时,指定了第一点后拖动光标就会出现倾斜角度为18°的整数倍的极轴追踪线,如图2-37(a)所示。此时可以沿追踪线方向拖动光标,然后单击确定第二点的位置,也可以输入一个准确的距离值确定第二点的位置。

当移动或复制一个圆时,指定了基点后拖动光标就会出现倾斜角度为18°的整数倍的极轴追踪线,此时可以沿追踪线方向拖动光标,然后单击确定复制的目标点位置,也可以输入一个准确的距离值确定目标点的位置,如图2-37(b)所示。

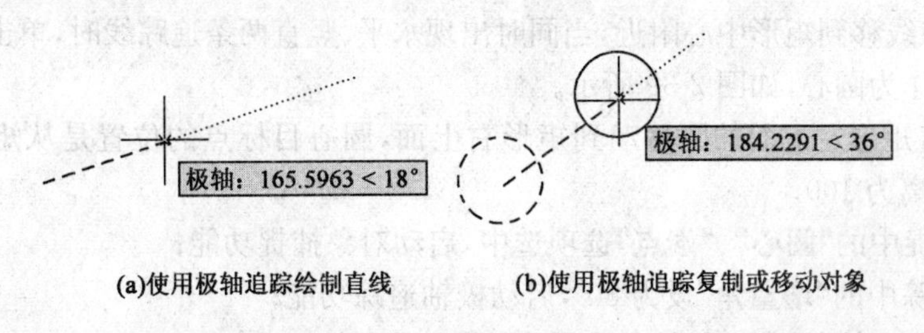

图2-37　极轴追踪功能的使用

③极轴角参考系的设置及使用

用**"极轴角测量"**选项可以设置极轴角的参考系。

“绝对”选项表示极轴角测量基准为正右方，如图 2-38(a)所示；而**“相当于上一段”**选项则表示极轴角测量基准为前一对象的方向，如图 2-38(b)所示。

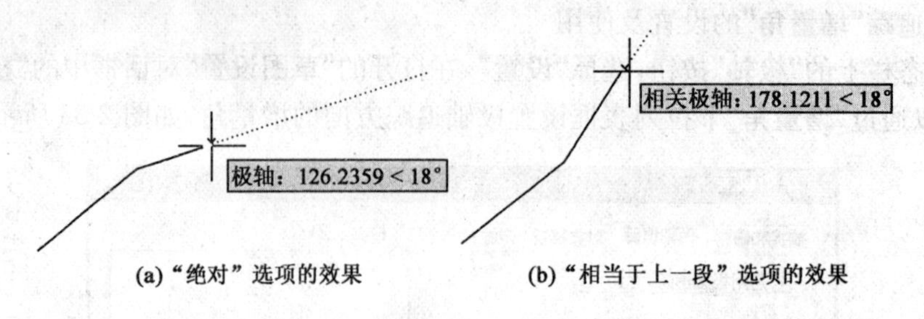

(a)“绝对”选项的效果　　(b)“相当于上一段”选项的效果

图 2-38　极轴角的两种不同参考系

(二)对象追踪

(1)功能

对象追踪是对象捕捉与极轴追踪的结合，可以实现由对象捕捉点沿极轴追踪方向确定点位置的定位方式。

(2)命令调用方式

下拉菜单：**“工具”**/**“ 草图设置”**/**“对象追踪”**

状态栏：**“对象追踪”**

(3)命令使用

①启用/关闭**“对象追踪”**功能

单击状态栏上的**“对象追踪”**按钮或 F11 功能键，可切换对象追踪功能的启用与关闭。

②命令举例

【例 2-4】　绘制一个圆，将圆心定在原有矩形的中心位置。

a. 将对象捕捉中的**“中点”**选项选中；

b. 将极轴追踪中的**“增量角”**设为 90°；

c. 将极轴追踪中的**“仅正交追踪”**选项选中；

d. 调用绘制圆命令 CIRCLE，在需要指定圆心时，将光标移到矩形的横边中点附近，出现**“中点”**捕捉图标时不要单击，再将光标移到矩形的竖边中点附近，出现**“中点”**捕捉图标时不要单击，沿水平追踪线移到矩形中心附近，当同时出现水平、竖直两条追踪线时，单击可捕捉到两条追踪线的交点作为圆心，如图 2-39 所示。

【例 2-5】　将矩形左上面的圆移动到矩形右上面，圆心目标点的位置是从矩形右上角沿右上 30°方向，距离为 100。

a. 将对象捕捉中的**“圆心”**、**“端点”**选项选中，启动对象捕捉功能；

b. 将极轴追踪中的**“增量角”**设为 30°，启动极轴追踪功能；

c. 将极轴追踪中的**“用所有极轴角设置追踪”**选项选中；

d. 调用移动命令 MOVE，移动对象选择圆，移动基点选择圆心，在选择移动的目标点时，将光标移到矩形右上角点附近，出现**“端点”**捕捉图标时不要单击，将光标向右上方移动，当出现极轴角为 30°的追踪线时输入距离值为 100，即可确定移动目标点的位置，如图 2-40 所示。

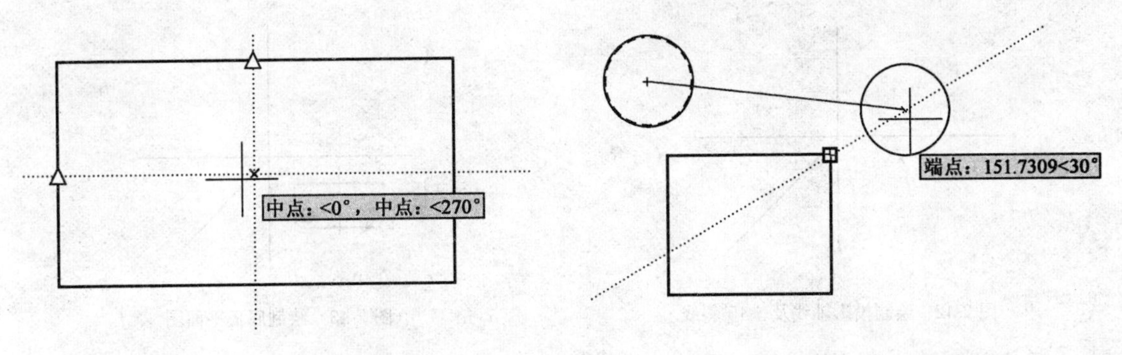

图 2-39 利用对象追踪定圆心　　　图 2-40 利用对象追踪定移动目标点

三 任务实施

(一)新建图形文件

新建图形文件，保存为**“轴承座投影图. dwg”**

(二)创建图层

打开**“图层特性管理器”**对话框，创建图层，设置图层的线型和线宽等，如图 2-41。

状态	名称	开	冻结	锁定	颜色	线型	线宽
✓	0				白	Continuous	默认
	辅助线层				白	Continuous	—— 默认
	点划线层				白	CENTER2	—— 0.30 毫米
	虚线层				白	DASHED2	—— 0.35 毫米
	粗实线层				白	Continuous	—— 0.70 毫米

图 2-41 创建图层

(三)绘制辅助线

进入辅助线层，绘制投影轴线及－45°斜线作为辅助线，如图 2-42 所示。

(四)绘制轴承座底板的三面图

(1)绘制底板的平面图

进入**“粗实线”**图层，绘制底板的平面图。

①用矩形命令绘制一个 96×48 的矩形；

②用倒圆角命令将矩形倒圆角，圆角半径为 13；

③将矩形的水平线向下偏移 35，垂直线向内偏移 13，两线相交处为圆心，调用圆命令绘制直径为 15 的两个圆。如图 2-43 所示；

(2)利用对象追踪功能，绘制底板的正面图

①启动对象捕捉功能，选中**“端点”**、**“圆心”**、**“交点”**、**“象限点”**选项；

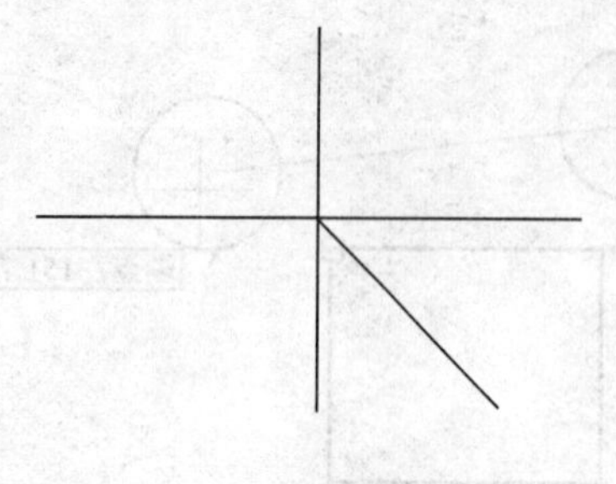

图 2-42 绘制投影轴线及−45°斜线

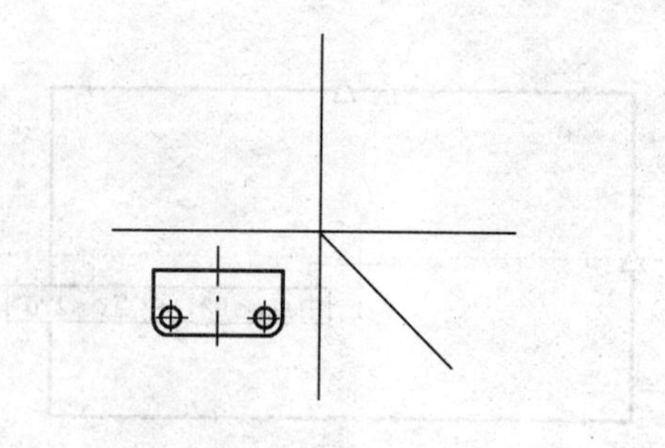

图 2-43 绘制底板平面图

②启动极轴追踪功能，选择**“仅正交追踪”**选项；

③启动对象追踪功能；

④调用矩形命令，提示指定矩形的第一个角点时，将光标放在底板平面图的左后角点附近，出现端点捕捉图标后不要单击，向上移动光标，沿着出现的极轴追踪线移到合适的位置，单击可确定底板正面图的角点位置，如图 2-44(a)所示；输入矩形对角点的相对坐标**“@96,18”**，如图 2-44(b)所示；

⑤进入**“虚线层”**图层，调用直线命令，提示指定直线的第一点时，将光标放在平面图中圆的象限点附近，出现象限点捕捉图标后不要单击，向上移动光标，移动到垂直追踪线与矩形的第一条水平线的交点捕捉图标处，单击可确定直线第一点的位置，如图 2-44(c)所示，向上移动光标，将光标放在矩形的左上角附近，出现端点捕捉图标后不要单击，水平移动光标，移动到水平追踪线与矩形的第二条水平线的交点捕捉图标处，单击可确定直线第二点位置，如图 2-44(d)所示，同样的方法绘制圆孔其他三条线，得到底板的正面图，如图 2-44(e)所示。

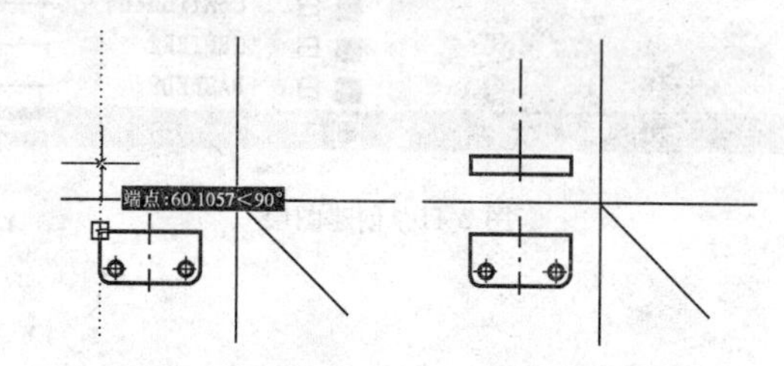

(a)利用极轴追踪定位矩形的第一个角点 (b)绘制矩形的第二个角点

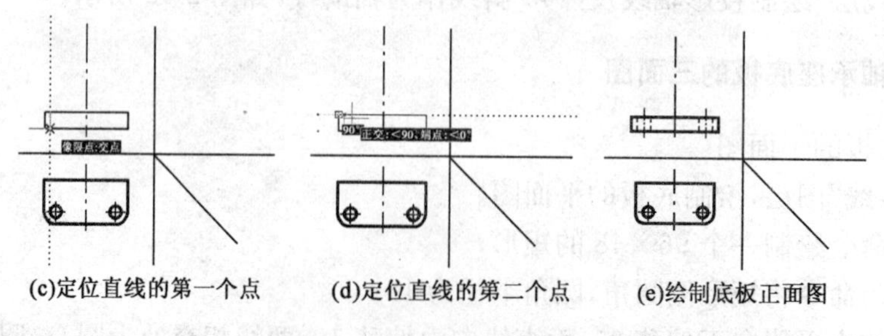

(c)定位直线的第一个点 (d)定位直线的第二个点 (e)绘制底板正面图

图 2-44 绘制底板正面图

(3)绘制底板的侧面图

①通过绘制辅助线，确定侧面图的位置

进入**“辅助线层”**图层，调用直线命令，提示输入起点时，将光标放在平面图的右后角点附近，出现端点捕捉图标时单击确定直线的第一点，右移光标，移到水平追踪线与斜线的交点捕捉图标处，单击确定直线的第二点，如图 2-45(a)所示；将光标放在正面图的右下角点附近，出现端点捕捉图标时不要单击，右移光标，移到水平追踪线与竖直追踪线的交点图标处，单击确定直线的第三点，如图 2-45(b)所示。

②绘制底板侧面图

进入**"粗实线层"**图层，绘制侧面图矩形，以直线第三点为第一角点，另一角点的相对坐标输入**"@48,18"**，得到矩形，如图 2-45(c)所示。

进入**"虚线层"**图层，利用同样的方法绘制侧面图圆孔虚线，如图 2-45(d)所示。

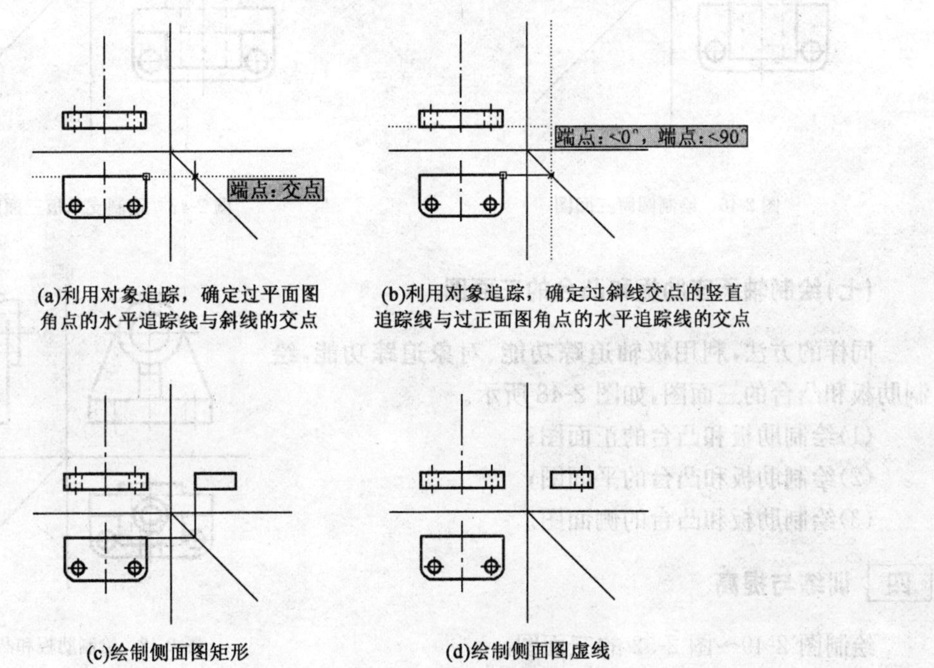

(a)利用对象追踪，确定过平面图角点的水平追踪线与斜线的交点　(b)利用对象追踪，确定过斜线交点的竖直追踪线与过正面图角点的水平追踪线的交点

(c)绘制侧面图矩形　(d)绘制侧面图虚线

图 2-45　绘制侧面图矩形

(五)绘制轴承座圆筒的三面图

同样的方法，利用极轴追踪功能、对象追踪功能，绘制圆筒的三面图，如图 2-46 所示。

(1)绘制圆筒的正面图；

(2)绘制圆筒的平面图；

(3)绘制圆筒的侧面图。

(六)绘制轴承座支承板的三面图

同样的方法，利用极轴追踪功能、对象追踪功能，绘制支承板的三面图，如图 2-47 所示。

(1)绘制支承板的正面图；

(2)绘制支承板的平面图；

(3)绘制支承板的侧面图。

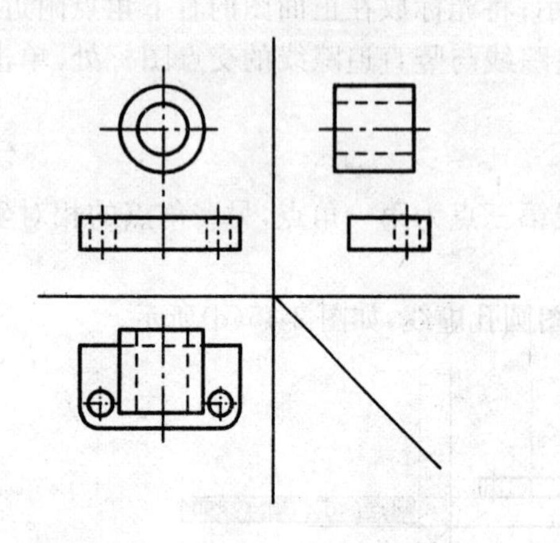

图 2-46　绘制圆筒三面图

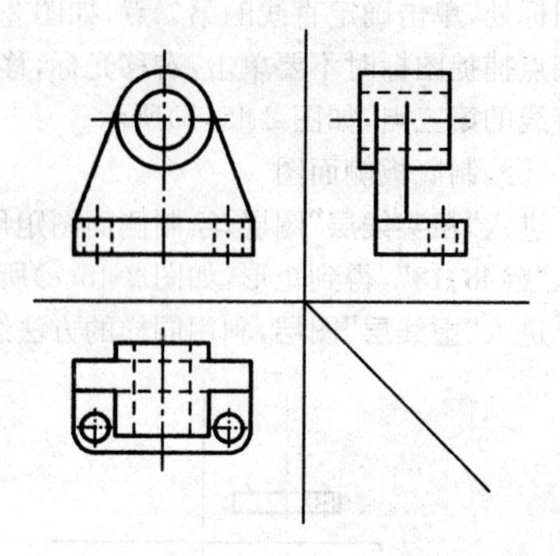

图 2-47　绘制支承板三面图

(七)绘制轴承座肋板和凸台的三面图

同样的方法,利用极轴追踪功能、对象追踪功能,绘制肋板和凸台的三面图,如图 2-48 所示。

(1)绘制肋板和凸台的正面图;

(2)绘制肋板和凸台的平面图;

(3)绘制肋板和凸台的侧面图。

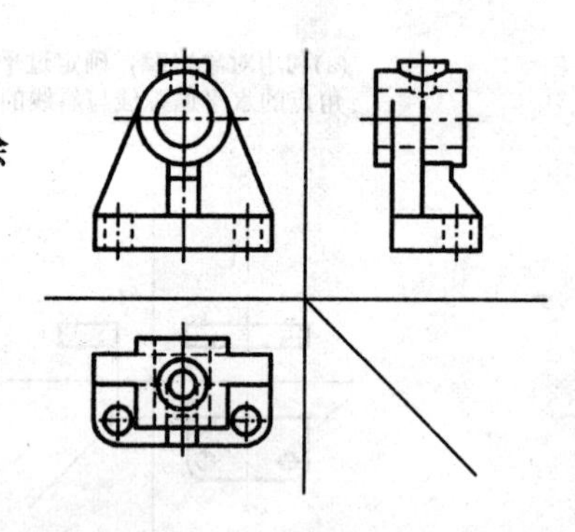

图 2-48　绘制肋板和凸台三面图

四　训练与提高

绘制图 2-49～图 2-52 的三面图。

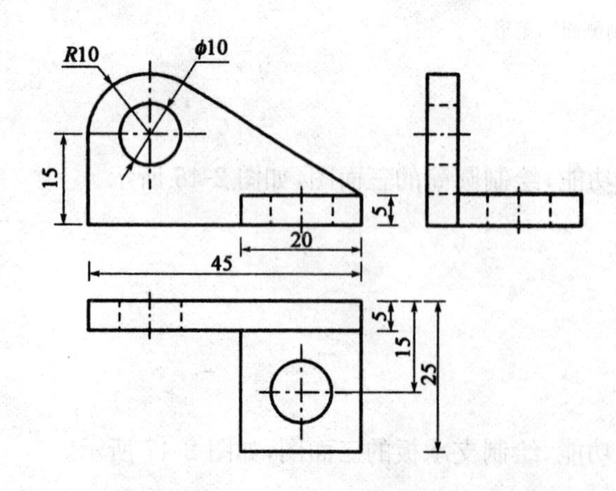

图　2-49

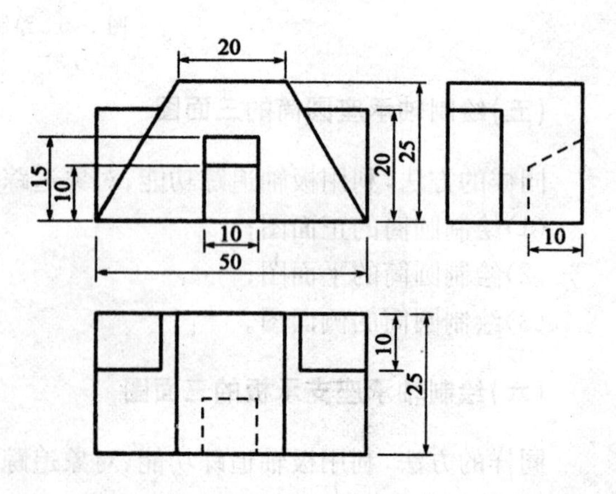

图　2-50

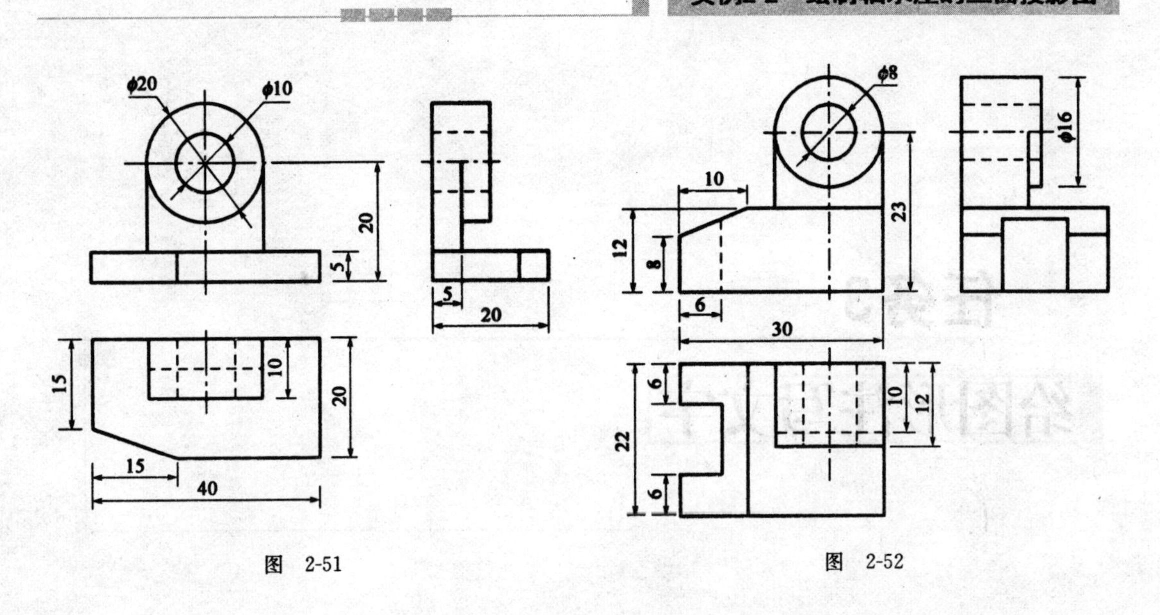

图　2-51

图　2-52

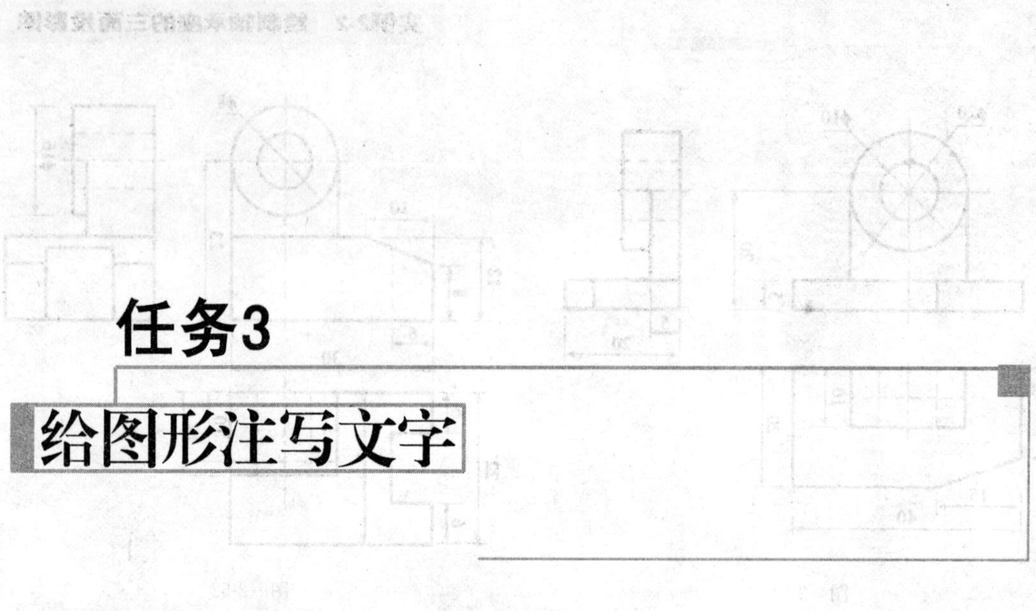

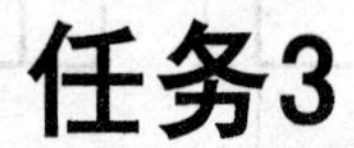

任务3 给图形注写文字

实例3-1　填写标题栏中的文字

一　实例分析

图3-1所示为一个标题栏,绘制标题栏包括绘制表格和填写标题栏文字两项工作。

在AutoCAD中注写文字用到的命令有:文字样式设置命令STYLE、文字注写命令DTEXT、文本修改命令DDEDIT。

(图名)			班级		比例	
			成绩		图号	
制图	(姓名)	(日期)	(学校名称)			
审核						

图3-1　标题栏

二　相关知识

(一)文字样式设置命令

(1)功能

创建或修改文字样式,设置文字样式的参数。

(2)命令调用方式

下拉菜单:**“格式”/“文字样式”**

工具栏:**“样式”/“文字样式”**

命令行:STYLE(ST)

(3)命令举例

【例 3-1】 创建一种用于横行写字的文字样式,字体使用大字体。

①调用文字样式设置命令 STYLE,打开**"文字样式"**对话框,如图 3-2 所示;

②单击**"新建"**按钮,给新文字样式命名为**"gb-h"**;

③设置字体文件:**"SHX 字体"**选择**"gbenor. shx"**,**"大字体"**选择**"gbcbig. shx"**;

④设置字高:**"高度"**设为 0(字高设为 0,是**"待定"**的意思,待注写文字时再输入字高,这样用一种文字样式可以写出多种字高的文字,比较方便);

⑤设置文字的宽高比:**"宽度比例"**设为 1;

⑥设置直体字、斜体字:**"倾斜角度"**为 0 是直体字,**"倾斜角度"**为 15 是国标规定的斜体字。

文字样式**"gb-h"**的参数设置如图 3-2 所示。

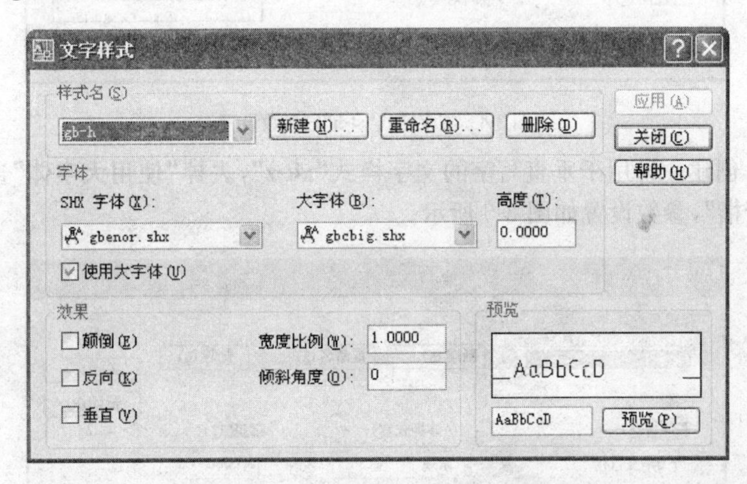

图 3-2 文字样式"gb-h"的参数设置

【例 3-2】 创建一种用于垂直写字的文字样式**"gb-z"**,字体使用大字体,**"效果"**选择**"垂直"**,参数设置如图 3-3 所示。

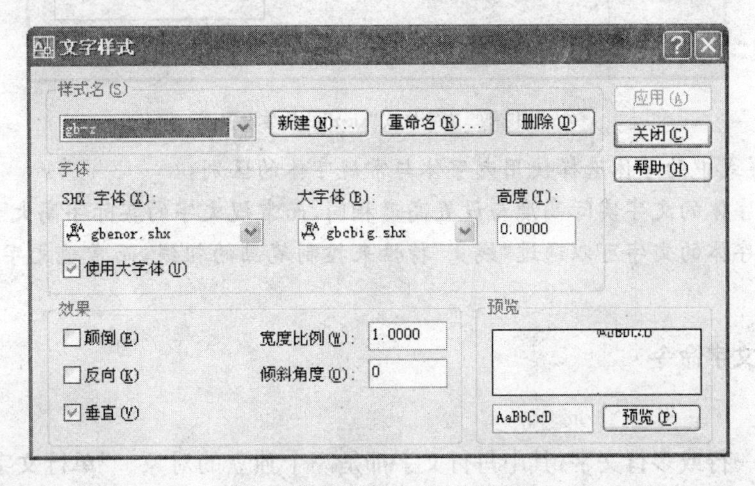

图 3-3 文字样式"gb-z"的参数设置

【例 3-3】 创建一种用于横行写字的文字样式“**st-h**”，去掉“**使用大字体**”选项，使用常规文字“**宋体**”，参数设置如图 3-4 所示。

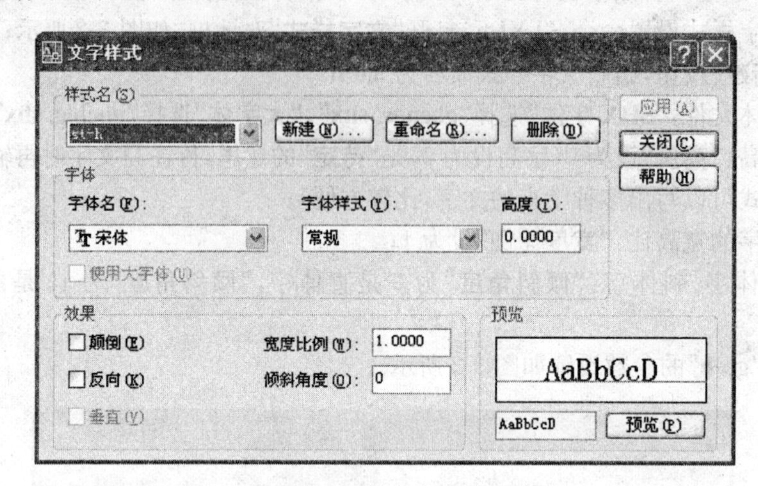

图 3-4 文字样式“**st-h**”的参数设置

【例 3-4】 创建一种用于垂直写字的文字样式“**xk-z**”，去掉“**使用大字体**”选项，使用常规文字“**@华文行楷**”，参数设置如图 3-5 所示。

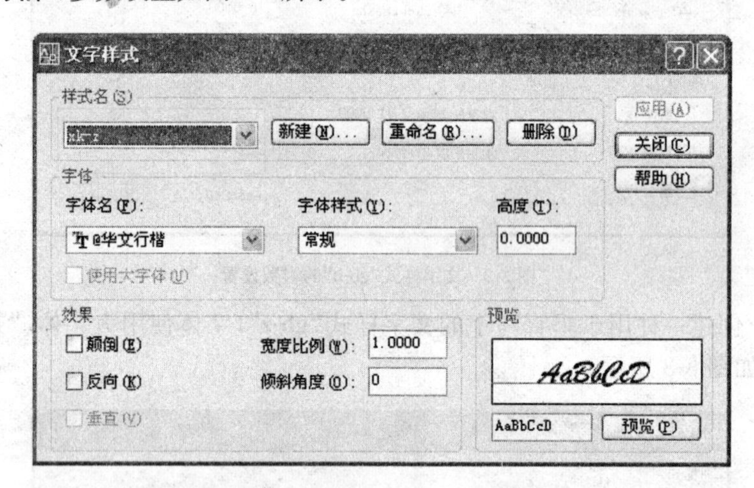

图 3-5 文字样式“**xk-z**”的参数设置

注：文字样式中的字体选择使用大字体与常规字体的区别：

①使用大字体的文字实际高度与设置高度相同，而常规文字的实际字高大于设置高度；

②使用大字体的文字可以通过“线宽”特性来控制笔画的粗线，而常规文字笔画粗线不能控制。

(二)单行文字命令

(1)功能

用于创建一行或多行文字，其中每行文字都是一个独立的对象。“**单行文字**”命令主要用于一些不需要多种文字或多行的简短输入，特别是机械制图中的标题栏和明细栏的输入等。

(2)命令调用方式

下拉菜单:**“绘图”/“文字”/“单行文字”**

工具栏:**“文字”/“单行文字”**A̲I

命令行:TEXT 或 DTEXT(DT)

(3)命令举例

【例 3-5】 采用文字样式**“gb-h”**写横行文字,DTEXT 命令的文字旋转角度输入**“0”**,如图 3-6(a)。

操作步骤如下:

命令:DT　(调用单行文字命令)
TEXT　当前文字样式:Standard
当前文字高度:0.000 0
指定文字的起点或[对正(J)/样式(S)]:S　(选择文字样式)
输入样式名或[?]<Standard>:gb-h　(输入文字样式的名称)
当前文字样式:gb-h　当前文字高度:44.113 9
指定文字的起点或[对正(J)/样式(S)]:单击要写字的位置　(指定写字的位置)
指定高度<44.113 9>:7　(输入字高)
指定文字的旋转角度<270>:0　(输入文字行的角度)
开始书写文字,想换写字的位置单击另一个位置即可;第一次回车为换行,连续两次回车为结束命令

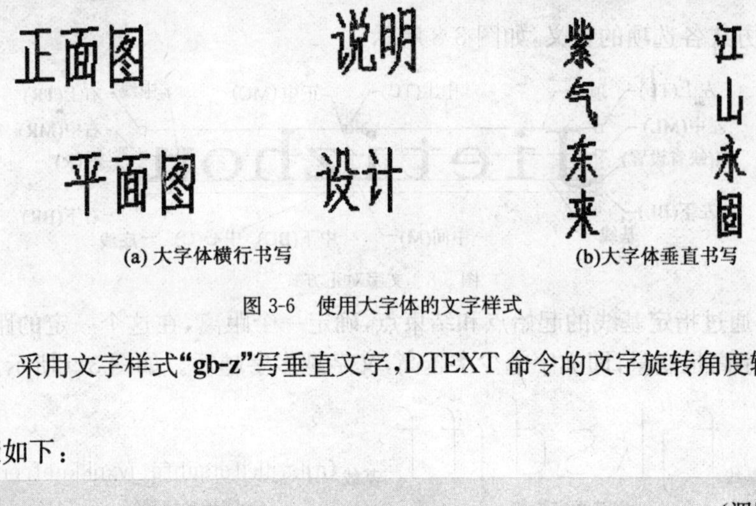

正面图　说明

平面图　设计

(a) 大字体横行书写

紫气东来　江山永固

(b)大字体垂直书写

图 3-6　使用大字体的文字样式

【例 3-6】 采用文字样式**“gb-z”**写垂直文字,DTEXT 命令的文字旋转角度输入**“−90”**,如图 3-6(b)。

操作步骤如下:

命令:DT　(调用单行文字命令)
TEXT　当前文字样式:gb-h　当前文字高度:7.000 0
指定文字的起点或[对正(J)/样式(S)]:S　(选择文字样式)
输入样式名或[?]<gb-h>:gb-z　(输入文字样式的名称)
当前文字样式:gb-z　当前文字高度:60.155 3
指定文字的起点或[对正(J)/样式(S)]:单击要写字的位置　(指定写字的位置)
指定高度<60.155 3>:5　(输入字高)
指定文字的旋转角度<270>:−90　(输入文字行的角度)

【例 3-7】 采用文字样式“st-h”写横行文字，采用文字样式“xk-z”写垂直文字，如图 3-7 所示。

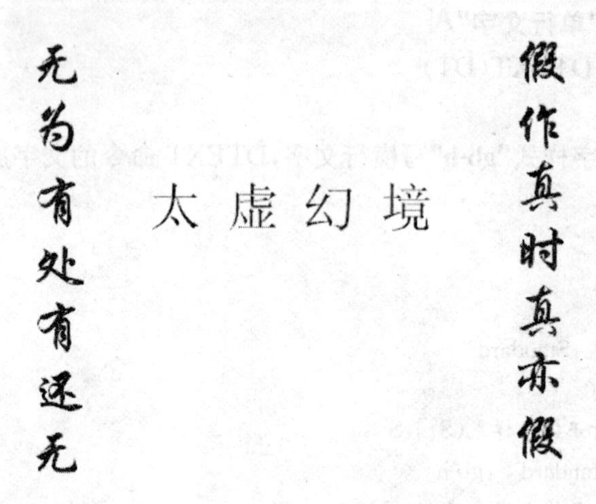

图 3-7 使用常规文字的文字样式

(4)其他选项功能说明

“对正(J)”：指文字插入点的位置，输入“J”，系统提示如下。

输入选项[对齐(A)/调整(F)/中心(C)/中间(M)/右(R)/左上(TL)/中上(TC)/右上(TR)/左中(ML)/正中(MC)/右中(MR)/左下(BL)/中下(BC)/右下(BR)]：

文字对正方式各选项的含义，如图 3-8 所示。

图 3-8 文字对正方式

对齐(A)：通过指定基线的起始点和结束点，确定一个距离，在这个一定的距离里，文字充满这个区域。字高是变量，即文字越少字越高，文字越多字越矮。如图 3-9 所示。

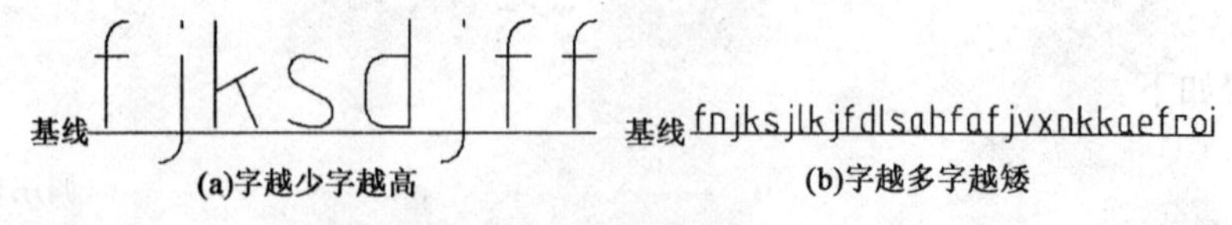

图 3-9 对齐选项

调整(F)：通过指定基线的起始点和结束点，确定一个距离，在这个一定的距离里，文字充满这个区域。字高一定，字宽是变量，即文字越少字越宽，文字越多字越窄。如图 3-10 所示。

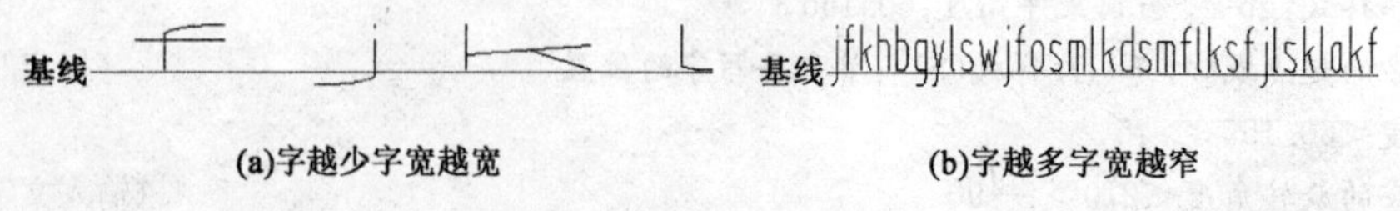

图 3-10 调整选项

(5)特殊字符的输入

①常用特殊字符的输入

在机械制图中，经常要进行一些特殊字符的标注。在 AutoCAD 中提供了各种控制代码来输入这些字符，如表 3-1 所示。

特殊字符的控制代码及其含义　　表 3-1

特殊字符	代码输入	含义	特殊字符	代码输入	含义
±	%%p	公差符号	ϕ	%%c	直径符号
—	%%o	上划线	°	%%d	度
—	%%u	下划线		%%nnn	绘制 ASC Ⅱ码 nnn
%	%%%	百分比符号			

【例 3-8】 创建如图 3-11 所示的单行文字

该孔直径为⌀50

图 3-11　用控制码创建文字符号

命令：DT　　(调用单行文字命令)
指定文字的起点或[对正(J)/样式(S)]：在绘图区的适当位置单击　　(指定文字起点)
指定高度<7.000 0>：20　　(输入字高)
指定文字的旋转角度<0>：回车　　(文字转角度默认为 0)
在绘图区的光标出输入"该孔%%U 直径为%%C20"连续两次回车结束命令

②其他特殊字符的输入

其他特殊符号的输入，可以通过选择软键盘的方法来输入。其方法是在输入法状态显示栏中用单击**"菜单""软键盘"**按钮，在弹出的列表单中列出了多种软键盘可供选用，如图 3-12 所示。

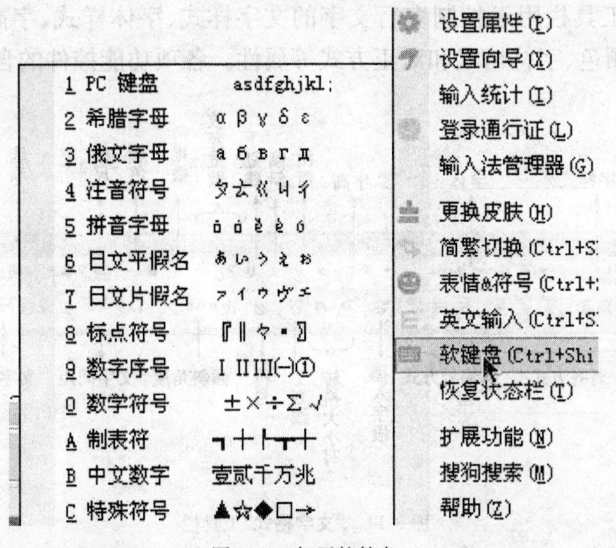

图 3-12　打开软件盘

(三)多行文字命令

(1)功能

多行文字一般是由两行以上文字组成的单一对象,各行文字作为一个整体进行处理,**"多行文字"**命令常用来编辑复杂文字,如技术要求等。

(2)命令调用方式

下拉菜单:**"绘图"/"文字"/"多行文字"**

工具栏:**"绘图"/"文字"**A

命令行:MTEXT(MT)

(3)命令说明

执行 MTEXT 命令,系统提示指定第一角点,指定对角点,在绘图窗口中,通过指定这两点,确定了一个放置多行文字的矩形区域,同时将打开带**"文字格式"**工具栏的多行文字输入窗口,如图 3-13 所示。在该窗口中,可输入多行文字,并可设置多行文字的各种参数和格式。

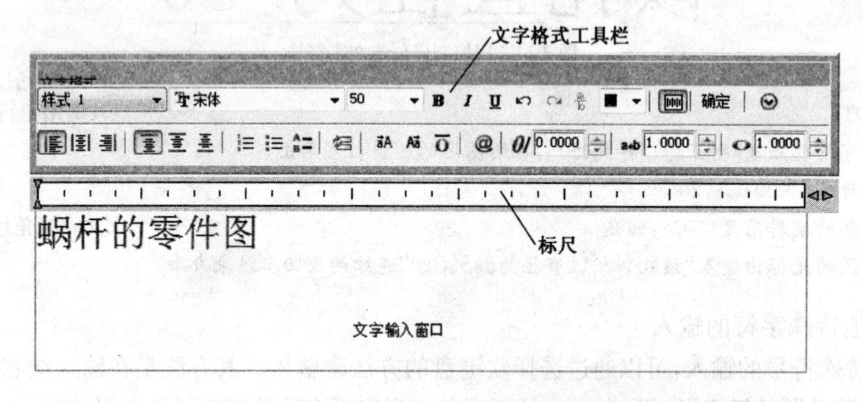

图 3-13 **"文字格式"**工具栏和多行文字输入窗口

①**"文字格式"**工具栏用于控制多行文字的文字样式、字体样式、字高、加粗文字、倾斜文字、堆叠文字、字体颜色、字符格式和对正方式等属性。各项功能控件的含义如图 3-14 所示。

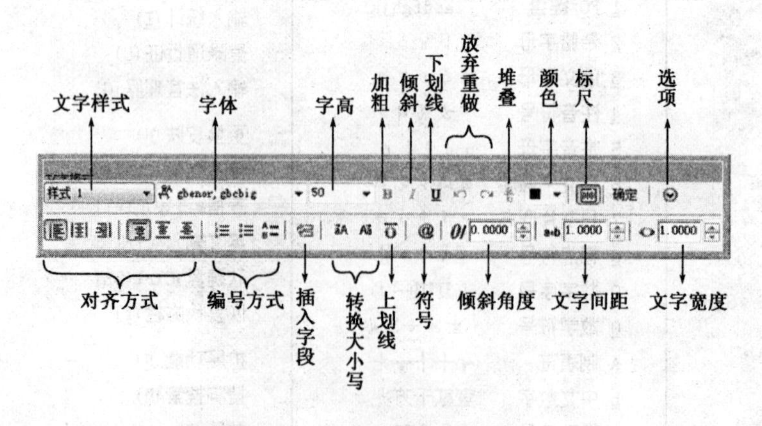

图 3-14 **"文字格式"**工具栏

②文字**"堆叠"**标注用于标注分数形式或公差形式等的文字效果。在使用**"堆叠"**标注时,

作为堆叠文字或字母之间用“/”、“#”和“^”符号分隔开。选中输入好的文字和符号，并单击$\frac{a}{b}$按钮即可实现堆叠文字的效果，如图 3-15 所示。

“/” - 垂直堆叠文字　11/22 - $\frac{11}{22}$

“#” - 对角堆叠文字　11#22 - $^{11}/_{22}$

“^” - 创建公差堆叠　+0.02^-0.01　$^{+0.02}_{-0.01}$

图 3-15　堆叠效果

③文字编辑快捷菜单，在文字输入窗口中，单击右键，可打开文字编辑快捷菜单，通过快捷菜单，可对多行文字进行编辑操作，如图 3-16 所示。

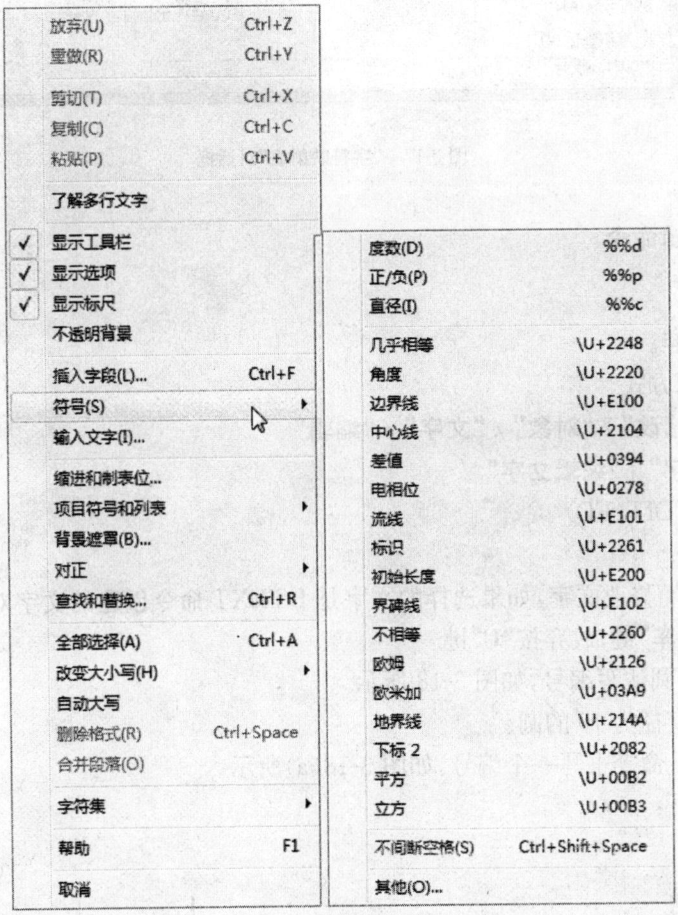

菜单项	快捷键
放弃(U)	Ctrl+Z
重做(R)	Ctrl+Y
剪切(T)	Ctrl+X
复制(C)	Ctrl+C
粘贴(P)	Ctrl+V
了解多行文字	
√ 显示工具栏	
√ 显示选项	
√ 显示标尺	
不透明背景	
插入字段(L)...	Ctrl+F
符号(S) ▸	
输入文字(I)...	
缩进和制表位...	
项目符号和列表 ▸	
背景遮罩(B)...	
对正 ▸	
查找和替换...	Ctrl+R
全部选择(A)	Ctrl+A
改变大小写(H) ▸	
自动大写	
删除格式(R)	Ctrl+Space
合并段落(O)	
字符集 ▸	
帮助	F1
取消	

符号子菜单	代码
度数(D)	%%d
正/负(P)	%%p
直径(I)	%%c
几乎相等	\U+2248
角度	\U+2220
边界线	\U+E100
中心线	\U+2104
差值	\U+0394
电相位	\U+0278
流线	\U+E101
标识	\U+2261
初始长度	\U+E200
界碑线	\U+E102
不相等	\U+2260
欧姆	\U+2126
欧米加	\U+03A9
地界线	\U+214A
下标 2	\U+2082
平方	\U+00B2
立方	\U+00B3
不间断空格(S)	Ctrl+Shift+Space
其他(O)...	

图 3-16　**“多行文字输入”**快捷菜单

选择**“符号”**命令，可输入直径、角度和正负号等特殊字符，选择**“符号”**/**“其他”**命令系统将打开**“字符映射表”**对话框，如图 3-17 所示。可以将所需的其他字符进行复制，然后粘贴到文字输入窗口。

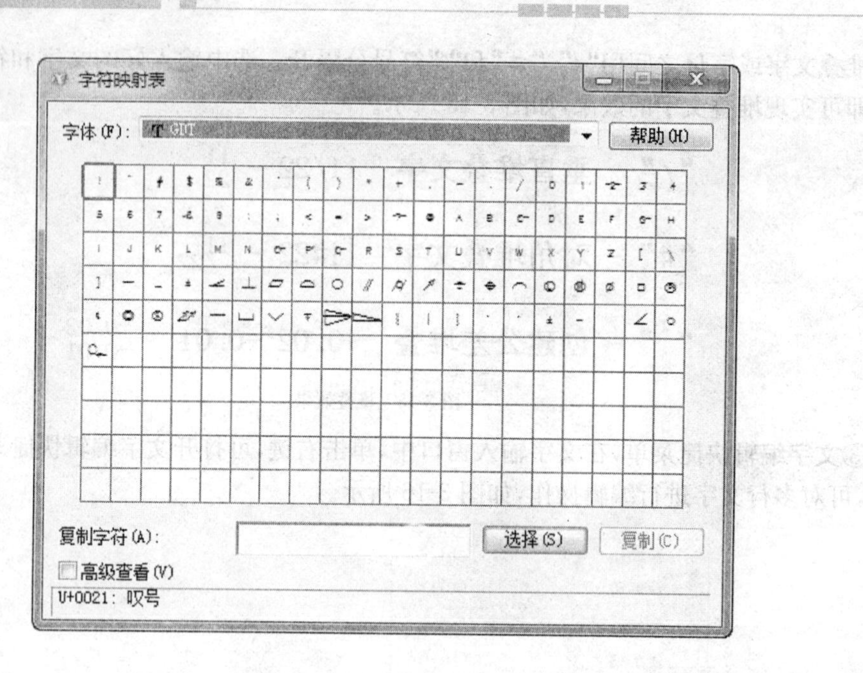

图 3-17　**"字符映射表"**对话框

(四)文字编辑命令

(1)功能

修改文字内容。

(2)命令调用方式

下拉菜单:**"修改"/"对象"/"文字"/"编辑"**

工具栏:**"文字"/"编辑文字"**

命令行:DDEDIT(ED)

(3)命令举例

使用DDEDIT修改文字,如果选择的文字是DTEXT命令创建的文字对象,可直接修改,修改后确定按**"回车"**键,放弃按**"U"**键。

【例3-9】　给圆注写编号,如图3-18所示。

①绘制一个直径为10的圆。

②用DTEXT命令书写一个编号,如图3-18(a)所示。

操作步骤如下:

命令:DT　　(调用单行文字命令)

TEXT

当前文字样式:gb-h　当前文字高度:7.0000

指定文字的起点或[对正(J)/样式(S)]:J　　(选择文字对正方式)

输入选项[对齐(A)/调整(F)/中心(C)/中间(M)/右(R)/左上(TL)/中上(TC)/右上(TR)/左中(ML)/正中(MC)/右中(MR)/左下(BL)/中下(BC)/右下(BR)]:MC　　(文字基点为文字行的中心点)

指定文字的中间点：选择圆心	（指定文字行的中心点）
指定高度＜7.000 0＞：7	（输入字高）
指定文字的旋转角度＜270＞：0	（输入文字行的角度）
注写文字"1"	
连续两次回车结束命令	

③用复制命令 COPY 复制多个圆的编号，如图 3-18(b)所示。

④用 DDEDIT 修改圆的编号文字内容，如图 3-18(c)。

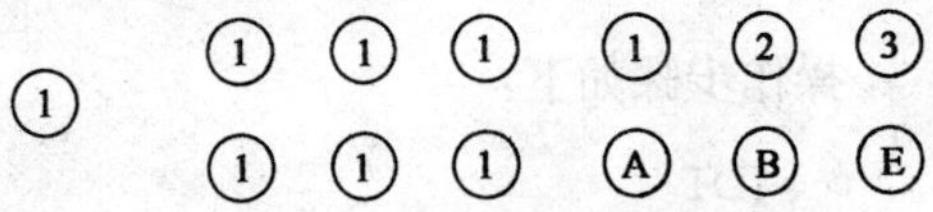

(a)书写编号　(b)复制多个编号　(c)修改圆的编号文字

图 3-18　绘制编号

三　任务实施

(一)绘制标题栏表格

绘制标题栏表格，如图 3-19 所示。

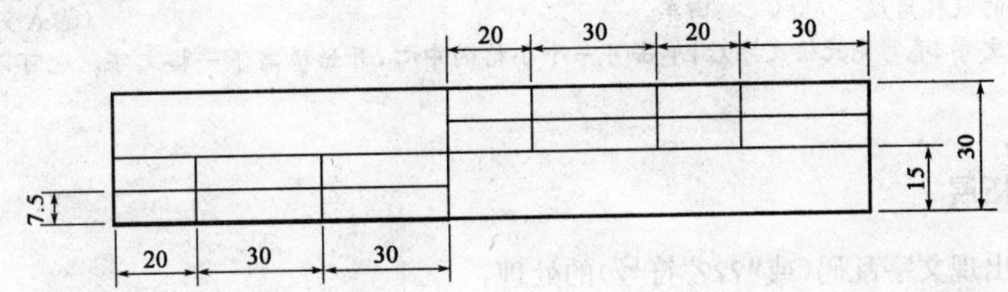

图 3-19　绘制标题栏表格

(二)设置文字样式

设置文字样式参数如图 3-20 所示。

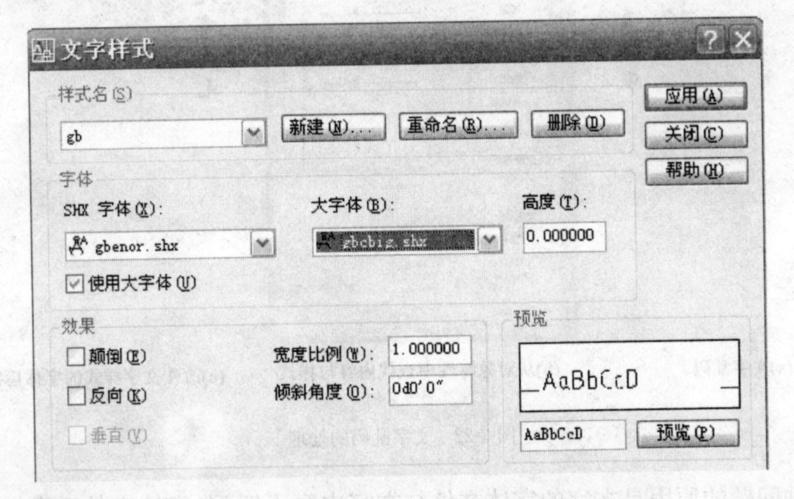

图 3-20　设置文字样式

填写标题栏中的文字，如图 3-21 所示。

<table>
<tr><td colspan="3" rowspan="2">（图名）</td><td>班级</td><td></td><td>比例</td><td></td></tr>
<tr><td>成绩</td><td></td><td>图号</td><td></td></tr>
<tr><td>制图</td><td>（姓名）</td><td>（日期）</td><td colspan="4" rowspan="2">（学校名称）</td></tr>
<tr><td>审核</td><td></td><td></td></tr>
</table>

图 3-21　填写文字

操作步骤如下：

命令：DT　　（调用单行文字命令）
TEXT
当前文字样式：gb　当前文字高度：0.000 000
指定文字的起点或[对正(J)/样式(S)]：J　　（选择文字对正方式）
输入选项[对齐(A)/调整(F)/中心(C)/中间(M)/右(R)/左上(TL)/中上(TC)/右上(TR)/左中(ML)/正中(MC)/右中(MR)/左下(BL)/中下(BC)/右下(BR)]：MC　　（文字基点为文字行的中心点）
指定文字的中间点：单击小格的中心点　　（指定文字行的中心点）
指定高度＜2.500 000＞：5　　（输入字高）
指定文字的旋转角度＜0d0′0″＞：回车　　（输入文字行的角度）
开始书写文字，填写完此格文字后，单击另一个小格的中心，开始填写下一格文字。也可以用多行文字填写

四　知识拓展

图形中出现文字乱码(或“???”符号)的处理：

打开一个图形，有时会发出有些文字内容不能显示，出现乱码(或“???”)，如图 3-22 所示。

无为有处有还无　???????　太虚幻境　假作真时真亦假

(a)文字乱码

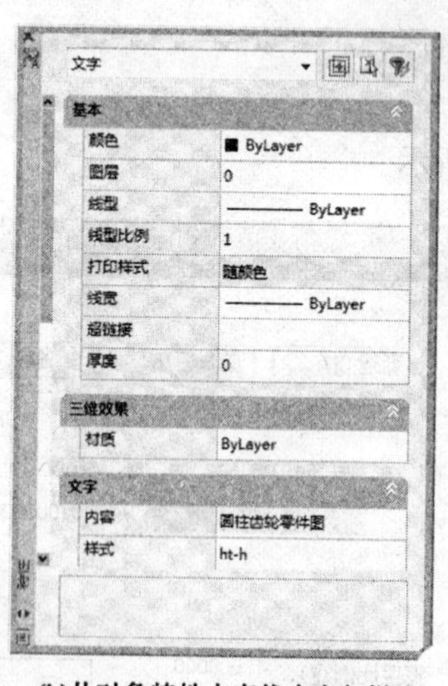

(b)从对象特性中查找内容与样式

无为有处有还无　圆柱齿轮零件图　太虚幻境　假作真时真亦假

(c)改变文字样式的字体后得到解决

图 3-22　文字乱码的处理

出现这种问题的原因是文字的字体文件与文字内容不匹配，字体文件中没有相应的字符定义。

此类问题的处理方法如下：

(1)选中乱码文字后，按**“标准”**工具栏中的**“对象特性”**按钮，打开**“特性”**对话框中，从**“内容”**栏可以找到文字内容为中文**“圆柱齿轮零件图”**，从**“样式”**栏可以找到文字样式为**“ht-h”**；

(2)调用STYLE命令，打开**“文字样式”**对话框，将导致乱码文字的文字样式**“ht-h”**的字体设为中文的**“宋体”**，即可正常显示文字内容。

实例3-2 利用属性块绘制明细栏

一 实例分析

图3-23所示为明细栏，在绘制明细栏的过程中主要应用定义带属性的块及插入块的方法。首先用直线和偏移命令绘制出明细栏的一行，然后将明细栏的一行定义成带属性块的图块，再逐行插入属性块，最后绘制出明细栏。

5	泵体	1	HT200	
4	圆柱销 A5×18	4	45	GB/T119.1—2000
3	传动齿轮轴	1	45	m=3,z=9
2	齿轮轴	1	45	m=3,z=9
1	左端盖	1	HT200	
序号	名称	数量	材料	备注

图3-23 明细栏

二 相关知识

(一)属性的概念

属性是与图块相关联的文字信息。属性是从属于图块的非图形信息，即图块中的文本对象，它是图块的一个组成部分，与图块构成一个整体。在插入图块时用户可以根据提示，输入属性值，从而快捷地使用图块。

(二)定义属性

(1)功能

定义图块属性。

(2)命令调用方式

下拉菜单：**“绘图”/“块”/“定义属性”**

命令行：ATTDEF(ATT)

(3)命令说明

执行ATTDEF命令后，系统弹出属性定义对话框，如图3-24所示。

完成ATTDEF命令，必须进行3项工作：

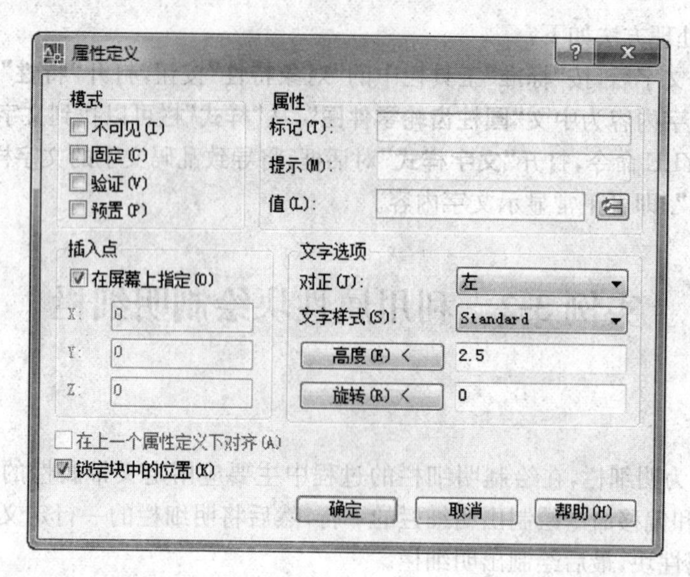

图 3-24 **“属性定义”**对话框

①设置与属性相关的文字显示

在**“属性”**选项组**“标记”**文本框中可设置所定义属性的标记,**“提示”**文本框用于设置在插入属性块过程中需要输入属性值时的提示文字,**“值”**文本框用于设置属性的默认值。

②设置属性的插入点

在**“插入点”**选项组中用户可以直接输入插入点的坐标值,也可以选中**“在屏幕上指定”**复选框,在绘图区指定属性文本的插入点。

③设置属性文本的格式

在**“文字选项”**选项组中**“对正”**下拉列表框用于设置属性文本的格式,**“文字样式”**下拉列表框用于选择字体样式,**“高度”**按钮用于在绘图区指定文字的高度,**“旋转”**按钮用于指定文字的旋转角度。

(4)命令举例

【例 3-10】 将表面粗糙度符号定义为带属性的块,并插入到图形中,如图 3-25 所示。

①绘制表面粗糙度符号,如图 3-26 所示。

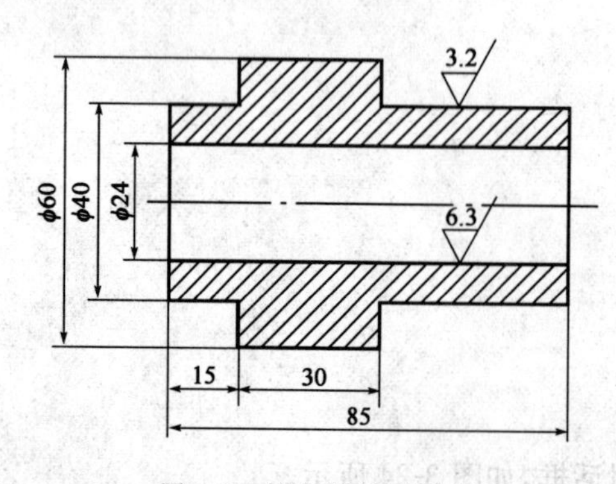

图 3-25 插入带属性的图块

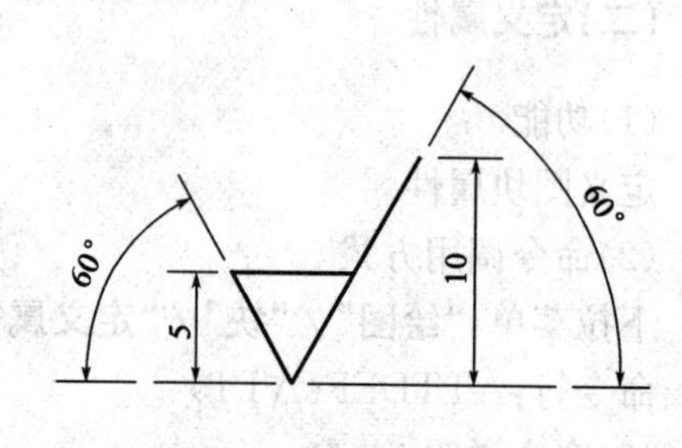

图 3-26 表面粗糙度符号

②定义属性。

选择菜单**“绘图”**/**“块”**/**“定义属性”**命令，打开**“属性定义”**对话框，设置参数如图 3-27 所示。

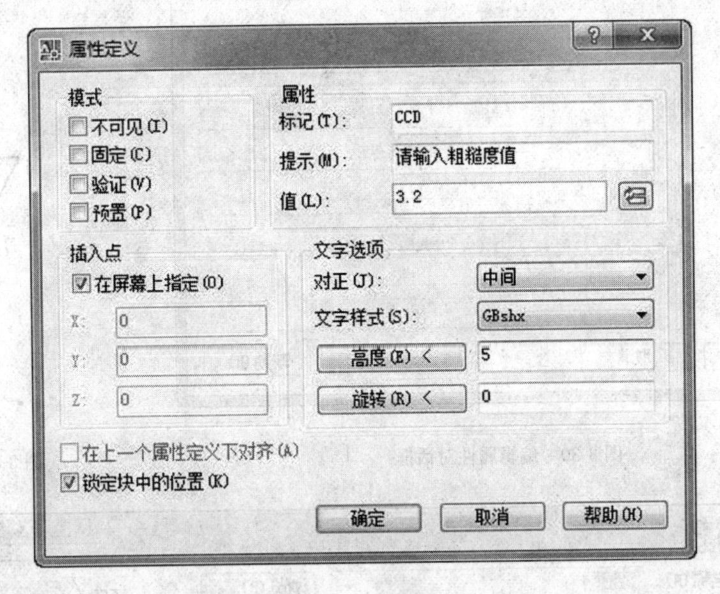

图 3-27　设置属性

③单击**“确定”**按钮，进入绘图区，将属性插入到如图 3-28 中交点的位置，完成标记为 CCD 的属性定义，如图 3-29 所示。

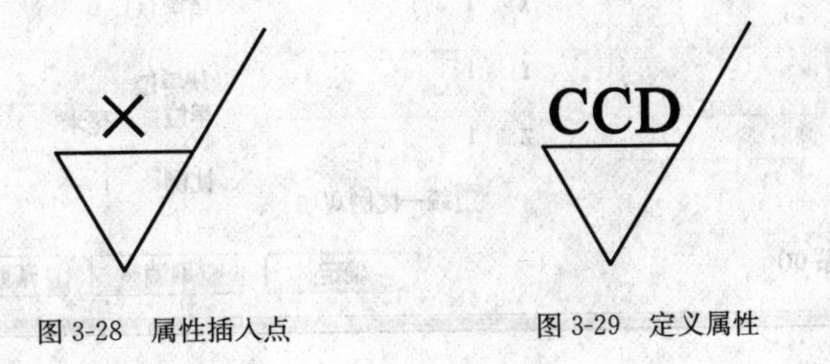

图 3-28　属性插入点　　图 3-29　定义属性

④定义带属性的块

执行 BLOCK 命令，打开**“块定义”**对话框。在**“名称”**文本框中输入块名**“粗糙度”**。单击基点下的**“拾取点”**按钮，在绘图区使用对象捕捉**“端点”**模式，拾取图 3-28 所示的下端点作为粗糙度符号的插入点。单击**“选择对象”**按钮，选择粗糙度符号和属性标记 CCD，单击**“确定”**按钮，弹出**“编辑属性”**对话框，如图 3-30 所示。单击**“确定”**按钮，完成带属性图块的定义，结果如图 3-31 所示。

提示：一个图块中可以附带多个属性。

⑤插入属性块

执行 INSERT 命令，系统弹出图块**“插入”**对话框，如图 3-32 所示。单击确定按钮在绘图区域的零件图外表面拾取一点插入粗糙度值为 3.2 的属性块，如图 3-33 所示。再次调用图块插入命令，将命令行中的属性值改为 6.3 后插入到零件的内表面，如图 3-25 所示。

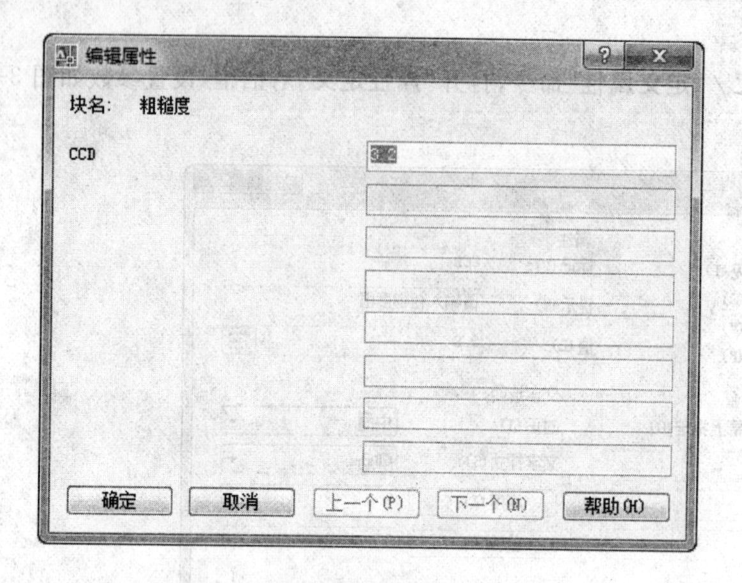

图 3-30 编辑属性对话框

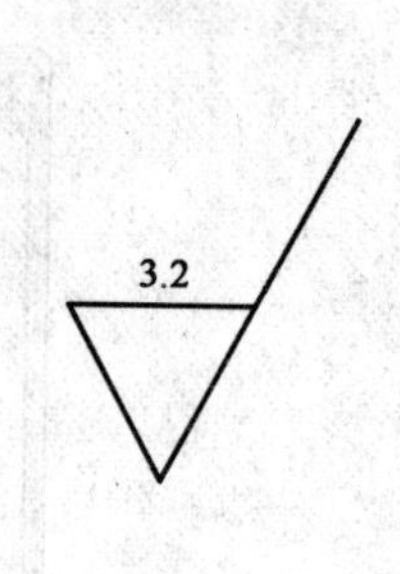

图 3-31 定义属性块

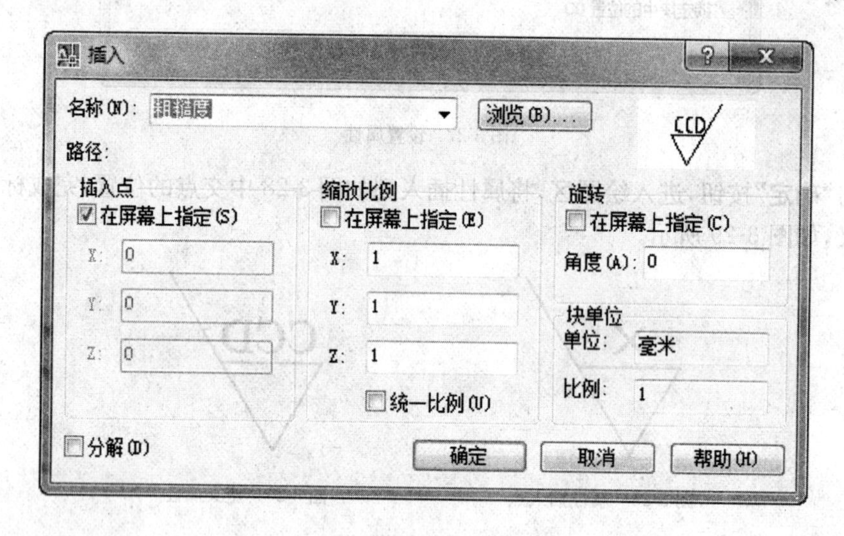

图 3-32 "插入"对话框

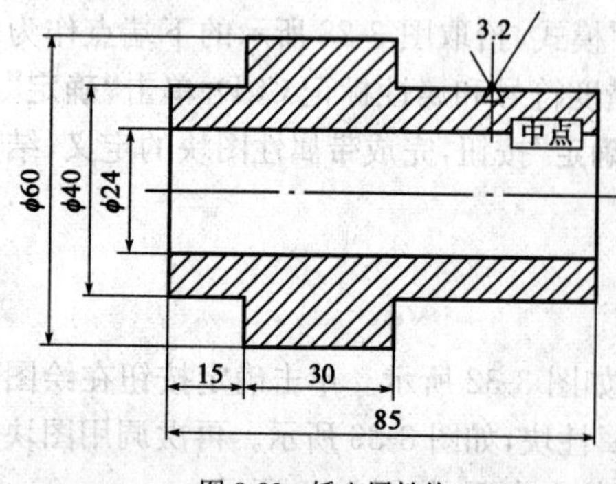

图 3-33 插入属性块

(三)编辑属性块

(1)功能

编辑图块的属性。

(2)命令调用方式

下拉菜单:**"修改"/"对象"/"属性"/"单个"**

命令行:EATTEDIT

(3)命令说明

执行 EATTEDIT 命令后,在绘图窗口中选择包含属性的块，弹出**“增强属性编辑器”**对话框，如图3-34所示。该对话框有 3 个选项卡，各选项卡的含义如下。

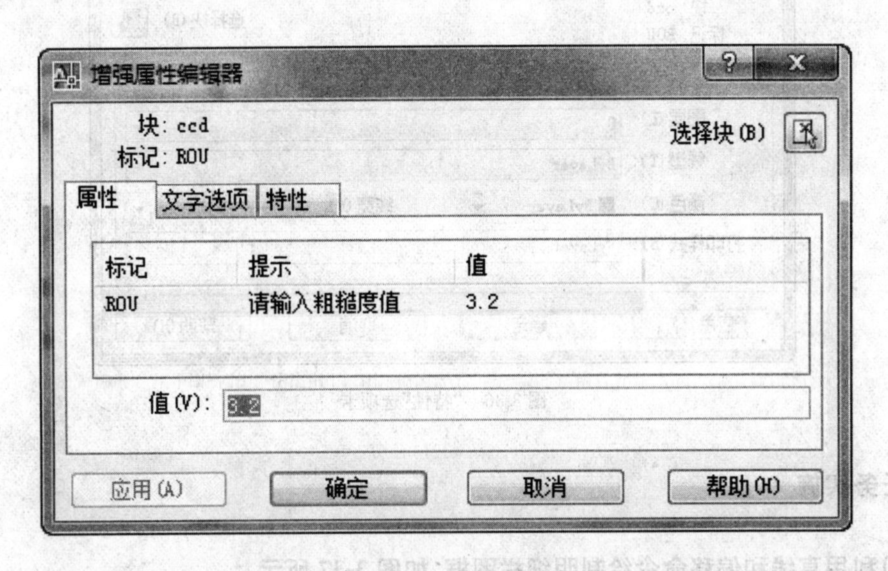

图 3-34 **“增强属性编辑器”**对话框

①**“属性”**选项卡：用于显示图块中的所有属性的标记、提示和值，可以通过它来修改属性值。

②**“文字选项”**选项卡：用于修改属性文字的格式，如图 3-35 所示。

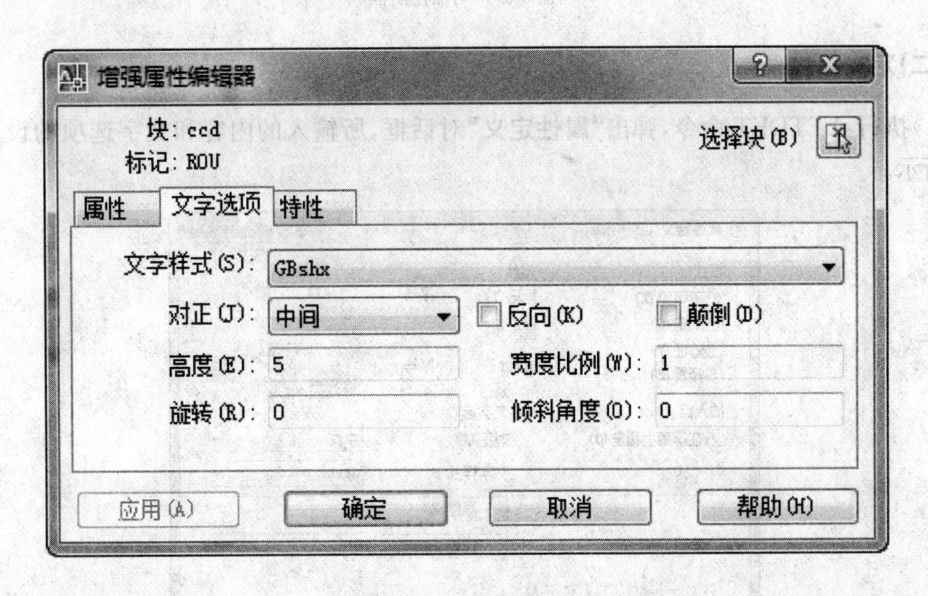

图 3-35 **“文字选项”**选项卡

③**“特性”**选项卡：用于修改属性文字的图层，以及它的线宽、线型、颜色及打印样式等特性，如图 3-36 所示。

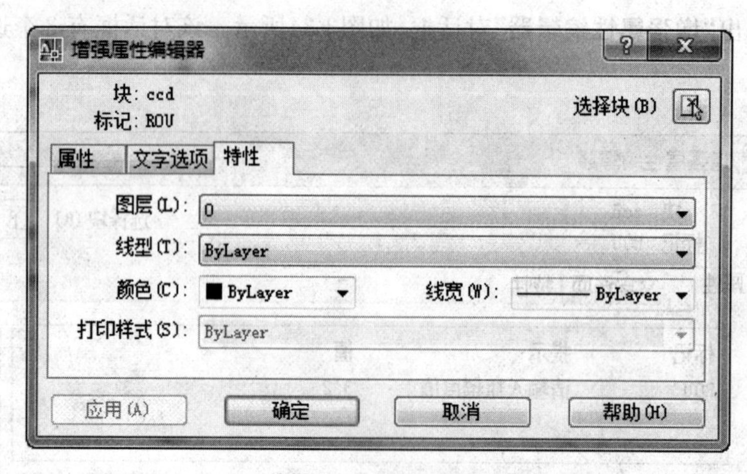

图 3-36 **"特性"**选项卡

三 任务实施

(一)利用直线和偏移命令绘制明细栏图框,如图 3-37 所示

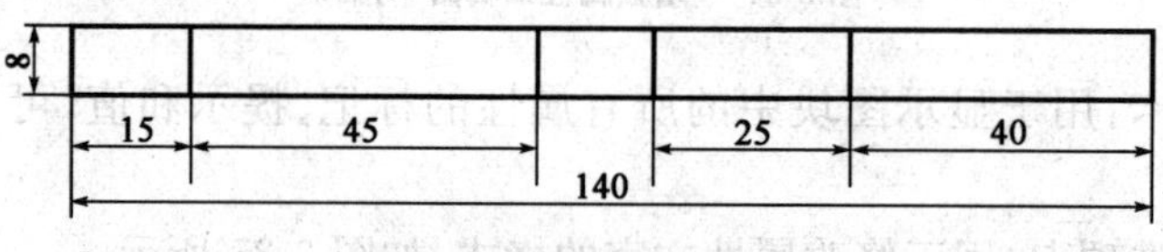

图 3-37 明细栏图框

(二)定义属性

(1)执行 ATTDET 命令,弹出**"属性定义"**对话框,所输入的内容和文字选项的设置见图 3-38 所示。

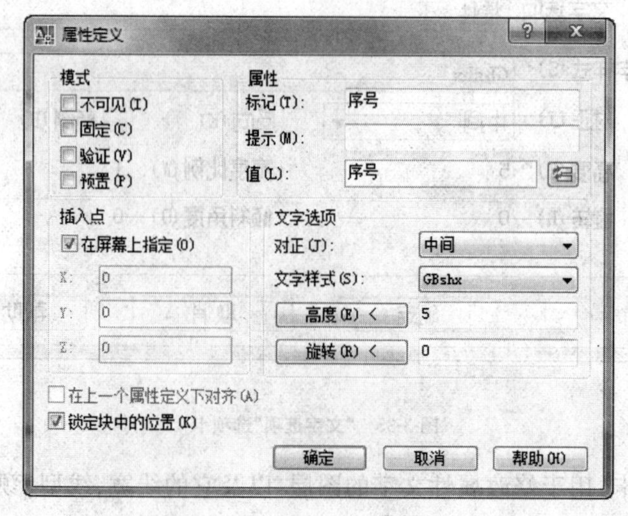

图 3-38 **"属性定义"**对话框

(2)单击**“确定”**按钮,进入绘图区,在绘图区使用对象捕捉**“两点之间的中点”**模式,如图3-39(a)所示。将属性插入到如图3-39(b)中两点之间的中点,完成标记为**“序号”**的属性定义。

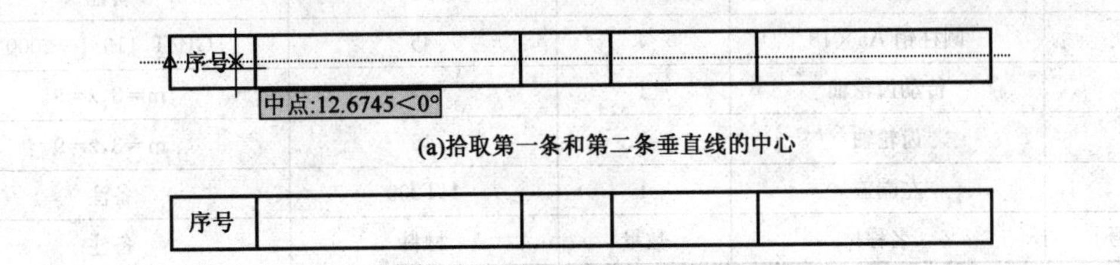

图3-39　完成标记为**“序号”**的属性定义

(3)再次执行ATTDET命令,弹出**“属性定义”**对话框,在**“属性”**选项组**“标记”**和**“值”**文本框中输入**“名称”**,其他参数设置步骤同上,完成标记为**“名称”**的属性定义。

(4)按照同样的方法和步骤完成标记为**“数量”**、**“材料”**、**“备注”**的属性定义,如图3-40所示。

序号	名称	数量	材料	备注

图3-40　完成属性定义

(三)将图3-40定义成属性块

执行BLOCK命令,弹出**“块”**定义对话框,将名称定义为**“MXL”**,插入基点为图框的左下角,将图3-41全部选中回车,单击**“确定”**按钮完成带属性图块的定义。

(四)插入MXL属性图块

操作步骤如下:

```
命令:INSERT　(调用插入块命令,弹出“插入”对话框,单击“确定”按钮)
指定插入点或[基点(B)/比例(S)/X/Y/Z/旋转(R)]:选择图框的左上角　(如图3-41所示)
输入属性值　(输入具体属性值,如图3-42所示)
备注<备注>:回车
材料<材料>:HT200
数量<数量>:1
名称<名称>:左端盖
序号<序号>:1
```

序号	名称	数量	材料	备注
序号	名称	数量	材料	备注

指定插入点或　685.225　379.4846

图3-41　指定插入点

1	左端盖	1	HT200	备注
序号	名称	数量	材料	备注

图3-42　完成图块MXL的插入

按顺序依次插入各零件的明细栏，步骤同上。结果如图 3-43 所示。

5	泵体	1	HT200	备注
4	圆柱销 A5×18	4	45	GB/T 119.1—2000
3	传动齿轮轴	1	45	m=3，z=9
2	齿轮轴	1	45	m=3，z=9
1	左端盖	1	HT200	备注
序号	名称	数量	材料	备注

图 3-43　完成插入后的明细栏

(五)属性编辑

执行 EATTEDIT 命令，选择第一次插入的 MXL 图块，弹出**“增强属性编辑器”**对话框，在**“属性”**选项卡中将备注的属性值删除，如图 3-44 所示。

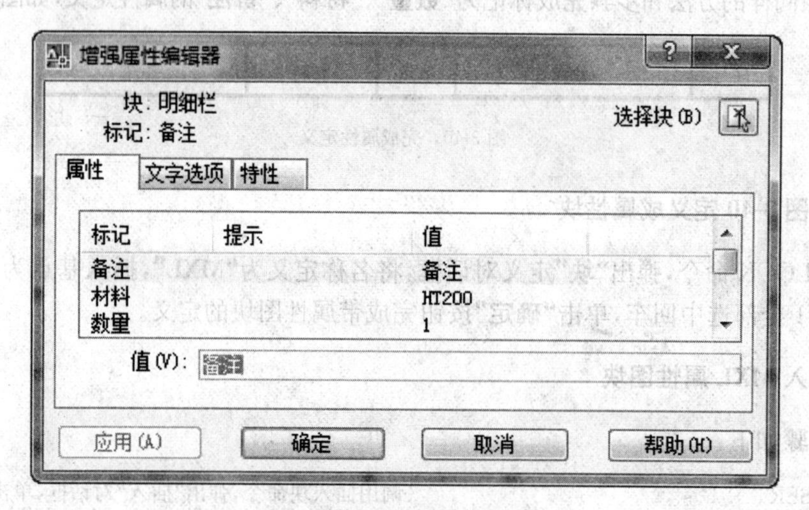

图 3-44　**“增强属性编辑器”**对话框

用同样的方法将第五次插入 MXL 图块中的备注删除，编辑完成后的明细栏如图 3-43 所示。

四　训练与提高

为标题栏中需要每次更新的内容(带括号的文字)设置属性。如图 3-45 所示。

<table>
<tr><td colspan="4" rowspan="2">(零件图名称)</td><td>比例</td><td>(比例值)</td><td>材料</td><td>(材料名称)</td></tr>
<tr><td>数量</td><td>(数量值)</td><td>图号</td><td>(图号值)</td></tr>
<tr><td>制图</td><td>(绘制人)</td><td>学号</td><td>(学号值)</td><td colspan="4" rowspan="2">(班级名称)</td></tr>
<tr><td>审核</td><td>(审核人)</td><td>成绩</td><td>(成绩值)</td></tr>
</table>

图 3-45　标题栏中的属性

任务4

图形的尺寸标注

实例　标注二级斜齿轮减速器底座图形的尺寸

一　实例分析

图 4-1 为标注尺寸后的二级斜齿轮减速器底座的主视图图形。图形的尺寸标注需要做三项工作:标注样式设置、标注尺寸、尺寸的修改。

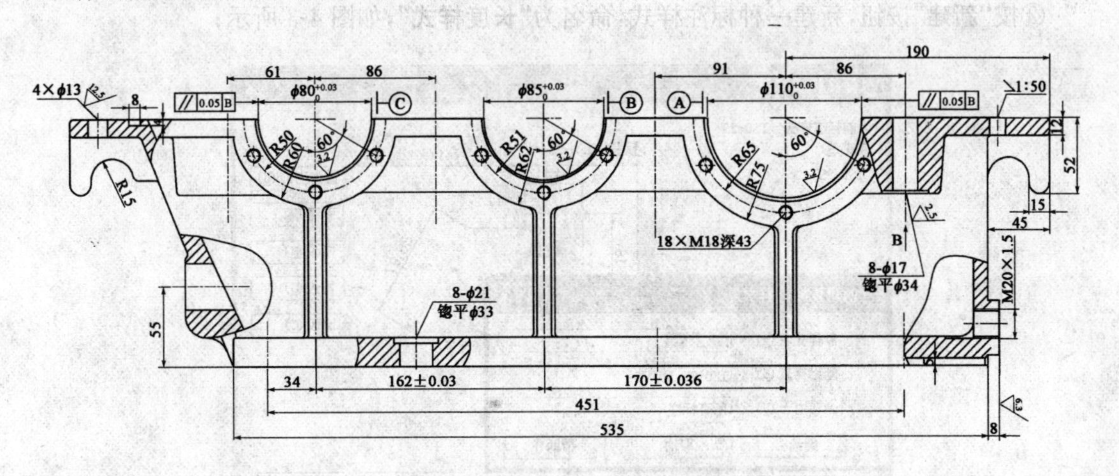

图 4-1　标注尺寸后的二级斜齿轮减速器底座图形

二　相关知识

(一)标注样式设置命令

(1)功能

创建和修改尺寸标注样式,设置尺寸标注样式的参数。

尺寸标注要达到国标规定的要求，尺寸标注样式应设置5种：长度样式、长度公差样式、直径样式、直径公差样式、角度样式。

标注样式一旦创建，可以保存并作为模板，在以后绘图时不需要再重新创建，只要通过设计中心拖入到新图形文件中，就可以直接使用，一劳永逸。

(2)命令调用方式

下拉菜单：**“格式”/“标注样式”**

或“标注”/“标注样式”

工具栏：**“标注”/“标注样式”**

或“样式”/“标注样式”

命令行：DIMSTYLE

(3)创建**“长度样式”**，设置参数

创建用于标注长度尺寸的标注样式，命名为**“长度样式”**，并设置参数，标注效果如图4-2所示。

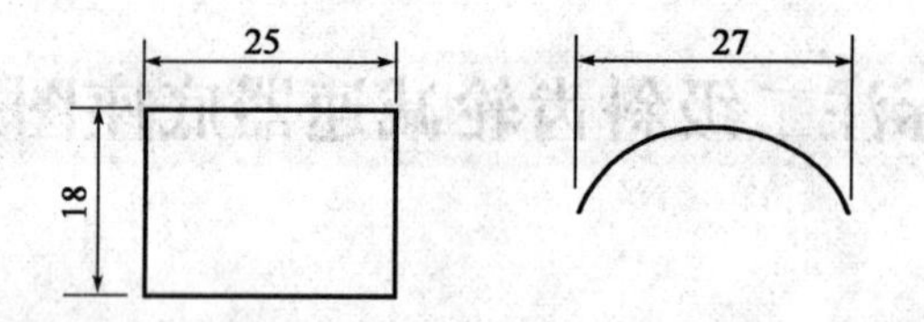

图4-2　**“长度样式”**的标注效果

①调用DIMSTYLE命令，打开**“标注样式管理器”**对话框；

②按**“新建”**按钮，新建一种标注样式，命名为**“长度样式”**，如图4-3所示；

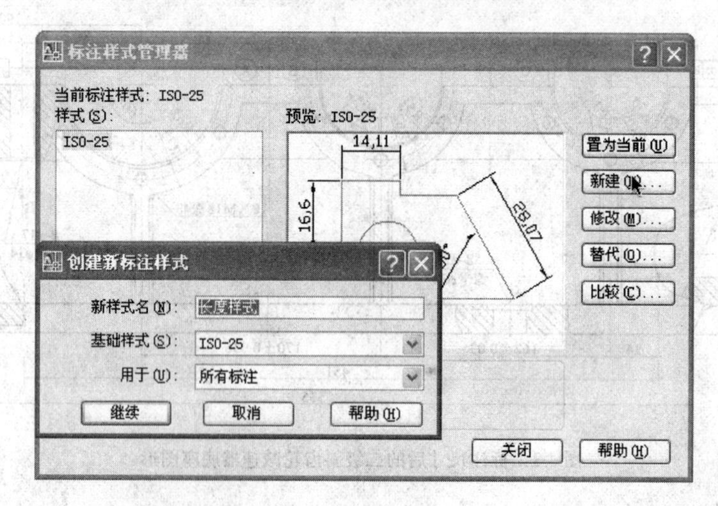

图4-3　新建标注样式

③设置**“长度样式”**的各种参数。

a.设置**“直线”**选项卡，如图4-4所示。

“尺寸线”—“基线间距”设为**“7”**；

“尺寸界线”—“超出尺寸线”设为**“2”**；

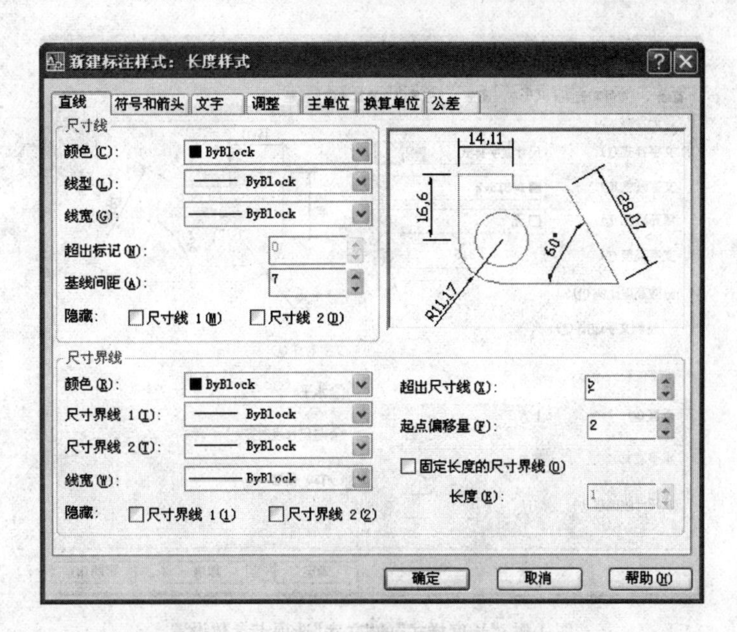

图 4-4　**“长度样式”**的**“直线”**选项卡参数设置

“尺寸界线”—“起点偏移量”设为**“2”**。

b. 设置**“符号和箭头”**选项卡，如图 4-5 所示。

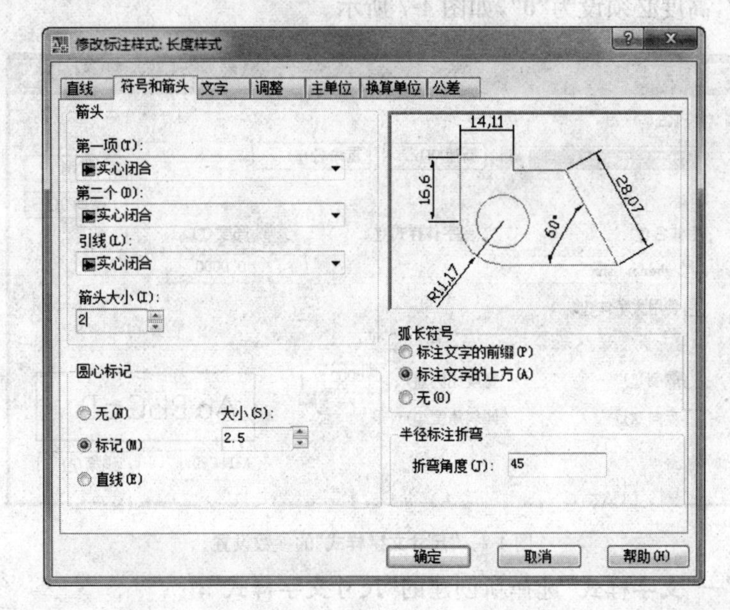

图 4-5　**“长度样式”**的**“符号和箭头”**选项卡参数设置

“箭头”—“第一项”选择**“实心闭合”**；

“箭头”—“第二个”选择**“实心闭合”**；

“箭头”—“箭头大小”设为**“2”**；

“弧长符号”选择**“标注文字的上方”**。

c. 设置**“文字”**选项卡，如图 4-6 所示。

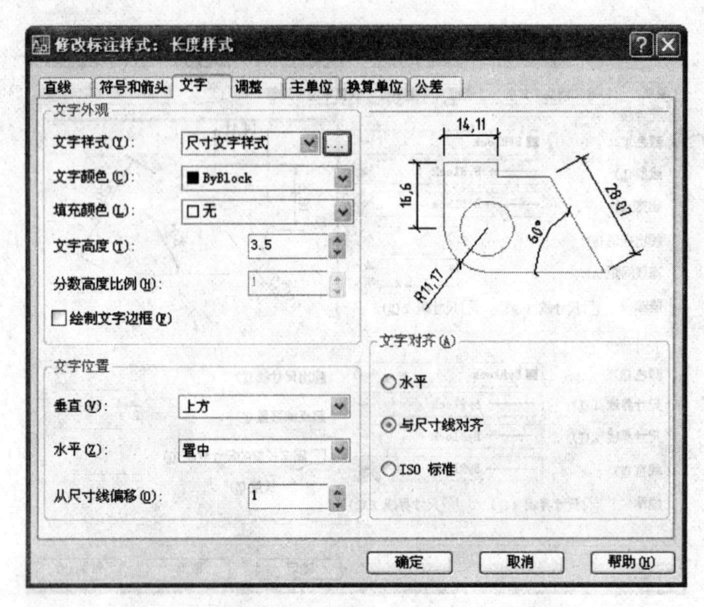

图 4-6　“长度样式”的“文字”选项卡参数设置

单击**“文字样式”**右面的按钮，打开**“文字样式”**对话框，新建一种文字样式，命名为**“尺寸文字样式”**，专门用于标注中的尺寸文字，**“字体”**选择**“gbenor. shx”**，取消**“使用大字体”**选项，**“宽度比例”**设为**“1”**，高度必须设为**“0”**，如图 4-7 所示。

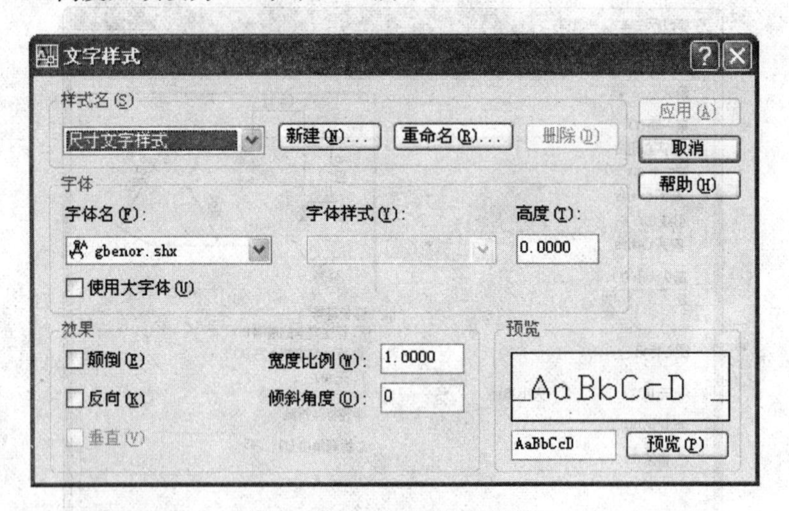

图 4-7　“尺寸文字样式”的参数设置

“文字外观”—“文字样式”选择新创建的**“尺寸文字样式”；**

“文字外观”—“文字高度”设为**“3. 5”；**

“文字位置”—“垂直”选择**“上方”；**

“文字位置”—“水平”选择**“置中”；**

“文字位置”—“从尺寸线偏移”设为**“1”；**

“文字对齐”选择**“与尺寸线对齐”**。

d. 设置**“调整”**选项卡，如图 4-8 所示。

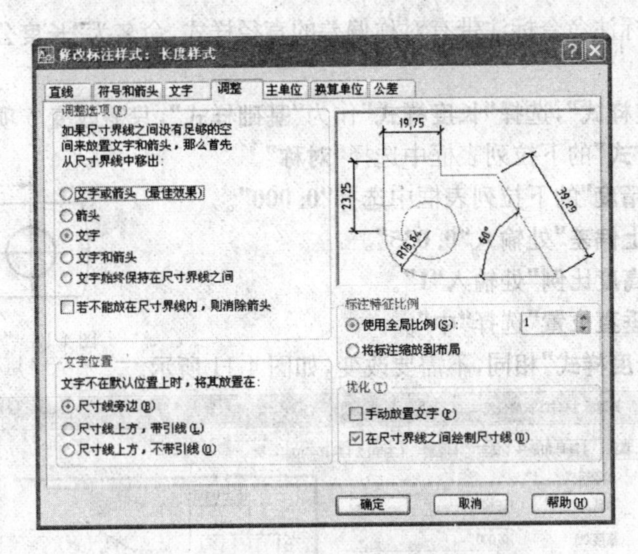

图 4-8　**“长度样式”**的**“文字”**选项卡参数设置

“调整选项”选择**“文字”**；

“文字位置”选择**“尺寸线旁边”**；

“标注特征比例”—“全局比例因子”，暂时设为**“1”**。

e. 设置**“主单位”**选项卡，如图 4-9 所示。

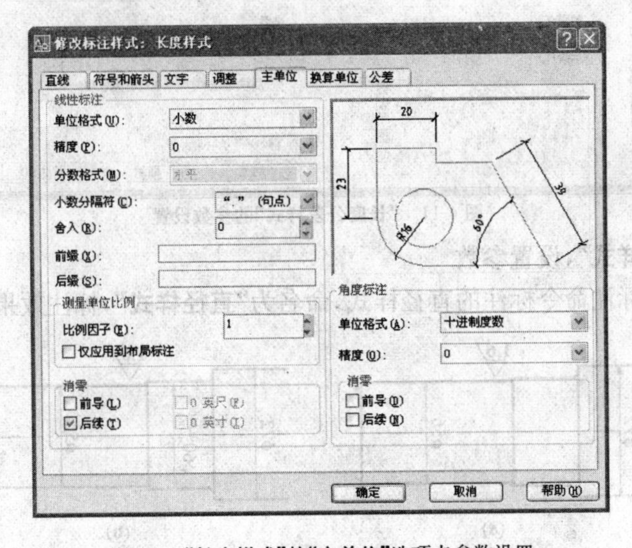

图 4-9　**“长度样式”**的**“主单位”**选项卡参数设置

“线性标注”—“单位格式”选择**“小数”**；

“线性标注”—“精度”选择**“0”**；

“线性标注”—“小数分隔符”选择**“句点”**；

“测量单位比例”—“比例因子”必须设为**“1”**。

到此就完成了**“长度样式”**参数的设置。

(4)创建**“长度公差样式”**，设置参数创建使用线性标注命令标注带有对称偏差的直径样式，命名为**“长度公差样式”**，标注效果如图 4-10 所示。

创建**“长度公差样式”**，选择**“长度样式”**作为**“基础样式”**，只需改变 5 项设置：

①在**“公差”“方式”**的下拉列表框中选择**“对称”**。

②在**“公差”**、**“精度”**的下拉列表框中选择**“0. 000”**。

③在**“公差”**、**“上偏差”**处输入**“0. 035”**。

④在**“公差”**、**“高度比例”**处输入**“1”**。

⑤在**“公差”**、**“垂直位置”**选择**“中”**。

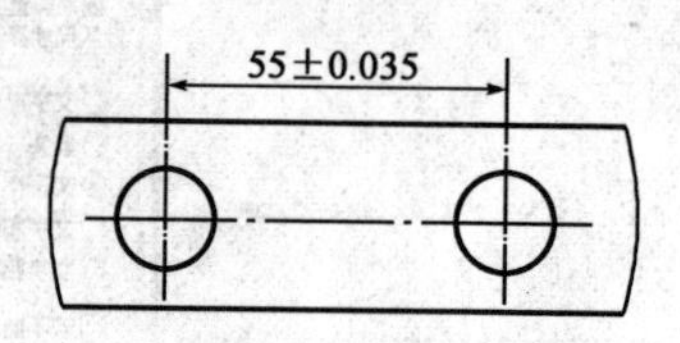

图 4-10　**“长度公差样式”**标注效果

其他参数与**“长度样式”**相同，不需要改变，如图 4-11 所示。

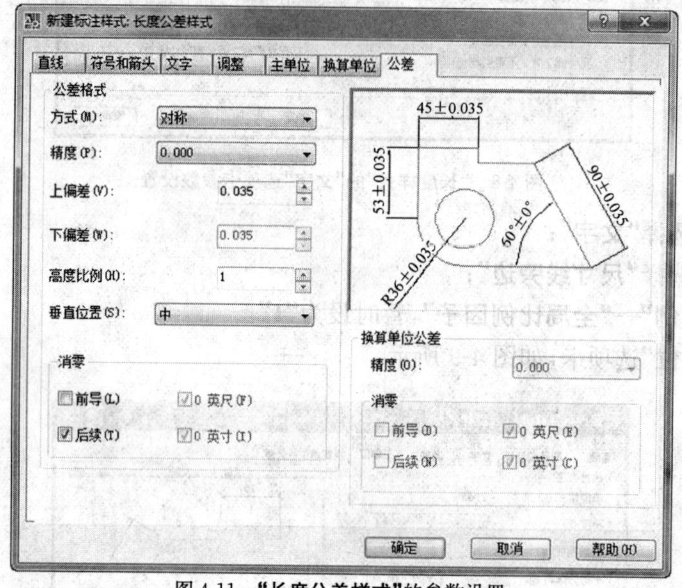

图 4-11　**“长度公差样式”**的参数设置

(5)创建**“直径样式”**，设置参数

创建使用线性标注命令标注的直径样式，命名为**“直径样式”**，标注效果如图 4-12(a)所示。

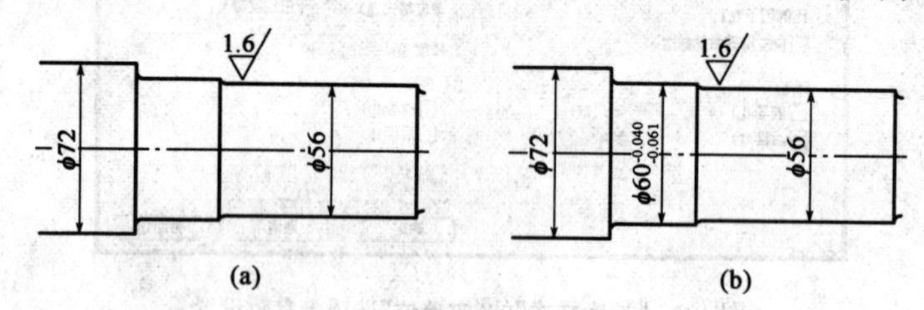

图 4-12　**“直径样式”**的标注效果

创建**“直径样式”**，选择**“长度样式”**作为**“基础样式”**，只需改变一项设置：

在**“主单位”**、**“前缀”**处加上**“%%c”**，也就是在标注的数值前面加上**“φ”**。

其他参数与**“长度样式”**相同，不需要改变，如图 4-13 所示。

(6)创建**“直径公差样式”**，设置参数

创建带有极限偏差的直径公差样式，该样式使用线性标注命令标注，命名为**“直径公差样式”**，标注效果如图 4-12(b)。

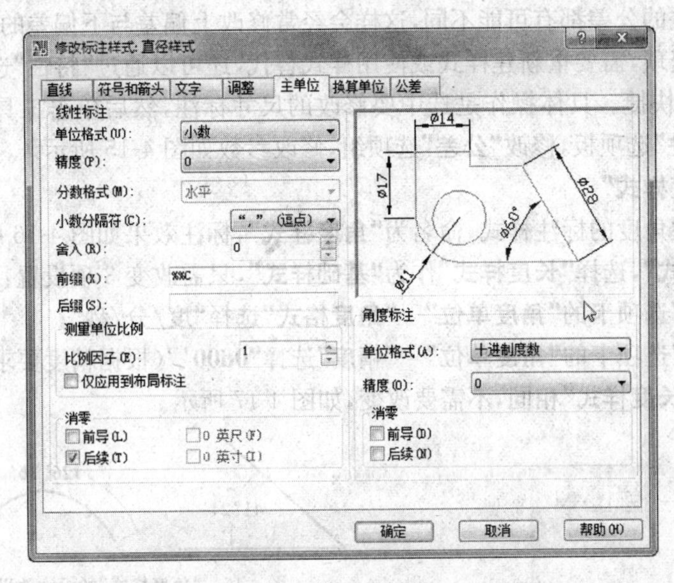

图 4-13　**“直径样式”**的**“主单位”**选项卡参数设置

创建**“直径公差样式”**，选择**“直径样式”**作为**“基础样式”**，只需改变 6 项设置：

①在**“公差”“方式”**的下拉列表框中选择**“极限偏差”**。

②在**“公差”、“精度”**的下拉列表框中选择**“0.000”**。

③在**“公差”、“上偏差”**处输入**“−0.040”**。

④在**“公差”、“下偏差”**处输入**“0.061”**。

⑤在**“公差”、“高度比例”**处输入**“0.7”**。

⑥在**“公差”、“垂直位置”**的下拉列表框中选择**“中”**。

其他参数与**“直径样式”**相同，不需要改变，如图 4-14 所示。

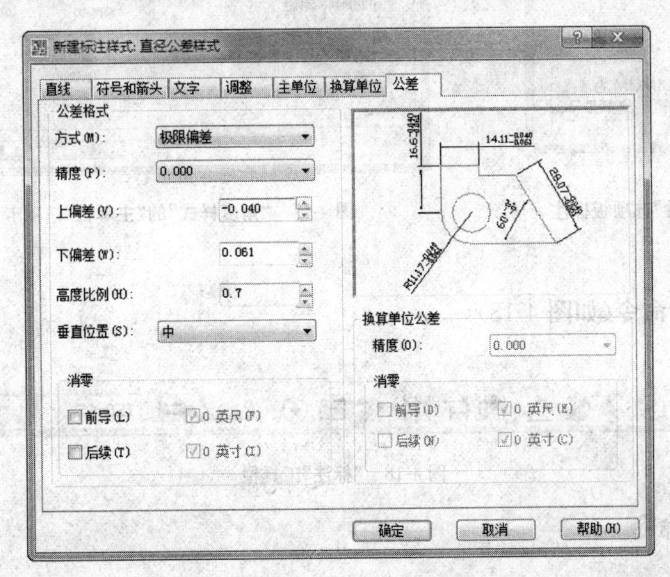

图 4-14　**“直径公差样式”**的参数设置

由于每次标注的公差都有可能不同，这样会经常修改上偏差与下偏差的值，可以通过标注样式修改但比较繁琐，需要重新建样式或使用样式替代，还可以通过**“特性”**选项板对公差进行修改，此方法方便快捷。具体操作是选中要修改的尺寸标注，然后单击工具栏上的对象特性按钮，打开**“特性”**选项板，修改**“公差”**选项组，修改参数如图 4-15 所示。

（7）创建**“角度样式”**

创建用于标注角度的标注样式，命名为**“角度样式”**，标注效果如图 4-16 所示。

创建**“角度样式”**，选择**“长度样式”**作为**“基础样式”**，只需改变 3 项设置：

①将**“主单位”**选项卡的**“角度单位”**—**“角度格式”**选择**“度/分/秒”**；

②将**“主单位”**选项卡的**“角度单位”**—**“精度”**选择**“0d00′”**（根据精度要求）。

其他参数与**“长度样式”**相同，不需要改变，如图 4-17 所示。

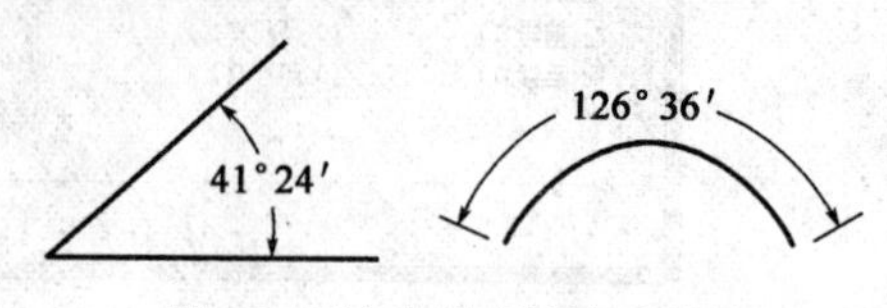

图 4-16　**“角度样式”**的标注效果

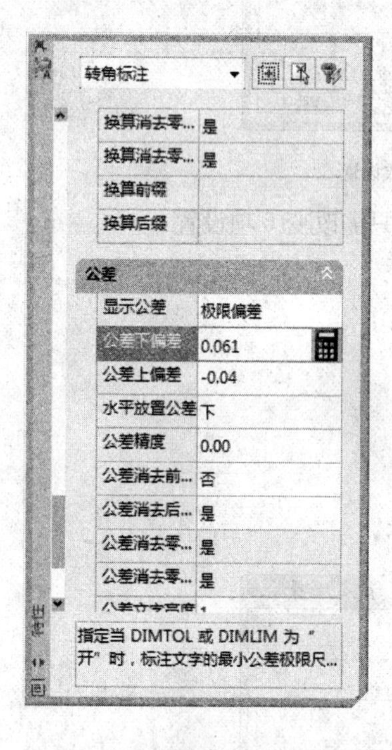

图 4-15　利用**“特性”**选项板标注公差数值

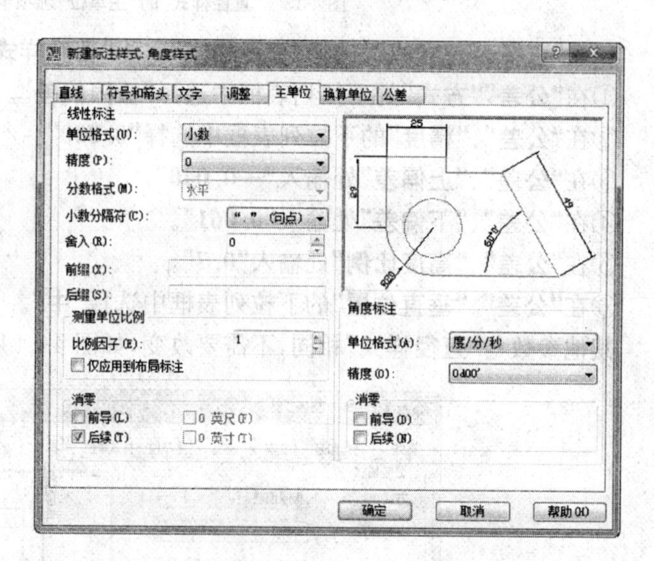

图 4-17　**“角度样式”**的**“主单位”**选项卡参数设置

（二）尺寸标注命令（如图 4-18）

图 4-18　**“标注”**工具栏

（1）线性标注命令

①功能

用于两点之间的水平或竖直距离尺寸标注。

②命令调用方式

下拉菜单:**“标注”/“线性”**

工具栏:**“标注”/“线性”**

命令行:DIMLINEAR 或 DIMLINE

③应用实例

【例 4-1】 标注图 4-19 中 AB、CD 的长度尺寸。

a. 在标注工具栏上,将**“长度样式”**设为当前样式。

b. 用线性标注进行标注

命令:DIMLINEAR　　(调用线性标注命令)

指定第一条尺寸界线原点或<选择对象>:选择点 A　　(选择要标注尺寸的第一点)

指定第二条尺寸界线原点:选择点 B　　(选择要标注尺寸的第二点)

指定尺寸线位置或[多行文字(M)/文字(T)/角度(A)/水平(H)/垂直(V)/旋转(R)]:单击点 E　　(指定尺寸线位置)

标注文字=27

命令:DIMLINEAR　　(调用线性标注命令)

指定第一条尺寸界线原点或<选择对象>:选择点 C　　(选择要标注尺寸的第一点)

指定第二条尺寸界线原点:选择点 D　　(选择要标注尺寸的第二点)

指定尺寸线位置或[多行文字(M)/文字(T)/角度(A)/水平(H)/垂直(V)/旋转(R)]:单击点 G　　(指定尺寸线位置)

标注文字=11

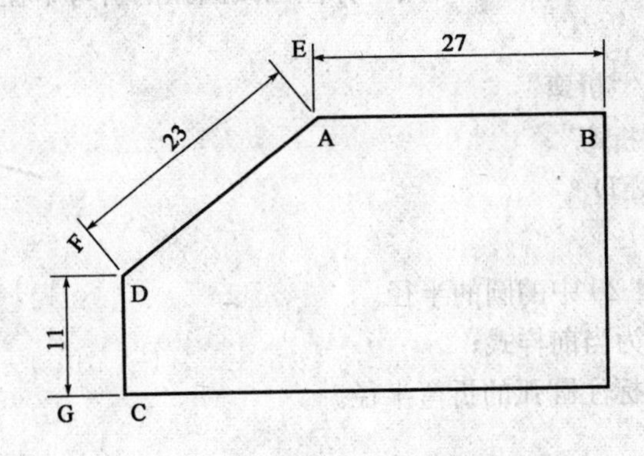

图 4-19　线性标注与对齐标注

(2)对齐标注命令

①功能

标注有一定倾斜角度、不平行于 X 轴或 Y 轴的长度尺寸。

②命令调用方式

下拉菜单:**“标注”/“对齐”**

工具栏:**“标注”/“对齐”**

命令行:DIMALIGNED

③命令实例

【例 4-2】 标注图 4-19 中 DA 的长度尺寸。

命令:DIMALIGNED （调用线性标注命令）
指定第一条尺寸界线原点或<选择对象>:选择点 D （选择要标注尺寸的第一点）
指定第二条尺寸界线原点:选择点 A （选择要标注尺寸的第二点）
指定尺寸线位置
或[多行文字(M)/文字(T)/角度(A)]:选择点 F （指定尺寸线位置）
标注文字=23

(3)半径标注命令 DIMRADIUS 与直径标注命令 DIMDIAMETER

①功能

用于标注圆或圆弧的半径、直径。

②命令调用方式

下拉菜单:**“标注”/“半径”**或**“直径”**

工具栏:**“标注”/“半径”**或**“直径”**

命令行:DIMRADIUS 或 DIMDIAMETER

③命令说明

a. 半径、直径标注时需将**“直径样式”**或**“长度样式”**设为当前样式;

b. 半径、直径标注时需关闭对象捕捉功能,以防干扰尺寸线位置的指定。

(4)圆的折弯半径标注命令 DIMJOGGED

①功能

当圆或圆弧的半径很大的情况下,用于标注圆或圆弧的折弯半径。

②命令调用方式

下拉菜单:**“标注”/“折弯”**

工具栏:**“标注”/“折弯”**

命令行:DIMJOGGED

③命令举例

【例 4-3】 标注图 4-20 中的圆的半径。

a. 将**“直径样式”**设为当前样式;

b. 用折弯半径命令标注圆弧的折弯半径。

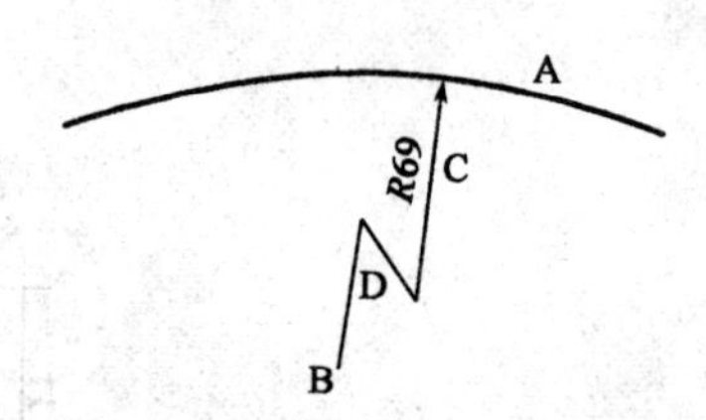

图 4-20 折弯半径的标注

命令:DIMJOGGED
选择圆弧或圆:单击圆弧上的任一点 A
指定中心位置替代:单击圆心替代位置 B
标注文字=69
指定尺寸线位置或[多行文字(M)/文字(T)/角度(A)]:单击尺寸线位置 C
指定折弯位置:单击折弯线的中点位置 D

(5)角度标注命令

①功能

用于标注两条直线之间的角度或圆弧的角度。

②命令调用方式

下拉菜单:**“标注”/“角度”**

工具栏:**“标注”/“角度”**

命令行:DIMANGULAR

③命令说明

a. 标注两条直线之间的角度需要分别选取两条直线,然后再指定尺寸线的位置;

b. 指定的尺寸线的位置不同,标注的角度范围也不同,如图 4-21(a)、(b)所示;

c. 需要选取圆弧,然后在指定尺寸线的位置,如图 4-21(c)所示。

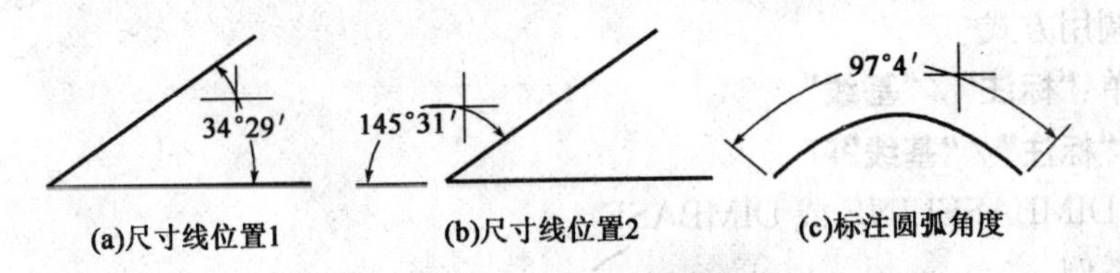

图 4-21　角度标注中的尺寸线位置的指定

(6)连续标注命令

①功能

用于标注在同一方向上连续的长度尺寸或角度尺寸。

②命令调用方式

下拉菜单:**“标注”/“连续”**

工具栏:**“标注”/“连续”**

命令行:DIMCONTINUE 或 DIMCONT

③命令举例

【例 4-4】　用连续标注的方法,补全图 4-22(a)中的尺寸,如图 4-22(b)。

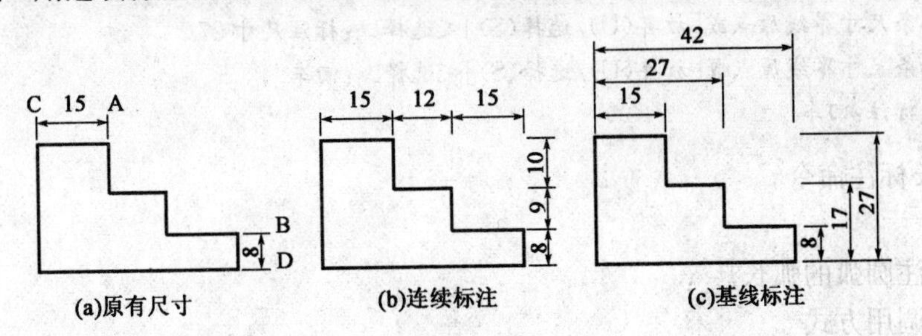

图 4-22　连续标注与基线标注

打开**“对象捕捉”、“极轴追踪”“对象追踪”**。

操作步骤如下:

命令:DIMCONTINUE

选择连续标注:选择尺寸界线 A

指定第二条尺寸界线原点或[放弃(U)/选择(S)]<选择>:标注尺寸 12

指定第二条尺寸界线原点或[放弃(U)/选择(S)]<选择>:标注尺寸 15

指定第二条尺寸界线原点或[放弃(U)/选择(S)]<选择>:回车

选择连续标注:选择尺寸界线 B
指定第二条尺寸界线原点或[放弃(U)/选择(S)]<选择>:标注尺寸 9
指定第二条尺寸界线原点或[放弃(U)/选择(S)]<选择>:标注尺寸 10
指定第二条尺寸界线原点或[放弃(U)/选择(S)]<选择>:回车
选择连续标注:回车

(7)基线标注命令

①功能

用于标注工程图形中有一个共同基准的线性尺寸或角度尺寸。

②命令调用方式

下拉菜单:**“标注”/“基线”**

工具栏:**“标注”/“基线”**

命令行:DIMBASELINE 或 DIMBASE

③命令举例

【例 4-5】 用基线标注补全图 4-22(a)中的尺寸,如图 4-22(c)。

打开**“对象捕捉”**、**“极轴追踪”“对象追踪”**。

操作步骤如下:

命令:DIMBASELINE
选择基准标注:选择尺寸界线 C
指定第二条尺寸界线原点或[放弃(U)/选择(S)]<选择>:标注尺寸 27
指定第二条尺寸界线原点或[放弃(U)/选择(S)]<选择>:标注尺寸 42
指定第二条尺寸界线原点或[放弃(U)/选择(S)]<选择>:回车
选择基准标注:选择尺寸界线 D
指定第二条尺寸界线原点或[放弃(U)/选择(S)]<选择>:标注尺寸 17
指定第二条尺寸界线原点或[放弃(U)/选择(S)]<选择>:标注尺寸 27
指定第二条尺寸界线原点或[放弃(U)/选择(S)]<选择>:回车
选择基准标注:回车

(8)弧长标注命令

①功能

用于标注圆弧的弧长。

②命令调用方式

下拉菜单:**“标注”/“弧长”**

工具栏:**“标注”/“弧长”**

命令行:DIMARC

③命令举例

【例 4-6】 标注图 4-23 中弓形体的弧长尺寸。

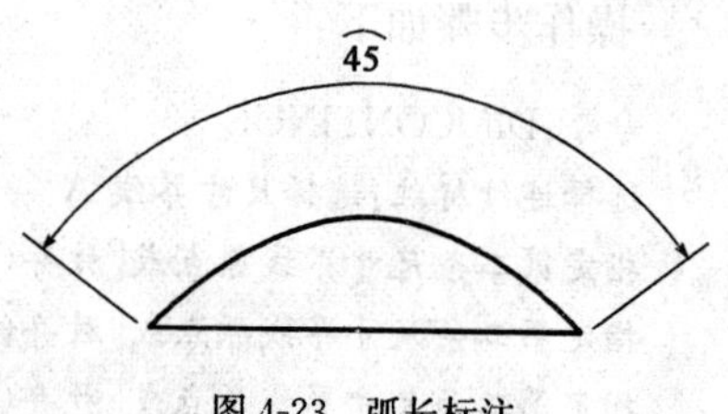

图 4-23 弧长标注

(9)引线标注命令

①功能

创建引线和注释文字。

②命令调用方式

下拉菜单："**标注**"/"**引线**"

工具栏："**标注**"/"**引线**"

命令行：QLEADER

③命令说明

执行 QLEADER 命令后，系统提示如下：

```
指定第一个引线点或[设置(S)]<设置>：回车
```

弹出"**引线设置**"对话框。对话框有三个选项卡。

a."**注释**"选项卡：用于设置"**引线**"标注中注释文字的类型、多行文字选项以及是否重复使用注释，如 4-24 所示。

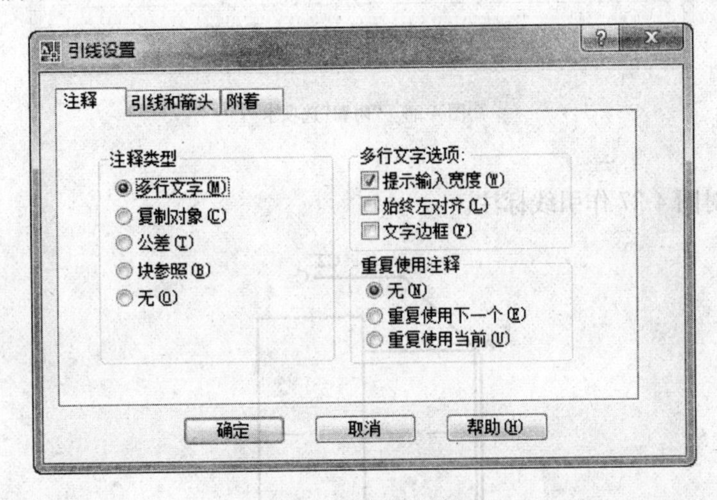

图 4-24　"**注释**"选项卡

b."**引线和箭头**"选项卡：用于设置引线和箭头的格式，如图 4-25 所示。

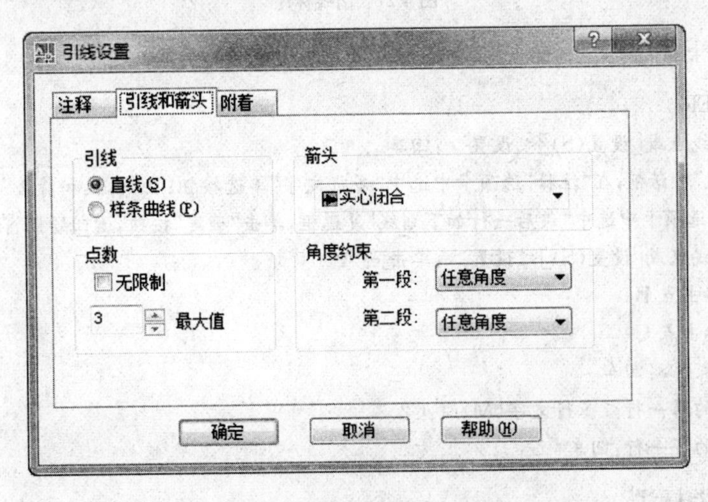

图 4-25　"**引线和箭头**"选项卡

c.**“附着”**选项卡：用于设置多行文字注释项与引线终点的位置关系，如图 4-26 所示。

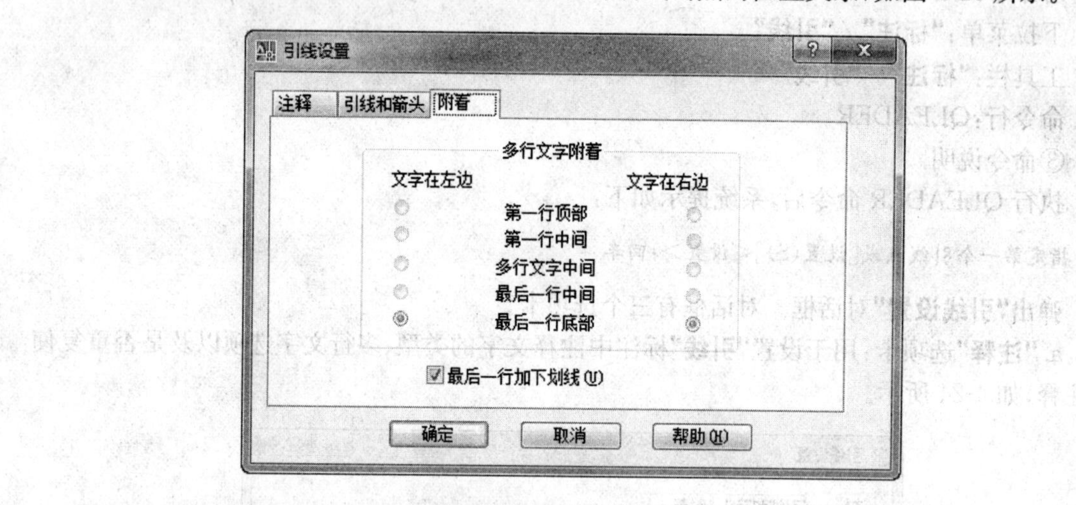

图 4-26 **“附着”**选项卡

④命令举例

【例 4-7】 对图 4-27 作引线标注。

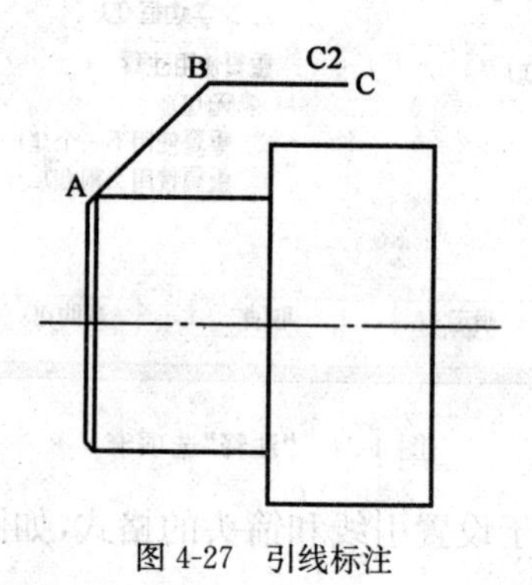

图 4-27 引线标注

操作步骤如下：

命令：QLEADER

指定第一个引线点或[设置(S)]<设置>：回车

打开“引线设置”对话框，在“注释”选项卡中选中“多行文字”单选按钮；在“引线和箭头”选项卡中将“箭头”改为“无”；在“附着”选项卡中选中“最后一行加下划线”复选框，单击“确定”按钮，返回绘制窗口，命令行提示：

指定第一个引线点或[设置(S)]<设置>：单击点 A

指定下一点：单击点 B

指定下一点：单击点 C

指定文字宽度<0>：回车

输入注释文字的第一行<多行文字(M)>：C2

输入注释文字的下一行：回车

(10)形位公差标注

①功能

用于创建形位公差标注。

②命令调用方式

下拉菜单：**“标注”/“公差”**

工具栏：**“标注”/“公差”**

命令行：TOLERANCE

其他方式：用**“引线”**标注方式标注公差

③命令说明

执行 TOLERANCE 命令后，弹出**“形位公差”**对话框，如图 4-28 所示。

单击**“符号”**标签下的黑色方框，出现**“特征符号”**对话框，在该对话框中选中要选用的公差符号，如图 4-29 所示。

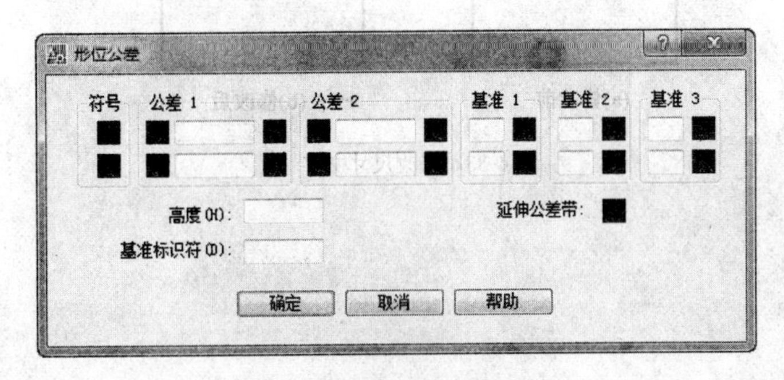

图 4-28　**“形位公差”**对话框

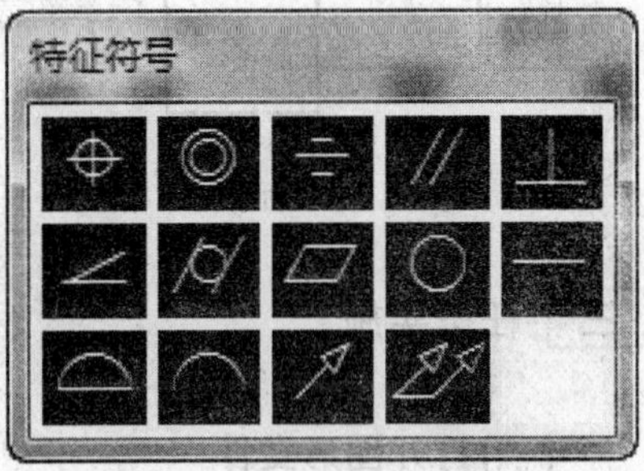

特征符号

图 4-29　**“特征符号”**对话框

单击**“形位公差”**对话框中**“公差 1”**标签下面的第一个方框■，切换符号 ϕ。单击第二个方框■，出现**“附加符号”**对话框，该对话框用于确定包容条件，如图 4-30 所示。**“基准 1”**、**“基准 2”**和**“基准 3”**、文本框用于设置基准符号，后面的小方框也可以设置包容条件。

图 4-30　**“附加符号”**对话框

④命令举例

```
命令：QLEADER
指定第一个引线点或[设置(S)]<设置>：回车
```

打开**“引线设置”**对话框，在**“注释”**选项卡中选中**“公差”**单选按钮；单击**“确定”**按钮。绘制引线，弹出**“形位公差”**对话框，设置公差如图 4-31 所示。

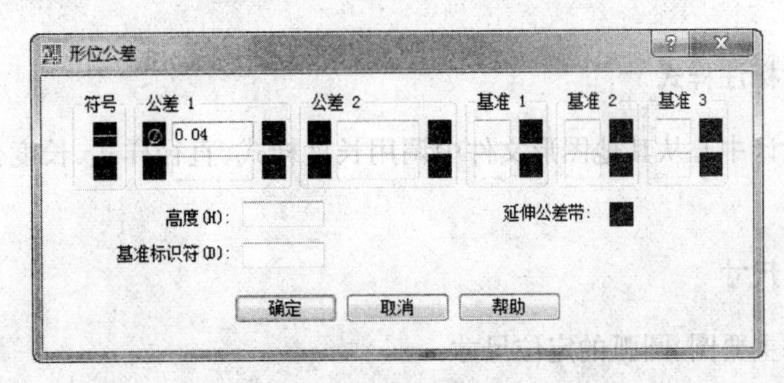

图 4-31　设置形位公差

单击**"确定"**按钮，结果如图 4-32 所示。

(三)尺寸文字修改

尺寸文字修改就用文字修改命令 DDEDIT(ED)，命令执行后选择尺寸文字，在弹出的文字编辑框中修改尺寸文字的内容，按**"确定"**按钮即可完成修改，如图 4-33 所示。

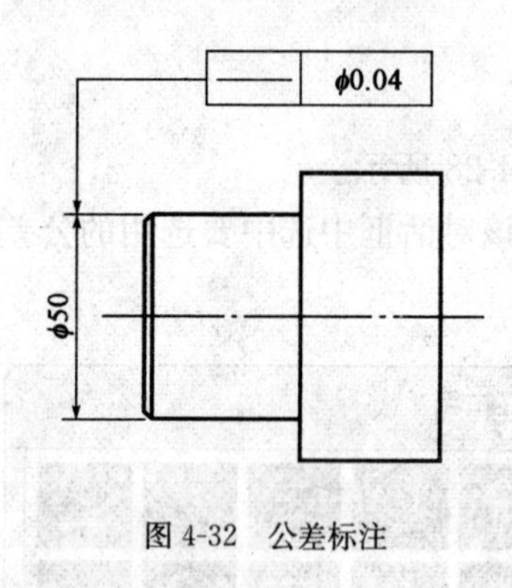

图 4-32　公差标注

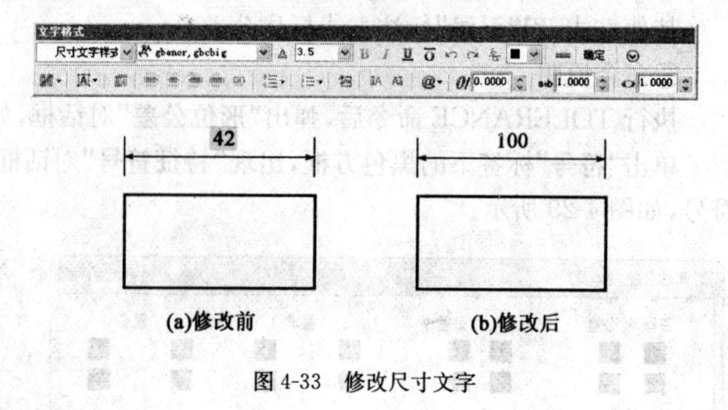

图 4-33　修改尺寸文字

三　任务实施

(一)打开图形文件

打开二级斜齿轮减速器底座的立面图，如图 4-34 所示。

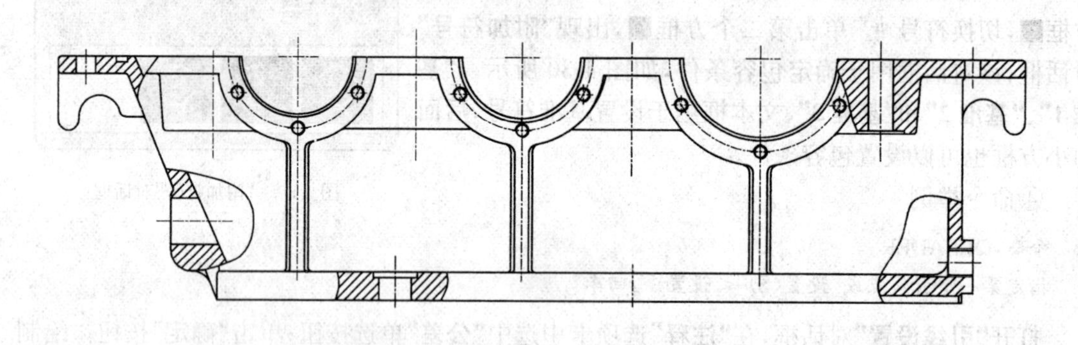

图 4-34　二级斜齿轮减速器底座的立面图

(二)设置尺寸标注样式

新建或通过设计中心从其他图形文件中调用长度样式、直径样式、长度公差样式、直径公差样式、角度样式。

(三)标注定位尺寸

标注图形的各主要圆、圆弧的定位尺寸：

先将**"长度样式"**设为当前样式，用线性标注命令、连续标注命令标注图形的各主要圆、圆弧的定位尺寸，然后将**“长度公差样式”**设为当前样式，用线性标注命令标注轴承座孔的定位尺寸。

如图 4-35 所示。

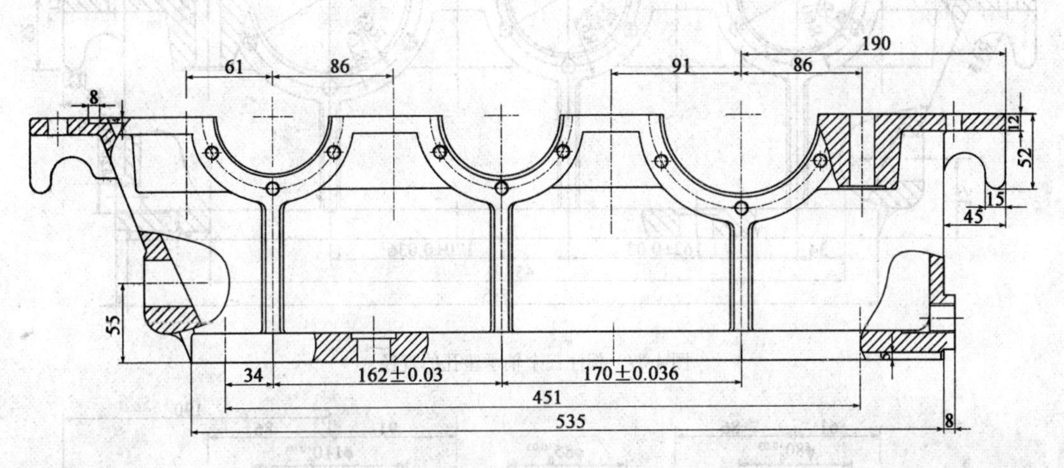

图 4-35　标注定位尺寸

(四)标注图形中各主要圆、圆弧的直径、半径

将**“长度样式”**设为当前样式，用半径标注命令标注图形的各主要圆、圆弧的半径，如图 4-36所示。

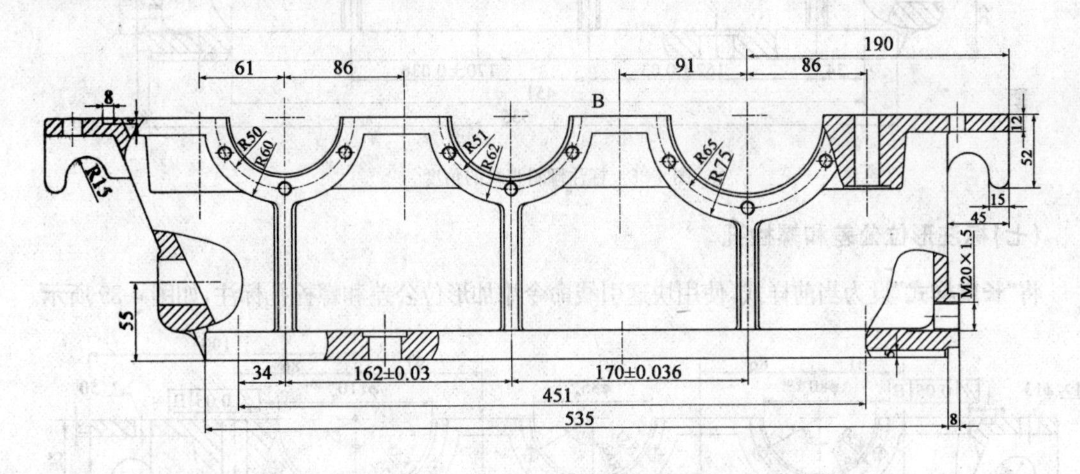

图 4-36　标注各主要圆弧的半径

(五)标注轴承座孔的直径

将**“直径公差样式”**设为当前样式，并修改它的公差选项卡。上偏差为 0.03 下偏差为 0。用线性标注命令标注三个轴承座孔的直径，如图 4-37 所示。

(六)标注倾斜直线的角度

将**“角度样式”**设为当前样式，用角度标注命令标注倾斜直线的角度，如图 4-38 所示。

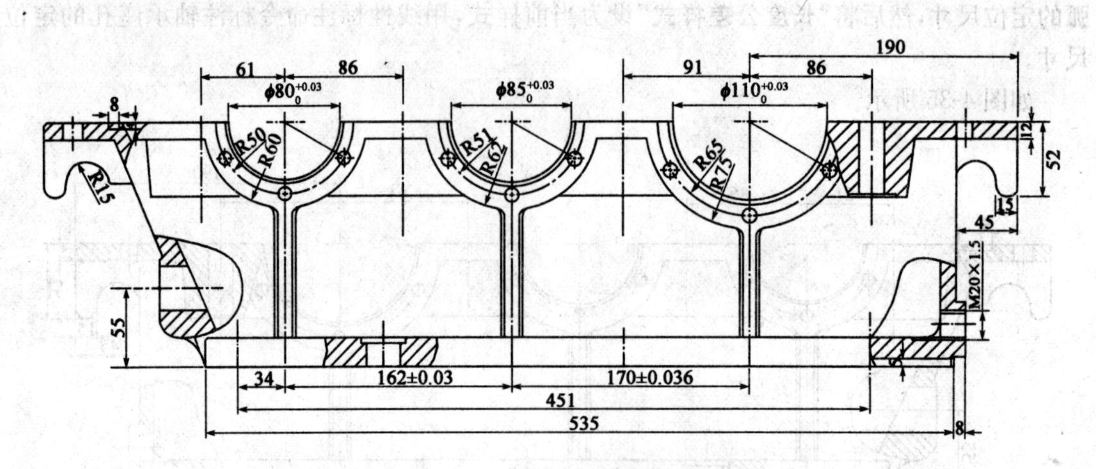

图 4-37　标注三个轴承座孔的直径

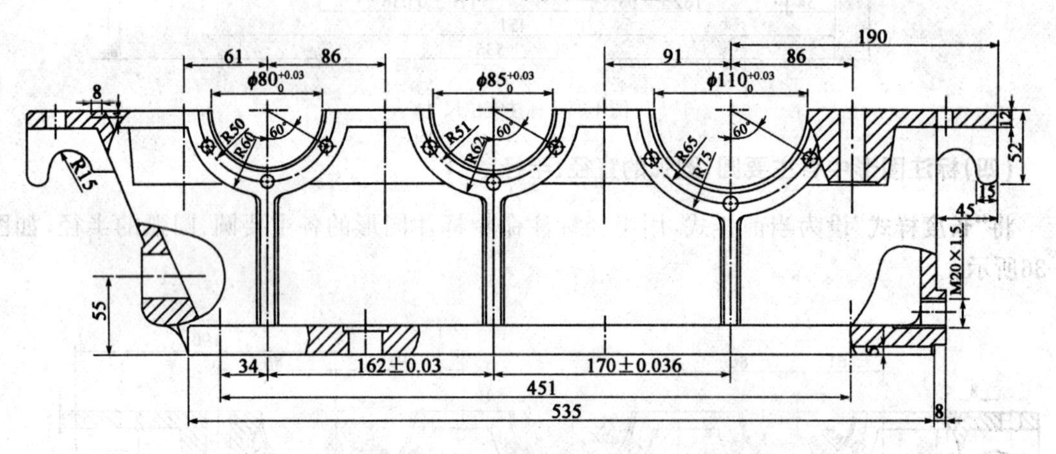

图 4-38　标注倾斜直线的角度

（七）标注形位公差和螺栓孔

将**“长度样式”**设为当前样式，使用快速引线命令添加形位公差和螺栓孔标注，如图 4-39 所示。

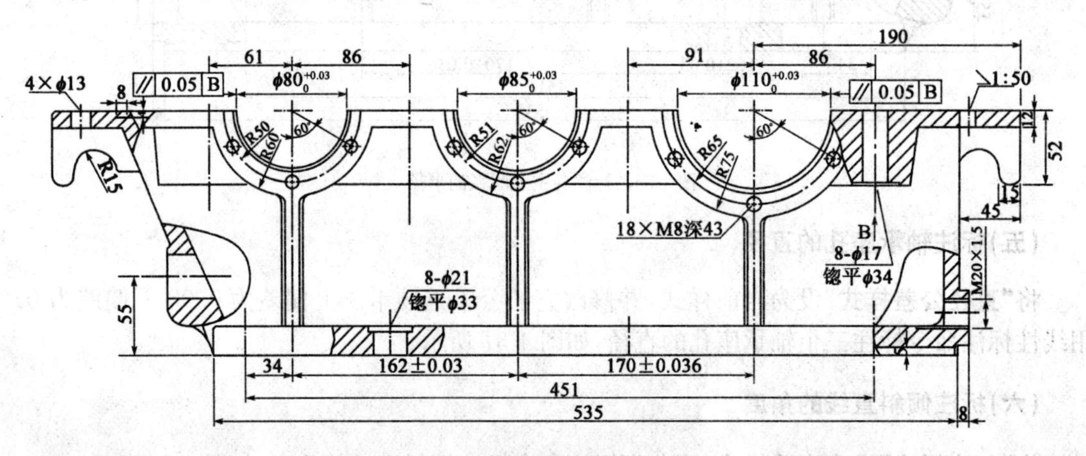

图 4-39　快速引线标注公差和螺栓孔

(八)将带属性的粗糙度符号和基准符号的图块插入到图形中,完成标注,结果如图 4-1 所示。

四　知识拓展

(一)尺寸样式中的两个比例的功能

尺寸样式中有两个重要的比例参数:

(1)**"调整"**选项卡中**"标注特征比例因子"**:

控制标注尺寸符号整体的大小,如图 4-40(b)所示;标注尺寸符号整体的大小应根据被标注对象的大小而改变,改变时只需改变**"标注特征比例因子"**,其他参数不需要改变。

(2)**"主单位"**选项卡中的**"测量单位比例因子"**:

控制标注尺寸的数字内容是在被标注对象实际长度基础上乘上的倍数(不包括角度标注),如图 4-40(c)所示。

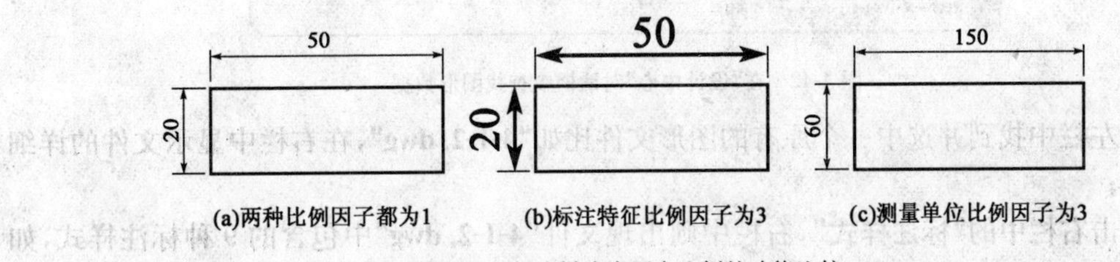

图 4-40　标注样式中两个比例的功能比较

(二)标注样式设置中两个注意的问题

(1)用于标注样式中的尺寸文字样式,文字样式中的高度必须设为**"0"**(待定),真正标注样式中的字高由标注样式**"文字"**选项卡中的参数**"文字高度"**来控制,这样字高才能与尺寸的其他符号一起由标注特征比例整体控制大小;

(2)**"测量单位比例因子"**必须设为**"1"**,不要设为其他值,以防止出现图 4-41 中隐蔽而严重的错误。

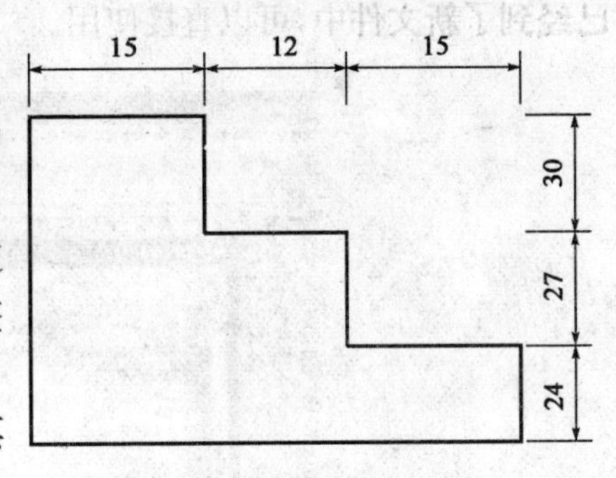

图 4-41　水平和垂直的尺寸标注采用了不同的"测量单位比例因子"

(三)设计中心 ADC 的使用

(1)功能

能够实现图形文件中的线型、图层、文字样式、标注样式、图块等在不同文件之间的交换与共享。

(2)命令调用方式

下拉菜单:**"工具"/"选项板"/"设计中心"**

工具栏:**"标准"/"设计中心"**

命令:ADCENTER(ADC)

(3)命令举例

【例 4-8】 在给图形标注尺寸，需要建立一系列的尺寸样式，也可以不重新创建，只要通过设计中心拖入到新图形文件中，就可以直接使用，一劳永逸。

①调用设计中心 ADC，打开**"设计中心"**对话框，如图 4-42 所示；

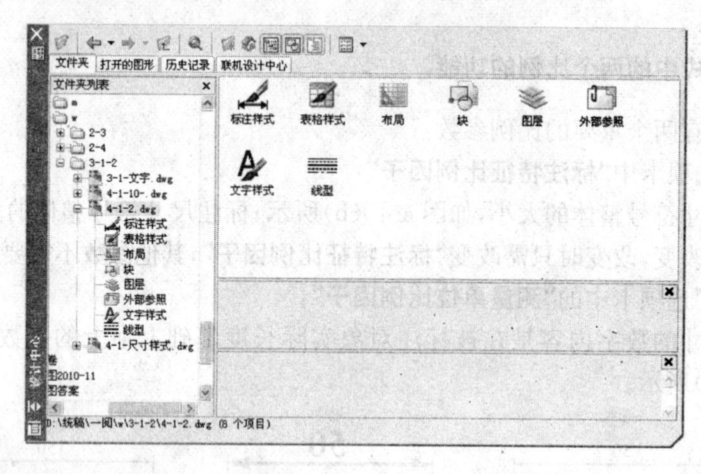

图 4-42　在**"设计中心"**对话框中查找图形数据

②在左栏中找到并选中一个原有的图形文件比如**"4-1-2. dwg"**，在右栏中显示文件的详细数据信息；

③双击右栏中的**"标注样式"**，右栏中则出现文件**"4-1-2. dwg"**中包含的 9 种标注样式，如图 4-43 所示，选中其中一个或几个，拖动到新文件绘图区中，放开左键，此时这几种标注样式已经到了新文件中，可以直接使用。

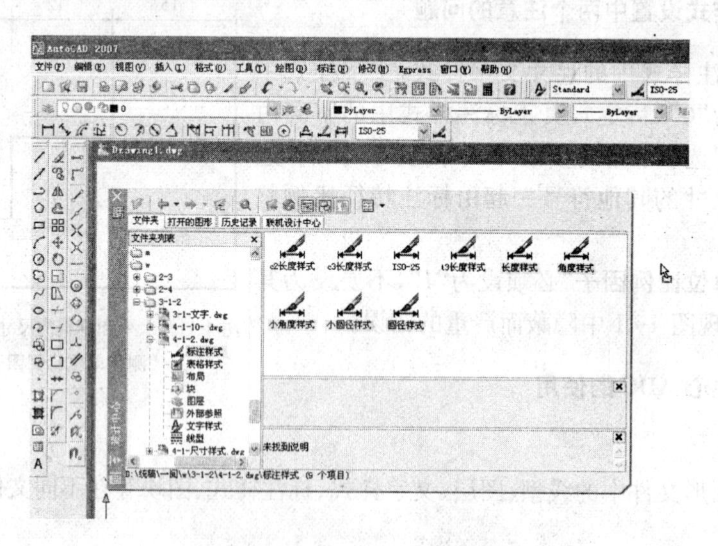

图 4-43　将标注样式拖入到新文件中

任务5 绘制专业图

实例5-1　绘制阶梯轴

一　实例分析

图5-1为阶梯轴零件图，绘制时首先根据轴的尺寸大小以及出图纸张的大小计算零件图的比例，根据比例设置绘图环境，然后1∶1绘制图形，标注尺寸及注写文字说明，绘制标题栏等。

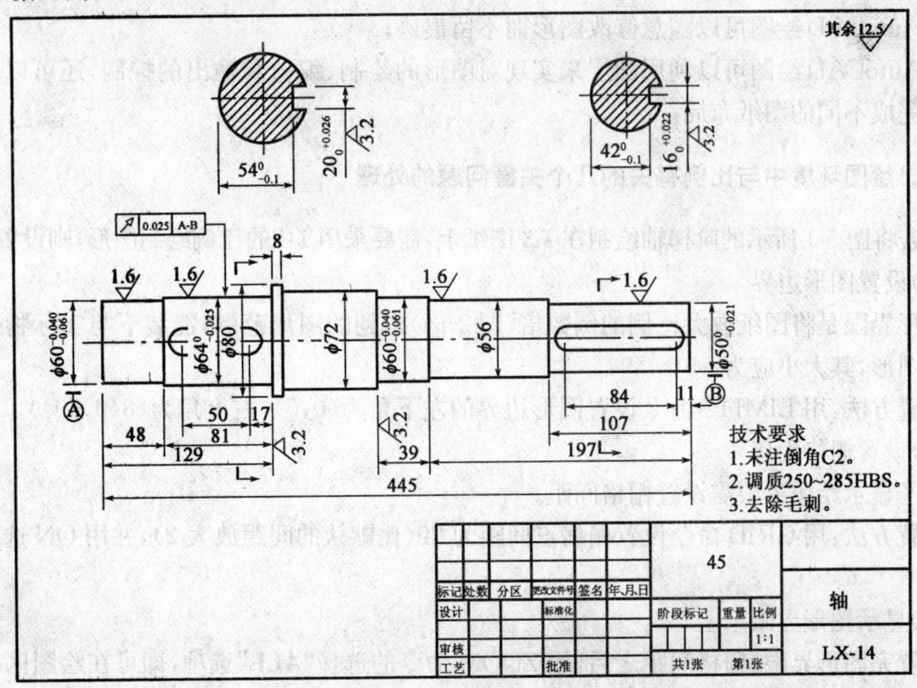

图5-1　阶梯轴

二 相关知识

(一)AutoCAD 绘图与手工绘图在思路上的区别

由于 AutoCAD 中可以设置的绘图界限不象手工绘图那样受纸张大小的限制，因而可以将零件图绘制成与实际零件一样大，称为 1:1绘图，因此利用 AutoCAD 绘图的思路、方法与手工绘图也有实质性的区别，不可用手工绘图的思路与方法来绘制 AutoCAD 图形。

绘制零件图时 AutoCAD 绘图与手工绘图在绘图思路、方法上的区别有以下几个方面：

(1)绘图思路不同

AutoCAD 绘图的思路是 1:1绘图，即直接将图形绘制成和物体一样大，绘图过程是：大物体——绘制大图形——打印到小图纸上，可以实现图形与图纸的分离(即绘图过程与出图过程的分离)；而手工绘图则不能将图形绘制得和物体一样大，绘图过程是：大物体——绘制小图形于小图纸上，其中图形与图纸是不可分离的(即绘图过程与出图过程不可分离)。

(2)绘图步骤不同

手工绘图的绘图过程是由大物体向小图形转化的过程，在绘图过程中，每画一笔，就要计算一次比例问题，非常麻烦，并且容易漏算出错；而 AutoCAD 的绘图过程则是由大物体 1:1直接向大图形转化的过程，在绘图过程中不需要每画一笔计算一次比例，只须在打印时通过设置打印比例，一次性将大图形打印到小图纸上，方法简单，不容易出错。

(3)绘图运用的手段不同

①对于重复性的部分图形绘制可以通过复制命令来完成，也可以使用图块来完成，提高绘图效率；

②AutoCAD 绘图可以随意修改图形而不留痕迹；

③AutoCAD 绘图可以利用图层来实现对图形的绘制、编辑和输出的控制，还可以利用图纸空间完成不同的图纸布局。

(二)绘图环境中与比例有关的几个关键问题的处理

假若将图 5-1 所示的阶梯轴绘制在 A3 图纸上，需要采用 1:2的比例绘制图形，则设置如下：

(1)设置图形边界

图形界限是将图纸放大比例的倒数倍(即 2 倍)得到的图形范围，能装下与实际物体大小相等的图形，其大小应为 840×594。

设置方法：用 LIMITS 命令设置图形边界的左下角为(0,0)，右上角为(840,594)。

(2)设置栅格距离

为了显示绘图界限需设置栅格间距。

设置方法：用 GRID 命令设置栅格点间距为 20(比默认的间距放大 2)，并用 ON 选项打开栅格。

(3)显示图形界限

设置完图形界限、栅格间距之后，用 ZOOM 命令的选择“**ALL**”选项，即可在绘图区中观察到绘图界限。

(4)线型比例的设置

图形中的线型应采用与图形大小相匹配的线型比例,才能很好地显示出来,线型比例的大小应设置为 2。

设置方法:调用线型设置命令,打开**“线型管理器”**对话框,将**“全局比例因子”**设为 2,将**“当前对象缩放比例”**设为 1,如图 5-2 所示。

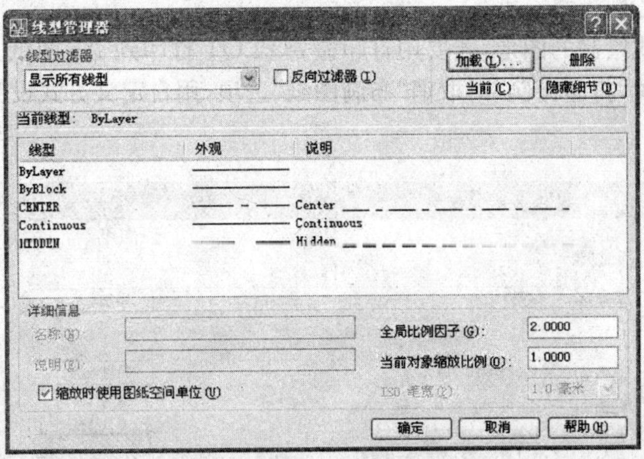

图 5-2　线形比例设置

(5)图形中文字大小的控制

设定文字高度时,如果想要最终图纸上的字高为 5mm,则需要将文字的**“高度”**设为 10,即放大 2 倍。

(6)图形中尺寸标注样式大小的控制

图形中尺寸标注样式大小由**“标注样式管理器”**中**“调整”**选项卡的**“标注特征比例”**来控制,**“标注特征比例”**设为 2,即放大 2 倍,其他尺寸样式参数(如尺寸文字高度、箭头大小、尺寸界线起点偏移量和超出尺寸线、测量单位比例因子等)以最终图纸上的大小为准,不再放大,如图 5-3 所示。

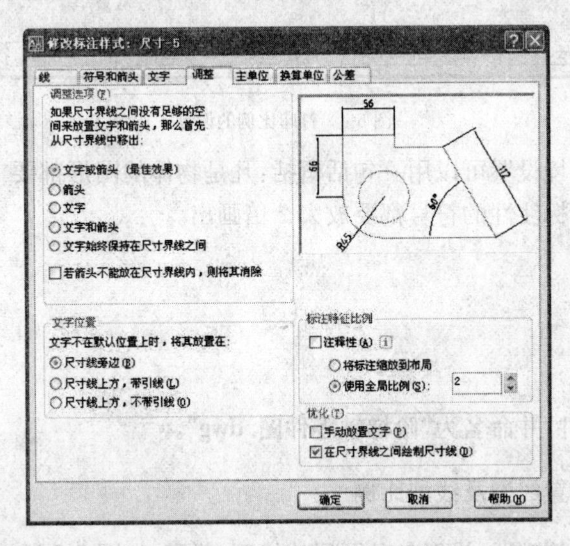

图 5-3　尺寸标注样式大小的设置

(7)图形中线宽的控制

控制线宽有两种方式：

①用对象特性工具栏中的**"线宽"**控制，最终图纸上若是 0.7mm，则设为 0.7mm，不需要放大；

②用多段线宽度的方式控制线宽，则需要将多段线的宽度设为 1.4，即放大 2 倍。

(8)图形打印比例

用 1∶1绘图方式绘制的图形，若要用打印命令 PLOT 打印到 A3 图纸上，**"图纸尺寸"**设为 A3(420×297)；设置**"打印比例"**时取消**"布满图纸"**选项，用自定义方式设为 1∶2，即 1 毫米＝2 单位，如图 5-4 所示。

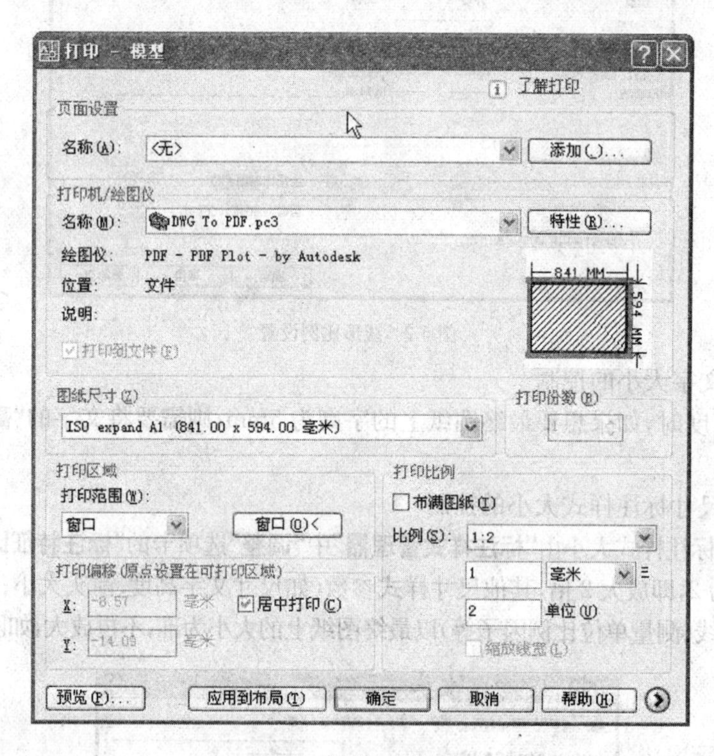

图 5-4　打印比例的设置

综上所述，绘图环境设置可以用一句话概括：凡是物体的图形都要 1∶1绘制，不用放大；除了物体图形之外，所有标注性的符号都要放大 2 倍画出。

三　任务实施

(一)新建文件

新建一个图形文件，并命名为**"阶梯轴零件图.dwg"**。

(二)建立图层、设置线型及线型比例

(1)打开图层特性管理器，设置各种图层的线型、线宽，如图 5-5 所示。

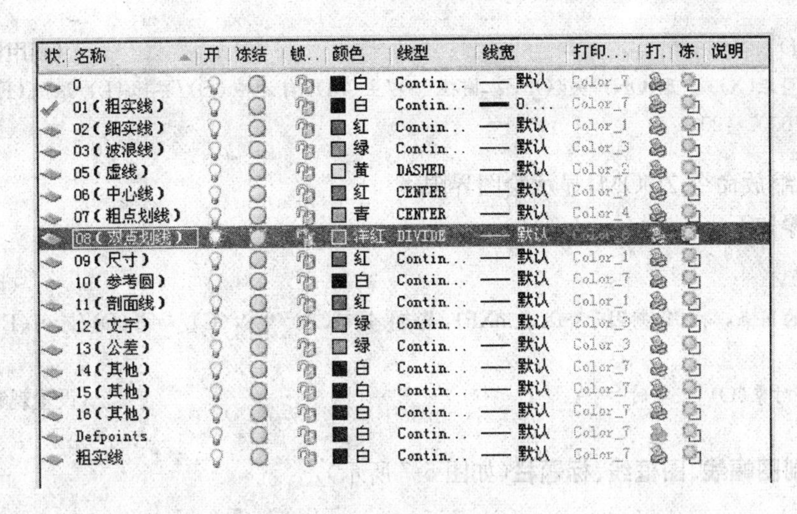

图 5-5　建立图层

(2)设置线型比例,如图 5-6 所示。

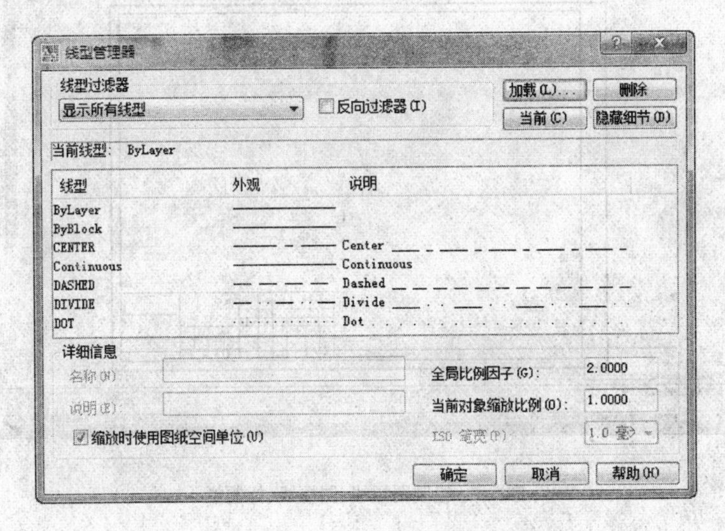

图 5-6　设置线形比例

(三)设置图形界限、栅格

(1)设置图形界限

操作步骤如下:

命令:LIMITS　　(调用图形界限设置命令)
重新设置模型空间界限:
指定左下角点或[开(ON)/关(OFF)]＜0,0＞:回车　　(确定绘图界限左下角点)
指定右上角点＜297,210＞:840,594　　(指定绘图界限右上角点)

(2)指定栅格间距,并用 ON 选项打开栅格。

操作步骤如下:

命令:GRID　　　　(调用栅格设置命令)
指定栅格间距(X)或[开(ON)/关(OFF)/捕捉(S)/主(M)/自适应(D)/界限(L)/跟随(F)/纵横向间距(A)]<10.000 000>:20　　　　(设置栅格间距)

(3)利用缩放命令 ZOOM,显示绘图界限。

操作步骤如下:

命令:ZOOM　　　　(调用缩放命令)
指定窗口的角点,输入比例因子(nX 或 nXP),或者[全部(A)/中心(C)/动态(D)/范围(E)/上一个(P)/比例(S)/
窗口(W)/对象(O)]<实时>:A　　　　(设置观察区域为全部)

(四)绘制图幅线、图框线、标题栏(如图 5-7 所示)

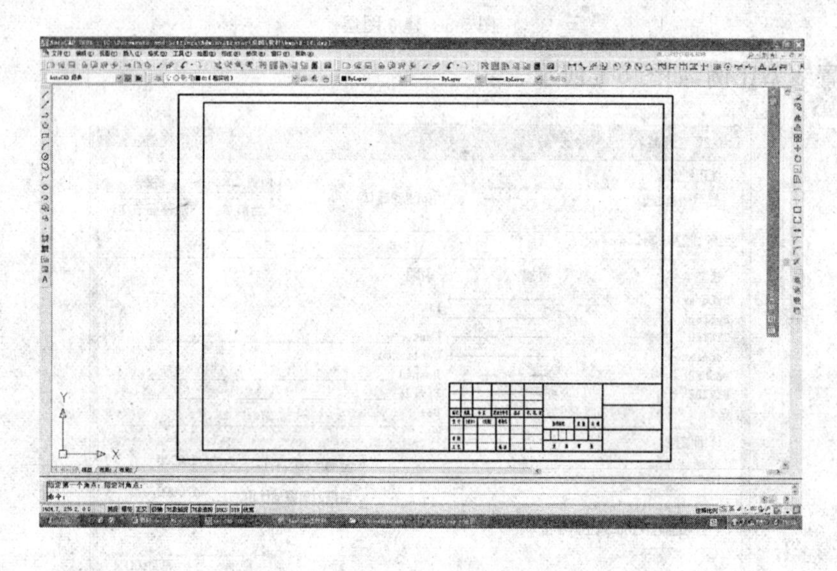

图 5-7　绘制图幅线、图框线、标题栏

(五)绘制阶梯轴图形

(1)绘制阶梯轴的外形图

①绘制阶梯轴上半部分。

阶梯轴包括轴头、轴肩、轴伸、轴环等共 8 段。图形关于轴线对称,所以只绘制轴线上部分如图 5-8 所示。

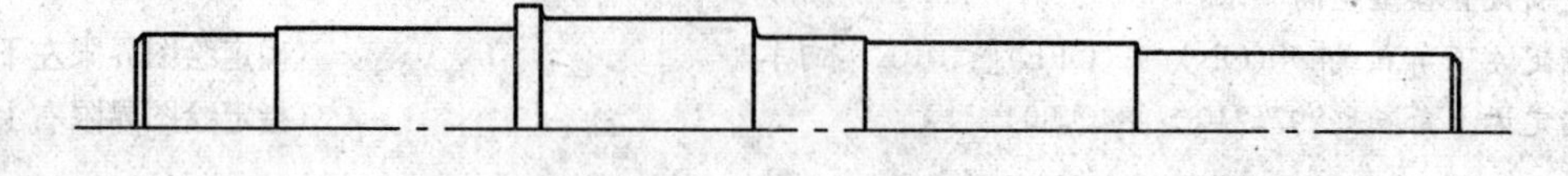

图 5-8　阶梯轴上半部分

②使用镜像命令绘制出阶梯轴的下半部分。如图 5-9 所示。

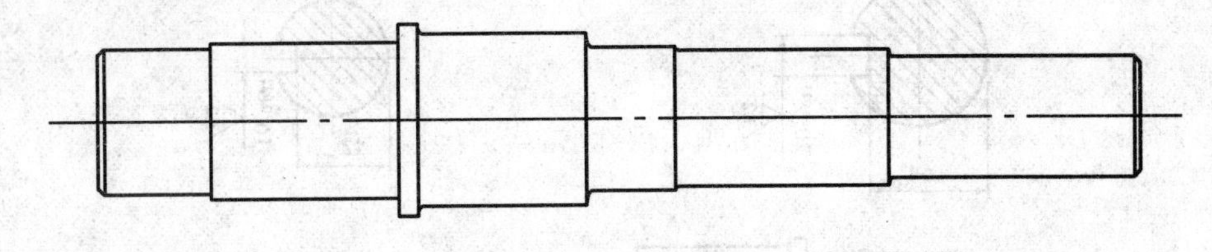

图 5-9　阶梯轴下半部分

操作步骤如下：

使用命令：MIRROR　（调用镜像命令）
选择对象：中心线上半部分外形　（选择镜像对象）
指定镜像线第一点：中心线左端点　（选择镜像轴）
制定镜像线第二点：中心线右端点
要删除源对象吗？[是(Y)/否(N)]<N>：N　（保留上半部分）

③绘制键槽完成外形图，如图 5-10 所示。

命令：RECTANG　（调用矩形命令）
指定第一个角点或[倒角(C)/标高(E)/圆角(F)/厚度(T)/宽(W)]：
指定另一个角点或[面积(A)/尺寸(D)/旋转(R)]：F　（选择设置圆角）
指定矩形的圆角半径<0.0>：10　（输入圆角半径）
指定第一个角点或[倒角(C)/标高(E)/圆角(F)/厚度(T)/宽(W)]：　（指定矩形的第一个角点）
任意拾取一点
指定另一个角点或[面积(A)/尺寸(D)/旋转(R)]：@70，20　（输入对角点的相对坐标）
步骤同上绘制长为 84，宽为 16 的另一键槽，如图 5-10(a)所示
使用 MOVE 命令放置于指定位置

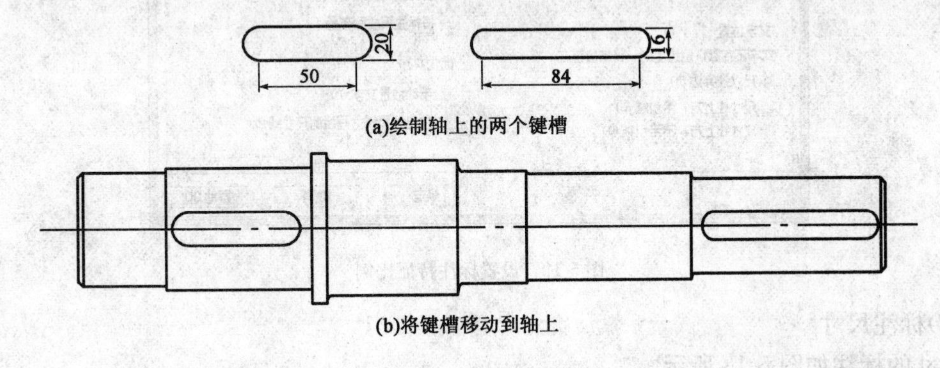

(a)绘制轴上的两个键槽

(b)将键槽移动到轴上

图 5-10　阶梯轴外形

(2)绘制两键槽处横断面图

两键槽处称为轴头，是安装齿轮、带轮等轴上零件的部分。其横断面图明确了键槽的宽度和深度以及工作面表面粗糙度等相关信息，如图 5-11 所示。

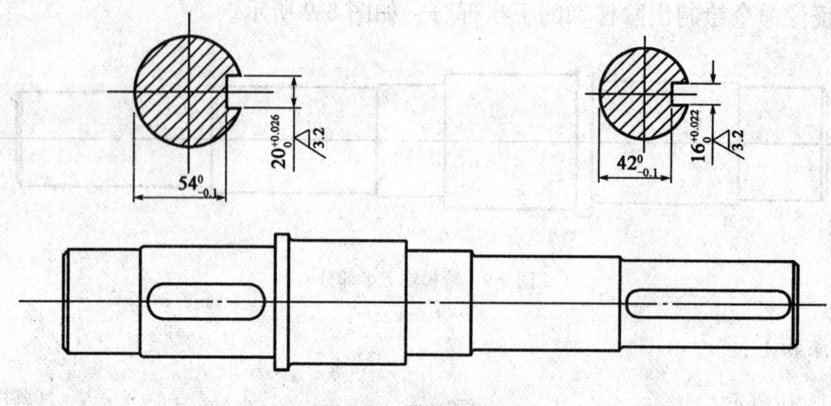

图 5-11 横截面剖视图

(六)标注尺寸

(1)设置尺寸样式

图形中尺寸标注样式大小由**“标注样式管理器”**中的**“调整”**选项卡的**“标注特征比例”**来控制,**“标注特征比例”**设为 2,如图 5-12 所示。

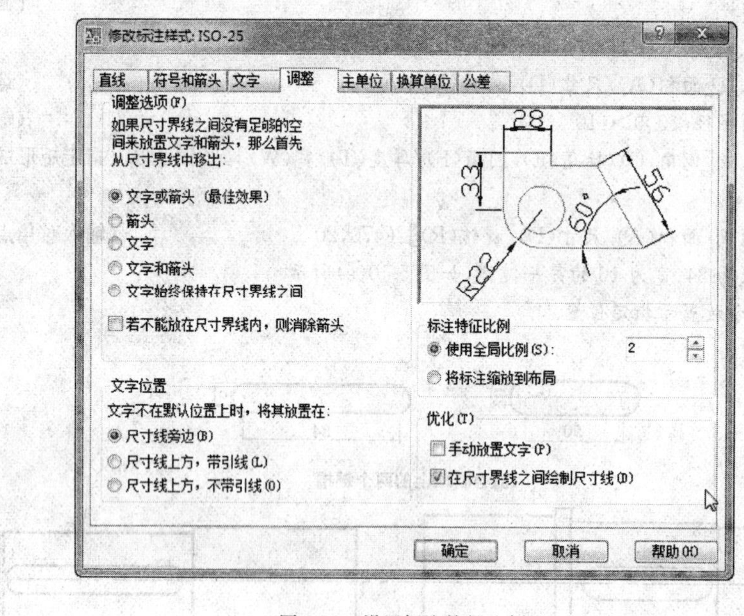

图 5-12 设置标注特征比例

(2)标注尺寸

尺寸的标注如图 5-13 所示。

(3)标注形位公差、表面粗糙度与基准符号

①形位公差标注

执行 TOLERANCE 打开**“形位公差”**对话框,按照标注要求填写,如图 5-14 所示。并将生成的公差放置于指定位置,最后使用引线连接,如图 5-15 所示。

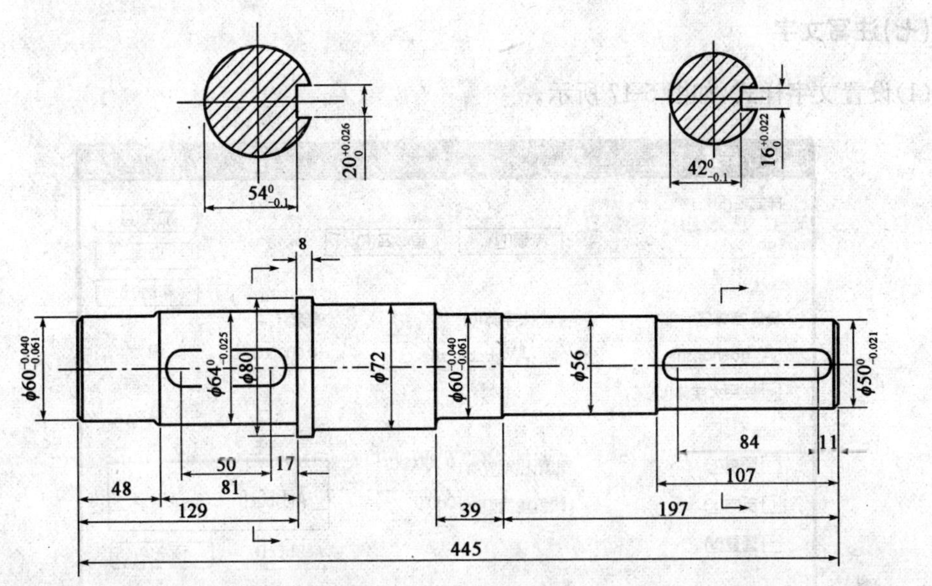

图 5-13　标注阶梯轴的尺寸

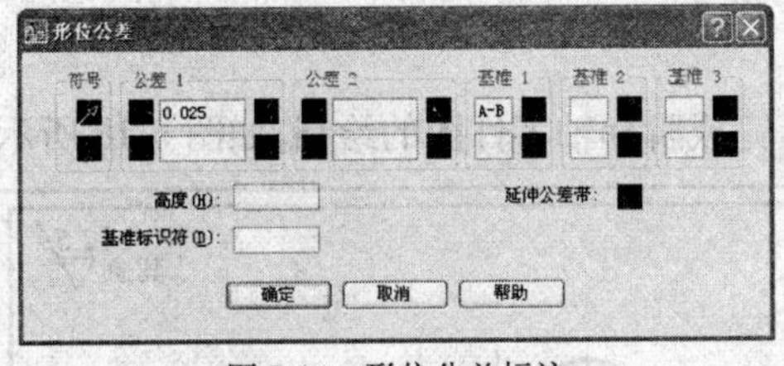

图 5-14　形位公差标注

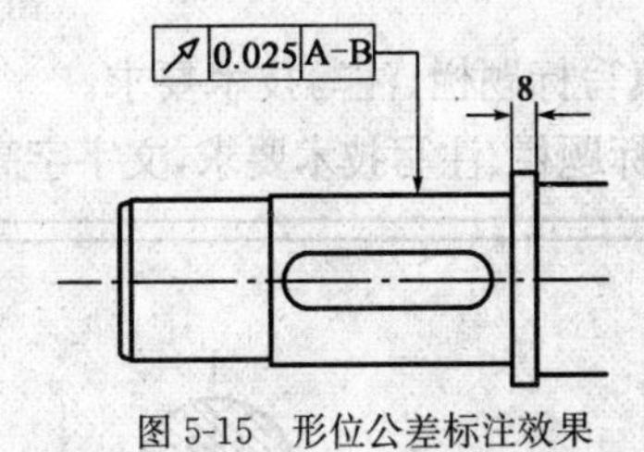

图 5-15　形位公差标注效果

②创建**“粗糙度符号”**和**“公差基准符号”**属性块，使用创建的属性块将零件图中的粗糙度符号和公差基准符号绘制完成，如图 5-16 所示。

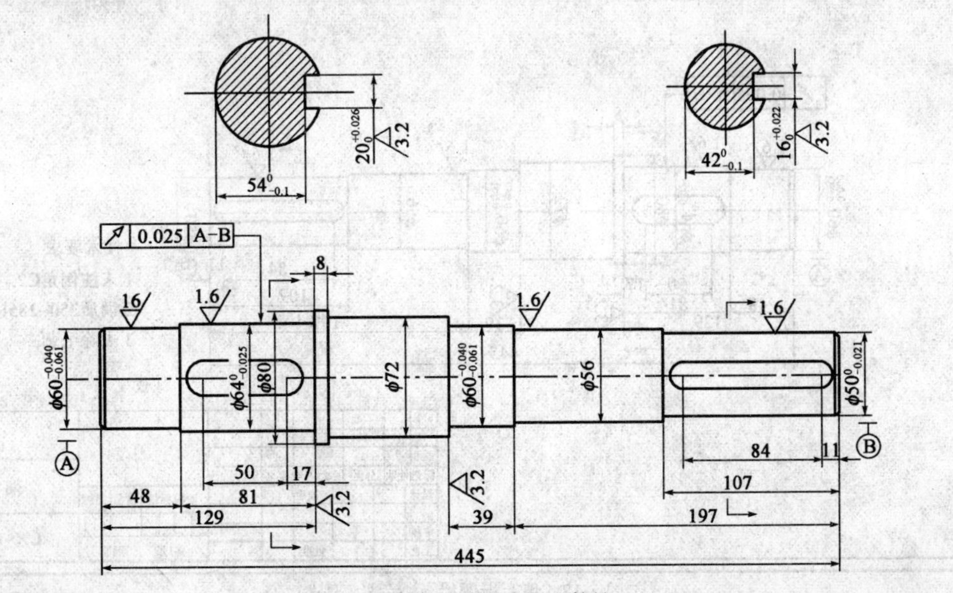

图 5-16　标注粗糙度与基准符号

(七)注写文字

(1)设置文字样式,如图 5-17 所示。

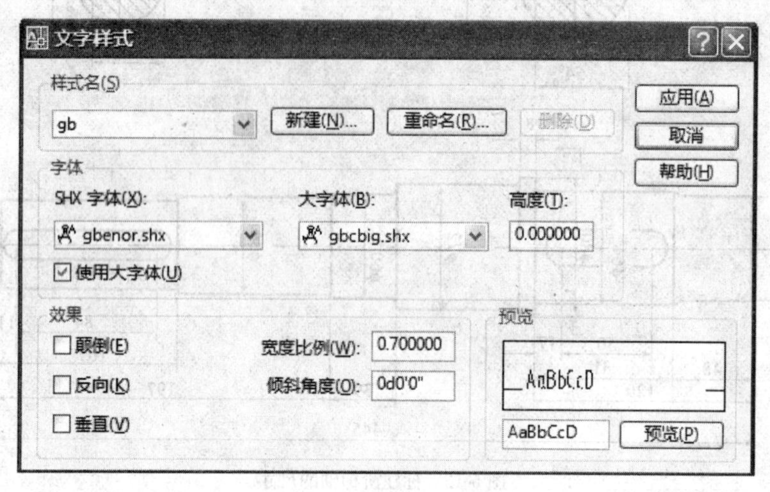

图 5-17　文字样式设置

(2)填写标题栏、注写技术要求。

填写标题栏、注写技术要求,文字字高放大 2 倍,完成阶梯轴零件图的绘制,如图 5-18 所示。

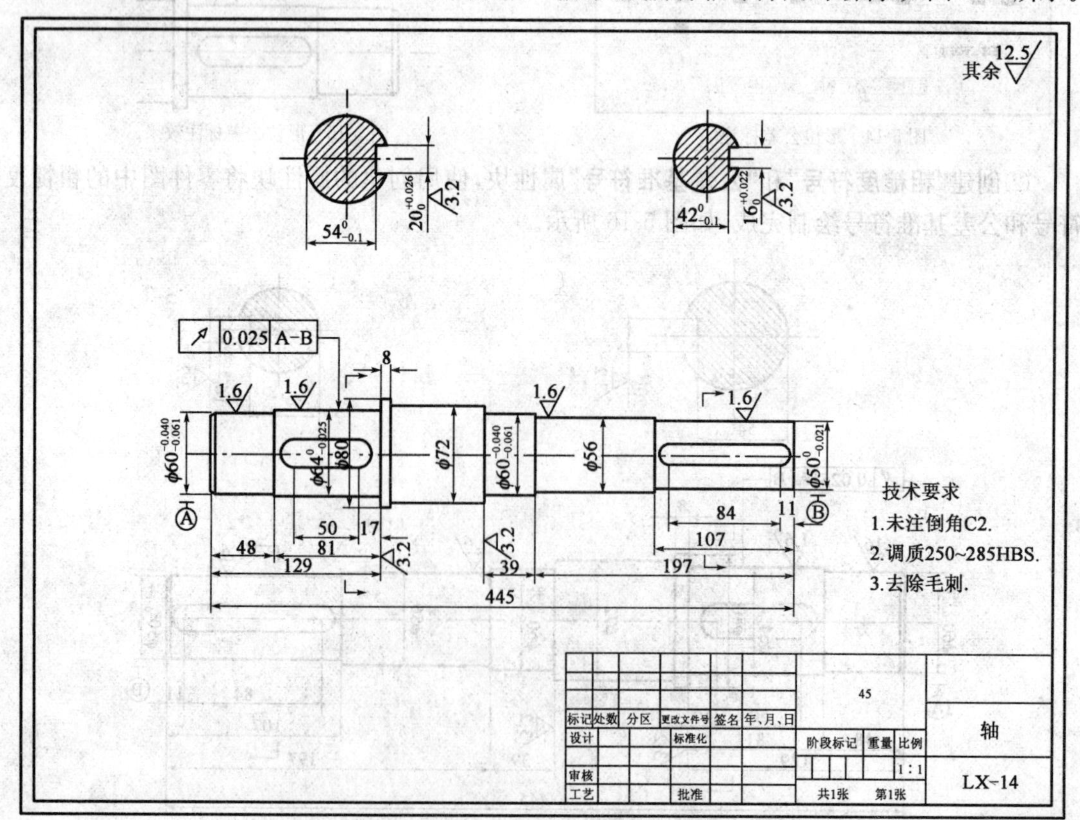

图 5-18　填写标题栏、注写技术要求

实例 5-2 绘制二级斜齿轮减速器底座

一 实例分析

如图 5-19 所示为减速器底座，减速器底座是减速器箱体的下半部分，它作为减速器主要零件之一，作用十分重要。底座主要起到保护齿轮传动系统，防止外界环境污染，贮存润滑油，支撑轴系等作用。

底座零件体积较大，内部结构复杂，为了完整的表示其结构和工艺信息采用了三视图加各种剖视图的绘图形式。从零件图中我们可以看出，底座零件呈现出近似长方形箱体的形状，在其前后箱壁上开有大小不一的三个轴承座孔。因此，绘图过程大致可分为以下几步：

(1)首先在图纸上绘出三视图的最大轮廓，也就是近似的三个矩形，布置好三视图的相对位置关系。

(2)在俯视图中画出制图的对称轴线和尺寸定位基准线。从图中来看定位基准线主要包括有俯视图外轮廓、三个轴承座孔轴线以及箱体中间对称轴线。同样的，在主视图和左视图中也先绘制出相应的尺寸定位基准线。有了这些定位基准，箱体轮廓的细节就可以一一绘制了。

(3)完成三个视图的轮廓线绘制工作，某些细节部分可以放到最后绘制。

(4)完成各个剖视图的绘制。

(5)按照设置的标注样式完成图纸的标注和文字的注写。

按照上面几个基本步骤，就可以按部就班的绘制出高质量的底座零件图了，详细的绘制过程将在下文具体叙述。

二 相关知识

(一)比例计算

零件图的比例是零件图形大小与零件实际大小之比，绘制零件图之前首先要进行比例计算。

比例计算的两个已知条件是工程体的实际大小与选定的图纸大小。

比例计算应考虑的三个方面的因素是：

(1)图形本身的大小；

(2)图形的外尺寸所占用的空间大小；

(3)图形与图形之间、图形与图纸边界之间需要的间距大小。

若将图 5-19 所示的减速器底座零件图绘制到 A1(841mm×594mm)图纸上，图面布置如图 5-20 所示，比例计算的过程有以下几步骤：

(1)在 AutoCAD 中绘制减速器底座三面图的简化图形，单位为 mm，每个图形简化为一个矩形来表示。

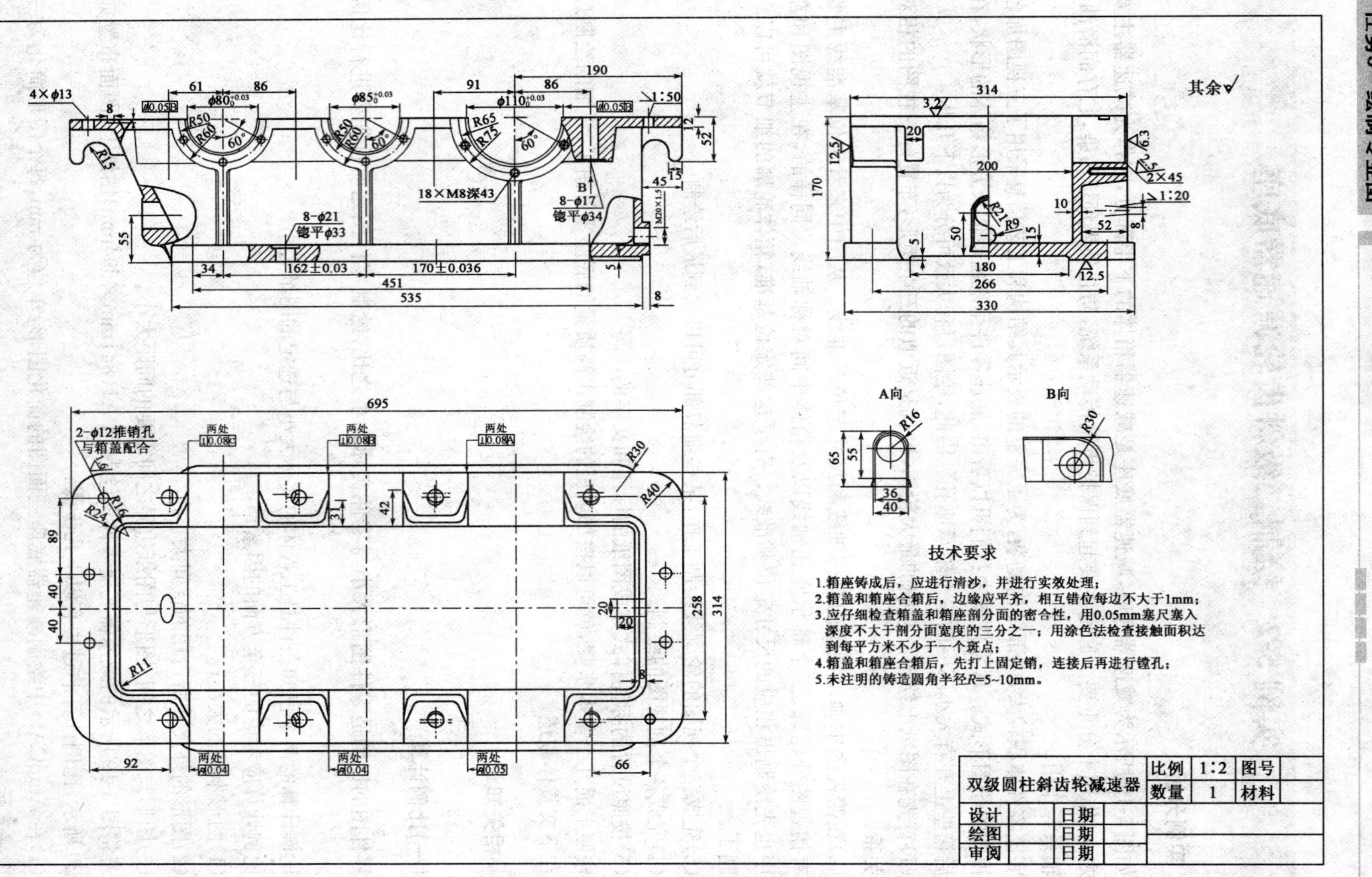

其余
A向
B向
技术要求
1.箱座铸成后，应进行清沙，并进行实效处理；
2.箱盖和箱座合箱后，边缘应平齐，相互错位每边不大于1mm；
3.应仔细检查箱盖和箱座剖分面的密合性，用0.05mm塞尺塞入深度不大于剖分面宽度的三分之一；用涂色法检查接触面积达到每平方米不少于一个斑点；
4.箱盖和箱座合箱后，先打上固定销，连接后再进行镗孔；
5.未注明的铸造圆角半径R=5~10mm。
双级圆柱斜齿轮减速器
比例 1:2 图号
数量 1 材料
设计 日期
绘图 日期
审阅 日期

图5-19　二级斜齿轮减速器底座零件图

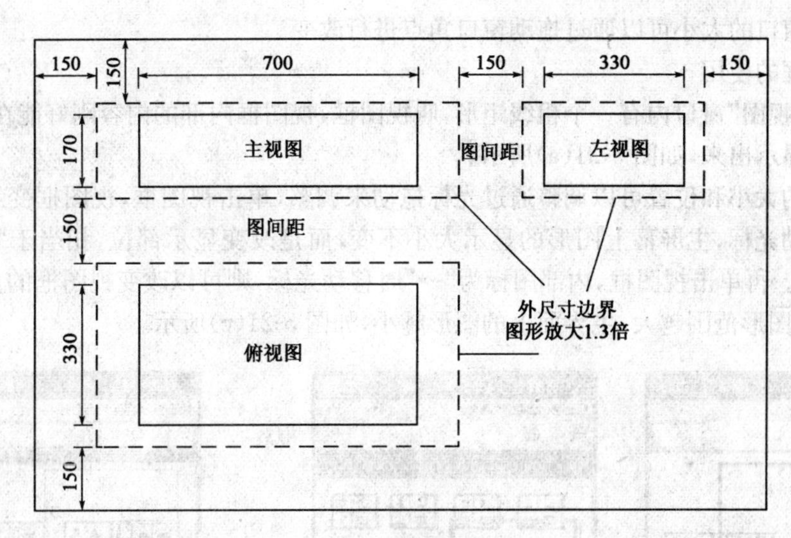

图 5-20　图面布置

(2)计算长度方向上的比例

①实际图形大小:700+330=1 030;

②加上外尺寸的空间为:1 030×1.3=1 339;

③加上图与图、图与边界之间的间距:1 339+3×150=1 789(mm);

④放在 A1 图纸上需要缩小的倍数:1 789÷841=2.13;

⑤长度方向上的比例为 1∶2.13。

(3)计算宽度方向上的比例

①实际图形大小:170+330=500;

②加上外尺寸的空间为:500×1.3=650;

③加上图与图、图与边界之间的间距:650+3×150=1 100(mm);

④放在 A1 图纸上需要缩小的倍数:1 100÷594=1.85;

⑤宽度方向上的比例为:1∶1.85。

(4)确定图形比例

综合长度、宽度方向上比例的计算,图形的计算比例应取 1∶2。

(二)鸟瞰视图命令

(1)功能

通过调整鸟瞰视图中的视图框的大小和位置,控制 CAD 主界面中显示的图形内容。

(2)命令调用方式

菜单栏:**“视图”/“鸟瞰视图”**

命令行:DSVIEWER

(3)鸟瞰视图的使用

①显示**“鸟瞰视图”**窗口

调用鸟瞰视图命令,出现**“鸟瞰视图”**窗口如图 5-21 所示,鸟瞰视图中显示全部的图形。

"鸟瞰视图"窗口的大小可以通过拖动窗口角点进行改变。

②视图框的使用

在**"鸟瞰视图"**窗口内有一个粗线矩形，叫视图框，视图框内部的内容刚好能在主界面的绘图区中放大显示出来，如图 5-21(a)所示。

视图框的大小和位置可以调整通过光标拖动来调整，单击视图框，视图框变细，内部图标为**"×"**时移动光标，主屏幕上图形的显示大小不变，而是改变显示部位，相当于**"平移"**，如图 5-21(b)所示。再单击视图框，内部图标为**"→"**时移动光标，则可以改变视图框的大小，视图框越大，显示的图形范围越大，主界面上的图形越小，如图 5-21(c)所示。

(a)视图框

(b)视图框内部图标为"×"，可以改变显示部位

(c)视图框内部图标为"→"，可以改变图形显示的大小

图 5-21　鸟瞰视图

用鸟瞰视图调整主界面上的图形显示时，单击鼠标右键可以结束平移或缩放操作，视图框变粗，将光标在主界面上单击可进行相应操作，相当于没有打开鸟瞰视图一样。

三　任务实施

(一)新建文件

新建一个图形文件，并命名为**"减速器底座零件图.dwg"**。

(二)建立图层，设置线型及线型比例

(1)建立图层设置线型

打开**"图形特性管理器"**对话框，设置各图层线型、线宽，如图 5-22 所示。

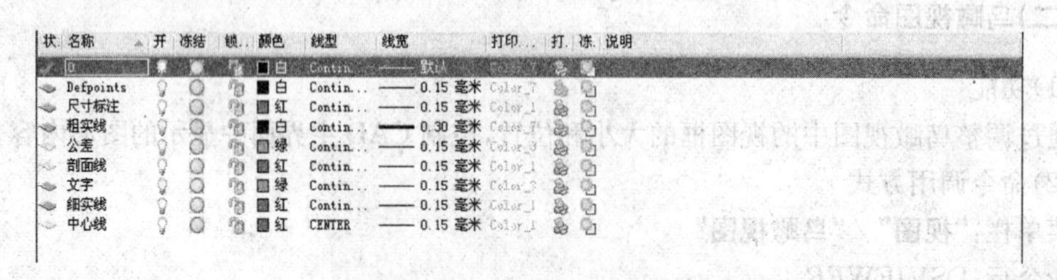

状	名称	开	冻结	锁...	颜色	线型	线宽	打印...	打.	冻.	说明
	0				白	Contin...	—— 默认	Color_7			
	Defpoints				白	Contin...	—— 0.15 毫米	Color_7			
	尺寸标注				红	Contin...	—— 0.15 毫米	Color_1			
	粗实线				白	Contin...	—— 0.30 毫米	Color_7			
	公差				绿	Contin...	—— 0.15 毫米	Color_3			
	剖面线				红	Contin...	—— 0.15 毫米	Color_1			
	文字				绿	Contin...	—— 0.15 毫米	Color_3			
	细实线				红	Contin...	—— 0.15 毫米	Color_1			
	中心线				红	CENTER	—— 0.15 毫米	Color_1			

图 5-22　图层线型及线宽设置

(2)设置线型比例

打开**"线型管理器"**对话框，设置全局缩放比例因子和当前对象缩放比例，如图 5-23 所示。

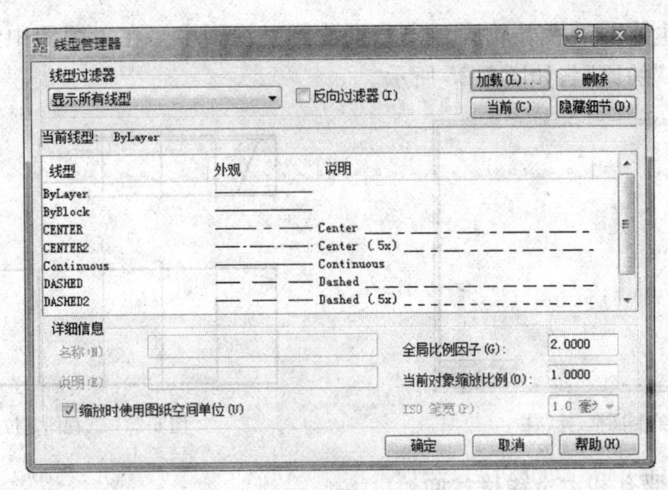

图 5-23　设置线型比例

(三)设置图形界限、栅格

(1)设置图形界限

操作步骤如下：

命令:LIMITS　　　　(调用图形界限设置命令)
重新设置模型空间界限:
指定左下角点或[开(ON)/关(OFF)]<0,0>:回车　　　　(确定绘图界限左下角点)
指定右上角点<297,210>:1 682,1 188　　　　(指定绘图界限右上角点)

(2)指定栅格间距并用 ON 选项打开栅格

操作步骤如下：

命令:GRID　　　　(调用栅格设置命令)
指定栅格间距(X)或[开(ON)/关(OFF)/捕捉(S)/
主(M)/自适应(D)/界限(L)/跟随(F)/纵横向间距(A)]
<10.000 000>:20　　　　(设置栅格间距)

(3)利用缩放命令 ZOOM 显示绘图界限

操作步骤如下：

命令:ZOOM　　　　(调用缩放命令)
指定窗口的角点,输入比例因子(nX 或 nXP),或者[全部(A)/中心(C)/动态(D)/范围(E)/上一个(P)/比例(S)/
窗口(W)/对象(O)]<实时>:A　　　　(设置观察区域为全部)

(四)绘制图框、标题栏(如图 5-24)

(五)规划零件三视图位置

绘制零件图的定位基准,在中心线图层绘制三视图对称中心线,底座可以看成一个不规则的长方体，将零件主体即最大外轮廓画出分别放到三视图中。在三视图中绘制时遵循**“长对正、高平齐、宽相等”**的原则，如图 5-25 所示。

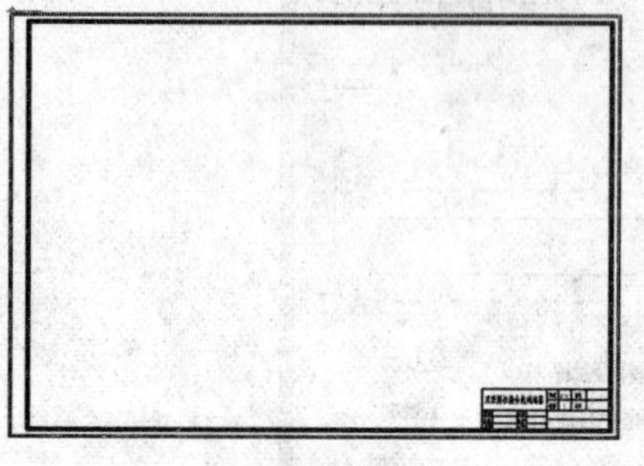

图 5-24　绘制图框、标题栏

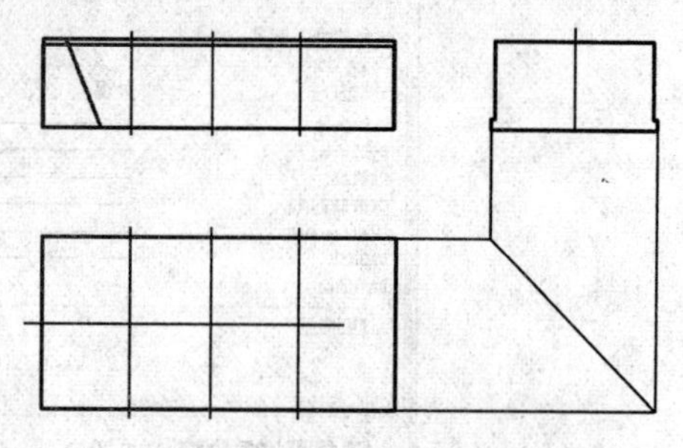

图 5-25　三视图定位基准

（六）绘制轴承座孔和上下箱接合面

轴承座孔的作用是安放轴承，从而支撑整个轴系，负担齿轮传动带来的所有荷载。而接合面是负责将箱盖和底座安装在一起的配合面。绘图中首先应确定轴承座孔的中心位置，包括高度和间隔，如图 5-26 所示。

（七）绘制底座底板

底座底板位于底座的最下面，它的主要作用是安装位置，是将减速器与其他零部件相连接，如图 5-27 所示。

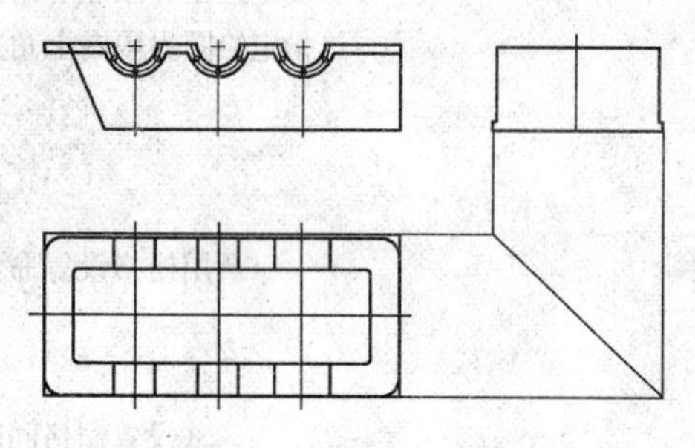

图 5-26　轴承座孔和接合面

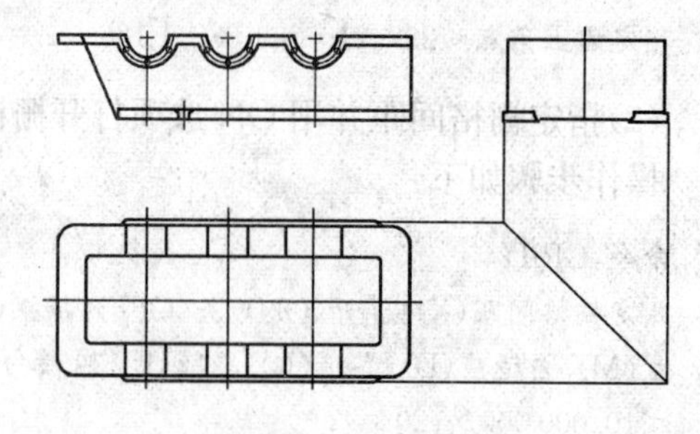

图 5-27　底座底板绘制

（八）绘制吊钩、观察窗和放油孔

减速器吊装时需要三个吊钩和两个吊装孔，其中吊钩都在底座上。从图上看，两个在左面接合面下方，另外一个在右侧。观察窗是用来观察润滑油液面高度和浑浊情况的，位于底座左端面油液面高度附近。放油孔位于底座右端面，底板附近，它的作用是放掉浑浊润滑油的，如图 5-28 所示。

（九）绘制其他部分细节，绘制局部剖视图，并加上剖面线，最终效果如图 5-29 所示

（十）尺寸标注、文字注写并编写材料明细表

(1)设置尺寸样式

根据需要设置尺寸标注样式，并将**“标注样式管理器”**中的**“调整”**选项卡的**“标注特征比**

例"设为 2。

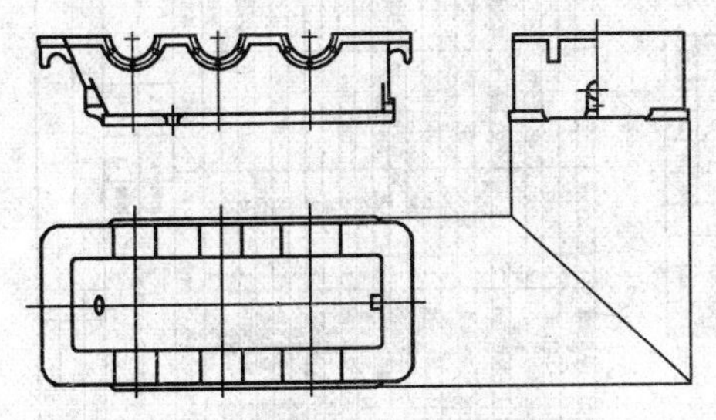

图 5-28　绘制吊钩、观察窗和放油孔

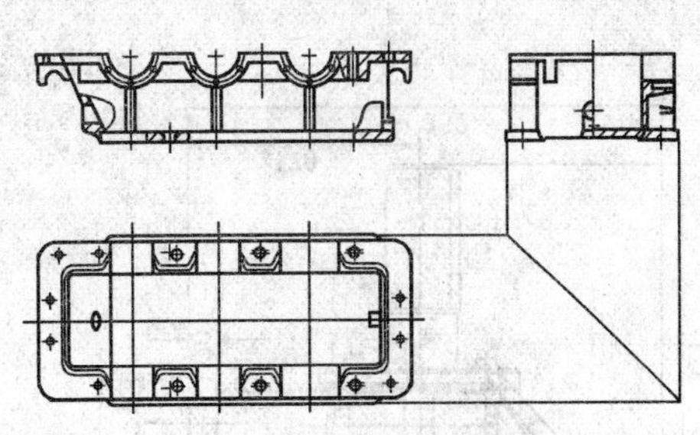

图 5-29　绘制其他细节和剖视图

(2)标注尺寸

标注尺寸，如图 5-30 所示。

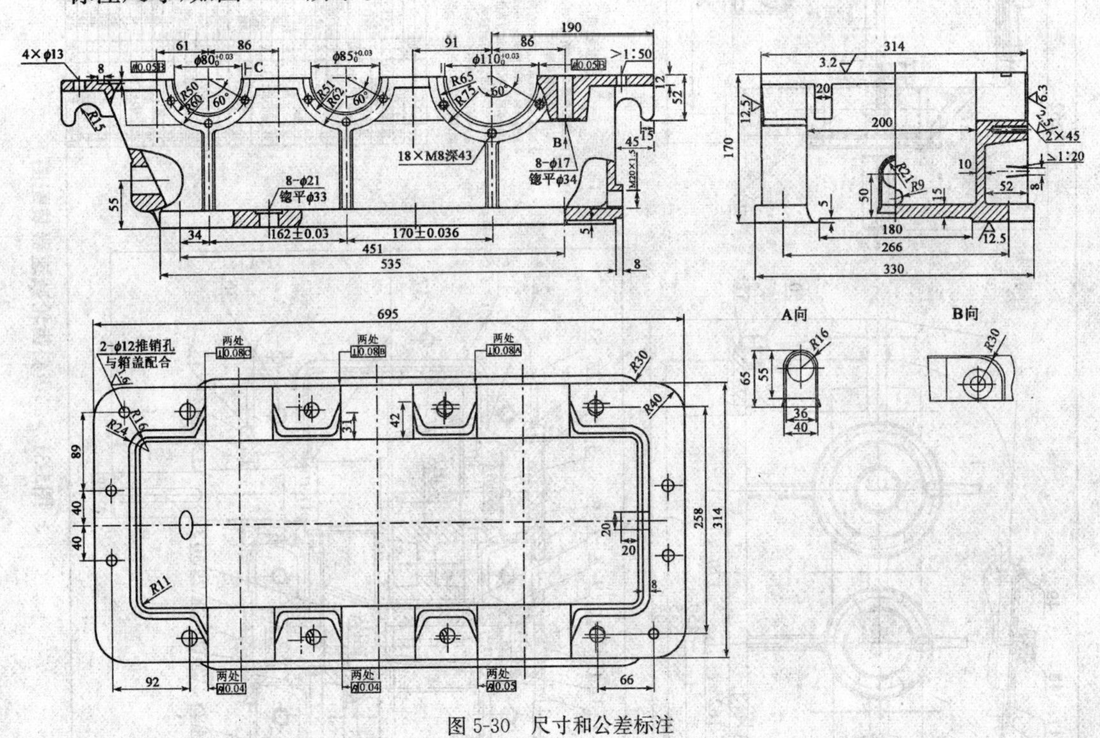

图 5-30　尺寸和公差标注

(3)文字注写

先进行文字样式的设置，设置完成后，填写标题栏和明细栏并注写技术要求，其中文字字高放大 2 倍。完成后的总图绘制结果如图 5-19 所示。

实例 5-3　绘制二级斜齿轮减速器装配图

一　实例分析

图 5-31 为二级斜齿轮减速器装配图，包括装配体三视图、技术要求、材料明细表等内容。

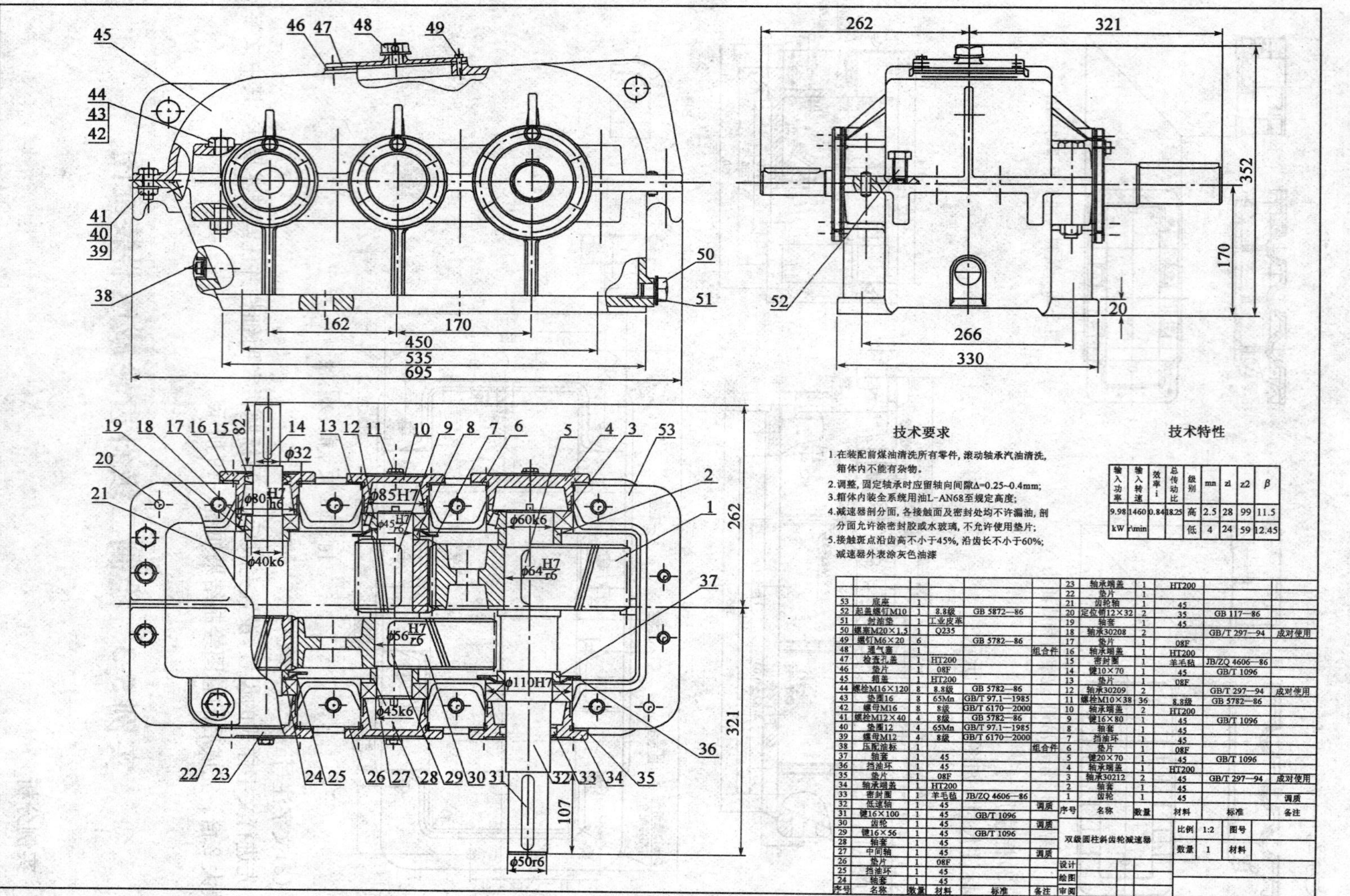

技术要求

1.在装配前煤油清洗所有零件，滚动轴承汽油清洗，箱体内不能有杂物。
2.调整，固定轴承时应留轴向间隙Δ=0.25~0.4mm;
3.箱体内装全系统用油L-AN68至规定高度;
4.减速器剖分面，各接触面及密封处均不许漏油，剖分面允许涂密封胶或水玻璃，不允许使用垫片;
5.接触斑点沿齿高不小于45%，沿齿长不小于60%;
减速器外表涂灰色油漆

技术特性

输入功率	输入转速	效率i	总传动比	级别	mn	zl	z2	β
9.98 kW	1460 r\min	0.84	18.25	高	2.5	28	99	11.5
				低	4	24	59	12.45

序号	名称	数量	材料	标准	备注
53	底座	1			
52	起盖螺钉M10	1	8.8级	GB 5872—86	
51	封油垫	1	工业皮革		
50	螺塞M20×1.5	1	Q235		
49	螺钉M6×20	6		GB 5782—86	
48	通气塞	1			组合件
47	检查孔盖	1	HT200		
46	垫片	1	08F		
45	箱盖	1	HT200		
44	螺栓M16×120	8	8.8级	GB 5782—86	
43	垫圈16	8	65Mn	GB/T 97.1—1985	
42	螺母M16	8	8级	GB/T 6170—2000	
41	螺栓M12×40	4	8级	GB 5782—86	
40	垫圈12	4	65Mn	GB/T 97.1—1985	
39	螺母M12	4	8级	GB/T 6170—2000	
38	压配油标	1			组合件
37	轴套	1	45		
36	挡油环	1	45		
35	垫片	1	08F		
34	轴承端盖	1	HT200		
33	密封圈	1	羊毛毡	JB/ZQ 4606—86	
32	低速轴	1	45		调质
31	键16×100	1	45	GB/T 1096	
30	齿轮	1	45		调质
29	键16×56	1	45	GB/T 1096	
28	轴套	1	45		
27	中间轴	1	45		调质
26	垫片	1	08F		
25	挡油环	1	45		
24	轴套	1	45		

序号	名称	数量	材料	标准	备注
23	轴承端盖	1	HT200		
22	垫片	1			
21	齿轮轴	1	45		
20	定位销12×32	2	35	GB 117—86	
19	轴套	1	45		
18	轴承30208	2		GB/T 297—94	成对使用
17	垫片	1	08F		
16	轴承端盖	1	HT200		
15	密封圈	1	羊毛毡	JB/ZQ 4606—86	
14	键10×70	1	45	GB/T 1096	
13	垫片	1	08F		
12	轴承30209	2		GB/T 297—94	成对使用
11	螺栓M10×38	36	8.8级	GB 5782—86	
10	轴承端盖	2	HT200		
9	键16×80	1	45	GB/T 1096	
8	轴套	1	45		
7	挡油环	1	45		
6	垫片	1	08F		
5	键20×70	1	45	GB/T 1096	
4	轴承端盖	1	HT200		
3	轴承30212	2	45	GB/T 297—94	成对使用
2	轴套	1	45		
1	齿轮	1	45		调质

双级圆柱斜齿轮减速器		比例	1:2	图号	
		数量	1	材料	
设计					
绘图					
审阅					

图5-31 二级斜齿轮减速器装配图

装配图中的尺寸标注较少，仅有装配体最大外形尺寸、各个零件的定位尺寸以及零件之间的配合尺寸，但明细表的编写绘制较为复杂。

二 相关知识

装配图上图形复杂，零件多。在读图时，为了便于查找每一个零件的名称，数量，材料等资料，有必要将这些内容编写成一张表格，称为零件明细表。并画在标题栏的上方以备参阅。明细表内的每一个零件均应编上序号，并将序号按一定的顺序写在装配图图形周围，并用指引线将序号指引在相应零件的图形上。在读图时便可通过序号使图形与明细表的内容互相联系对照，有利于全面了解每个零件的情况。零件序号标注的注意事项和方法如下：

①装配图中相同的各组成部分（零件或组件）应只有一个序号或代号，一般只标注一次，必要时多处出现的相同组成部分允许重复标注。

②装配图中零部件序号的编写方法：

在指引线的水平线（细实线）上或圆（细实线）内注写序号，序号字高比装配图中所注尺寸数字高度大一号。如图 5-32 所示。

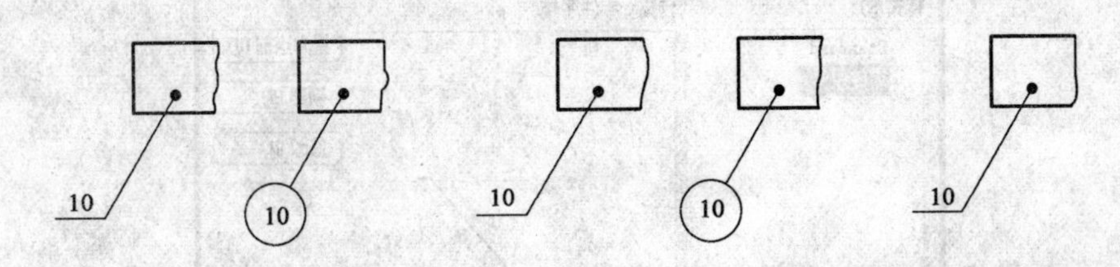

图 5-32 零件序号的编写方法

③同一装配图中编注序号的形式应一致。

④指引线应在所指部分的可见轮廓内引出，并在末端画一圆点，如图 5-33 所示。若所指部分（很薄的零件或涂黑的剖面）内不便画圆点时，可在指引线的末端画出箭头，并指向该部分的轮廓。

⑤指引线间不能相交，当通过有剖面线的区域时，指引线不应与剖面线平行。必要时指引线可以画成折线，但只允许曲折一次，如图 5-34 所示。

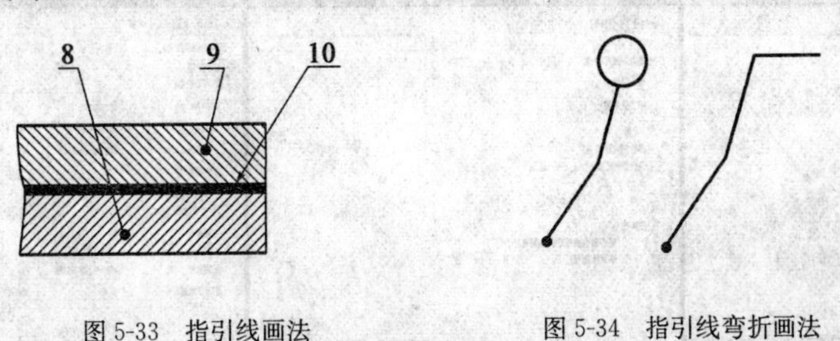

图 5-33 指引线画法　　图 5-34 指引线弯折画法

⑥对于一组紧固件以及装配关系清楚的零件组，可以采用公共指引线，如图 5-35 所示。

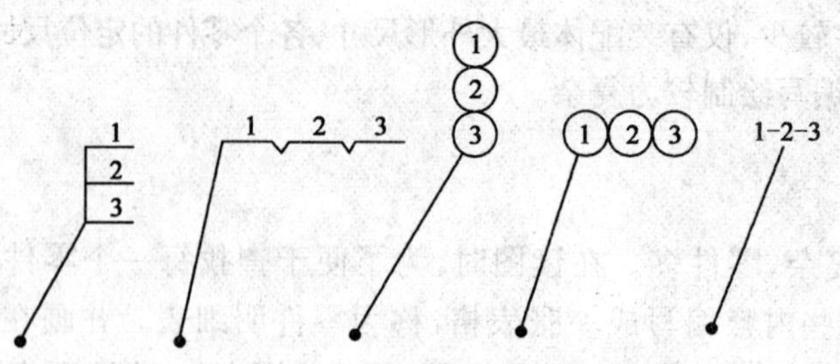

图 5-35　公共指引线

⑦零件或部件的序号应标注在视图外边。装配图中序号应按水平或垂直方向排列整齐，序号应按顺时针或逆时针方向顺序排列。在整个图上无法连接时，可只在每个水平或垂直方向顺序排列。

⑧标准化的部件(如油杯，滚动轴承，电动机等)在装配图上只注写一个序号。

具体到减速器装配图，我们可以在菜单项**“格式”**——**“多重引线样式”**中进行设置，创建**“零件序号”**样式，如图 5-36 所示。

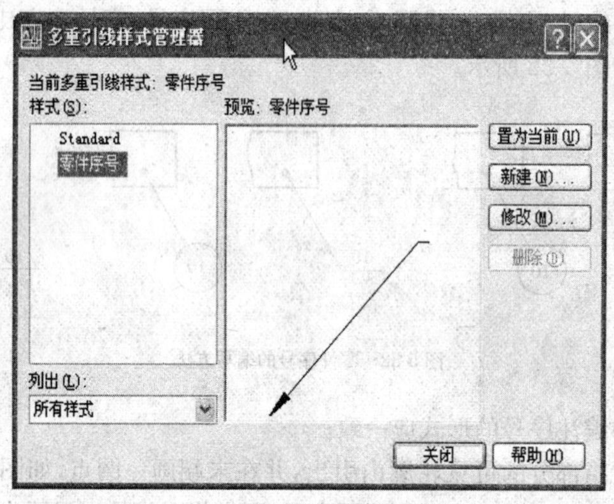

图 5-36　新建**“零件序号”**多重引线样式

其次，设置箭头样式为**“小点”**，大小为**“1.0”**，比例为**“1”**，内容为**“多重文字”**，其他具体设置如图 5-37 所示。

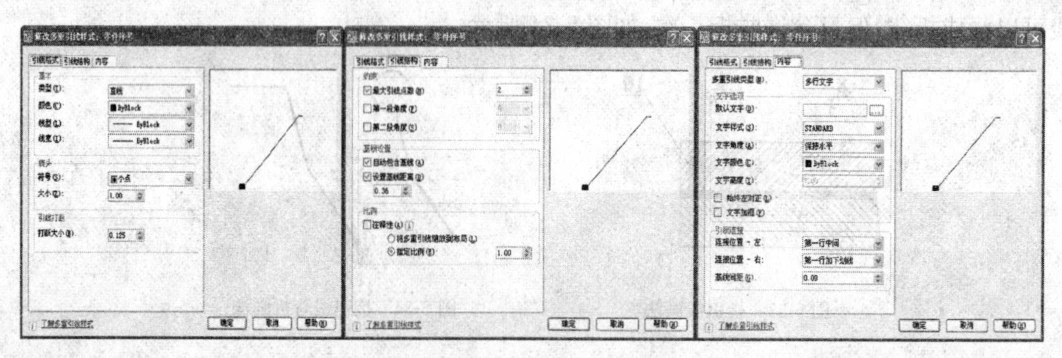

图 5-37　引线样式设置

三 任务实施

1)新建文件,名称为**"二级斜齿轮减速器装配图.dwg"**,图形绘制在 A1 图纸上,比例为 1:2。

2)建立图层,设置线型及线型比例:

(1)建立图层,按绘图线宽设置图层,设置各图层线型、线宽,如图 5-38 所示。

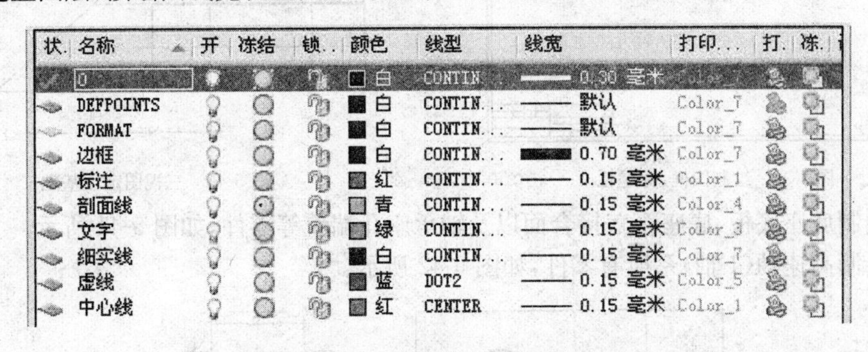

状.	名称	开	冻结	锁..	颜色	线型	线宽	打印...	打.	冻.
✓	0				白	CONTIN...	0.30 毫米	Color_7		
	DEFPOINTS				白	CONTIN...	默认	Color_7		
	FORMAT				白	CONTIN...	默认	Color_7		
	边框				白	CONTIN...	0.70 毫米	Color_7		
	标注				红	CONTIN...	0.15 毫米	Color_1		
	剖面线				青	CONTIN...	0.15 毫米	Color_4		
	文字				绿	CONTIN...	0.15 毫米	Color_3		
	细实线				白	CONTIN...	0.15 毫米	Color_7		
	虚线				蓝	DOT2	0.15 毫米	Color_5		
	中心线				红	CENTER	0.15 毫米	Color_1		

图 5-38 图层线型及线宽设置

(2)设置线型比例,绘制此图的比例为 1:2,所以将**"线型管理器"**对话框中的全局比例因子设为 1:2。

3)设置图形界限、栅格:

(1)设置图形界限。

操作步骤如下:

命令:LIMITS (调用图形界限设置命令)
重新设置模型空间界限:
指定左下角点或[开(ON)/关(OFF)]<0,0>:回车 (确定绘图界限左下角点)
指定右上角点<297,210>:1 682,1 188 (指定绘图界限右上角点)

(2)指定栅格间距,并用 ON 选项打开栅格。

操作步骤如下:

命令:GRID (调用栅格设置命令)
指定栅格间距(X)或[开(ON)/关(OFF)/捕捉(S)/主(M)/自适应(D)/界限(L)/跟随(F)/纵横向间距(A)]<10.000 000>:20 (设置栅格间距)

(3)利用缩放命令 ZOOM,显示绘图界限。

操作步骤如下:

命令:ZOOM (调用缩放命令)
指定窗口的角点,输入比例因子(nX 或 nXP),或者[全部(A)/中心(C)/动态(D)/范围(E)/上一个(P)/比例(S)/
窗口(W)/对象(O)]<实时>:A (设置观察区域为全部)

4)绘制图框、标题栏,如图 5-39 所示。

5)将图层调整到中心线层,绘制三视图中心线,如图 5-40 所示。

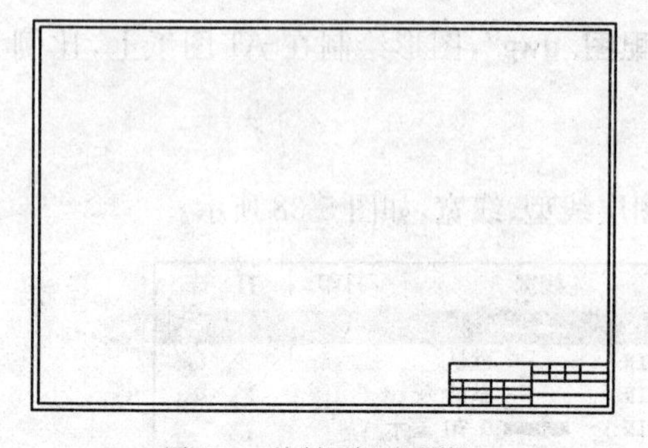

图 5-39　绘制图框、标题栏

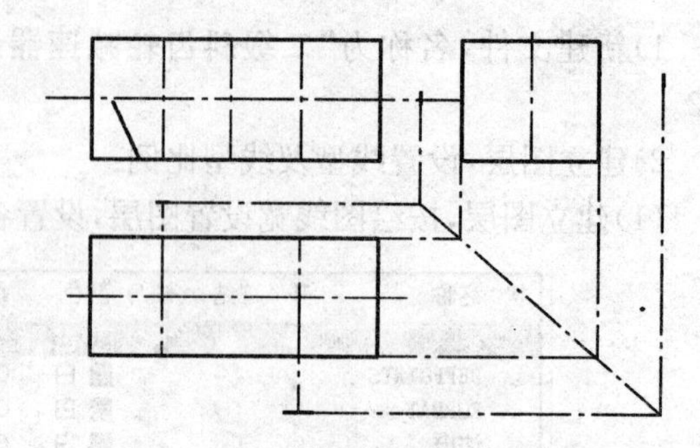

图 5-40　三视图定位基准

6)绘制底座底板、底座箱盖接合面以及轴承座孔端盖等零件,如图 5-41 所示。

7)绘制高速轴(1 轴)系所有零件,如图 5-42 所示。

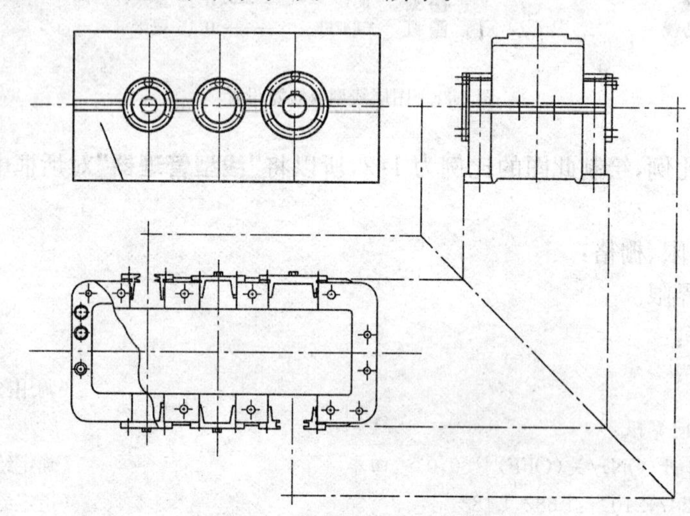

图 5-41　绘制装配体三视图外轮廓

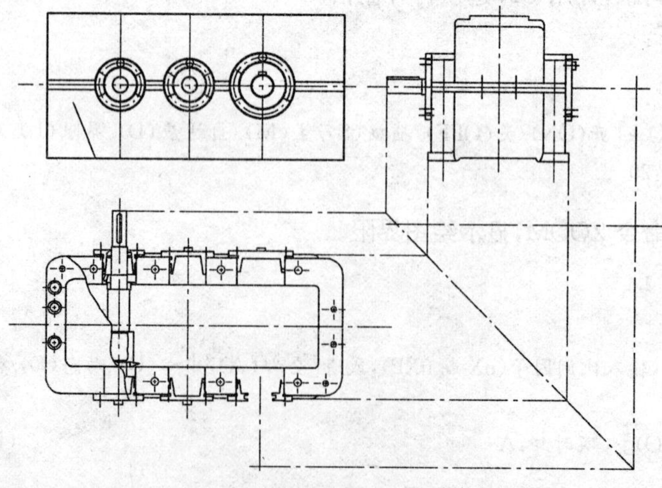

图 5-42　绘制 1 轴系零件

8)绘制中间轴(2 轴)系所有零件,如图 5-43 所示。

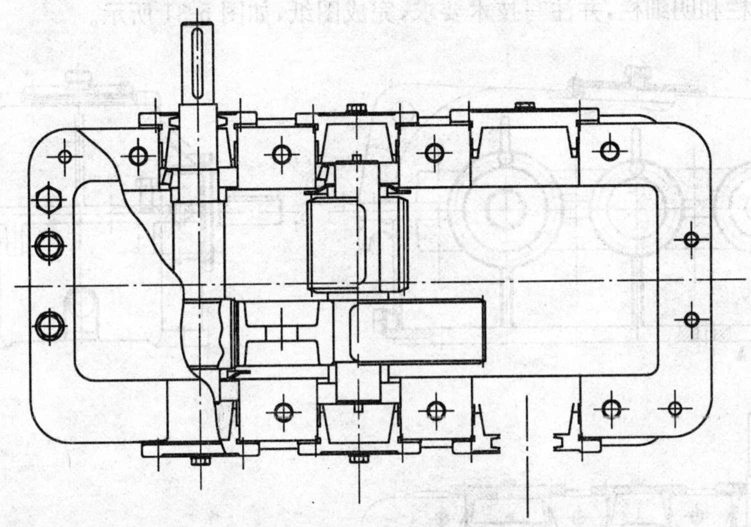

图 5-43　绘制 2 轴系零件

9)绘制低速轴(3 轴)系所有零件,如图 5-44 所示。

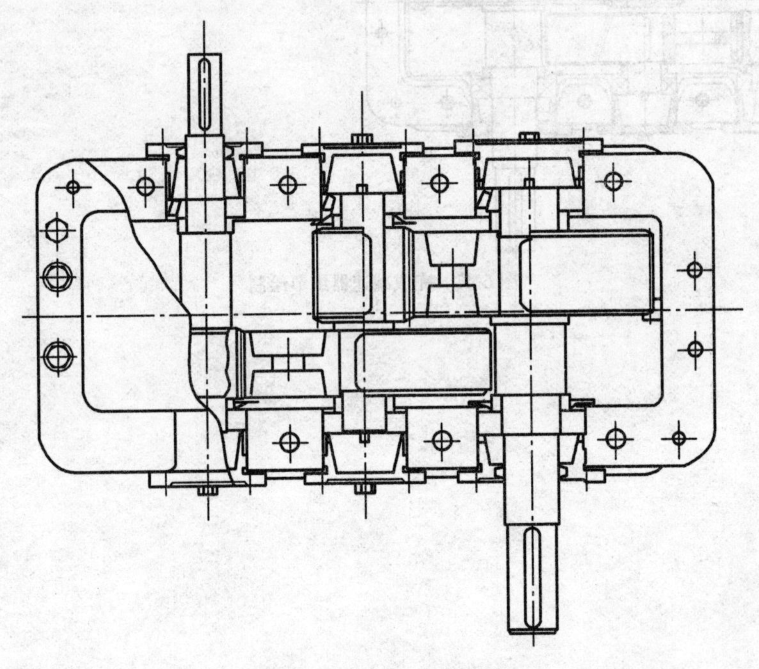

图 5-44　绘制 3 轴系零件

10)绘制吊钩、箱盖、观察窗、油齿等其他零部件,完成减速器细节绘制,如图 5-45 所示。

11)标注尺寸

(1)根据需要设置尺寸标注样式,并将**“标注样式管理器”**中的**“调整”**选项卡的**“标注特征比例”**设为 2。

(2)标注尺寸,如图 5-31 所示。

12)文字注写

填写标题栏和明细栏，并注写技术要求，完成图纸，如图 5-31 所示。

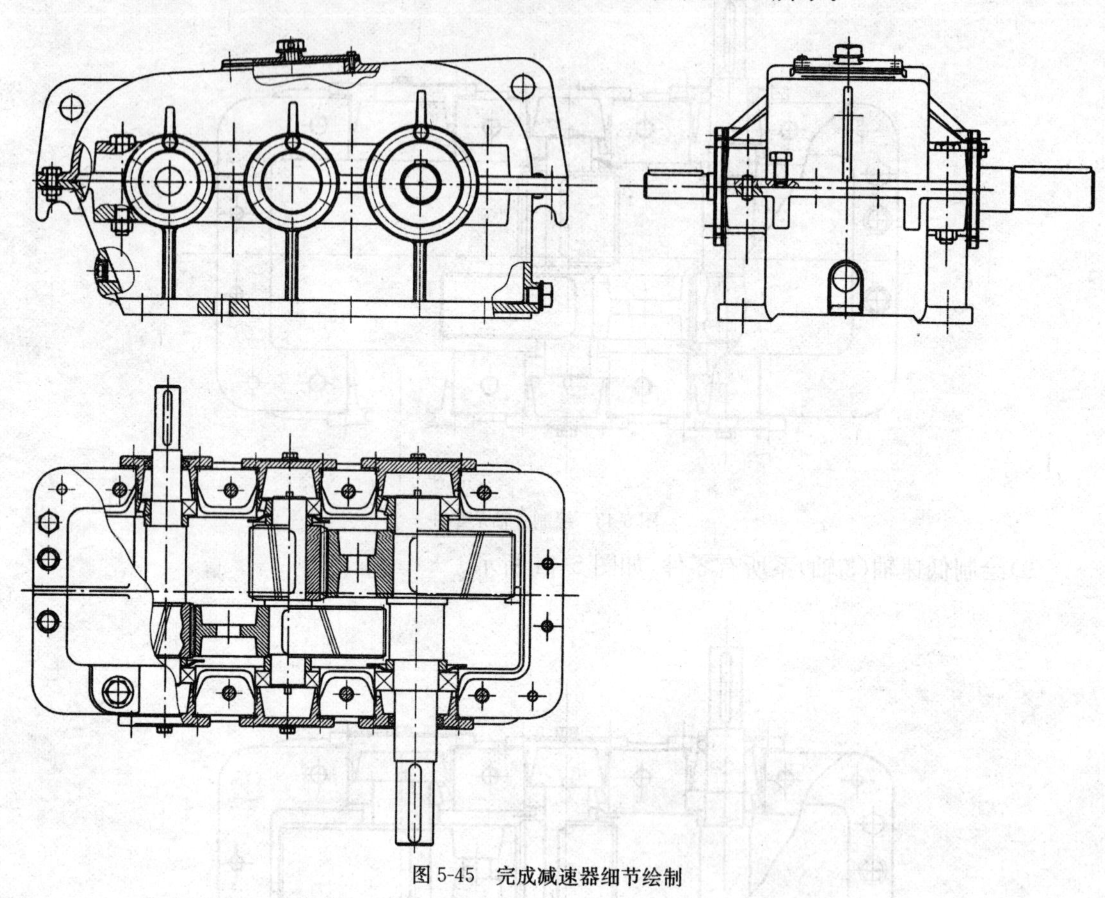

图 5-45　完成减速器细节绘制

任务6

图形的打印输出

实例　图形的打印

一　实例分析

机械零件图绘制完成后，需要打印到图纸上用于生产加工中，在 AutoCAD 打印需要用到打印命令 PLOT。

图 6-1 为一个阶梯轴，图形边界大小为 840×594，若将其打印到 A3 图纸上，则打印比例应为 1∶2。

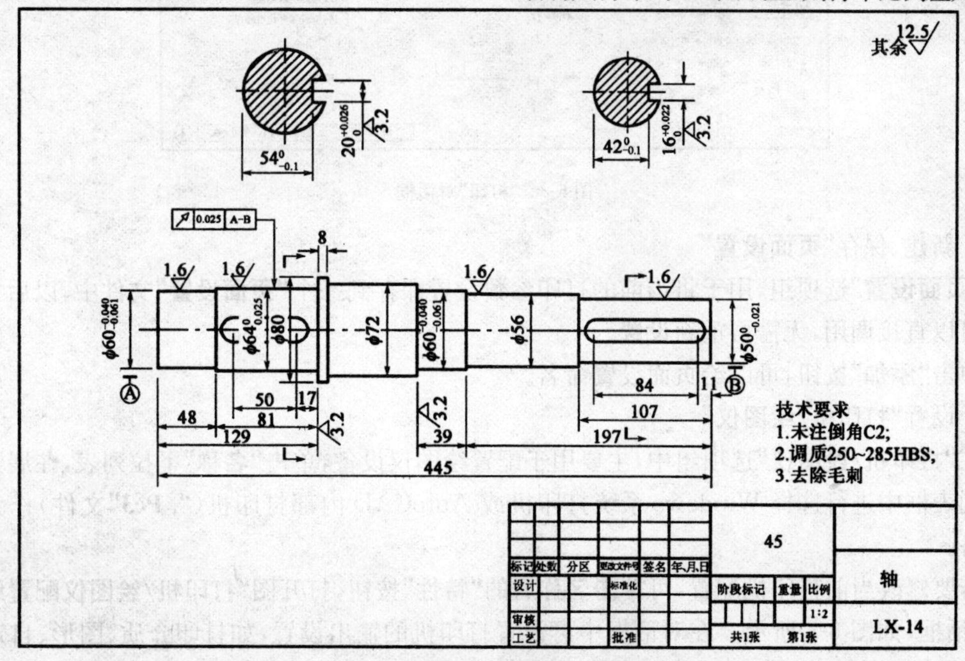

图 6-1　阶梯轴

二 相关知识

(一)打印命令

(1)功能

将图形通过打印设备(绘图仪或打印机)将图形打印输出到图纸上,或以其他形式输出,控制输出的各种参数。

(2)命令调用方式

下拉菜单:**"文件"/"打印"**

工具栏:**"标准"/"打印"**

命令行:PLOT

(3)打印参数设置

调用打印命令后,系统弹出**"打印"**对话框,如图 6-2 所示。

图 6-2 **"打印"**对话框

①新建、保存**"页面设置"**

"页面设置"选项组,用于将当前的打印参数设置保存到一个**"页面设置"**文件中,以后再用到时可以直接调用,无需再重新设置。

单击**"添加"**按钮,可以给页面设置命名。

②设置**"打印机/绘图仪"**

在**"打印机/绘图仪"**选项组中,主要用于配置绘图仪设备,单击**"名称"**下拉列表,在展开的下拉列表框中进行选择 Windows 系统打印机或 AutoCAD 内部打印机(**". Pc3"**文件)作为输出设备。

若要修改当前打印机配置,可单击名称后的**"特性"**按钮,打开图**"打印机/绘图仪配置编辑器"**对话框,如图 6-3 所示。在对话框中可设置打印机的输出设置,如打印介质、图形、自定义图纸尺寸等。对话框中包含了 3 个选项卡,其含义分别如下:

a. 基本：在该选项卡中查看或修改打印设备信息，包含了当前配置的驱动器的信息。

b. 端口：在该选项卡中显示适用于当前配置的打印设备的端口。

c. 设备和文档设置：在该选项卡中设定打印介质、图形设置等参数。

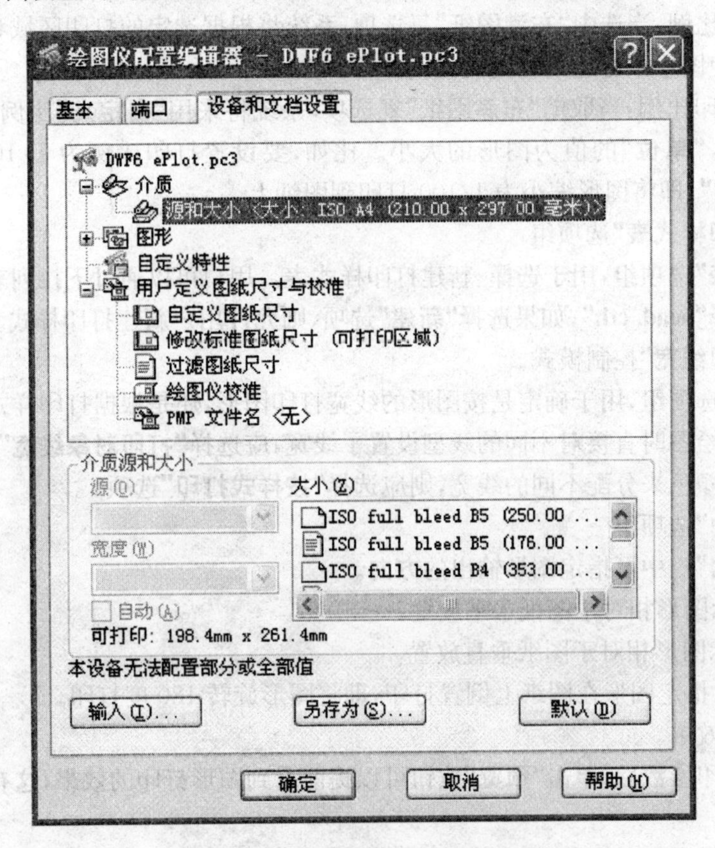

图 6-3 “打印机/绘图仪配置编辑器”对话框

③选择**“图纸型号”**

“图纸尺寸”选项组，用于选择打印所需要的图纸型号与大小。单击展开下拉列表，在下拉列表中包含了选定打印设备可用的标准图纸尺寸，在下拉列表可以选择打印所需要的图纸型号。

④选择**“打印区域”**

“打印区域”选项组，用于确定要打印的图形区域，可以通过 4 种方式来选择。

a. **“窗口”**方式：表示打印位于指定矩形窗口中的图形；

b. **“范围”**方式：表示打印全部图形；

c. **“图形界限”**方式：表示将打印位于由 LIMITS 命令设置的绘图范围内的图形；

d. **“显示”**方式：表示将打印当前绘图区内显示的图形。

⑤设置**“打印偏移量”**

“打印偏移量”选项组，用于设置图形在图纸上的打印位置。默认设置下，AutoCAD 从图纸左下角打印图形，打印原点处在图纸左下角，坐标是(0,0)。

如果重新设置新的打印原点，这样图形在图纸上将沿 X 轴和 Y 轴移动。

如果选择**“居中打印”**，则自动计算偏移值，将图形打印在图纸的中间。

⑥设置**“打印比例”**

“打印比例”选项组，用于设置图形的打印比例。设置打印比例的方式有2种：自动计算比例和自定义比例。

a. 自动计算比例：当选中**“布满图纸”**复选项，系统将根据选定的打印区域和图纸大小自动计算打印比例，使图形以合适的位置和比例打印。

b. 自定义打印比例：当取消**“布满图纸”**复选项，系统将采用**“自定义”**比例模式，**“毫米”**的值为图纸的大小，**“单位”**的值为图形的大小。比如，要设置打印比例为1∶100，则需设置为**“1mm＝100单位”**，即将图形缩小为1/100打印到图纸上。

⑦选择**“打印样式表”**选项组

“打印样式表”选项组，用于选择、新建打印样式表。用户可以通过下拉列表框选择已有的样式表，一般选择**“acad. ctb”**，如果选择**“新建”**选项，则允许用户新建打印样式表。

⑧设置**“打印线宽”**控制模式

“打印选项”选项组，用于确定是按图形的线宽打印图形，还是根据打印样式打印图形。

如果用户在绘图时直接对不同的线型设置了线宽，应选择**“打印对象线宽”**选项；如果需要根据对象的不同颜色来分配不同的线宽，则应选择**“按样式打印”**选项。

⑨**“图形方向”**选项组

在**“图形方向”**栏中可指定图形输出的方向。

a. 纵向：表示图形相对于图纸水平放置。

b. 横向：表示图形相对于图纸垂直放置。

c. 反向打印：指定图形在图纸上倒置打印，即将图形旋转180度打印。

⑩预览打印效果

在设置完打印参数后，单击**“预览”**按钮可以提前看到图形打印的效果，这有助于对打印参数的调整与修改。

在预览效果的界面下，可以按鼠标右键，在弹出的快捷菜单中有**“打印”**、**“退出”**选项。单击**“打印”**选项，可直接打印机出图；单击**“退出”**选项，可退出预览界面，回到**“打印”**对话框，继续设置参数，点击**“确定”**按钮可打印出图。

（二）修改标准图纸的可打印区域

在执行打印命令时，系统给每种型号的图纸都设定的边界区域，出去边界区域的部分区域为**“可打印区域”**，修改图纸的边界区域可以调整可打印区域的大小。

例如，将打印设备**“DWF6 ePlot. pc3”**中的型号为**“ISO A2(594. 00×420. 00毫米)”**的图纸取消边界区域，具体修改方法为：

①调用**“绘图仪配置编辑器”**

在**“打印”**对话框中，单击**“打印机/绘图仪”**选项组中的**“特性”**按钮，系统将弹出**“绘图仪配置编辑器”**对话框。

②选择要取消边界区域的图纸型号

在**“绘图仪配置编辑器”**对话框中，选择**“用户定义图纸尺寸与校准”**选项中的**“修改标准图纸尺寸(可打印区域)”**选项，下面出现的**“修改标准图纸尺寸”**栏目，如图6-4所示。在出现的

“修改标准图纸尺寸”栏目下的图纸型号列表中选择**“ISO　A2(594.00×420.00 毫米)”**型号的图纸。

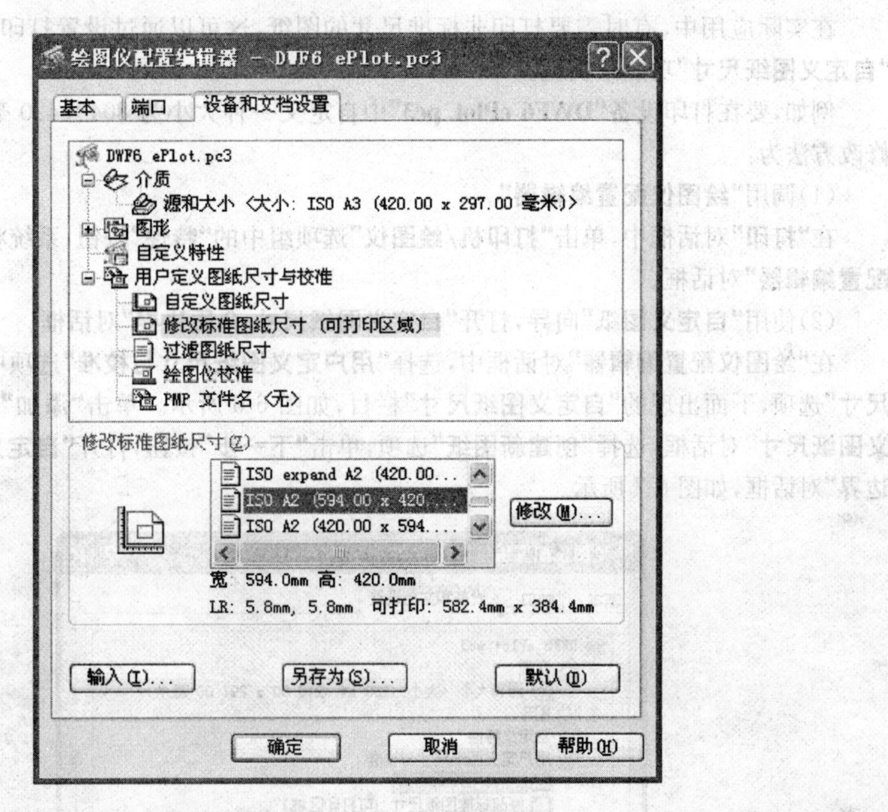

图 6-4　选择要取消边界区域的图纸型号

③取消选定型号的图纸边界区域。

选择**“ISO　A2(594.00×420.00 毫米)”**型号的图纸后，单击**“修改”**按钮，系统弹出**“修改标准图纸尺寸(可打印区域)”**对话框，如图 6-5 所示。将**“上、下、左、右”**边界区域的值都改为**“0”**，并在预览中看到空白区域的位置，单击**“下一步”**按钮，直至完成返回**“打印-模型”**对话框。

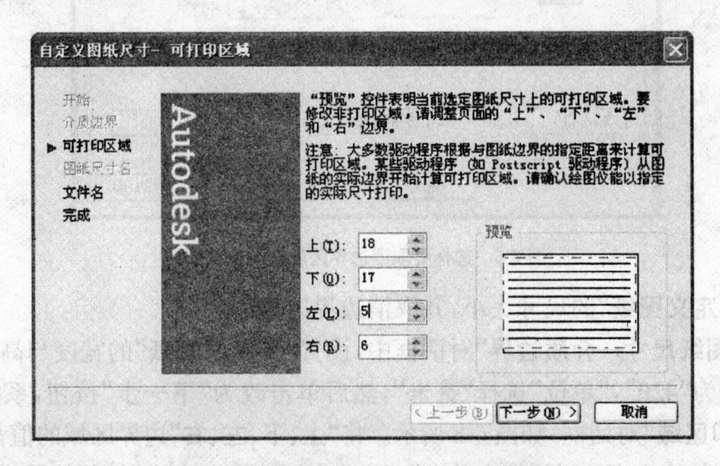

图 6-5　“修改标准图纸尺寸(可打印区域)”对话框

(三)自定义图纸尺寸

在实际应用中,有时需要打印非标准尺寸的图纸,这可以通过设置打印设备**“特性”**中的**“自定义图纸尺寸”**功能来实现。

例如,要在打印设备**“DWF6 ePlot. pc3”**中自定义一种大小为 804×420 毫米的图纸,具体修改方法为:

(1)调用**“绘图仪配置编辑器”**。

在**“打印”**对话框中,单击**“打印机/绘图仪”**选项组中的**“特性”**按钮,系统将弹出的**“绘图仪配置编辑器”**对话框。

(2)使用**“自定义图纸”**向导,打开**“自定义图纸尺寸-介质边界”**对话框。

在**“绘图仪配置编辑器”**对话框中,选择**“用户定义图纸尺寸与校准”**选项中的**“自定义图纸尺寸”**选项,下面出现的**“自定义图纸尺寸”**栏目,如图 6-6 所示。单击**“添加”**按钮,打开**“自定义图纸尺寸”**对话框,选择**“创建新图纸”**选项,单击**“下一步”**按钮,打开**“自定义图纸尺寸-介质边界”**对话框,如图 6-7 所示。

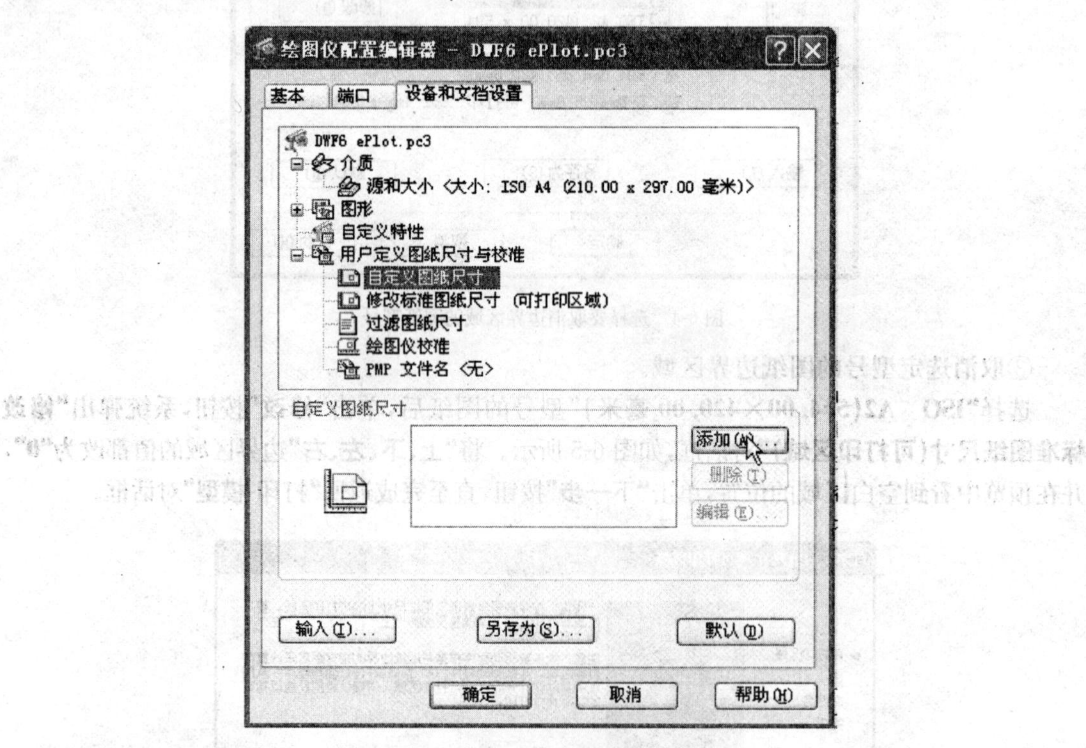

图 6-6　选择要取消边界区域的图纸型号

(3)设置**“自定义图纸”**的尺寸大小,并取消边界区域。

在**“自定义图纸尺寸—介质边界”**对话框中,设置**“自定义图纸”**的宽度与高度,**“宽度”**设为**“804”**,**“高度”**设为**“420”**,**“单位”**选择**“毫米”**,然后单击改为**“下一步”**按钮,系统弹出**“自定义图纸尺寸-可打印区域”**对话框,如图 6-8 所示。将**“上、下、左、右”**边界区域的值都改为**“0”**,单击**“下一步”**按钮,在接连出现的对话框中单击**“下一步”**按钮,直至完成返回**“绘图仪配置编辑器”**对

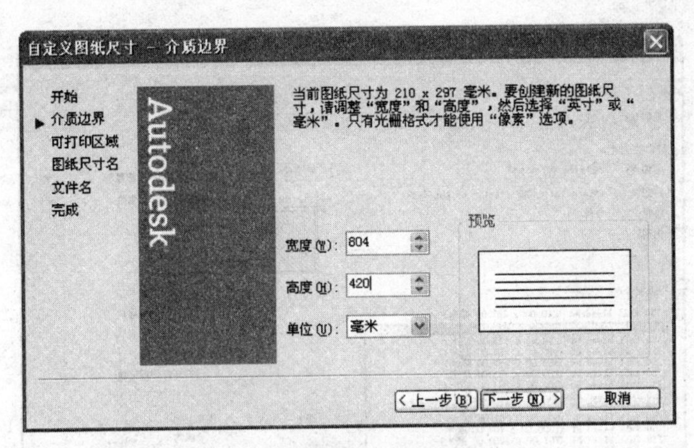

图 6-7　设置"自定义图纸"的尺寸大小

话框，如图 6-9 所示，单击**"确定"**按钮完成**"自定义图纸"**的创建。此时在**"打印"**对话框中的**"图纸尺寸"**中就添加了图纸型号**"用户 1(804×420 毫米)"**，以供选择使用，如图 6-10 所示。

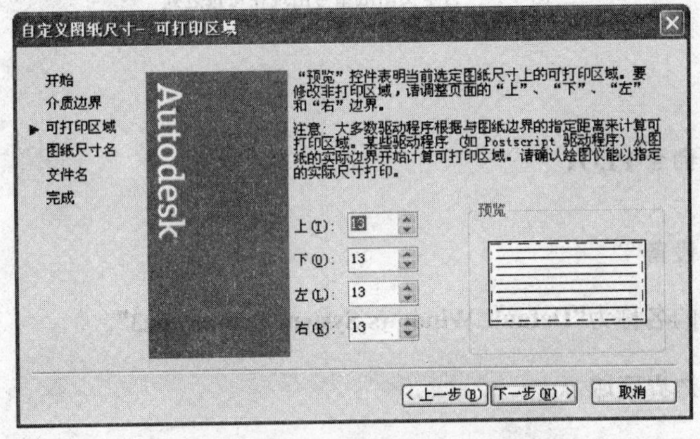

图 6-8　取消自定义图纸尺寸的边界区域

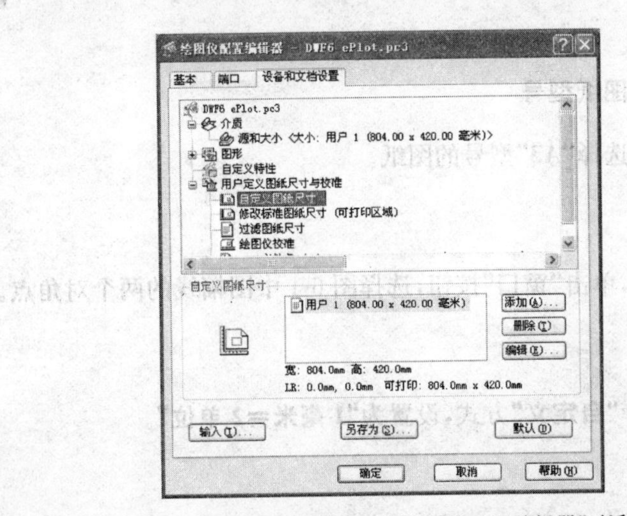

图 6-9　完成自定义图纸创建的"绘图仪配置编辑器"对话框

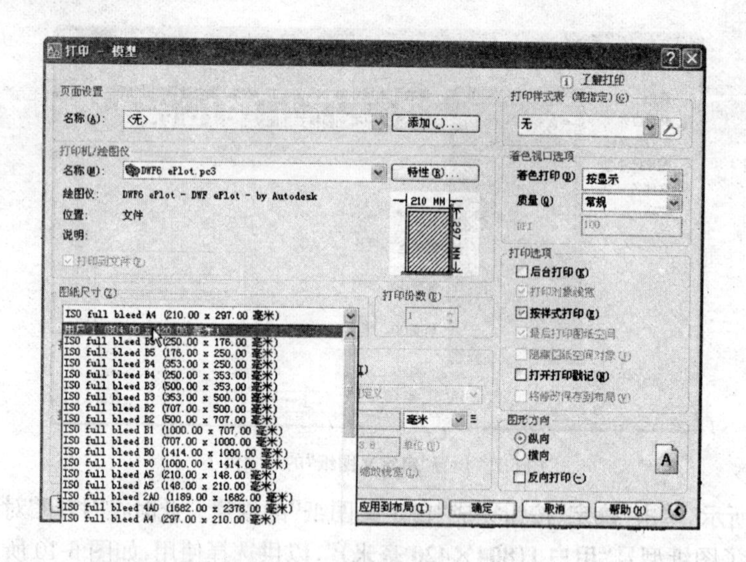

图 6-10　自定义图纸型号出现在可选之列

三　任务实施

(一)调用打印命令 PLOT

(二)选择打印设备

选择打印设备的名称为**“Default Windows System Printer. pc3”**。

(三)取消图纸边界区域

通过修改打印设备的特性,将打印设备**“Default Windows System Printer. pc3”**中的**“A3”**型号图纸取消。

(四)选择打印使用的图纸型号

在**“图纸尺寸”**选项中选择**“A3”**型号的图纸。

(五)选择打印区域

使用**“窗口”**选择方式,单击**“窗口”**按钮,选择图 6-1 中图幅线的两个对角点。

(六)选择打印比例

取消**“布满”**选项,选择**“自定义”**方式,设置为**“1 毫米=2 单位”**。

(七)选择图形方向

“图形方向”选择**“横向”**。

(八)选择打印选项

"打印选项"选择**"将打印对象线宽"**。

(九)预览打印结果

单击**"预览"**按钮,结果如图 6-11 所示。

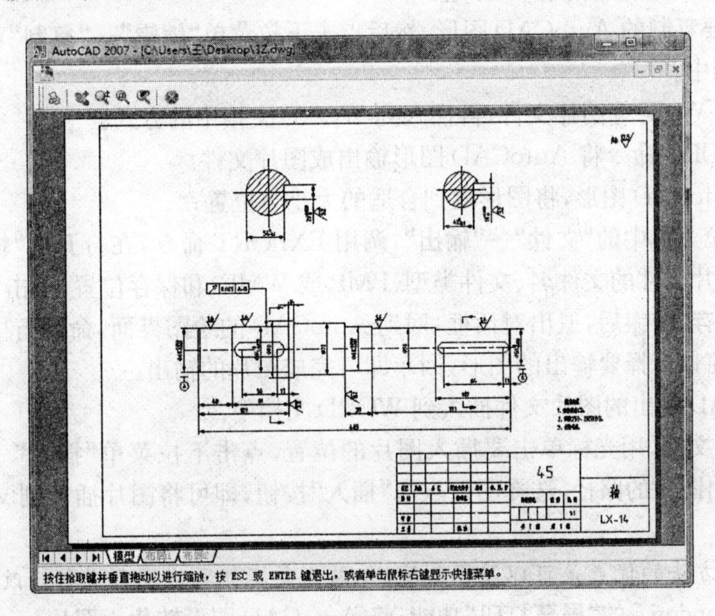

图 6-11　"预览"打印结果

(十)保存页面设置

单击**"页面设置"**选项中的**"添加"**按钮,命名为**"A3-h-System Printer"**,打印设置完成后的参数如图 6-12 所示。

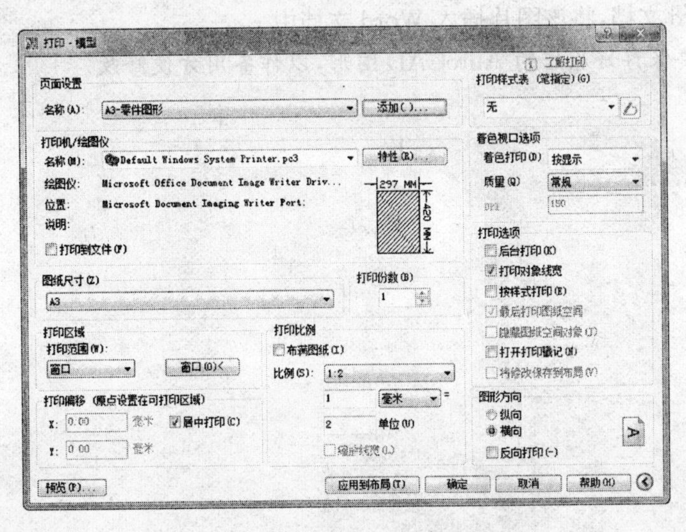

图 6-12　打印的参数设置

四 知识拓展

AutoCAD 图形文件的输出

用 AutoCAD 绘制的图形可以插入到 WORD 等其他文档中，实现图文并茂。插入的方式有几种。

(1)直接采用**"复制—粘贴"**的方式。

首先选中要复制的 AutoCAD 图形，然后点击下拉菜单**"编辑"**—**"复制"**，再**"粘贴"**到打开的 WORD 文档中。

(2)输出为 WMF 等图片文件，再插入到 WORD 文档中的方式。

利用 EXPORT 命令将 AutoCAD 图形输出成图片文件。

①打开 AutoCAD 图形，将图形调到合适的大小与位置；

②选择下拉菜单中的**"文件"**—**"输出"**，调用 EXPORT 命令，在打开的**"输出数据"**对话框中，指定输出图片文件的文件名、文件类型(BMP 或 WMF)和保存位置，单击**"保存"**按钮；

③单击**"保存"**按钮后，退出对话框，回到 AutoCAD 的绘图界面，命令行中将提示**"选择对象"**，通过交叉窗口选择要输出的图形，回车即可完成图片的输出。

将 AutoCAD 输出的图片文件插入到 WORD 文档中：

打开 word 文档，用光标单击要插入图片的位置，点击下拉菜单**"插入"**—**"图片"**—**"来自文件"**，找到输出图片的路径，选择图片点击**"插入"**按钮，即可将图片插入到 word 文档中光标所在的位置。

注意：这种方法的优点是可以显示线宽，但缺点是不能再对图形进行修改。

(3)使用 Windows 的**"屏幕打印"**功能，将 AutoCAD 图形转化为图片。

①用 AutoCAD 打开图形，将 AutoCAD 背景调为白色，将图形调整到合适大小；

②按下键盘上的**"PrtSc/SysRq"**键，将整个显示屏幕的内容复制到剪贴板中。

③打开**"开始"**菜单，选择**"程序"**—**"附件"**—**"画图"**，启动**"画图"**软件，粘贴图片到**"画图"**文档中，然后对图片内容进行裁切，保存(建议存为 JPG 格式)。

④打开 Word 文档，将该图片插入 Word 文档中。

注意：一定要保存好原始的 AutoCAD 图形，以作备用方便修改。

第二篇

AutoCAD三维模型制作

任务7

建立三维实体模型

实例 7-1　制作骰子模型

一　实例分析

图 7-1 所示的骰子为一个三维实体模型，它是将一个正方体的 6 个表面上分别挖出 1～6 个半球形的坑，相对的两个表面的点数之和为 7，正方体的棱线都做成光滑圆角。制作这个模型首先要了解三维坐标、观察三维物体的方式、实体的不同显示模式等三维制图基本知识，在制作模型过程中要用到长方体命令 BOX、球体命令 SPHERE、布尔运算差集命令 SUBTRACT、实体编辑—着色面命令、圆角命令 FILLET。

图 7-1　骰子的三维模型

二　相关知识

(一)三维坐标系与三维坐标

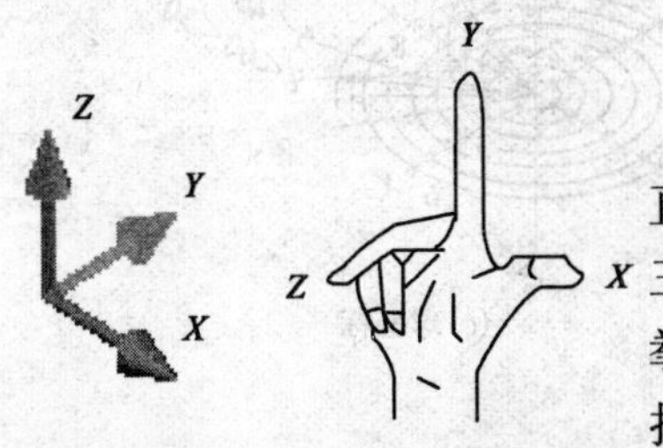

图 7-2　三维坐标系

(1)三维坐标系

AutoCAD 三维坐标系是三维直角坐标系，它是由相互垂直的三个坐标轴(X 轴 、Y 轴、Z 轴)组成的，如图 7-2(a)所示。三个坐标轴方向符合右手准则，如图 7-2(b)所示，将右手捏成拳头，再伸开拇指、食指和中指，并使三手指互相垂直，则三根指头代表了 X、Y 和 Z 的正方向，其中拇指代表 X 轴正方向，食指代表 Y 轴正方向，中指代表 Z 轴正方向。

(2)点的三维坐标

确定一个三维空间点的位置可用空间点相对于坐标系原点(0,0,0)点的三维坐标(X,Y,Z)来表示。

在三维空间中有直角坐标、柱坐标和球坐标三种形式,表7-1给出了不同形式坐标的含义及表示格式。

三维坐标的三种形式　　表7-1

格式名称	绝对坐标形式	相对坐标形式(绝对坐标前加@)	举　例
直角坐标	[X],[Y],[Z]	@[X],[Y],[Z]	3,2,5
极坐标	[距离]<[角度]	@[距离]<[角度]	5<60
柱坐标	[XY平面上的距离]<[与X轴的夹角],[Z轴上的距离]	@[XY平面上的距离]<[与X轴的夹角],[Z轴上的距离]	5<60,6
球坐标	[距离]<[与X轴的夹角]<[与XY平面的夹角]	@[距离]<[与X轴的夹角]<[与XY平面的夹角]	8<60<30

①直角坐标

直角坐标是用空间点相对于原点(0,0,0)沿三条坐标轴方向上的距离来表示。比如,空间点的直角坐标(3,2,5)表示空间点的位置是:相对于原点沿X轴方向3个单位,沿Y轴方向2个单位,沿Z轴方向5个单位,如图7-3(a)所示。

②柱坐标

柱坐标是用空间点在XY坐标平面上投影的极坐标及Z坐标来表示。比如空间点的柱坐标(5<60,6)表示空间点的位置是:在XY平面上的投影到原点的距离为5,与X轴夹角为60°,并且到XY平面的距离(Z坐标)为6,如图7-(3b)所示。

③球坐标

球坐标是用空间点到原点的距离、空间点到原点的连线在XY平面上的投影与X轴的夹角、与XY平面的夹角来表示。比如点的球坐标(8<60<30)表示点到坐标系原点距离为8,点到原点的连线在XY平面上的投影与X轴的夹角为60°,连线与XY平面的夹角为30°,如图7-3(c)所示。

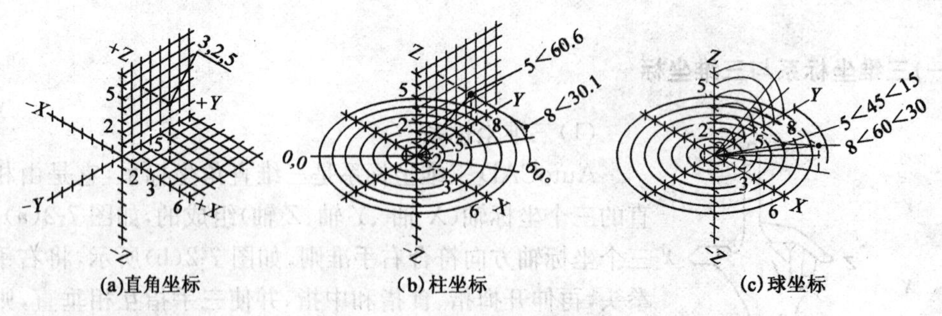

图7-3　三维坐标的三种形式

三种坐标形式都可以使用相对坐标,比如将对象沿Z轴正向移动30个单位,在输入移动的目标点时可用三维相对坐标,用直角坐标表示应输入**"@0,0,30"**,用柱坐标格式表示应键入**"@0<0,30"**,用球坐标格式表示则键入**"@30<0<90°"**。

(二)三维视图

三维视图是三维模型在不同视点方向上观察到的投影视图,通过指定不同的视点位置得到不同的三维视图。根据视点位置的不同,可以把三维视图分为标准视图、等轴测图和任意视图。

(1)设置标准视图与等轴测图命令

①功能

显示三维模型的标准视图与等轴测视图。

②命令调用方式

下拉菜单:**“视图”/“三维视图”**

工具栏:**“视图”**

③命令说明

标准视图是指图学中的**“正投影视图”**,分别为:俯视图、仰视图、左视图、右视图、主视图、后视图。

等轴测视图是指将视点设置为等轴测方向,即从 45°方向观测对象,分别有西南等轴测、东南等轴测、东北等轴测和西北等轴测。

AutoCAD 默认的显示视图为俯视图。图 7-4 为视图工具栏,中间 10 个立方体图标分别代表 6 个标准视图和 4 个等轴测视图,阴影面表示投影平面。

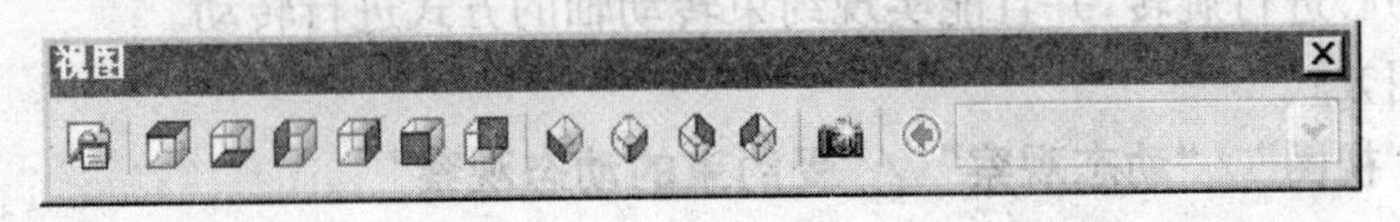

图 7-4　视图工具栏

(2)设置任意视图命令

①功能

使用坐标球和三轴架动态设置视点位置,定义的视图效果好像是观察者在该点向原点(0,0,0) 方向观察,可以显示任意视图。

②命令调用方式

下拉菜单:**“视图”/“三维视图”/“视点”**

命令行:VPOINT

③设置任意视图的方法

调用 VPOINT 命令,在命令提示下直接回车,则屏幕右上角显示一个坐标球罗盘,屏幕中心显示一个坐标系三轴架,如图 7-5 所示,将光标放在罗盘内,形状为十字,在罗盘内移动光标,可以观察到坐标架的变化。光标在罗盘中单击的位置就定义了视点的位置。

④罗盘表示的意义

把罗盘看做是地球的二维表示,圆心是北极,内圆是赤道,整个外圆是南极,如图 7-6 所示。罗盘可以认为将观察物体的中心放置在地球的球心处,光标在小圆以内表示观察点在物体的上方,在两圆之间则在物体的下方,在圆周上表示与物体水平,因此从该位置看到的只能是立面图。罗盘的四个象限分别表示物体的前、后、左、右四个方位(对应于南、北、西、东),这样用户可以很方便的确定视角了。

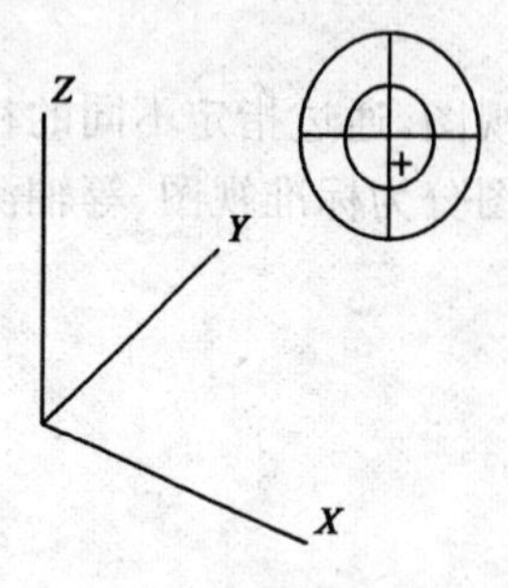

图 7-5 坐标球和三轴架

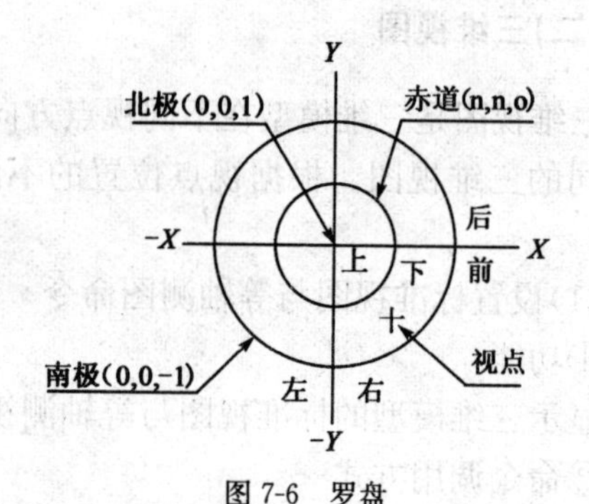

图 7-6 罗盘

(三)三维动态观察

三维动态观察器是一组动态观察工具,包括受约束的动态观察、自由动态观察、连续动态观察。

(1)受约束的动态观察命令

①功能

可以观察整个图形,或者观察被选择的某些对象。

观察对象将保持固定不变,拖动光标可以使视点绕观察对象中心进行旋转,看起来就像观察对象绕自身中心进行旋转,并且能实现约束转动轴的方式进行转动。

②命令调用方式

下拉菜单:**"视图"/"动态观察"/"受约束的动态观察"**

工具栏:**"动态观察"/"受约束的动态观察"**

命令行:3DORBIT

③命令说明

命令调用之后,光标的形状变为。

a. 如果水平拖动光标,被观察对象绕自身中心进行水平旋转;

b. 如果垂直拖动光标,被观察对象绕自身中心进行垂直旋转;

c. 如果自由拖动光标,被观察对象绕自身中心进行自由旋转。

(2)自由动态观察命令

①功能

可以观察整个图形,或者观察被选择的某些对象。观察对象将保持固定不变,拖动光标可以使视点将绕导航球的中心自由旋转,而不是绕被观察对象的中心旋转。

②命令调用方式

下拉菜单:**"视图"/"动态观察"/"自由动态观察"**

工具栏:**"动态观察"/"自由动态观察"**

命令行:3DFORBIT

③命令说明

命令调用之后,将显示一个导航球,被小圆分成四个区域,如图 7-7 所示。可以实现的四种旋转：

a. 自由旋转

当光标放在导航球内部移动光标时，光标的形状变为⊕。如果单击并自由拖动光标，则可围绕对象自由转动，就像用光标抓住环绕对象的球体，并围绕目标点对其进行拖动一样。用此方法可以在水平、垂直或对角方向上拖动。

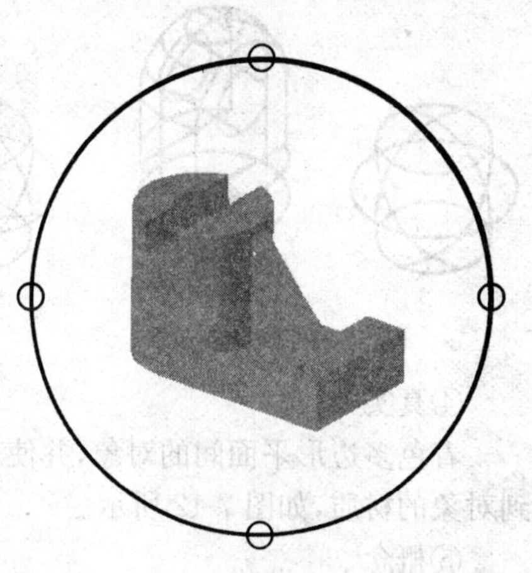

图 7-7 自由动态观察导航球

b. 平行于屏幕旋转

当光标放在导航球外部移动光标时，光标的形状变为⊙。在导航球外部单击并围绕导航球拖动光标，将使视图绕导航球的中心平行于屏幕旋转。

c. 水平旋转

当光标放在导航球左右两边的小圆上移动时，光标的形状变为⊙。从这些点开始单击并沿水平方向拖动光标将使视图围绕通过导航球中心的垂直轴旋转。

d. 垂直旋转

当光标在导航球上下两边的小圆上移动时，光标的形状变为⊖。单击并沿垂直方向拖动光标，将使视图绕通过导航球中心的水平轴旋转。

注意：三维动态观察命令处于活动状态时，无法编辑对象。

(四)视觉样式设置

(1)功能

视觉样式是一组用来控制三维模型的边和着色的显示模式。一旦应用了视觉样式或更改了其设置，就可以在视口中查看效果。

(2)命令调用方式

图 7-8 视觉样式工具栏

下拉菜单：**"视图"**/**"视觉样式"**

工具栏：**"视觉样式"** 如图 7-8 所示

命令行：VSCURRENT

(3)命令说明

①二维线框

用直线和曲线表示边界来显示对象。光栅和 OLE 对象、线型和线宽均可见，如图 7-9所示。

②三维线框

显示用直线和曲线表示边界的对象。光栅和 OLE 对象、线型和线宽均不可见，如图 7-10 所示。

③三维隐藏

用三维线框显示对象并隐藏屏幕上被遮挡的线条。光栅和 OLE 对象、线型和线宽均不可见，如图 7-11 所示。

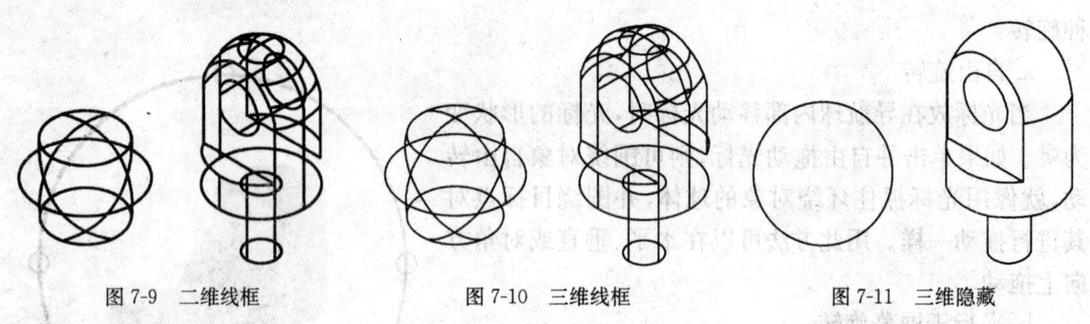

图 7-9　二维线框　　图 7-10　三维线框　　图 7-11　三维隐藏

④真实

着色多边形平面间的对象，并使对象的边平滑，对象外观比较平滑和真实。将显示已附着到对象的材质，如图 7-12 所示。

⑤概念

着色多边形平面间的对象，并使对象的边平滑化。着色使用古氏面样式，一种冷色和暖色之间的过渡，而不是从深色到浅色的过渡。效果缺乏真实感，但是可以更方便地查看模型的细节，如图 7-13 所示。

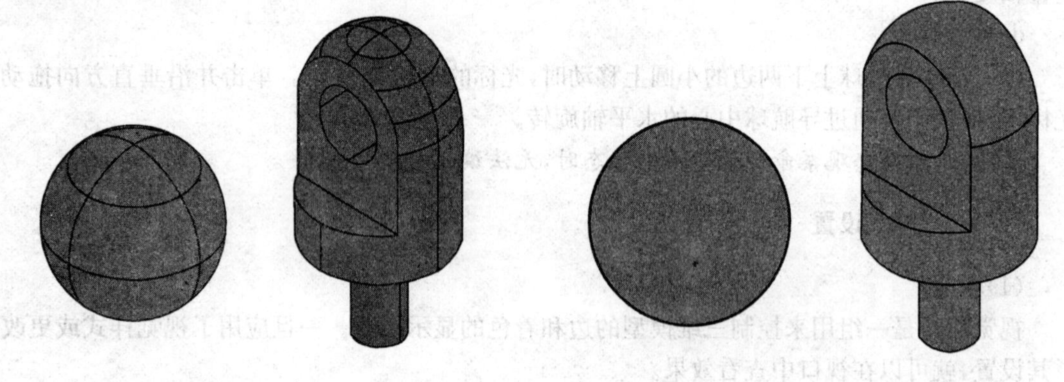

图 7-12　真实　　图 7-13　概念

(五)长方体命令

(1)功能

可以创建长方体、立方体实体。长方体的底面始终与当前的 *XY* 坐标面（工作平面）平行。

(2)命令调用方式

下拉菜单：**“建模”/“长方体”**

工具栏：**“建模”/“长方体”**

命令行：BOX

(3)命令举例

【例 7-1】　指定长方体底面的两个对角点创建实体长方体，如图 7-14(a)所示。

操作步骤如下：

单击：工具栏"视图"/"东南等轴测"　（将视图设为东南等轴测）
命令：BOX　（调用长方体命令）
指定第一个角点或［中心(C)］：单击任一点 A　（用光标指定 A 点作为第一角点）
指定其他角点或［立方体(C)/长度(L)］：@100,60　（输入对角点 B 点相对于 A 点的坐标）
指定高度或［两点(2P)］＜50.0000＞：20　（输入高度为 20）

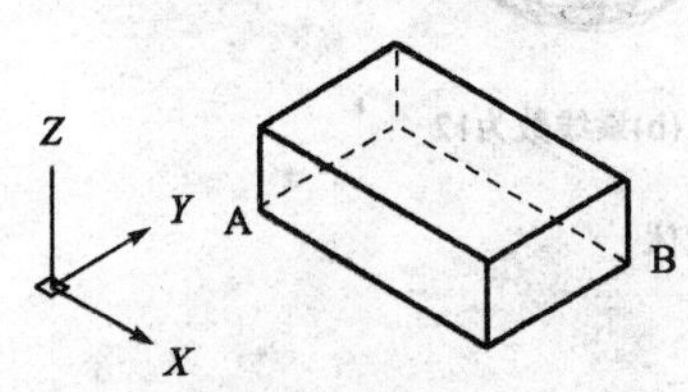

(a)指定底面两个对角点

O

(b)指定中心

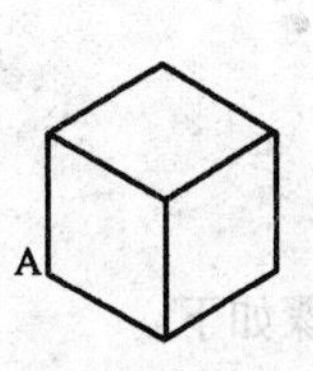

(c)立方体

图 7-14　创建长方体、立方体

【例 7-2】　指定长方体的中心创建实体长方体，如图 7-14(b)所示。

操作步骤如下：

命令：BOX　（调用长方体命令）
指定第一个角点或［中心(C)］：C　（选择输入长方体中心的方式）
指定中心：单击任一点 O　（用光标指定 O 点作为长方体的中心）
指定角点或［立方体(C)/长度(L)］：L　（选择输入长方体长度）
指定长度＜50.0000＞：100　（输入长方体长度为 100）
指定宽度＜60.0000＞：60　（输入长方体宽度为 60）
指定高度或［两点(2P)］＜20.0000＞：30　（输入长方体高度为 30）

【例 7-3】　创建实体立方体，如图 7-14(c)所示。

操作步骤如下：

命令：BOX　（调用长方体命令）
指定第一个角点或［中心(C)］：单击任一点 A　（用光标指定 A 点作为第一角点）
指定其他角点或［立方体(C)/长度(L)］：C　（选择立方体方式）
指定长度＜100.0000＞：50　（输入立方体边长为 50）

(六)球体命令

(1)功能

绘制球体。

(2)命令调用方式

下拉菜单：**"建模"/"球体"**

工具栏：**"建模"/"球体"**

命令行：SPHERE

(3)命令举例

【例 7-4】 指定球体的球心和半径创建球体,并控制曲面上的素线数目,素线数目越多曲面越光滑,如图 7-15 所示。

(a)素线数为4

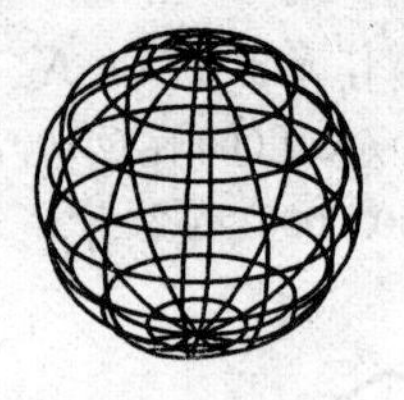

(b)素线数为12

图 7-15 创建球体

操作步骤如下:

命令:ISOLINES	(设置曲面素线数目控制变量的值)
输入 ISOLINES 的新值 <4>:回车	(素线数设为 4)
命令:SPHERE	(调用球体命令)
指定中心点或[三点(3P)/两点(2P)/相切、相切、半径(T)]:	
单击绘图区任一点	(用光标指定一点作为球心)
指定半径或[直径(D)]<53.5916>:50	(输入球体的半径为 50)
结束	(创建球体结果如图 7-15(a))
命令:ISOLINES	(设置曲面素线数目控制变量的值)
输入 ISOLINES 的新值 <4>:12	(素线数设为 12)
命令:SPHERE	(调用球体命令)
指定中心点或[三点(3P)/两点(2P)/相切、相切、半径(T)]:	
单击绘图区任一点	(用光标指定一点作为球心)
指定半径或[直径(D)]<53.5916>:50	(输入球体的半径为 50)
	(创建球体结果如图 7-15(b))

(七)布尔运算差集

(1)功能

从选择的被减实体中挖去要减的实体,从而形成一个新的实体。

(2)命令调用方式

下拉菜单:**“修改”/“实体编辑”/“差集”**“

工具栏:“建模”/“差集”

工具栏:**“实体编辑”/“差集”**

命令行:SUBTRACT

(八)命令举例

【例 7-5】 从长方体和立放的圆柱中挖去一个横卧的圆孔,如图 7-16 所示。

操作步骤如下:

命令：SUBTRACT　　(调用差集命令)
选择对象：选择长方体和立放的圆柱　　(选择长方体和立放圆柱作为被减实体)
选择对象：回车　　(结束被减实体的选择)
选择要减去的实体或面域..
选择对象：选择横卧的圆柱　　(选择横卧圆柱作为要减的实体)
选择对象：回车　　(结束要减实体的选择)

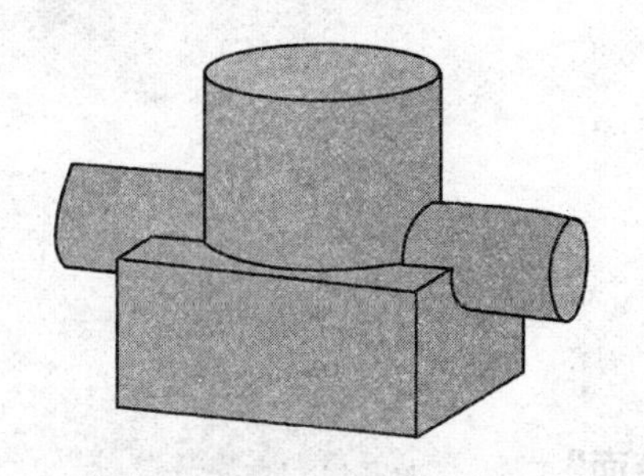
(a)执行差集命令前

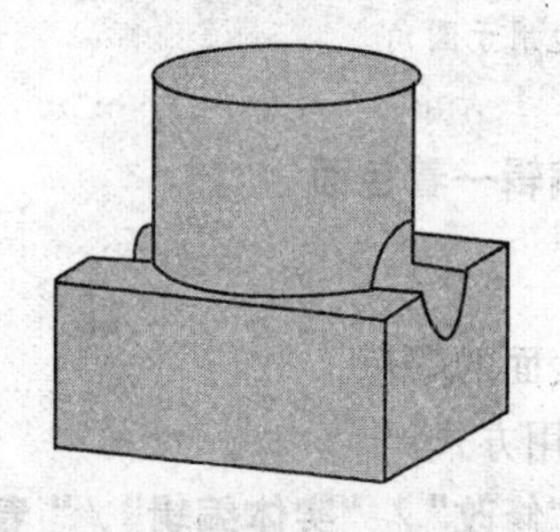
(b) 执行差集命令后

图 7-16　实体的差集

(九)圆角命令

(1)功能

将实体中被选择的边做圆角处理。

(2)命令调用方式

下拉菜单："修改"/"圆角"

工具栏："修改"/"圆角"

命令行：FILLET

(3)命令举例

【例 7-6】 将长方体的边 AB、CD 进行圆角，已知长方体的大小为 1000×700×350，如图 7-17 所示。

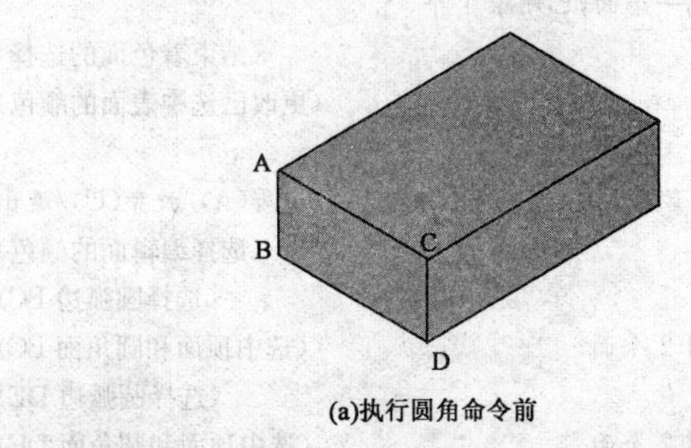

(a)执行圆角命令前

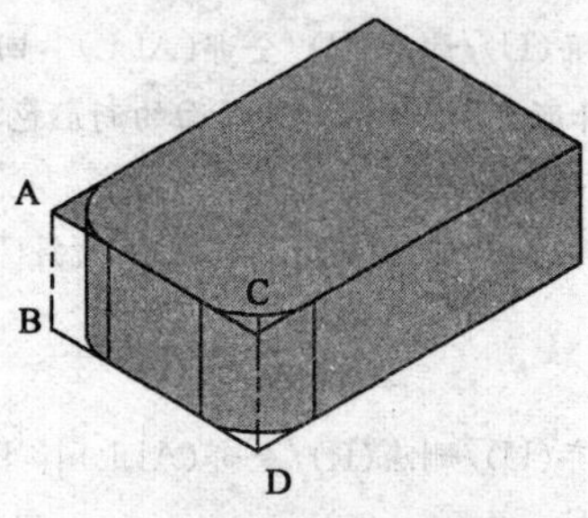

(b)执行圆角命令后

图 7-17　实体的圆角

操作步骤如下：

命令：FILLET （调用圆角命令）
当前设置：模式 = 修剪，半径 = 0.0000
选择第一个对象或[放弃(U)/多段线(P)/半径(R)/修剪(T)/多个(M)]：单击边 AB
（选择长方体的边 AB）
输入圆角半径 <0.0000>：200 （输入圆角半径为 200）
选择边或[链(C)/半径(R)]：单击边 CD （再选择长方体的边 CD）
选择边或[链(C)/半径(R)]：回车 （结束长方体的圆角边的选择）
已选定 2 个边用于圆角

(十)实体编辑—着色面

(1)功能

修改实体表面的颜色。

(2)命令调用方式

下拉菜单：**“修改”/“实体编辑”/“着色面”**

工具栏：**“实体编辑”/“着色面”**

(3)命令举例

【例 7-7】 将长方体的顶面颜色改为青色，将两个圆角面的颜色改为红色，如图 7-18 所示。

操作步骤如下

命令：SOLIDEDIT （调用“着色面”命令）
输入面编辑选项
[拉伸(E)/移动(M)/旋转(R)/偏移(O)/倾斜(T)/删除(D)/复制(C)/颜色(L)/材质(A)/放弃(U)/退出(X)] <退出>：COLOR
选择面或[放弃(U)/删除(R)]：单击边 AB （选择长方体的边 AB）
选择面或[放弃(U)/删除(R)]：找到 2 个面 （选中以 AB 为边的顶面和前面）
选择面或[放弃(U)/删除(R)/全部(ALL)]：
按下 shift 键，再单击边 AG （将边 AG 所在的前面从选择集中去掉）
选择面或[放弃(U)/删除(R)/全部(ALL)]：找到一个面，已删除 1 个
选择面或[放弃(U)/删除(R)/全部(ALL)]：回车 （结束着色面的选择）
在弹出的“选择颜色”对话框中选择面的新颜色 （更改已选中表面的颜色）
输入面编辑选项
[拉伸(E)/移动(M)/旋转(R)/偏移(O)/倾斜(T)/删除(D)/复制(C)/颜色(L)/材质(A)/放弃(U)/退出(X)] <退出>：L （选择编辑面的颜色）
单击圆弧边 BC （选择圆弧边 BC）
选择面或[放弃(U)/删除(R)/全部(ALL)]：找到 2 个面 （选中顶面和圆角面 BC）
单击圆弧边 DE （选择圆弧边 DE）
选择面或[放弃(U)/删除(R)/全部(ALL)]：找到 2 个面 （选中顶面和圆角面 DE）
按下 shift 键，再单击边 AB （将边 AB 所在的顶面从选择集中去掉）
选择面或[放弃(U)/删除(R)/全部(ALL)]：找到 2 个面，已删除 1 个

选择面或［放弃(U)/删除(R)/全部(ALL)］：回车 （结束着色面的选择）

在弹出的"选择颜色"对话框中选择给面着色的颜色 （更改已选中表面的颜色）

输入面编辑选项

［拉伸(E)/移动(M)/旋转(R)/偏移(O)/倾斜(T)/删除(D)/复制(C)/颜色(L)/材质(A)/放弃(U)/退出(X)］<退出>：回车 （退出面编辑状态）

实体编辑自动检查：SOLIDCHECK=1

输入实体编辑选项［面(F)/边(E)/体(B)/放弃(U)/退出(X)］

<退出>：回车 （退出实体编辑状态）

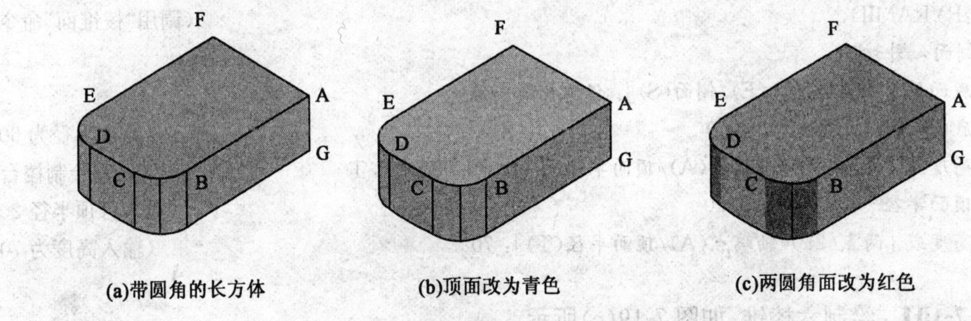

(a)带圆角的长方体 (b)顶面改为青色 (c)两圆角面改为红色

图 7-18 修改实体表面的颜色

(十一) 棱锥面命令

(1)功能

用于创建棱锥、棱台实体。

(2)命令调用方式

下拉菜单：**"绘图"/"建模"/"棱锥面"**

工具栏：**"建模"/" 棱锥面"**

命令行：PYRAMID

(3)命令举例

【例 7-8】 绘制四棱锥，如图 7-19(a)所示。

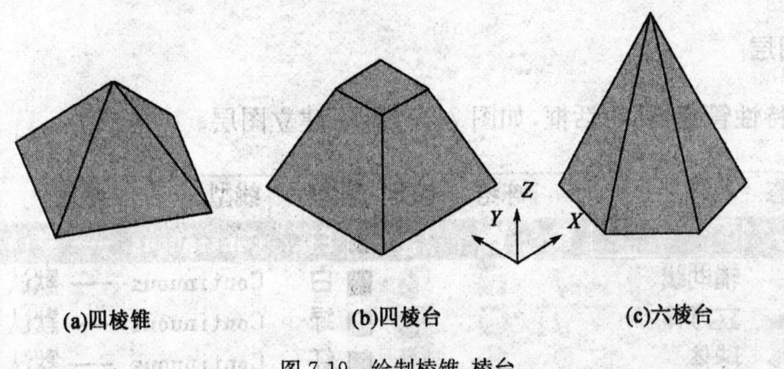

(a)四棱锥 (b)四棱台 (c)六棱台

图 7-19 绘制棱锥、棱台

操作步骤如下：

命令:PYRAMID （调用"棱锥面"命令）
4 个侧面 外切
指定底面的中心点或[边(E)/侧面(S)]:任意拾取一点
指定底面半径或[内接(I)]:50 （输入半径为50）
指定高度或[两点(2P)/轴端点(A)/顶面半径(T)]:70 （输入高度为70）

【例 7-9】 绘制四棱台,如图 7-19(b)所示。

操作步骤如下:

命令:PYRAMID （调用"棱锥面"命令）
4 个侧面 外切
指定底面的中心点或[边(E)/侧面(S)]:任意拾取一点
指定底面半径或[内接(I)]:50 （输入半径为50）
指定高度或[两点(2P)/轴端点(A)/顶面半径(T)]＜70.0000＞:T （设置绘制棱台）
指定顶面半径＜28.2843＞:20 （输入台顶半径20）
指定高度或[两点(2P)/轴端点(A)/顶面半径(T)]:70 （输入高度为70）

【例 7-10】 绘制六棱锥,如图 7-19(c)所示。

命令:PYRAMID （调用"棱锥面"命令）
4 个侧面 外切
指定底面的中心点或[边(E)/侧面(S)]:S （重新设置底面边数）
输入侧面数＜4＞:6 （输入底面边数为6）
指定底面的中心点或[边(E)/侧面(S)]:任意拾取一点
指定底面半径或[内接(I)]:50 （输入半径为50）
指定高度或[两点(2P)/轴端点(A)/顶面半径(T)]:70 （输入高度为70）

三 任务实施

(一)新建图形文件,以文件名为"骰子.dwg"保存。

(二)建立图层

打开"**图层特性管理器**"对话框,如图 7-20 所示,建立图层。

状态	名称	:	冻结	锁定	颜色	线型	线宽
	0				白	Continuous	—— 默认
	辅助线				白	Continuous	—— 默认
	立方体				绿	Continuous	—— 默认
	球体				红	Continuous	—— 默认

图 7-20 建立图层

(三)创建立方体

(1)进入立方体图层。

(2)将视图设置为**"东南等轴测"**。

(3)将视觉样式设为**"概念"**。

(4)创建立方体,如图 7-21 所示。

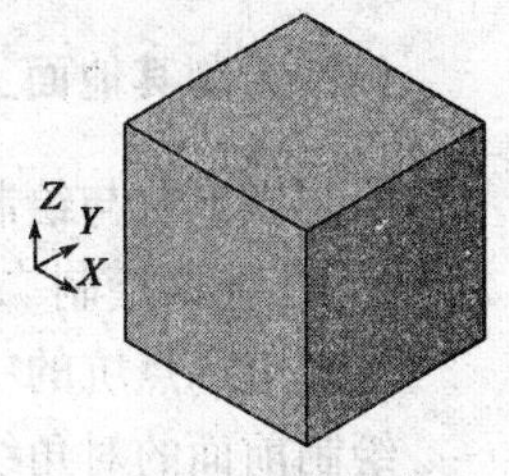

图 7-21　创建立方体

操作步骤如下:

```
命令:BOX
指定第一个角点或[中心(C)]:
指定其他角点或[立方体(C)/长度(L)]:C
指定长度:200
```

(四)绘制顶面上的一点坑

(1)将视觉样式设为**"二维线框"**。

(2)进入辅助线层,用直线命令绘制顶面的对角线,对角线的中点就是一点坑的中心。

(3)调用带约束的动态观察命令,水平拖动光标,调整视点使前后的棱线不重影,图 7-22(a)所示。

(4)创建一点坑的球体,如图 7-22(b)所示。

操作步骤如下:

```
命令:SPHERE
指定中心点或[三点(3P)/两点(2P)/相切、相切、半径(T)]:拾取顶面对角线的中点
指定半径或[直径(D)]:50
```

(5)用差集命令挖出一点坑,,如图 7-22(c)所示。

操作步骤如下:

```
命令: SUBTRACT
选择要从中减去的实体或面域...  选择立方体
选择对象:找到 1 个
选择对象: 回车结束选择
选择要减去的实体或面域..  选择球体
选择对象:找到 1 个
选择对象: 回车结束选择
```

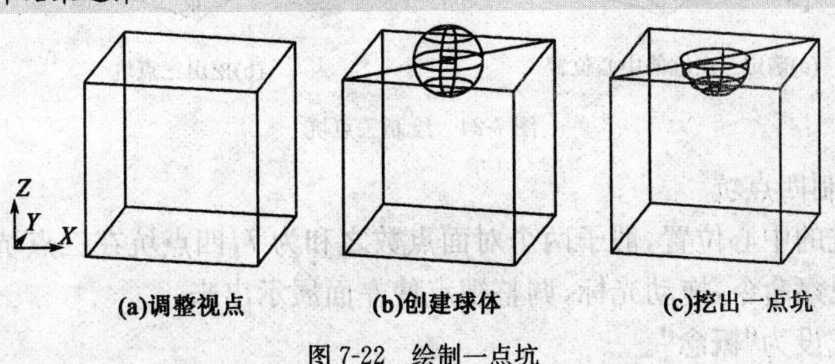

(a)调整视点　(b)创建球体　(c)挖出一点坑

图 7-22　绘制一点坑

(五)绘制其他面上的多点坑

绘制多点坑与绘制一点坑的方法相同,只是确定小坑中心的方法不同,小坑的大小不同。

(1)在前面绘制二点坑

①确定二点坑的中心位置

绘制前面的对角线,再用定数等分命令 DIVIDE 将对角线三等分,得到的两个等分节点就是两点坑的中心,如图 7-23(a)所示;

②二点坑的半径大小为 30,绘制的二点坑如图 7-23(b)所示。

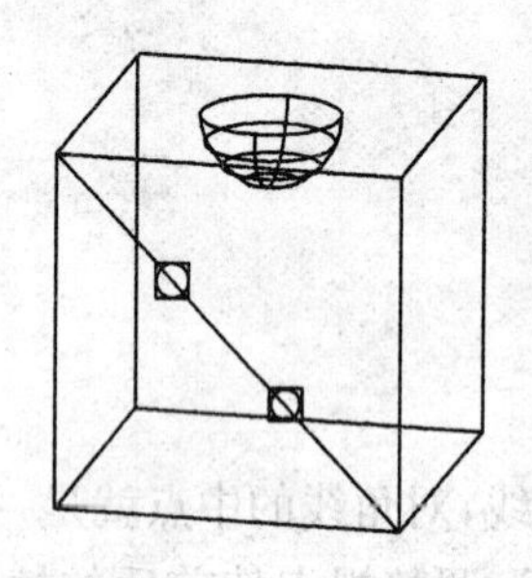

(a)确定二点坑的中心位置

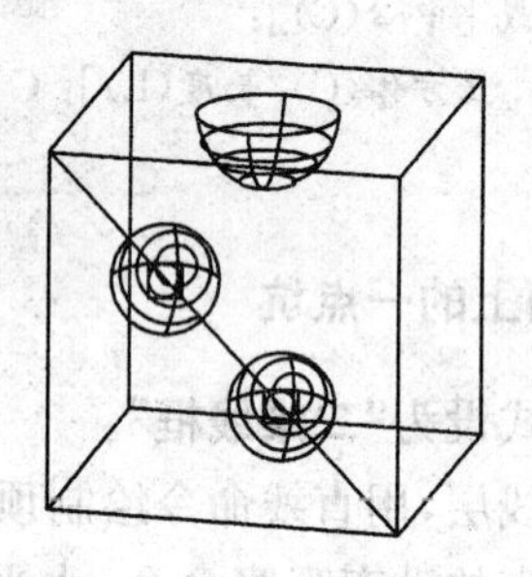

(b)挖出二点坑

图 7-23 绘制二点坑

(2)在右面绘制三点坑

①确定三点坑的中心位置

a. 调用动态观察命令,拖动光标,调整视点使右面展示出来,如图 7-24(a)所示。

b. 绘制右面的对角线。

c. 用定数等分命令 DIVIDE 将对角线四等分,得到的三个等分节点就是三点坑的中心。

②三点坑的半径大小为 20,绘制的三点坑,如图 7-24(b)所示。

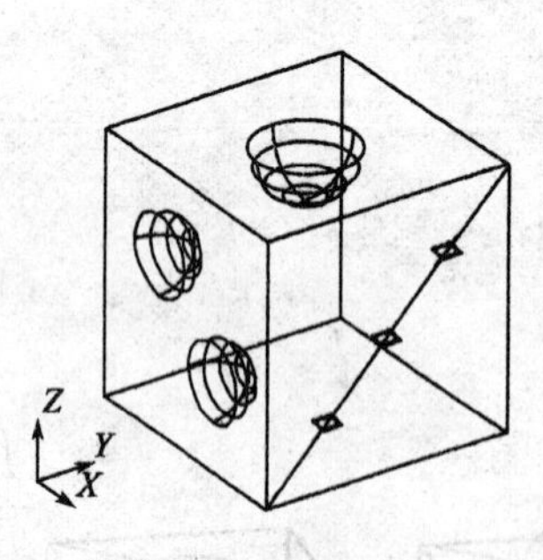

(a)确定三点坑的中心位置

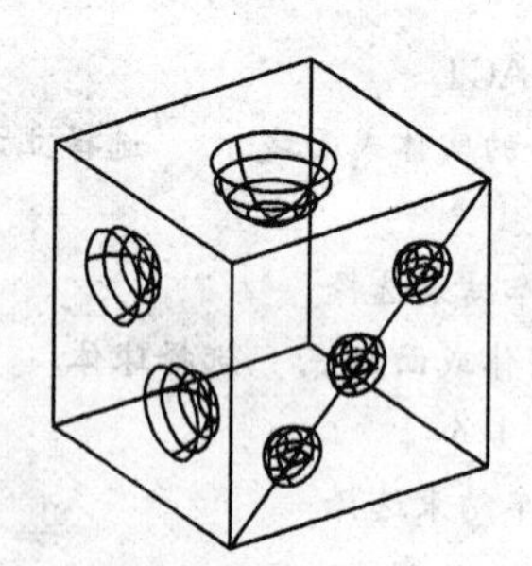

(b)挖出三点坑

图 7-24 绘制三点坑

(3)在左面绘制四点坑

①确定四点坑的中心位置,骰子两个对面点数之和为 7,四点坑在三点坑的对面。

a. 调用动态观察命令,拖动光标,调整视点使左面展示出来。

b. 将视觉样式设为**"概念"**。

c. 用直线命令描画一遍左面的四条边。

d. 用定数等分命令 DIVIDE 分别将刚画的四条直线四等分。

e. 用直线命令分别连接对边的第一、三等分点，得到四个交点 1、2、3、4 就是四点坑的中心，如图 7-25(a)所示。

②四点坑的半径大小为 20，绘制的四点坑如图 7-25(b)所示。

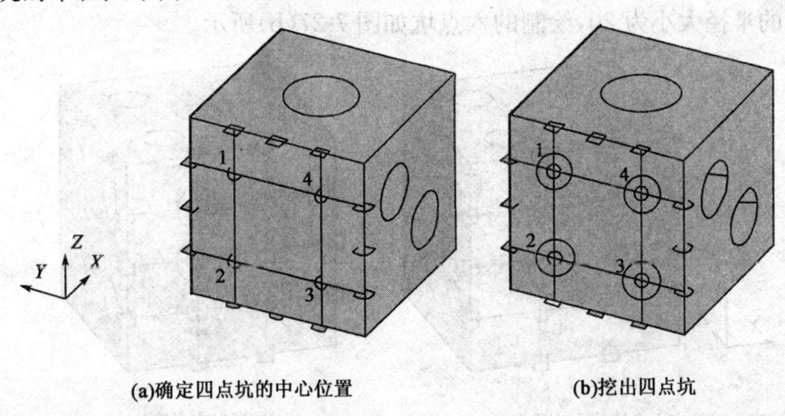

图 7-25 绘制四点坑

(4)在后面绘制五点坑

①确定五点坑的中心位置，五点坑在二点坑的对面。

a. 调用动态观察命令，拖动光标，调整视点使后面展示出来。

b. 用直线命令描画一遍左面的四条边。

c. 用定数等分命令 DIVIDE 分别将刚画的四条直线四等分。

d. 用直线命令分别连接对边的第一、二、三等分点，得到五个交点 1、2、3、4、5 就是五点坑的中心，如图 7-26(a)所示。

②五点坑的半径大小为 20，绘制的五点坑如图 7-26(b)所示。

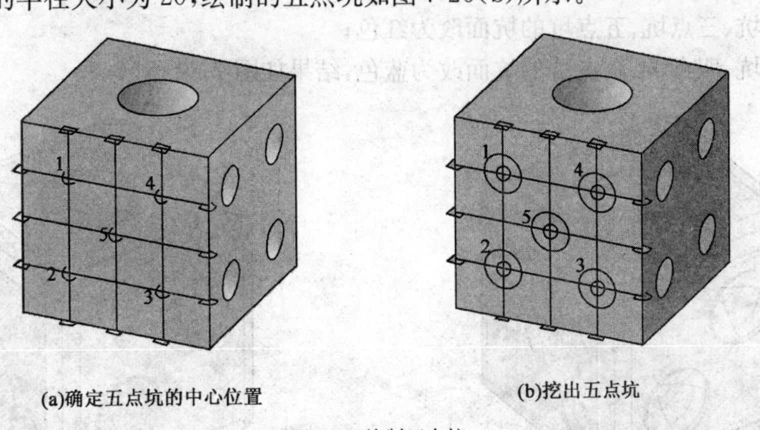

图 7-26 绘制五点坑

(5)在后面绘制六点坑

①确定六点坑的中心位置，六点坑在一点坑的对面。

a. 调用动态观察命令，拖动光标，调整视点使底面展示出来。

b. 用直线命令描画一遍左面的四条边。

c. 用定数等分命令 DIVIDE 分别将平行于 X 轴的两条直线三等分。

d. 用定数等分命令 DIVIDE 分别将平行于 Y 轴的两条直线四等分。

e. 用直线命令分别连接对边的对应等分点，得到六个交点 1、2、3、4、5、6 就是六点坑的中心，如图 7-27(a)所示。

②六点坑的半径大小为 20，绘制的六点坑如图 7-27(b)所示。

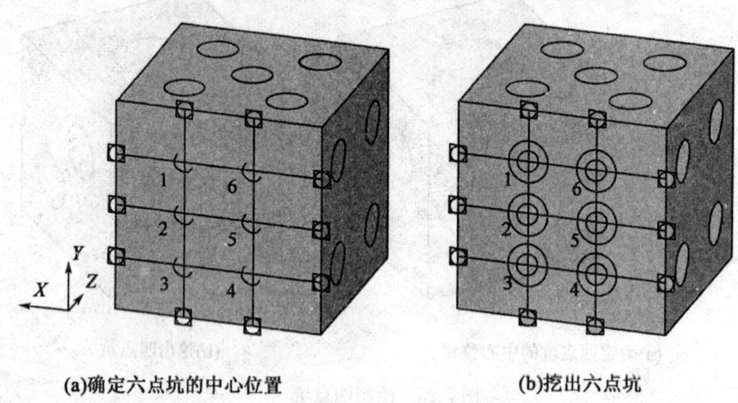

(a)确定六点坑的中心位置　　(b)挖出六点坑

图 7-27　绘制六点坑

(六)用圆角 FILLET 命令对棱边、边线进行圆角

(1)用圆角 FILLET 命令将立方体的棱边进行圆角，圆角半径为 20。

(2)用圆角 FILLET 命令对所有的点坑边线进行圆角，圆角半径为 2，结果如图 7-28 所示。

(七)用着色面命令改变坑面的颜色

(1)一点坑、三点坑、五点坑的坑面改为红色；

(2)二点坑、四点坑、六点坑的坑面改为蓝色，结果如图 7-29 所示。

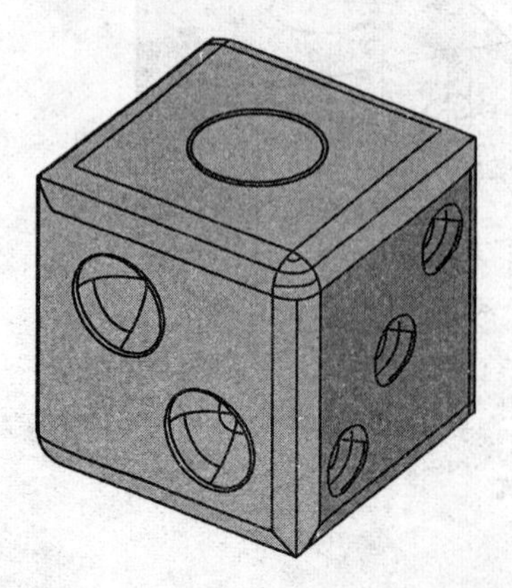

图 7-28　将立方体的棱边、点坑的棱边进行圆角

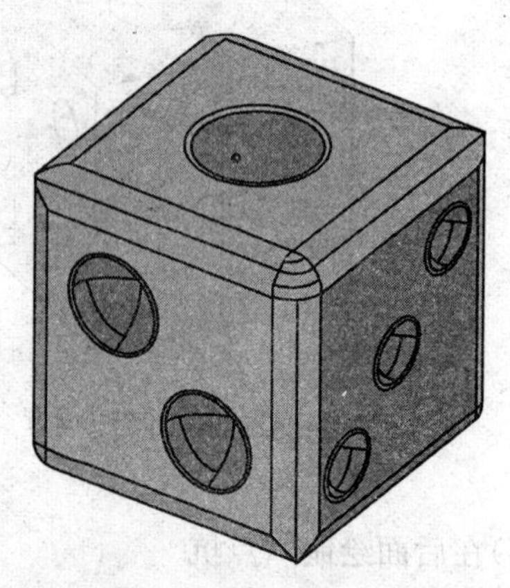

图 7-29　改变坑面的颜色

四　知识拓展

(一)控制曲线与曲面显示的平滑度

(1)控制圆和圆弧的系统变量 VIEWRES

系统变量 VIEWRES 控制着当前视口中曲线(例如圆和圆弧)的显示精度。VIEWRES 的值在 1～20 000,VIEWRES 设置越高,显示的圆弧和圆就越平滑,但重新生成的时间也越长,如图 7-30 所示。

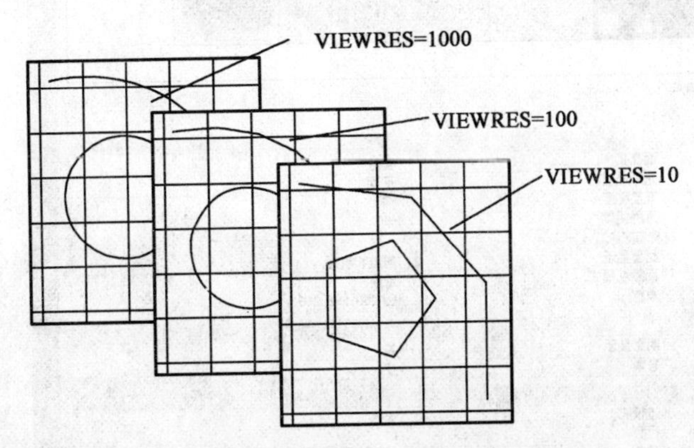

图 7-30　系统变量 VIEWRES 控制曲线的平滑度

在绘图时,为了改善性能,可以将 VIEWRES 的值设置得低一些。

(2)控制曲面实体的网格密度以及平滑度的系统变量 FACETRES

系统变量 FACETRES 控制着当前视口中曲面实体的平滑度。FACETRES 的默认值为 0.5,值的范围在 0.01～ 10 ,FACETRES 设置越高,显示的几何图形就越平滑,如图 7-31 所示。

(a)FACETRES=0.25

(b)FACETRES=5

图 7-31　系统变量 FACETRES 控制曲面实体的平滑度

(二)视觉样式管理器

(1)功能

创建新的视觉样式和修改视觉样式的参数。

(2)命令调用方式

下拉菜单:“视图”/“ 视觉样式管理器(V)”

工具栏："视觉样式"/" 管理视觉样式"

命令行：VISUALSTYLES

(3)命令举例

【例 7-11】 新建一个新的视觉样式**"真实 2"**，并应用于视图中。

①调用命令，弹出**"视觉样式管理器"**对话框，如图 7-32 所示；

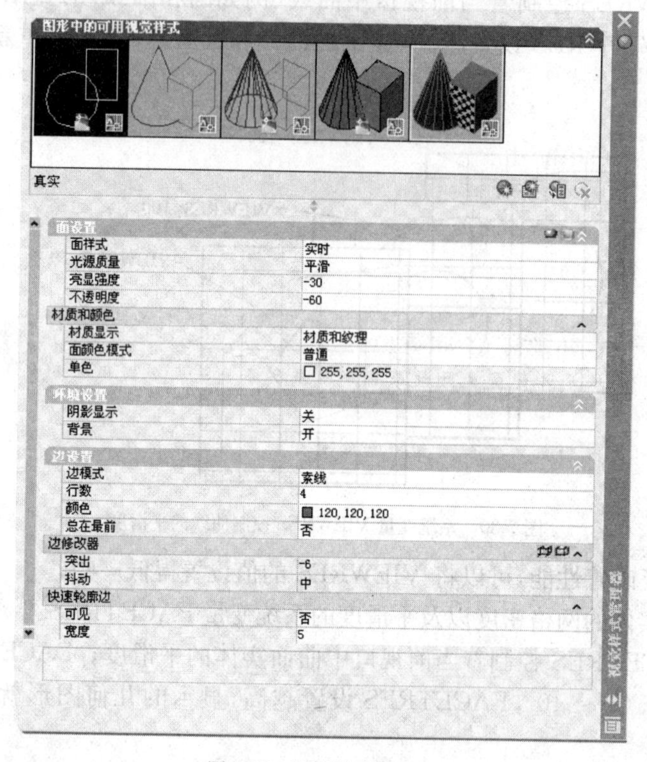

图 7-32 视觉样式管理器

②新建视觉样式：

首先单击选定**"真实"** 视觉样式作为基础样式上，然后单击**"新建视觉样式"**按钮，在弹出的**"创建新的视觉样式"**对话框(见图 7-33)中，名称输入**"真实 2"**，说明输入**"强亮度，不显示边"**，按**"确定"**按钮后，**"图形中的可用视觉样式"**中增加了**"真实 2"**视觉样式，如图 7-34 所示；

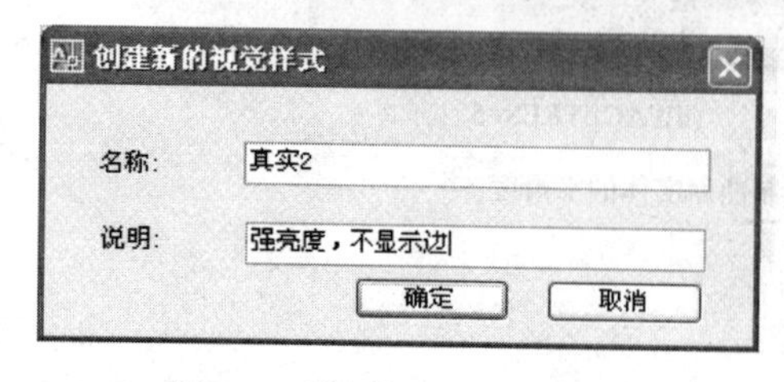

图 7-33 "新建视觉样式"对话框

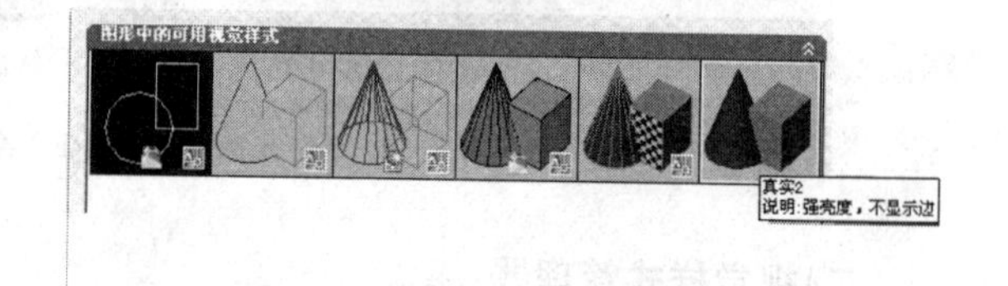

图 7-34 新增加的"真实 2"样例图像

③参数设置：

对**"真实 2"** 视觉样式的参数进行设置。

目前设置面板中显示的是**"真实"**视觉样式的参数，将**"面设置"**中的**"亮显强度"**设为**"50"**，将**“边设置”**中的**“边模式”**设为**“无”**。

④应用**“真实 2”**视觉样式：

单击**“将选定的视觉样式应用于当前视口”**按钮，关闭视觉样式管理器对话框，并将系统变量 FACETRES 设为 5，观察骰子视觉效果如 7-35 所示。

图 7-35　“真实 2”视觉样式下的骰子效果

实例 7-2　制作五星的三维模型

一　实例分析

图 7-36 所示的五角星模型，是由五个相同的角实体经过环形阵列而成的，其中每个角实体的形状都不是一个基本形体。经过形体分析与线面分析可知，角实体是一个切割形体，由一个立放的四棱柱母体[见图 7-37(a)]被两个一般位置平面 P_1、P_2 截切而成的，如图 7-37(b)所示，截平面 P_1 经过 O_1、A、B 三个点，截平面 P_2 经过 O_1、A、C 三个点。

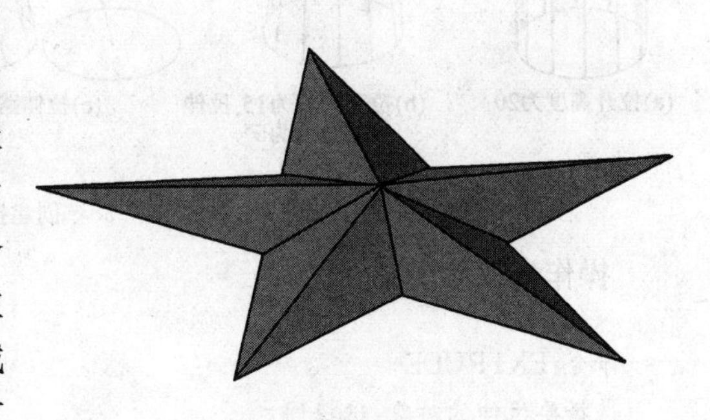

图 7-36　五角星模型

制作五角星模型用到的新命令有创建拉伸实体命令 EXTRUDE、实体剖切命令 SLICE、布尔运算并集命令 UNION。

此类建模方法适用于必须用线面分析法分析的不规则形体以及切割形体。

二　相关知识

(一)创建拉伸体命令

(1)功能

通过指定拉伸的方向、高度、路径，可以将面拉伸成体、将线拉伸成面，从而创建三维实体或曲面。

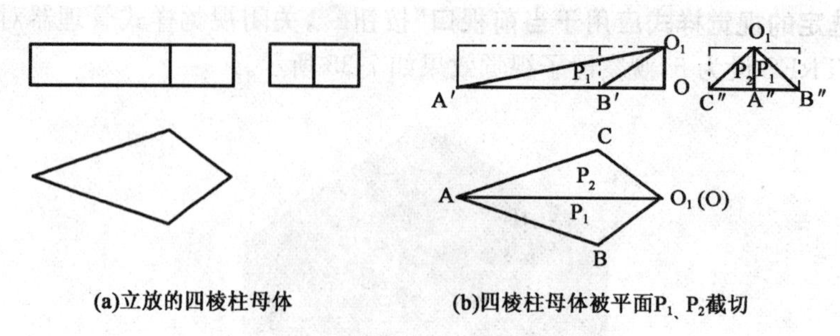

图 7-37　五角星的一个角实体的形状分析图

(2)命令调用方式

下拉菜单:**“绘图”/“建模” /“拉伸”**

工具栏:**“建模”/“拉伸”**

命令行:EXTRUDE

(3)命令举例

【例 7-12】　拉伸创建实体的几种方式，如图 7-38 所示。

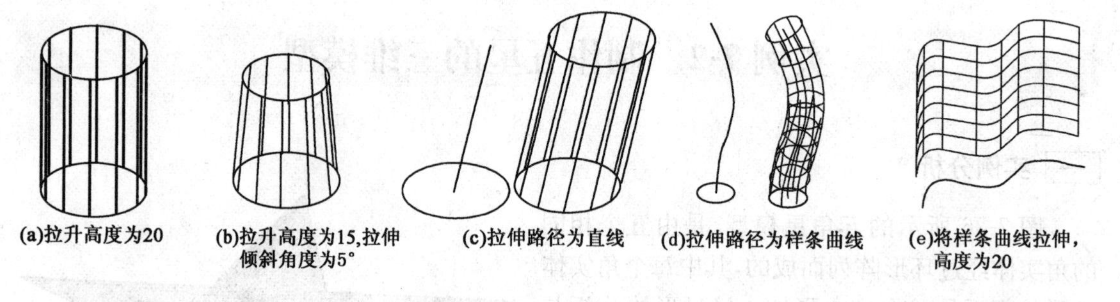

(a)拉升高度为20
(b)拉升高度为15,拉伸倾斜角度为5°
(c)拉伸路径为直线
(d)拉伸路径为样条曲线
(e)将样条曲线拉伸，高度为20

图 7-38　创建拉伸体的几种方式

操作步骤如下：

```
命令:EXTRUDE                                                  (调用拉伸命令)
选择要拉伸的对象:选择圆                                        (选择拉伸体的截面对象)
选择要拉伸的对象:回车                                          (结束选择)
指定拉伸的高度或[方向(D)/路径(P)/倾斜角(T)]<70.0000>:P         (选择用路径方式拉伸)
选择拉伸路径或[倾斜角]:选择空间曲线                    (选择曲线拉伸路径,结果如图 7-38(d)所示)
```

(4)注意事项

①路径不能与对象处于同一平面，也不能具有高曲率的部分。

②拉伸实体始于对象所在平面并保持其方向相对于路径。

③如果路径包含不相切的线段，那么程序将沿每个线段拉伸对象，然后沿线段形成的角平分面斜接接头。

④如果路径是封闭的，拉伸对象应位于斜接面上。这允许实体的起始截面和终止截面相

互匹配。如果对象不在斜接面上，将对象旋转直到其位于斜接面上。

⑤倾斜角为介于 −90°～+90°之间的角度，正角度表示从基准对象逐渐变细地拉伸，而负角度则表示从基准对象逐渐变粗地拉伸。默认角度 0 表示在与二维对象所在平面垂直的方向上进行拉伸。所有选定的对象和环都将倾斜到相同的角度。

(二)剖切命令

(1)功能

用平面或曲面剖切实体创建新的实体。

(2)命令调用方式

下拉菜单：**“修改”/“三维操作”/“剖切”**

命令行：SLICE

(3)命令举例

【例 7-13】 用“三点”方式剖切长方体，如图 7-39(a)所示。

操作步骤如下：

命令：SLICE　(调用剖切命令)
选择要剖切的对象：选择长方体
选择要剖切的对象：回车　(结束选择)
指定 切面 的起点或［平面对象(O)/曲面(S)/Z 轴(Z)/视图(V)/XY/YZ/ZX/三点(3)］<三点>：回车　(选择“三点”剖切方式)
指定平面上的第一个点：选择 A 点
指定平面上的第二个点：选择 B 点
指定平面上的第二个点：选择 C 点
在所需的侧面上指定点或［保留两个侧面(B)］<保留两个侧面>：选择 D 点　(保留的 D 点所在的一侧)

【例 7-14】 用平行于坐标面 ZOX 的平面剖切方式剖切圆锥，如图 7-39(b)所示。

操作步骤如下：

命令：SLICE　(调用剖切命令)
选择要剖切的对象：选择圆锥
选择要剖切的对象：回车　(结束选择)
指定 切面 的起点或［平面对象(O)/曲面(S)/Z 轴(Z)/视图(V)/XY/YZ/ZX/三点(3)］<三点>：ZX　(选择 ZX 平面的剖切方式)
指定 ZX 平面上的点 <0,0,0>：选择锥顶
在所需的侧面上指定点或［保留两个侧面(B)］<保留两个侧面>：B　(保留两侧的对象)

【例 7-15】 用曲面剖切长方体，如图 7-39(c)所示。

操作步骤如下：

命令：SLICE　　　　（调用剖切命令）
选择要剖切的对象：选择长方体
选择要剖切的对象：回车　　　　（结束选择）
指定 切面 的起点或［平面对象(O)/曲面(S)/Z 轴(Z)/视图(V)/XY/YZ/ZX/三点(3)］<三点>:S　　　　（选择曲面的剖切方式）
选择曲面:选择图中曲面
在所需的侧面上指定点或［保留两个侧面(B)］<保留两个侧面>:B　　　　（保留两侧的对象）

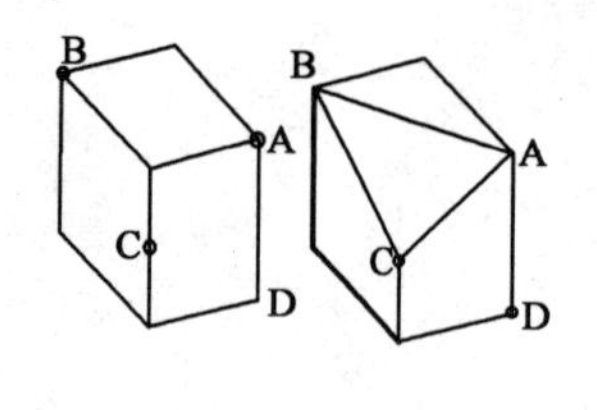

(a)过三点剖切

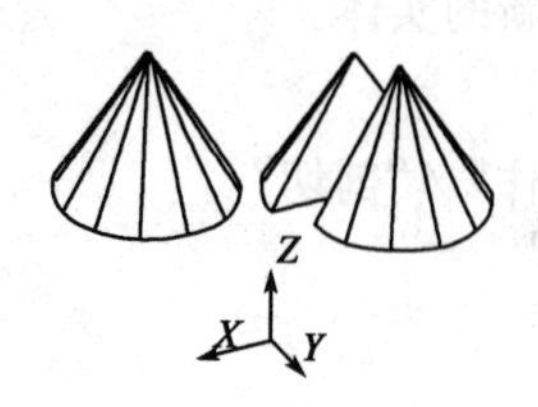

(b)用ZX面剖切

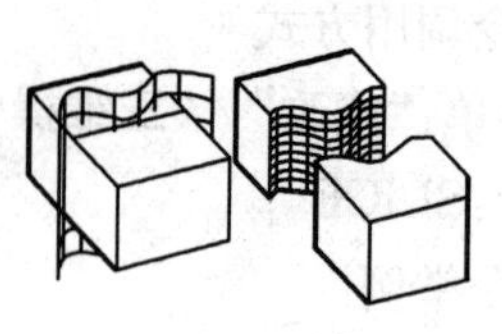
(c)用曲面剖切

图 7-39　截切实体

(4)命令中其他选项说明

①平面对象(O)

用指定对象所在平面来切开实体。这些对象可以是圆、椭圆、圆弧、二维样条曲线或二维多段线。

②*Z* 轴(Z)

通过指定剖切平面上一点和在剖切平面 *Z* 轴(法线)上指定另一点来定义剖切平面。

③视图(V)

通过指定剖切平面上一点选择与当前视图平面平行的平面作为剖切平面。

④*XY*/*YZ*/*ZX*

这三项分别表示通过指定剖切平面上一点，选择与当前 UCS 坐标系下的 *XY* 平面、*YZ* 平面、*ZX* 平面平行的平面作为剖切平面。

(三)布尔运算并集

(1)功能

并集运算是将两个或两个以上的实体合并成一个新实体。

(2)命令调用方式

下拉菜单：**“修改”/“实体编辑”/“并集”**

工具栏：**“实体编辑”/“并集”**

命令行：UNION

(3)命令举例

【例 7-16】　将长方体与圆柱合并成一个实体，如图 7-40 所示。

操作步骤如下：

命令：UNION　　（调用并集命令）
选择对象：用交叉窗口选择长方体和圆柱体　　（选择长方体和圆柱体作为被合并的实体）
选择对象：回车　　（结束合并实体的选择）

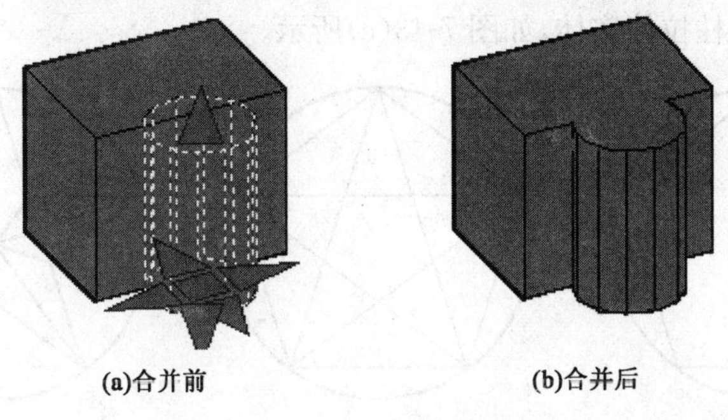

图 7-40　实体的并集

三　任务实施

(一)新建图形文件

新建图形文件，以文件名为**"五角星.dwg"**保存。

(二)建立图层

打开**"图层特性管理器"**对话框，建立图层，如图 7-41 所示。

状态	名称	开	冻结	锁定	颜色	线型	线宽
✓	0				白	Continuous	—— 默认
	Defpoints				白	Continuous	—— 默认
	尺寸标注				白	Continuous	—— 0....
	辅助线				白	Continuous	—— 默认
	角实体				绿	Continuous	—— 默认
	切掉的部分实体				洋红	PHANTOM2	—— 默认
	整体五星				红	Continuous	—— 默认

图 7-41　建立图层

(三)绘制二维五角星图形

进入**"辅助线"**图层，绘制二维五角星图形，外接圆半径为 500，如图 7-42 所示。

(四)制作五角星的一个角实体的母体

(1)将视图设置为**"东南等轴测"**，如图 7-43(a)所示。
(2)用复制命令 COPY 从二维五角星中复制出的一个角的平面图 OBAC，如图 7-43(b)

所示。

(3)用创建边界的命令 BOUNDARY,将图 7-43(b)中的平面图创建成一个封闭多段线 OBAC。

(4)进入**"角实体"**图层,用创建拉伸实体的命令 EXTRUDE,将封闭多段线 OBAC 拉伸成一个高度为 100 的四棱柱拉伸实体,如图 7-43(c)所示。

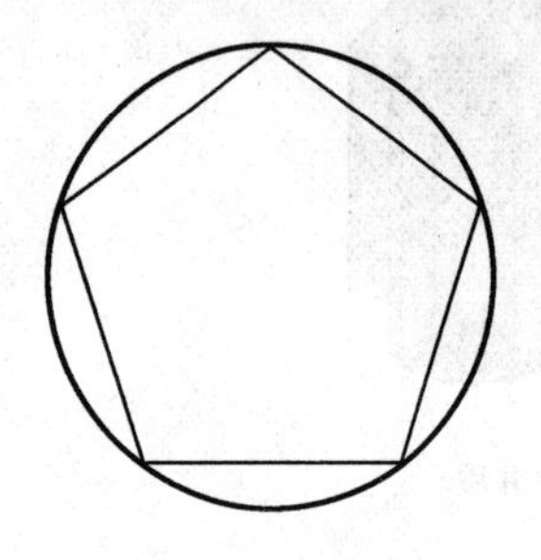

(a)绘制圆及内接正五边形

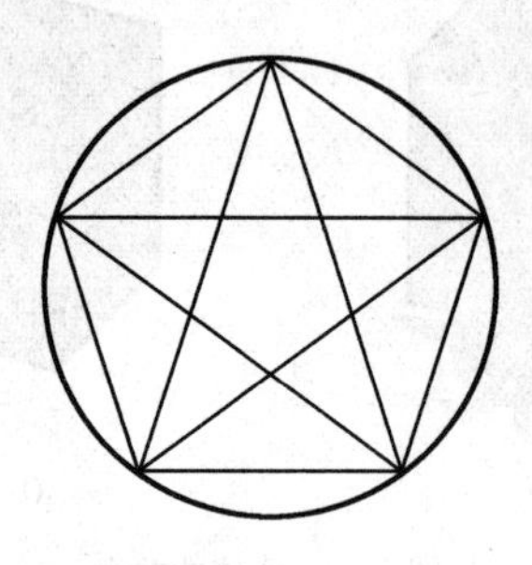

(b)连接五个顶点,作五角星轮廓

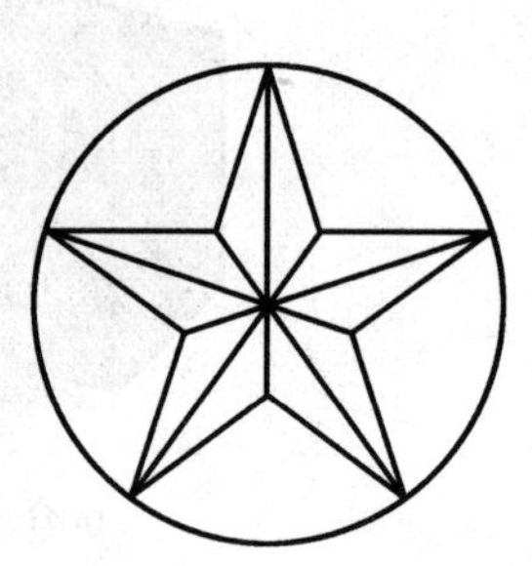

(c)完成五角星

图 7-42　绘制二维五角星图形

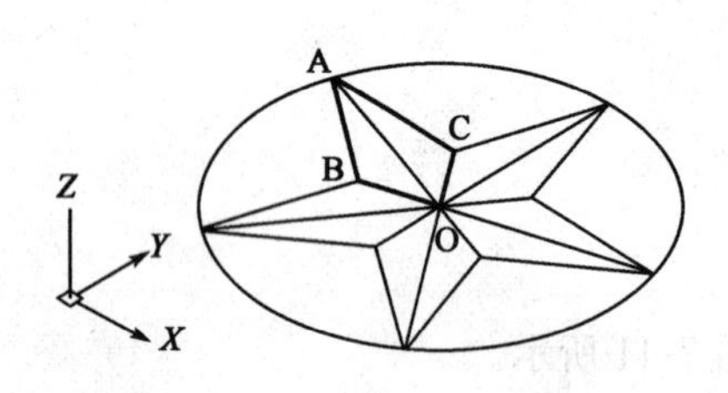

(a)将视图设置为"东南等轴测"

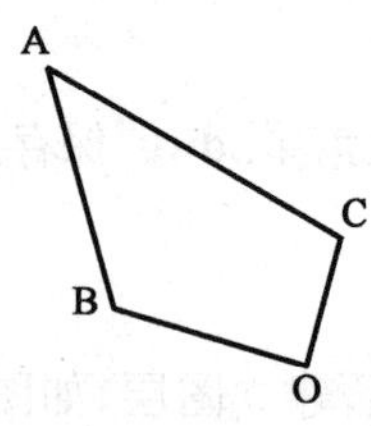

(b)复制出五角星的一个角并转化成一条封闭多段线

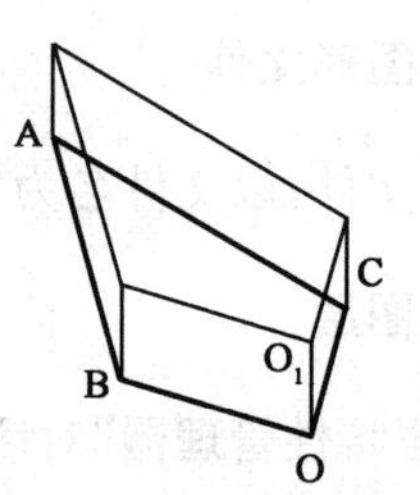

(c)创建四棱柱拉伸实体

图 7-43　创建角实体的母体四棱柱

(五)切割母体四棱柱,获得五角星的一个角实体

(1)用平面 P1 切割母体四棱柱,如图 7-44 所示。

操作步骤如下:

```
命令:SLICE
选择要剖切的对象:选择母体四棱柱
选择要剖切的对象:回车
指定切面的起点或[平面对象(O)/曲面(S)/Z 轴(Z)/视图(V)/XY/YZ/ZX/三点(3)]<三点>:3
指定平面上的第一个点:选择 O1 点
指定平面上的第二个点:选择 A 点
指定平面上的第三个点:选择 B 点
在所需的侧面上指定点或[保留两个侧面(B)]<保留两个侧面>:B
```

(2)将被平面 P1 切割后的剩余部分,继续用平面 P2 切割,如图 7-45 所示。

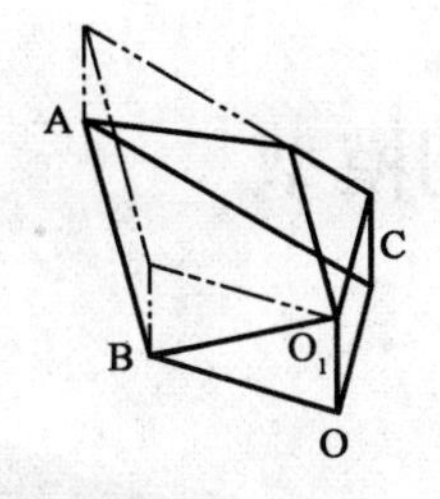

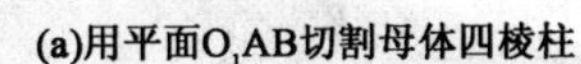
(a)用平面O_1AB切割母体四棱柱

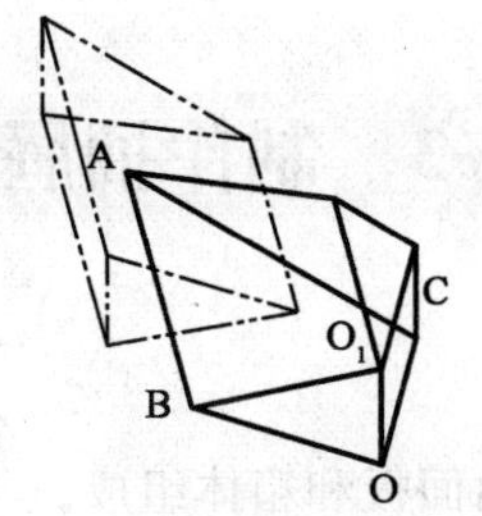

(b)移去上面的一部分

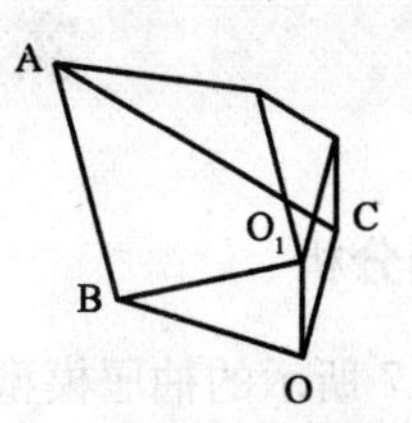

(c)剩余部分的形状

图 7-44 用平面 P1 切割母体四棱柱

命令:SLICE

选择要剖切的对象:选择剩余部分

选择要剖切的对象:回车

指定切面的起点或[平面对象(O)/曲面(S)/Z 轴(Z)/视图(V)/XY/YZ/ZX/三点(3)]＜三点＞:3

指定平面上的第一个点:选择 O1 点

指定平面上的第二个点:选择 A 点

指定平面上的第三个点:选择 C 点

在所需的侧面上指定点或 [保留两个侧面(B)] ＜保留两个侧面＞:B

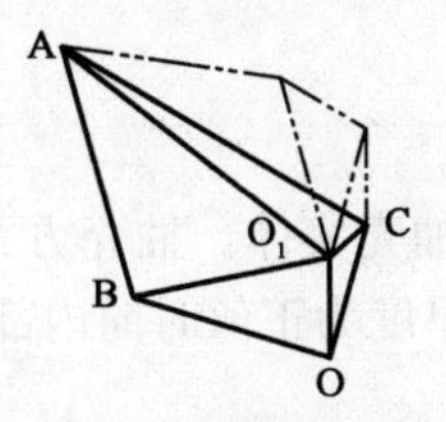

(a)用平面O_1AC切割母体四棱柱

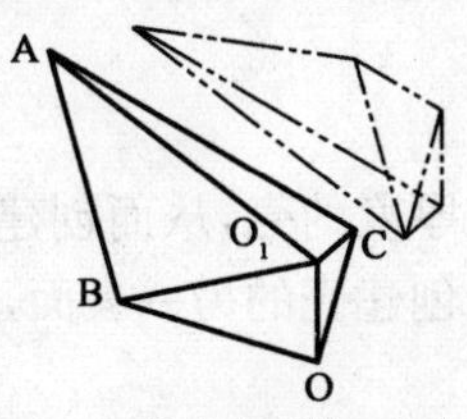

(b)移去上面的一部分

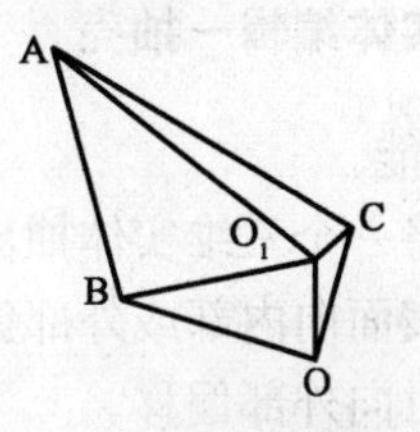

(c)创建的角实体

图 7-45 用平面 P2 切割母体四棱柱的剩余部分

(六)阵列、合并角实体,完成五角星模型

(1)用阵列命令 ARRAY 进行环形阵列,得到 5 个角实体,阵列中心为 O 点,如图 7-46(a)所示。

(2)用并集命令 UNION 合并 5 个角实体,完成五角星模型,如图 7-46(b)所示。

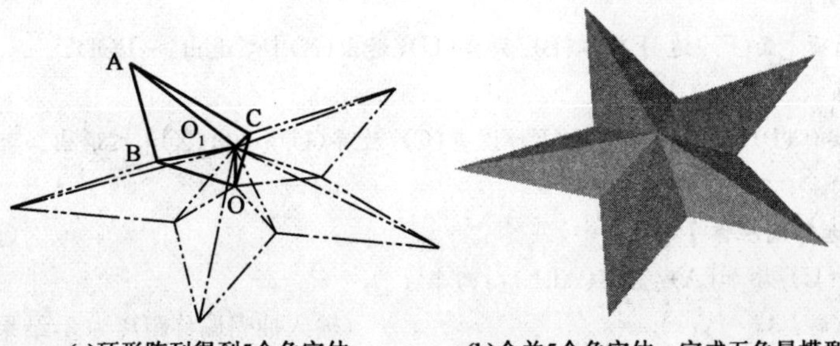

(a)环形阵列得到5个角实体　　(b)合并5个角实体，完成五角星模型

图 7-46 阵列、合并角实体

实例 7-3 制作抽屉剖切模型

一 实例分析

图 7-47 所示的抽屉模型,它由面板和箱体组成。面板对外的四条棱边进行了倒角,面板上有一个形状为回转体的拉手;箱体有一块底板和三块侧板组成;该模型又被剖切去了 1/8 部分,做成了三维剖面模型。制作这个模型过程中要用到的新命令有抽壳命令、布尔运算差集命令 SUBTRACT、实体编辑一复制边命令、创建旋转体命令 REVOLVE、三维旋转命令 3DROTATE、倒角命令 CHAMFER。

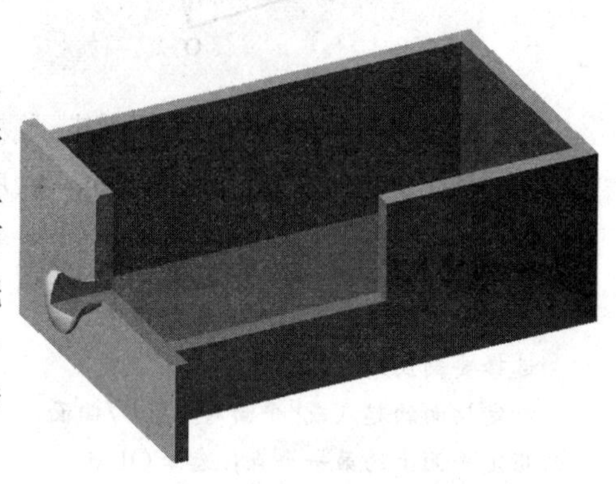

图 7-47 抽屉的剖切模型

二 相关知识

(一)实体编辑—抽壳

(1)功能

可以将一个三维实体抽出一定厚度的壳,从而创建一个抽壳实体。抽壳方式是将三维实体原有的表面向内部或外部偏移来创建壳的另一表面,抽壳厚度为正值时向内部偏移,抽壳厚度为负值时向外部偏移。

(2)命令调用方式

下拉菜单:**“修改”/“实体编辑”/“抽壳”**

工具栏:**“实体编辑”/“抽壳”**

(3)命令举例

【例 7-17】 对圆柱体进行三种方式的抽壳,如图 7-48 所示。

操作步骤如下:

```
命令:SOLIDEDIT
输入实体编辑选项[面(F)/边(E)/体(B)/放弃(U)/退出(X)]<退出>:BODY
输入体编辑选项
[压印(I)/分割实体(P)/抽壳(S)/清除(L)/检查(C)/放弃(U)/退出(X)]<退出>:SHELL
                                                        (调用抽壳命令)
选择三维实体:选择圆柱体 1                                (选择圆柱体 1 抽壳)
删除面或[放弃(U)/添加(A)/全部(ALL)]:回车                      (结束选择)
输入抽壳偏移距离:3                  (输入抽壳偏移距离为 3,结果如图 7-48(a)所示)
输入体编辑选项
```

[压印(I)/分割实体(P)/抽壳(S)/清除(L)/检查(C)/放弃(U)/退出(X)]＜退出＞:S （继续抽壳命令）

选择三维实体:选择圆柱体 2 （选择圆柱体 2 抽壳）

删除面或[放弃(U)/添加(A)/全部(ALL)]:回车 （结束选择）

输入抽壳偏移距离:−3 [输入抽壳偏移距离为−3,结果如图 7-48(b)所示]

输入体编辑选项

[压印(I)/分割实体(P)/抽壳(S)/清除(L)/检查(C)/放弃(U)/退出(X)]＜退出＞:S （继续抽壳命令）

选择三维实体:选择圆柱体 3 （选择圆柱体 3 抽壳）

删除面或[放弃(U)/添加(A)/全部(ALL)]:选择顶面圆 （删除顶面和圆柱面）

找到 2 个面,已删除 2 个

删除面或[放弃(U)/添加(A)/全部(ALL)]:按下“shift”键,选择圆柱面 （添加圆柱面）

找到一个面

删除面或[放弃(U)/添加(A)/全部(ALL)]:回车 （结束选择）

输入抽壳偏移距离:3 [输入抽壳偏移距离为 3,结果如 7-48(c)所示]

[压印(I)/分割实体(P)/抽壳(S)/清除(L)/检查(C)/放弃(U)/退出(X)]＜退出＞:X （退出命令）

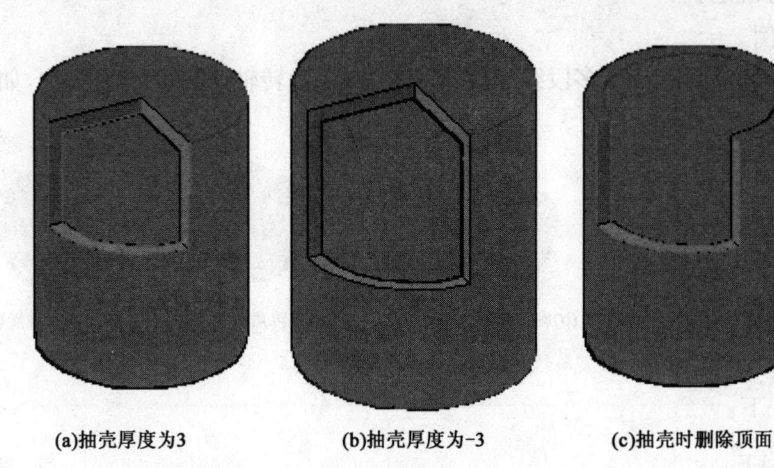

(a)抽壳厚度为3　(b)抽壳厚度为−3　(c)抽壳时删除顶面

图 7-48 抽壳的几种方式

(二)实体编辑—复制边

(1)功能

复制三维实体上的边,所有三维实体边被复制为直线、圆弧、圆、椭圆或样条曲线。

(2)命令调用方式

下拉菜单:**“修改”/“实体编辑”/“复制边”**

工具栏:**“实体编辑”/“复制边”**

(3)命令举例

【例 7-18】 复制正五棱锥侧面上的三条边,如图 7-49 所示。

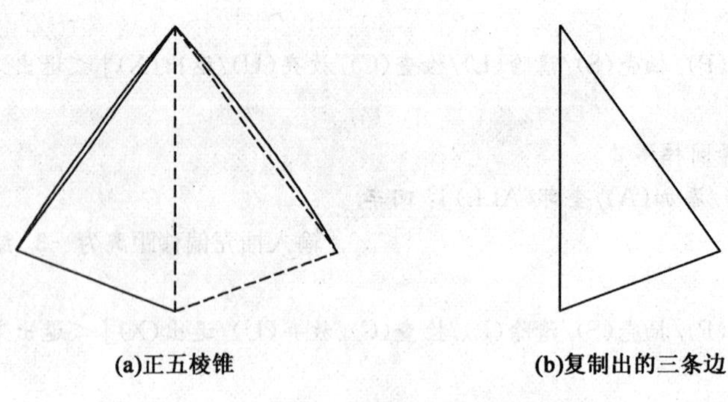

(a)正五棱锥　　(b)复制出的三条边

图 7-49　复制正五棱锥的三条边

(三)创建旋转体命令

(1)功能

通过绕指定轴旋转开放或闭合的对象来创建实体或曲面。

(2)命令调用方式

下拉菜单:**“绘图”/“建模”/“旋转”**

工具栏:**“建模”/“旋转”**

命令行:REVOLVE

(3)命令举例

【例 7-19】　选择封闭二维多段线为旋转对象,指定旋转轴来创建三维实体,如图 7-50(b)所示。

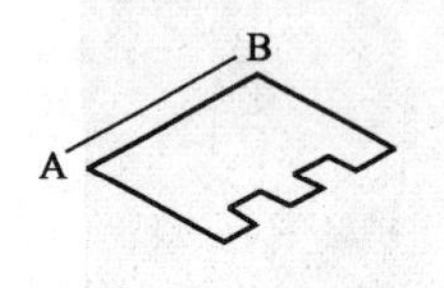

(a)旋转对象与旋转轴

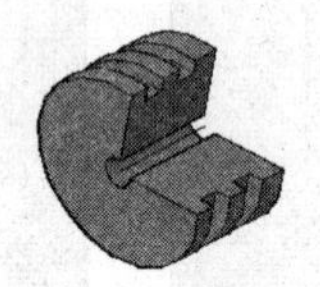

(b)旋转角度为360°

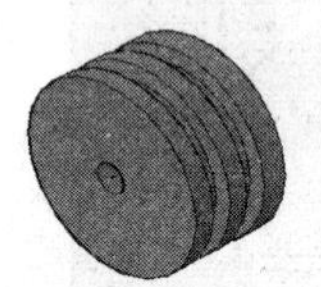

(c)旋转角度为280°

(d)绕*Y*轴旋转

图 7-50　旋转实体

操作步骤如下:

命令:REVOLVE	(调用旋转命令)
当前线框密度:ISOLINES=4	
选择要旋转的对象:选择二维多段线	(以二维多段线为旋转对象)
选择要旋转的对象:回车	(结束选择)
指定轴起点或根据以下选项之一定义轴[对象(O)/X/Y/Z]<对象>:拾取 A 点	(选择 AB 为旋转轴,A 点为轴的起点)
指定轴端点:拾取 B 点	(B 点为轴的端点)
指定旋转角度或[起点角度(ST)]<360>:回车	[默认旋转角度为 360°。也可输入旋转角度,可产生指定角度旋转的旋转体,如图 7-50 (c)所示]

【例 7-20】　选择封闭二维多段线为旋转对象,绕 Y 轴旋转创建三维实体,如图 7-50(d)所示。

操作步骤如下：

命令：REVOLVE	（调用旋转命令）
当前线框密度：ISOLINES=4	
选择要旋转的对象：选择二维多段线	（选择二维多段线为旋转对象）
选择要旋转的对象：回车	（结束选择）
指定轴起点或根据以下选项之一定义轴[对象(O)/X/Y/Z] <对象>：Y	（以Y轴为旋转轴）
指定旋转角度或[起点角度(ST)] <360>：回车	（默认旋转角度为360°）

(四)三维旋转命令

(1)功能

用于在三维视图中旋转三维对象。

(2)命令调用方式

下拉菜单：**"修改"/"三维操作"/"三维旋转"**

工具栏：**"建模"/"三维旋转"**

命令行：3DROTATE

(3)命令举例

【例7-21】 通过指定角的起点和端点来旋转圆柱体，如图7-51所示。

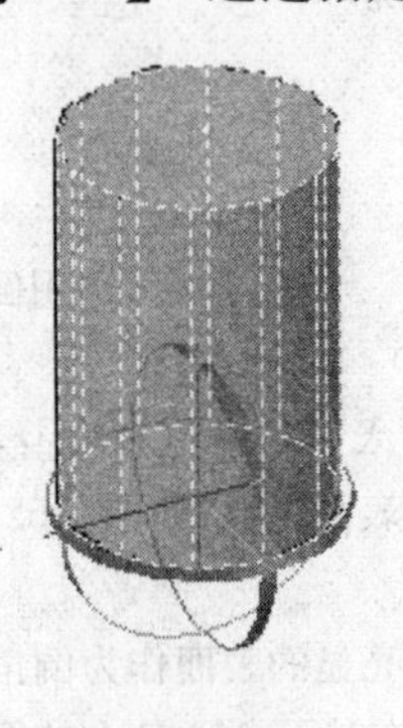

(a)指定旋转基点

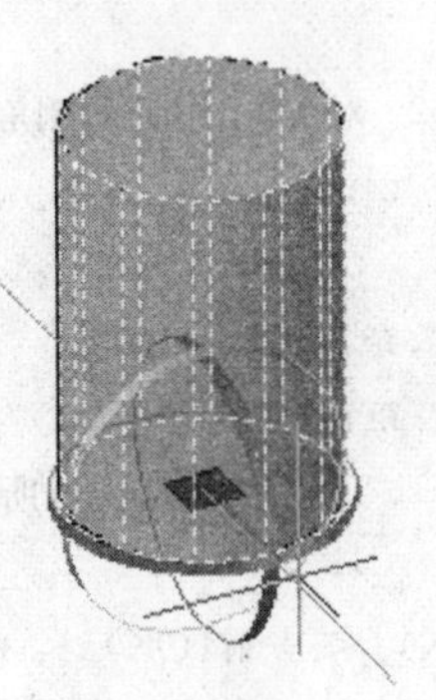

(b)指定旋转轴

(c)绕Y轴旋转90°

图7-51 对象绕坐标轴旋转

操作步骤如下：

命令：3DROTATE	（调用三维旋转命令）
选择对象：选择圆柱体	（选择旋转对象）
选择对象：回车	（结束选择）
指定基点：拾取圆柱底面中心点，如图7-51(a)所示	（选择旋转轴的通过点）
拾取旋转轴：将光标置于绿色的椭圆上，出现平行于Y轴的轴线后单击，如图7-51(b)所示	（选择旋转轴的方向）
指定角的起点：90	（输入旋转角度90°）

(五)倒角命令

(1)功能

对实体的棱边倒角,从而在实体的两相邻表面之间生成一个过渡平面。

(2)命令调用方式

下拉菜单:**“修改”/“倒角”**

工具栏:**“修改”/“倒角”**

命令行:CHAMFER

(3)命令举例

【例 7-22】 将柱体的棱边 AD 进行倒角,两个倒角距离都为 10,如图 7-52 所示。

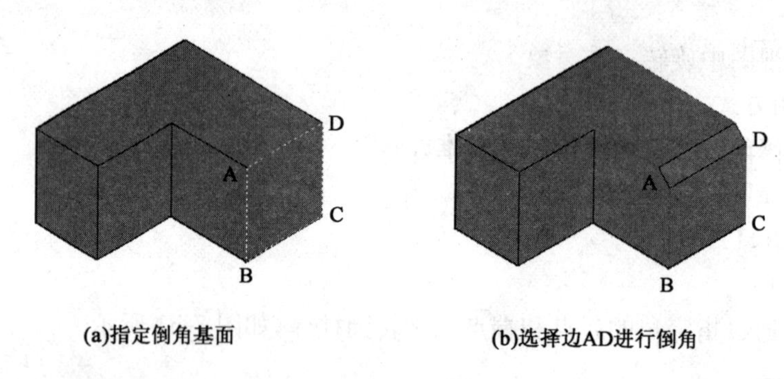

图 7-52 对实体的边进行倒角

命令:CHAMFER (调用倒角命令)

(“修剪”模式)当前倒角距离 1 = 0.0000,距离 2=0.0000

选择第一条直线或[放弃(U)/多段线(P)/距离(D)/角度(A)/修剪(T)/方式(E)/多个(M)]:单击棱线AB [棱线 AB 所在的某一个表面亮显,如图 7-52(a)所示]

基面选择...

输入曲面选择选项[下一个(N)/当前(OK)]<当前(OK)>:回车 (选择亮显的表面作为倒角的基面)

指定基面的倒角距离:10 (输入在基面 ABCD 上的倒角距离)

指定其他曲面的倒角距离 <10.0000>:10 [输入其他相邻表面上的倒角距离,如选择要倒角的棱边,L 表示对基面上的各边均给予倒角]

选择边或[环(L)]:选择边或[环(L)]:选择边AD进行倒角

三 任务实施

(一)新建图形文件

新建图形文件,以文件名为**“抽屉.dwg”**保存。

(二)建立图层

打开**“图层特性管理器”**对话框,建立图层,如图 7-53 所示。

状态	名称	开	冻结	锁定	颜色	线型	线宽
	0				■ 白	Contin...	—— 默认
	辅助线				■ 白	Contin...	—— 默认
✓	拉手				□ 黄	Contin...	—— 默认
	面板				□ 绿	Contin...	—— 默认
	箱体				■ 蓝	Contin...	—— 默认

图 7-53 建立图层

(三)制作抽屉箱体

(1)创建箱体的长方体

①进入**“箱体”**图层。

②将视图设置为**“东北等轴测”**。

③将视觉样式设为**“三维隐藏”**。

④创建一个长 400、宽 250、高 150 的箱体长方体,如图 7-54(a)所示。

操作步骤如下:

```
命令:BOX
指定第一个角点或[中心(C)]:单击任一点
指定其他角点或[立方体(C)/长度(L)]:@400,250
指定高度或[两点(2P)]<50.0000>:150
```

(四)制作箱体内腔

用抽壳命令挖出箱体内腔,箱体壁厚为 20,如图 7-54(b)所示。

操作步骤如下:

```
命令:SOLIDEDIT
输入实体编辑选项[面(F)/边(E)/体(B)/放弃(U)/退出(X)]<退出>:BODY
输入体编辑选项
[压印(I)/分割实体(P)/抽壳(S)/清除(L)/检查(C)/放弃(U)/退出(X)]<退出>:SHELL
选择三维实体:选择长方体
删除面或[放弃(U)/添加(A)/全部(ALL)]:单击棱边 AB
找到 2 个面,已删除 2 个。
删除面或[放弃(U)/添加(A)/全部(ALL)]:回车
输入抽壳偏移距离:20
输入体编辑选项
[压印(I)/分割实体(P)/抽壳(S)/清除(L)/检查(C)/放弃(U)/退出(X)]<退出>:X
```

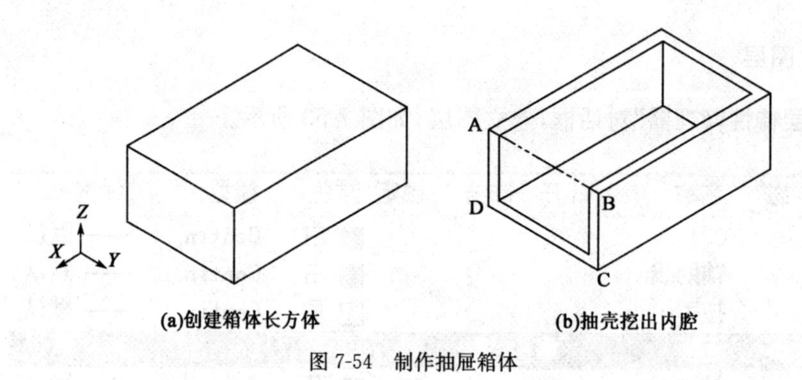

图 7-54　制作抽屉箱体

(五)制作面板

(1)创建面板长方体

①将视觉样式设为**"二维线框"**；

②用长方体命令创建一个长 25、宽 290、高 170 的面板长方体，如图 7-55(a)所示。

操作步骤如下：

```
命令:BOX
指定第一个角点或[中心(C)]：单击任一点
指定其他角点或[立方体(C)/长度(L)]：@25,290
指定高度或[两点(2P)]<48.0729>：170
```

(2)挖出拉手孔

①用圆柱命令创建一个半径为 20、高为 100 的圆柱，如图 7-55(b)所示。

操作步骤如下：

```
命令：CYLINDER
指定底面的中心点或[三点(3P)/两点(2P)/相切、相切、半径(T)/椭圆(E)]：单击任一点
指定底面半径或[直径(D)]<40.0000>：20
指定高度或[两点(2P)/轴端点(A)]<170.0000>：100
```

②将圆柱转成轴线沿 X 轴方向

以圆柱底面圆的圆心 O_1 为基点，用三维旋转命令将圆柱绕 Y 轴方向旋转 90°，如图 7-55(c)所示。

操作步骤如下：

```
命令:3DROTATE
选择对象:选择圆柱体
选择对象:回车
指定基点:选底面圆心 O1
拾取旋转轴:选择 Y 轴
指定角的起点:90
```

③将圆柱移动到面板拉手孔的位置

首先用直线命令分别作圆柱的轴线 O_1O_2 和长方体表面 EFGH 的对角线 EG 作为辅助线，然后移动圆柱，如图 7-55(d)所示。

操作步骤如下：

命令：MOVE
选择对象：选择圆柱体
选择对象：回车
指定基点或［位移(D)］<位移>：选择 O_1O_2 的中点
指定第二个点或 <使用第一个点作为位移>：选择 EG 的中点

④用差集命令挖出拉手孔

用差集命令在面板长方体中减去圆柱，挖出拉手孔，如图 7-55(e)所示。

操作步骤如下：

命令：SUBTRACT
选择对象：选择面板长方体
选择对象：回车
选择要减去的实体或面域 ..
选择对象：选择圆柱
选择对象：回车

(3)制作倒角

对面板的外面四条棱边进行倒角，倒角距离外面为 20、侧面为 5，如图 7-55(f)所示。

操作步骤如下：

命令：CHAMFER
选择第一条直线或［放弃(U)/多段线(P)/距离(D)/角度(A)/修剪(T)/方式(E)/多个(M)］：
基面选择...　选择面板外面(表面 EFGH 的对面)
输入曲面选择选项［下一个(N)/当前(OK)］<当前(OK)>：回车
指定基面的倒角距离：20
指定其他曲面的倒角距离 <20.0000>：5
选择边或［环(L)］：L，选择面板外面的四条棱边进行倒角

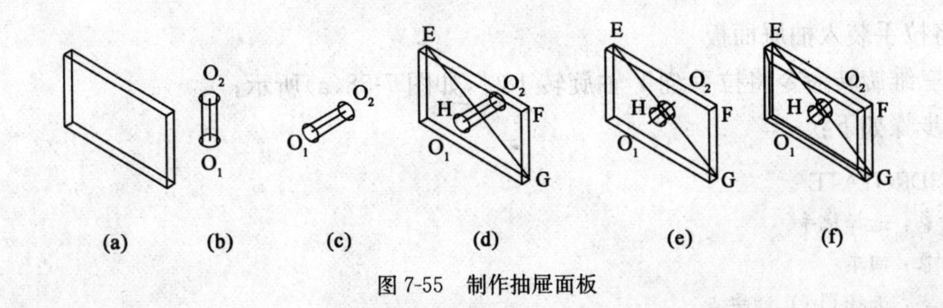

图 7-55　制作抽屉面板

(六)制作抽屉拉手

(1)将视图设为**"俯视图"**；

(2)绘制拉手旋转体的回转截面,如图 7-56 所示;

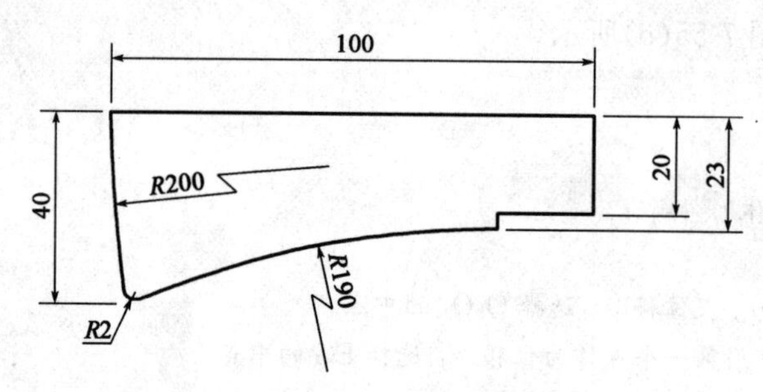

图 7-56 拉手旋转体的旋转面

(3)将视图设为**"东北等轴测"**;将视觉样式设为**"概念"**;

(4)用旋转实体的命令创建拉手,如图 7-57 所示。

操作步骤如下:

```
命令:REVOLVE
选择要旋转的对象:选择拉手的回转截面
选择要旋转的对象:回车
指定轴起点或根据以下选项之一定义轴[对象(O)/X/Y/Z]<对象>:选 O3 点
指定轴端点:选 O4 点
指定旋转角度或[起点角度(ST)]<360>:回车
```

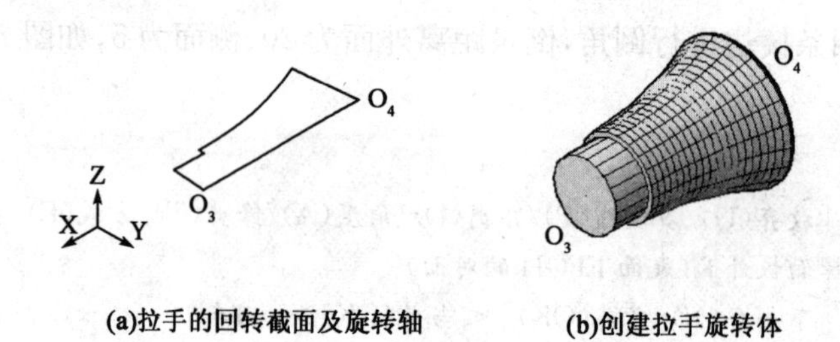

(a)拉手的回转截面及旋转轴 (b)创建拉手旋转体

图 7-57 创建拉手旋转体

(七)组装抽屉

(1)将拉手装入抽屉面板

①用三维旋转命令将拉手绕 Y 轴旋转 180°,如图 7-58(a)所示;

操作步骤如下:

```
命令:3DROTATE
选择对象:选择把手
选择对象:回车
指定基点:选择 O3O4 的中点
拾取旋转轴:选择 Y 轴
指定角的起点:180
```

②用移动命令将拉手移动到面板的拉手孔中,如图 7-58(b)所示。

移动时定位方式为：将 O_3 作为基点，将表面 EFGH 上的圆心 O_2 作为移动的目标点。

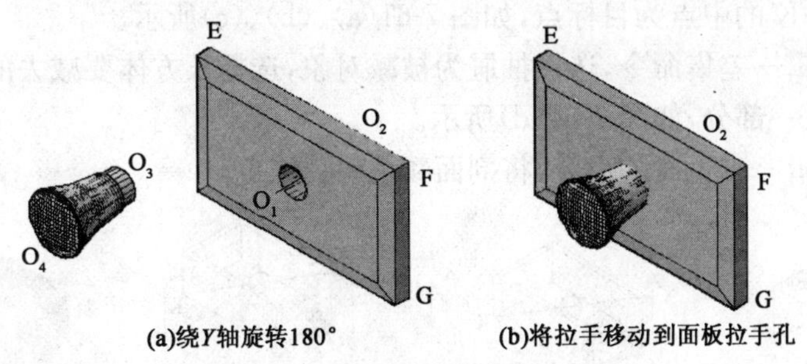

图 7-58　将拉手绕装入抽屉面板

(2)将面板及拉手装在抽屉的箱体上

①将视觉样式设为**"概念"**；

②用直线命令连接箱体前面的对角线 AC；

③用移动命令将面板和拉手装在抽屉的箱体上。

移动时定位方式为：将面板表面对角线 EG 的中点作为基点，将箱体表面的对角线 AC 的中点作为移动的目标点，如图 7-59(a)所示。

(3)合并面板，拉手和箱体

用实体编辑－并集命令将面板、拉手、箱体合并为一个实体，将视觉样式设为**"概念"**，如图 7-59(b)所示。

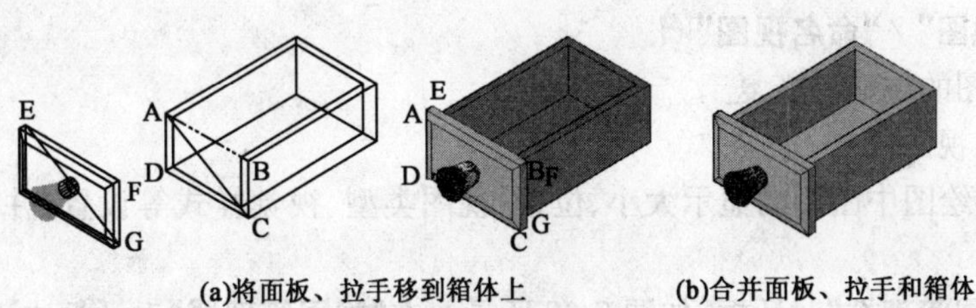

图 7-59　组装、合并抽屉

(八)改变面板及拉手表面的颜色

(1)将整个抽屉改为蓝色；

(2)用实体编辑—着色面的命令改变某些表面的颜色，将面板改为绿色，将拉手改为青色，将抽屉内的底面颜色改为黄色；

(3)将视觉样式设置为**"真实"**，并将**"亮显强度"**改为**"70"**，将**"边模式"**改为**"无"**，如图 7-60 所示。

图 7-60　修改抽屉的表面颜色

四　知识拓展

(一)制作抽屉的剖切模型

(1)创建一个边长为 200 的立方体。

(2)将立方体移到抽屉的箱体中:定位方式为:以立方体的最右、后、下的角点 M 为基点,以箱体的对角线 AK 的中点为目标点,如图 7-61(a)、(b)、(c)所示。

(3)用实体编辑—差集命令,选择抽屉为被减对象,选择长方体要减去的对象,挖去抽屉的左、前、上的八分之一部分,如图 7-61(d)所示。

(4)用实体编辑—着色面的命令,将剖面颜色改为红色。

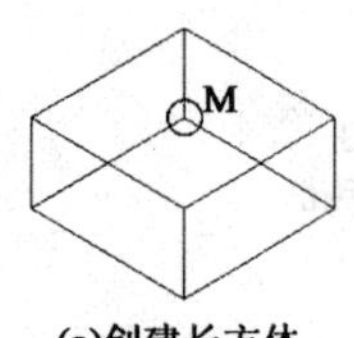

(a)创建长方体

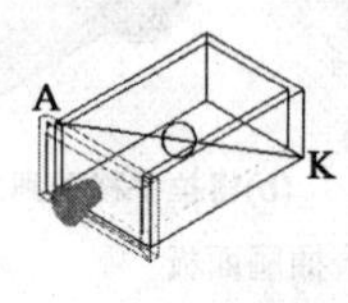

(b)作箱体的对角线

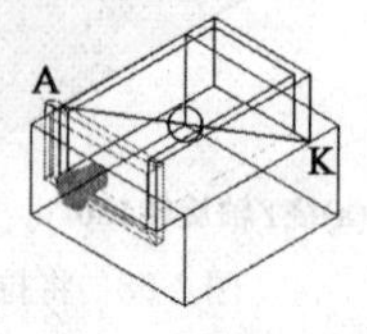

(c)将长方体移到抽屉中

(d)用差集命令剖切

图 7-61　制作抽屉的剖切模型

(二)命名视图的使用

(1)功能

把经常使用的视图定义为命名视图,以便在以后需要时将该视图快速恢复显示,以提高效率。

(2)命令调用方式

下拉菜单:**“视图”/“命名视图”**

工具栏:**“视图”/“命名视图”**

(3)命名视图的创建与恢复

①新建命名视图

a. 调整当前绘图中图形的显示大小、位置、视图类型、视觉样式等设置,并准备保存为**“命名视图”**;

b. 打开**“视图管理器”**对话框,如图 7-62 所示。在**“视图管理器”**对话框中选择**“新建”**按钮

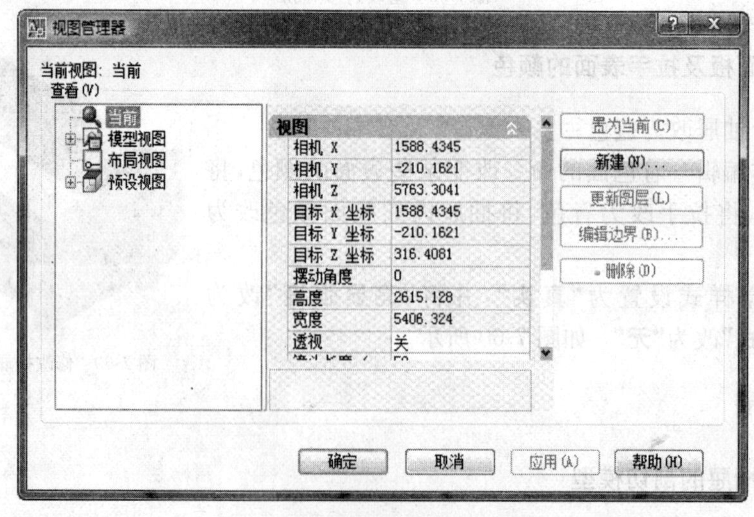

图 7-62　**“视图管理器”**对话框

打开**“新建视图”**对话框，如图 7-63 所示，输入新视图的名称**“抽屉面板”**，按**“确定”**按钮，新视图**“抽屉面板”**就保存在文件中，记录了当前绘图区中的图形显示情况。

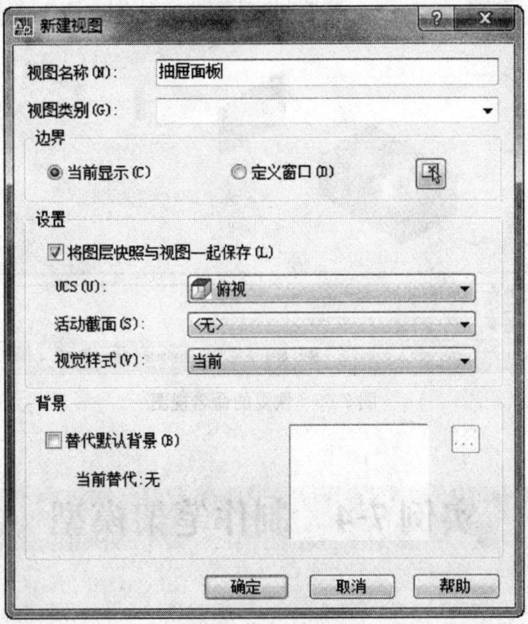

图 7-63 **“新建视图”**对话框

②恢复命名视图

当绘图或编辑需要再次显示某一个视图时，打开**“视图管理器”**对话框，在**“查看”**选项组的列表框中列出了文件中已存在的命名视图，如图 7-64 所示，选择其中一个视图，比如**“抽屉面板”**，视图出现在预览框中，然后点击**“置为当前”**按钮，确定后**“抽屉面板”**记录的视图就被恢复在绘图区中，图 7-65 所示。

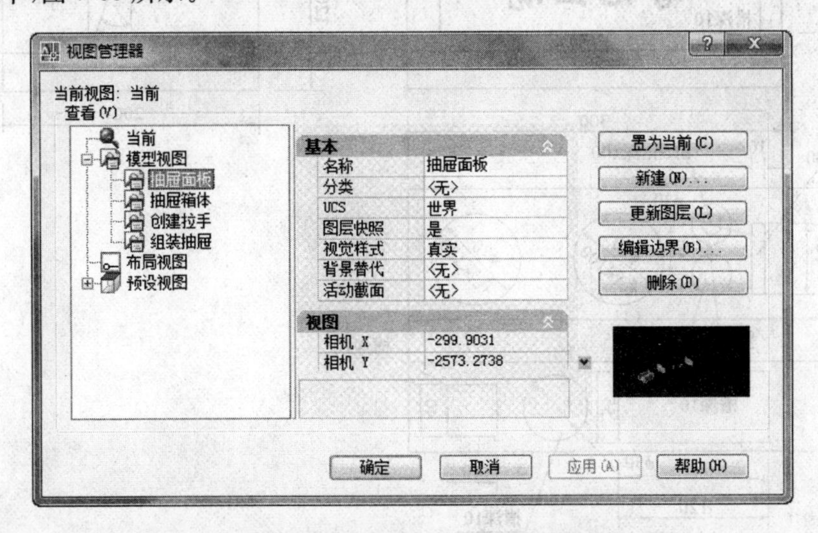

图 7-64 在**“视图管理器”**对话框中找名为**“抽屉面板”**的视图

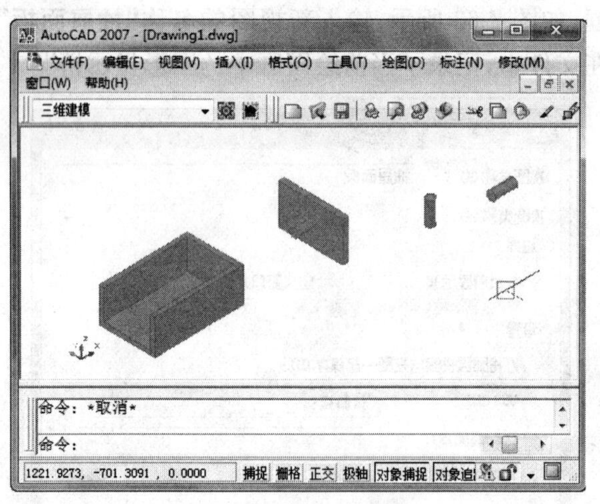

图 7-65　恢复的命名视图

实例 7-4　制作笔架模型

一　实例分析

图 7-66 所示为笔架的投影图，图 7-67 为笔架的模型。笔架的形成过程是在一块母体上挖一些槽或孔，斜面上有一个字匾，匾上刻有四个立体字，字匾四边有带造型的边框。

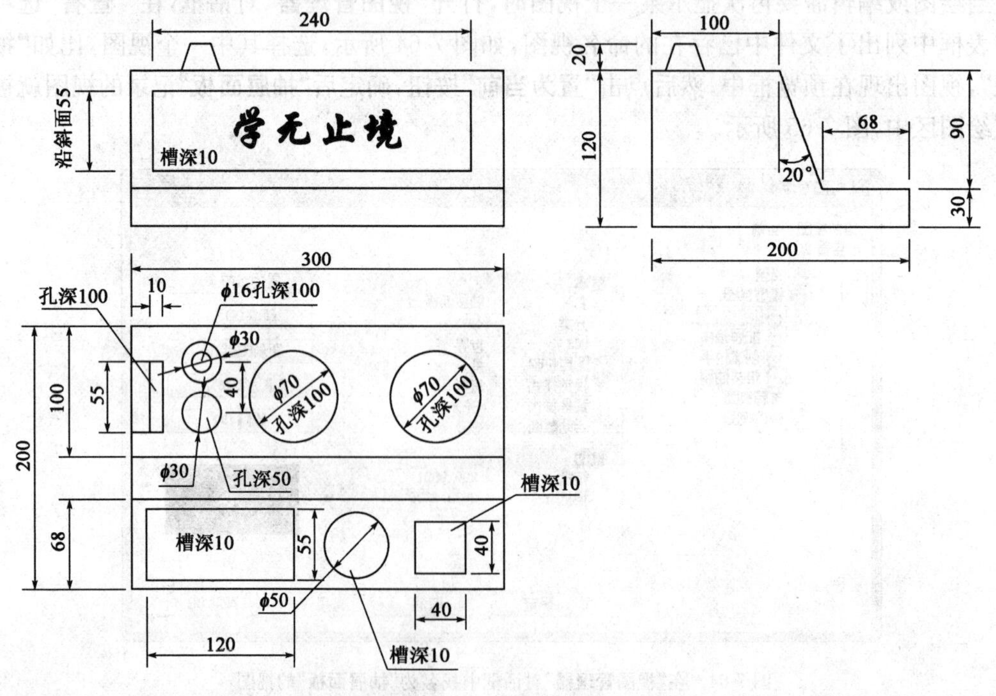

图 7-66　笔架的投影图

制作笔架模型需要新的命令有实体编辑—压印、实体编辑—旋转面、实体编辑—拉伸面、实体编辑—移动面、实体编辑—偏移面、三维对齐命令 3DALIGN。

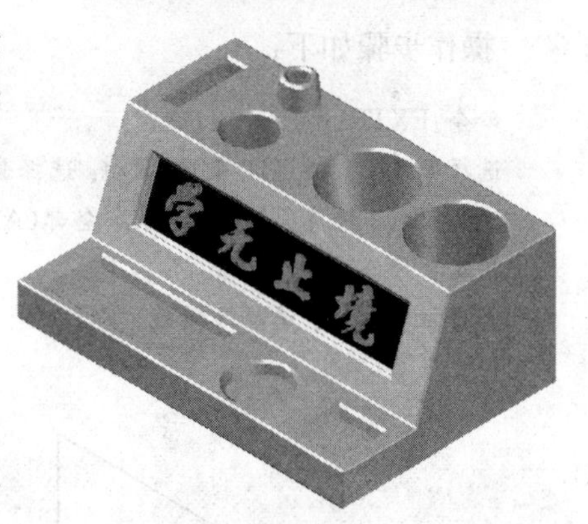

图 7-67 笔架的模型

二 相关知识

(一)实体编辑—拉伸面

(1)功能

将选定的三维实体的表面拉伸到指定高度或沿一路径拉伸,一次可以选择多个面。

(2)命令调用方式

下拉菜单:**“修改”/“实体编辑”/“拉伸面”**

工具栏:**“实体编辑”/“拉伸面”**

(3)命令举例

【例 7-23】 通过指定高度和倾斜角度拉伸长方体,如图 7-68 所示。

操作步骤如下:

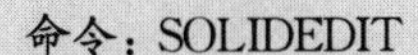

命令:SOLIDEDIT

输入实体编辑选项[面(F)/边(E)/体(B)/放弃(U)/退出(X)]＜退出＞:FACE

输入面编辑选项

[拉伸(E)/移动(M)/旋转(R)/偏移(O)/倾斜(T)/删除(D)/复制(C)/颜色(L)/材质(A)/放弃(U)/退出(X)]＜退出＞:EXTRUDE　(调用实体编辑—拉伸面命令)

选择面或[放弃(U)/删除(R)]:选择长方体顶面　(选择要拉伸的表面)

选择面或[放弃(U)/删除(R)/全部(ALL)]:回车　(结束选择)

指定拉伸高度或[路径(P)]:200　(拉伸高度 200)

指定拉伸的倾斜角度＜0＞:回车　[倾斜角度为 0,结果如图 7-68(b)所示;如倾斜角度输入 20°,结果如图 7-68(c)所示]

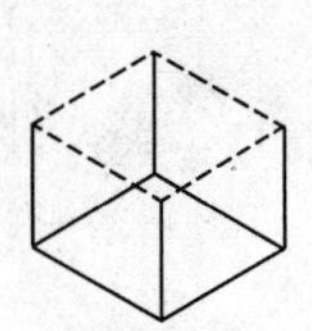

(a)选择顶面

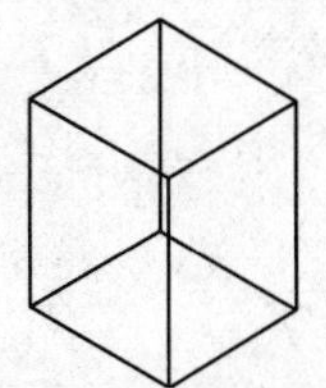

(b)指定拉伸高度为200,倾斜角度为0

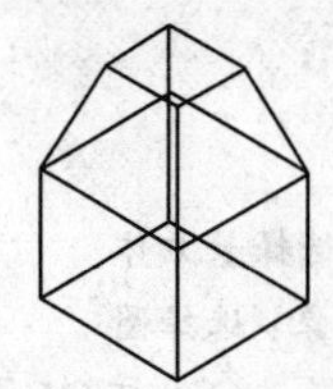

(c)指定拉伸高度为200,倾斜角度为20

图 7-68 用指定拉伸高度和倾斜角度的方式拉伸顶面

说明:如果拉伸高度输入正值,则沿面的法向拉伸,增加实体体积;若输入负值,则沿面的法向拉伸,减少实体体积;若角度输入正值,拉伸面将往里收缩,角度值输入负值,拉伸面将向外扩张。

【例 7-24】 通过指定路径拉伸长方体,如图 7-69 所示。

操作步骤如下：

命令:EXTRUDE　　(调用拉伸面命令)
选择面或［放弃(U)/删除(R)］：选择长方体的顶面　　(选择要拉伸的面)
选择面或［放弃(U)/删除(R)/全部(ALL)］：回车　　(结束选择)
指定拉伸高度或［路径(P)］：P　　(通过指定路径的方式来拉伸面)
选择拉伸路径：选择多段线　　［拉伸结果如图 7-69(b)所示］

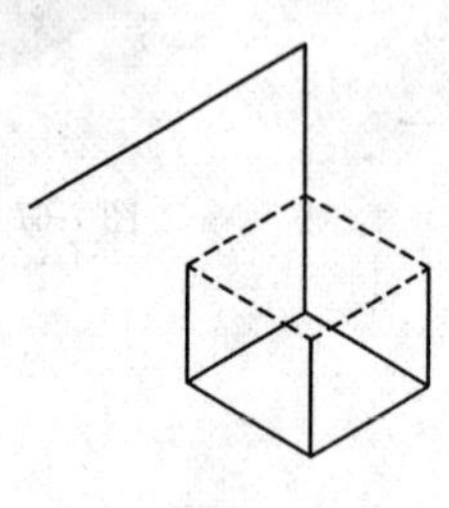

(a)选择顶面　　(b)沿路径拉伸

图 7-69　沿路径拉伸顶面

(二)实体编辑—压印

(1)功能

将实体表面上的图形压印到的实体表面上，形成一个新的面，可用于拉伸面命令，压印的图形对象与实体表面必须共面。

(2)命令调用方式

下拉菜单：**“修改”/“实体编辑”/“压印边”**

工具栏：**“实体编辑”/“压印”**

命令行：IMPRINT

(3)命令举例

【例 7-25】 将圆压印到长方体上，并拉伸压印面，如图 7-70 所示。

操作步骤如下：

命令:IMPRINT　　(调用压印命令)
选择三维实体：选择长方体
选择要压印的对象：选择圆
是否删除源对象［是(Y)/否(N)］<N>：Y　　(删除圆)
选择要压印的对象：回车　　(结束命令)
命令:EXTRUDE　　(调用实体编辑—拉伸面命令)
选择面或［放弃(U)/删除(R)］：选择压印面
选择面或［放弃(U)/删除(R)/全部(ALL)］:回车　　(结束选择)
指定拉伸高度或［路径(P)］：−200　　(拉伸高度−200)
指定拉伸的倾斜角度 <0>：回车　　［倾斜角度为 0，结果如图 7-70(c)所示］

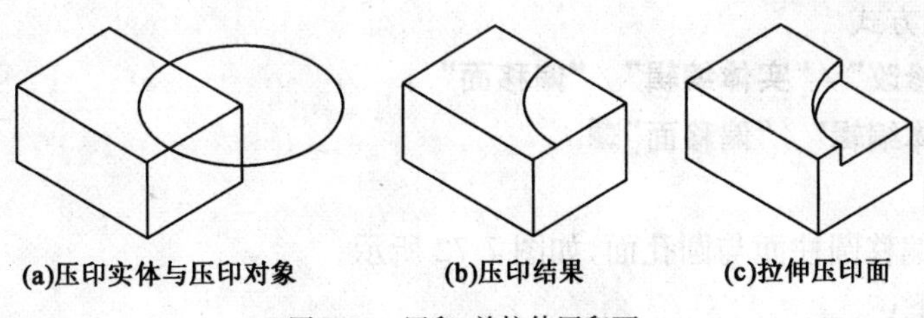

(a)压印实体与压印对象　(b)压印结果　(c)拉伸压印面

图 7-70　压印,并拉伸压印面

(三)实体编辑—移动面

(1)功能

移动三维实体的表面,一次可以选择多个面。

(2)命令调用方式

下拉菜单:**"修改"/"实体编辑"/"移动面"**

工具栏:**"实体编辑"/"移动面"**

(3)命令举例

【例 7-26】　移动长方体中圆孔面的位置,如图 7-71 所示。

操作步骤如下:

命令:SOLIDEDIT

输入实体编辑选项[面(F)/边(E)/体(B)/放弃(U)/退出(X)]<退出>:FACE

输入面编辑选项

[拉伸(E)/移动(M)/旋转(R)/偏移(O)/倾斜(T)/删除(D)/复制(C)/颜色(L)/材质(A)/放弃(U)/退出(X)]<退出>:MOVE　(调用实体编辑—移动面命令)

选择面或[放弃(U)/删除(R)]:选择圆柱面　(选择要移动的面)

选择面或[放弃(U)/删除(R)/全部(ALL)]:回车　(结束选择)

指定基点或位移:选择圆心　(指定移动基点)

指定位移的第二点:@100,0,0　(指定移动的目标点)

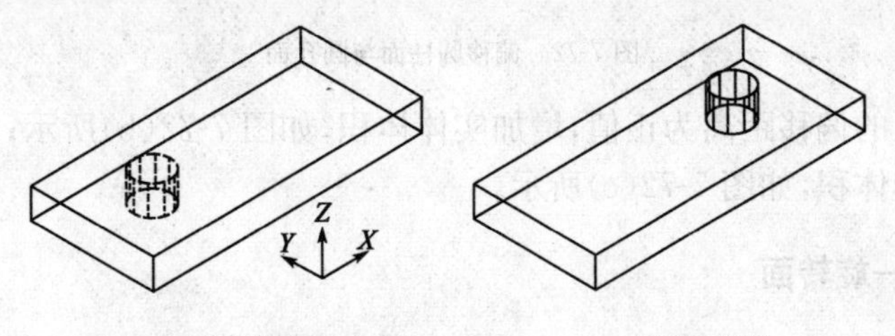

(a)选择要移动的圆孔面　(b)移动结果

图 7-71　移动圆孔面

(四)实体编辑—偏移面

(1)功能

根据指定的偏移距离,将面均匀地偏移。

(2)命令调用方式

下拉菜单:**“修改”/“实体编辑”/“偏移面”**

工具栏:**“实体编辑”/“偏移面”**

(3)命令举例

【例7-27】 偏移圆柱面与圆孔面,如图7-72所示。

操作步骤如下:

命令:SOLIDEDIT

输入实体编辑选项[面(F)/边(E)/体(B)/放弃(U)/退出(X)]<退出>:FACE

输入面编辑选项

[拉伸(E)/移动(M)/旋转(R)/偏移(O)/倾斜(T)/删除(D)/复制(C)/颜色(L)/材质(A)/放弃(U)/退出(X)]<退出>:OFFSET　(调用实体编辑—偏移面命令)

选择面或[放弃(U)/删除(R)]:选择圆柱面　(选择要偏移的面)

选择面或[放弃(U)/删除(R)/全部(ALL)]:回车　(结束选择)

指定偏移距离:7　(输入偏移距离)

输入面编辑选项

[拉伸(E)/移动(M)/旋转(R)/偏移(O)/倾斜(T)/删除(D)/复制(C)/颜色(L)/材质(A)/放弃(U)/退出(X)]<退出>:O　(继续调用实体编辑—偏移面命令)

选择面或[放弃(U)/删除(R)]:选择圆孔面　(选择要偏移的面)

选择面或[放弃(U)/删除(R)/全部(ALL)]:回车　(结束选择)

指定偏移距离:7　(输入偏移距离)

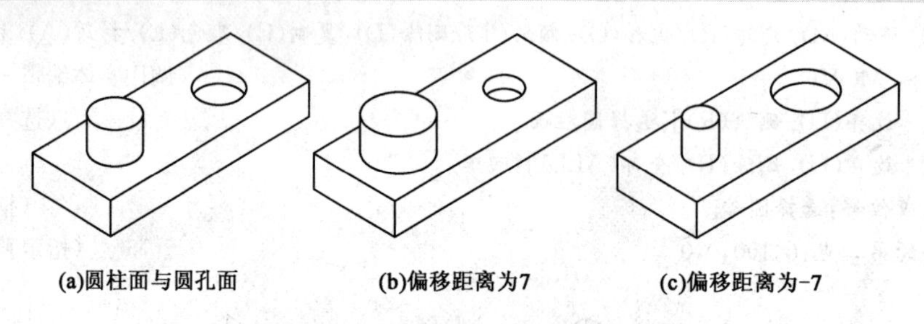

(a)圆柱面与圆孔面　(b)偏移距离为7　(c)偏移距离为-7

图7-72　偏移圆柱面与圆孔面

说明:如果输入的偏移距离为正值,增加实体体积,如图7-72(b)所示;如果输入的偏移距离为负值,减少实体体积,如图7-72(c)所示。

(五)实体编辑—旋转面

(1)功能

绕指定的轴旋转实体的表面。

(2)命令调用方式

下拉菜单:**“修改”/“实体编辑”/“旋转面”**

工具栏:**“实体编辑”/“旋转面”**

(3)命令举例

【例 7-28】 将长方体的顶面绕 AB 边旋转 30 度，如图 7-73 所示。

操作步骤如下：

命令：SOLIDEDIT
输入实体编辑选项［面(F)/边(E)/体(B)/放弃(U)/退出(X)］<退出>：FACE
输入面编辑选项
［拉伸(E)/移动(M)/旋转(R)/偏移(O)/倾斜(T)/删除(D)/复制(C)/颜色(L)/材质(A)/放弃(U)/退出(X)］<退出>：ROTATE （调用实体编辑—旋转面命令）
选择面或［放弃(U)/删除(R)］：选择长方体的顶面 （选择要旋转的面）
选择面或［放弃(U)/删除(R)/全部(ALL)］：回车 （结束选择）
指定轴点或［经过对象的轴(A)/视图(V)/X 轴(X)/Y 轴(Y)/Z 轴(Z)］<两点>：拾取 A 点 （指定旋转轴的第一点）
在旋转轴上指定第二个点：拾取 B 点 （指定旋转轴的第二点）
指定旋转角度或［参照(R)］：30 （输入旋转角度，右手拇指指向轴的方向，弯曲的四指指向正角度方向）

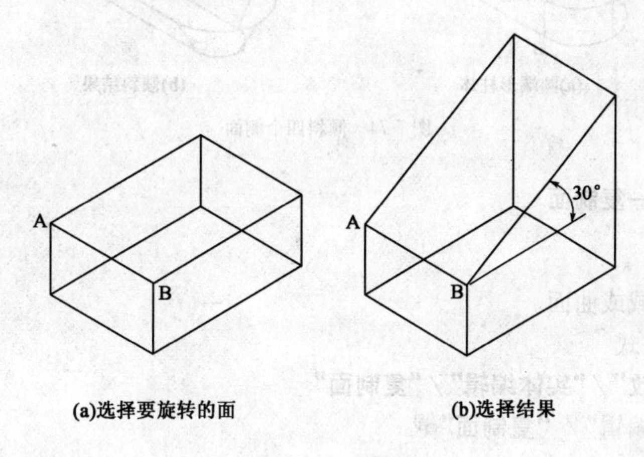

图 7-73 旋转顶面

(六)实体编辑—倾斜面

(1)功能

按一个角度将面进行倾斜。

(2)命令调用方式

下拉菜单：**“修改”/“实体编辑”/“倾斜面”**

工具栏：**“实体编辑”/“倾斜面”**

(3)命令举例

【例 7-29】 将圆端形柱体四个侧面倾斜 30°，如图 7-74 所示。

操作步骤如下：

命令：SOLIDEDIT
实体编辑自动检查：SOLIDCHECK=1
输入实体编辑选项［面(F)/边(E)/体(B)/放弃(U)/退出(X)］＜退出＞：FACE
输入面编辑选项
［拉伸(E)/移动(M)/旋转(R)/偏移(O)/倾斜(T)/删除(D)/复制(C)/颜色(L)/材质(A)/放弃(U)/退出(X)］＜退出＞：TAPER　　(调用实体编辑—倾斜面命令)
选择面或［放弃(U)/删除(R)］：选择圆端形柱体的两个侧面和两个曲面　　(选择这四个面进行倾斜)
选择面或［放弃(U)/删除(R)/全部(ALL)］：回车　　(结束选择)
指定基点：拾取A点
指定沿倾斜轴的另一个点：拾取B点
指定倾斜角度：30　　(倾斜角度为30°)

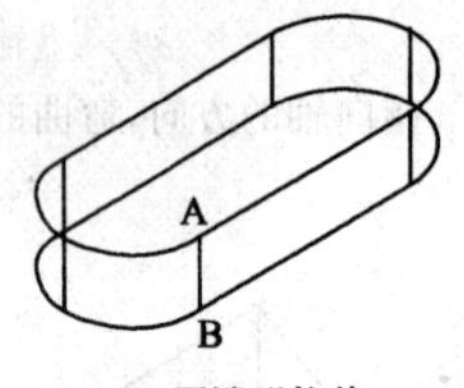

(a)圆端形柱体

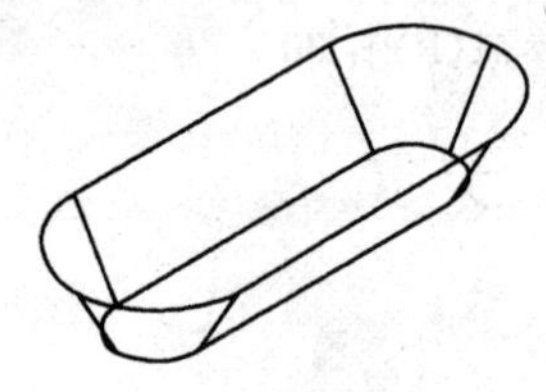
(b)倾斜结果

图7-74　倾斜四个侧面

(七)实体编辑—复制面

(1)功能
将面复制为面域或曲面。
(2)命令调用方式
下拉菜单：**"修改"/"实体编辑"/"复制面"**
工具栏：**"实体编辑"/"复制面"**
(3)命令举例
【例7-30】 复制图7-75中实体的顶面，如图7-75所示。
操作步骤如下：

命令：SOLIDEDIT
输入实体编辑选项［面(F)/边(E)/体(B)/放弃(U)/退出(X)］＜退出＞：FACE
输入面编辑选项
［拉伸(E)/移动(M)/旋转(R)/偏移(O)/倾斜(T)/删除(D)/复制(C)/颜色(L)/材质(A)/放弃(U)/退出(X)］＜退出＞：COPY　　(调用实体编辑—复制面命令)
选择面或［放弃(U)/删除(R)］：选择实体的顶面　　(选择要复制的面)
选择面或［放弃(U)/删除(R)/全部(ALL)］：回车　　(结束选择)
指定基点或位移：任意拾取面上一点　　(指定复制的基点)
指定位移的第二点：拾取面外的一点　　(指定复制的目标点)

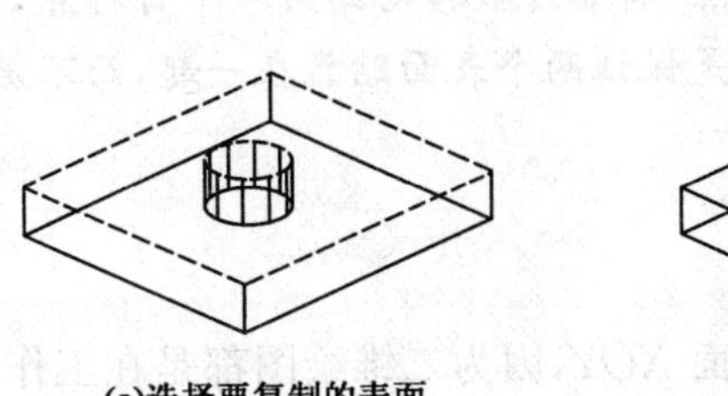

(a)选择要复制的表面　　　(b)复制结果

图 7-75　复制实体的顶面

(八)三维对齐命令

(1)功能

通过指定 3 个基点和三个目标点，使一个对象的表面与另一个对象的表面贴靠在一起。

(2)命令调用方式

下拉菜单：**"修改"/"三维操作"/"三维对齐"**

工具栏：**"建模"/"三维对齐"**

命令行：3DALIGN

(3)命令举例

【例 7-31】 使用三维对齐命令，将半球体的底面贴放在三棱柱的斜面上，并且使球心落在斜面的中心，如图 7-76 所示。

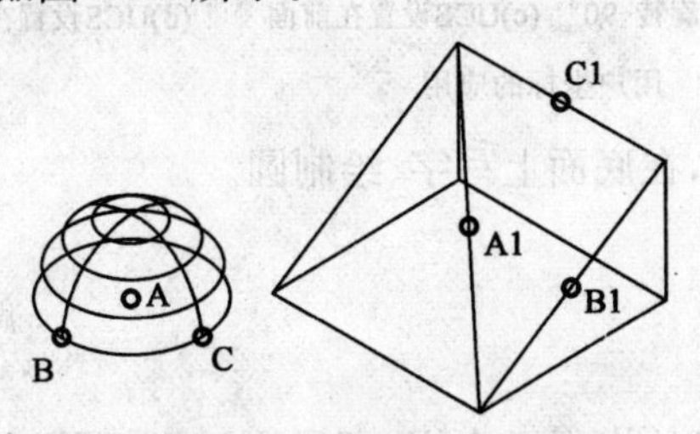

(a)三维对齐的3个源点与3个目标点　　　(b)三维对齐结果

图 7-76　三维对齐

操作步骤如下：

```
命令：3DALIGN                                          (调用三维对齐命令)
选择对象：选择半球体                                   (选择源对象)
选择对象：                                             (结束选择)
指定源平面和方向 ...
指定基点或［复制(C)］：拾取 A 点                       (拾取源对象第一点)
指定第二个点或［继续(C)］<C>：拾取 B 点                (拾取源对象第二点)
指定第三个点或［继续(C)］<C>：拾取 C 点                (拾取源对象第三点)
指定目标平面和方向 ...
指定第一个目标点：拾取 A1                              (拾取目标对象第一点)
指定第二个目标点或［退出(X)］<X>：拾取 B1              (拾取目标对象第二点)
指定第三个目标点或［退出(X)］<X>：拾取 C1              (拾取目标对象第三点)
```

注：①源对象的第一个源点(称为基点)将始终被移动到第一个目标点，保证对齐的位置；

②第二个、第三个源点和目标点是保证两个表面贴靠在一起，而不是保证对齐的位置。

(九)三维用户坐标 UCS

(1)功能

按用户需要设置用户坐标的工作平面 *XOY*，因为二维绘图都是在工作平面 *XOY* 上进行的，如果需要在其他面上进行操作，就必须设置用户坐标 UCS。

(2)命令调用方式

工具栏：**"UCS"**

命令行：UCS

(3)命令举例

【例 7-32】 在一个三棱柱的每个表面上绘制一个圆，圆内写出该表面的名称，如图 7-77 所示。

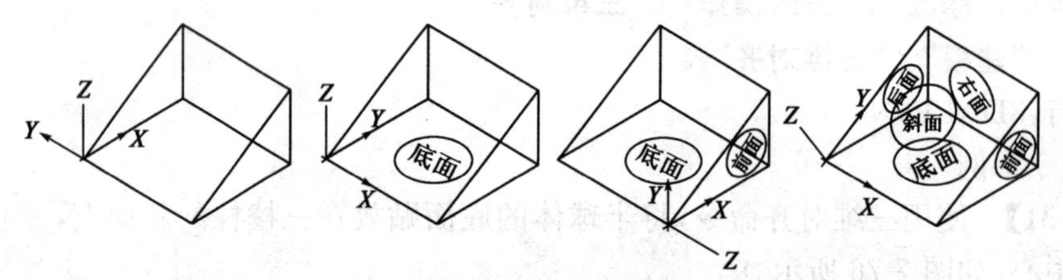

(a)UCS原点移到底面角点　(b)UCS绕Z轴旋转-90°　(c)UCS设置在前面　(d)UCS设置在斜面

图 7-77　用户坐标的应用

①将用户坐标原点设置到底面的角点，在底面上写字、绘制圆。

操作步骤如下：

命令：UCS　(调用用户坐标命令)

当前 UCS 名称：*没有名称*

指定 UCS 的原点或[面(F)/命名(NA)/对象(OB)/上一个(P)/视图(V)/世界(W)/X/Y/Z/Z 轴(ZA)]<世界>：单击底面角点　[指定底面角点为 UCS 的原点，如图 7-77(a)所示]

指定 X 轴上的点或 <接受>：回车确定

命令：UCS　(调用用户坐标命令)

当前 UCS 名称：*没有名称*

指定 UCS 的原点或[面(F)/命名(NA)/对象(OB)/上一个(P)/视图(V)/世界(W)/X/Y/Z/Z 轴(ZA)]<世界>：Z　[将 UCS 绕 Z 轴旋转]

指定绕 Z 轴的旋转角度 <90>：−90　[顺时针旋转 90°，如图 7-77(b)所示]

命令：UCS　(调用用户坐标命令)

当前 UCS 名称：*没有名称*

指定 UCS 的原点或[面(F)/命名(NA)/对象(OB)/上一个(P)/视图(V)/世界(W)/X/Y/Z/Z 轴(ZA)]<世界>：NA　(给当前的 UCS 命名)

输入选项[恢复(R)/保存(S)/删除(D)/?]：S　(保存的 UCS 命名)

输入保存当前 UCS 的名称或[?]：DM　(输入 UCS 的名称"dm"，在底面上写字、绘制圆)

②将用户坐标设置到前面的角点，在前面上写字、绘制圆。

操作步骤如下：

命令：UCS （调用用户坐标命令）
当前 UCS 名称：DM
指定 UCS 的原点或［面(F)/命名(NA)/对象(OB)/上一个(P)/视图(V)/世界(W)/X/Y/Z/Z 轴(ZA)］<世界>：F （将 UCS 设定到某一表面上）
选择实体对象的面：单击前面的底边的左半段 ［选定前面为 UCS 坐标面，如图 7-77(c)所示］
输入选项［下一个(N)/X 轴反向(X)/Y 轴反向(Y)］<接受>：回车
命令：UCS （调用用户坐标命令）
当前 UCS 名称：*没有名称*
指定 UCS 的原点或［面(F)/命名(NA)/对象(OB)/上一个(P)/视图(V)/世界(W)/X/Y/Z/Z 轴(ZA)］<世界>：NA （给当前的 UCS 命名）
输入选项［恢复(R)/保存(S)/删除(D)/?］：S （保存的 UCS 命名）
输入保存当前 UCS 的名称或［?］：QM （输入 UCS 的名称“qm”然后在前面上写字、绘制圆）

③同样的方法将用户坐标设置到其他面上，然后在其它面上写字、绘制圆，如图 7-77(d)所示。

【例 7-33】 给图 7-77 的三棱柱的端点注写字母名称，如图 7-78(a)所示。

操作步骤如下：

命令：UCS （调用用户坐标命令）
当前 UCS 名称：XM
指定 UCS 的原点或［面(F)/命名(NA)/对象(OB)/上一个(P)/视图(V)/世界(W)/X/Y/Z/Z 轴(ZA)］<世界>：V （将 UCS 设置为与屏幕平行）
注写端点字母名称如图 7-78(a)所示

【例 7-34】 恢复名称为“**DM**”的 UCS，如图 7-78(b)所示；恢复世界坐标，如图 7-78(c)所示。

操作步骤如下：

命令：UCS （调用用户坐标命令）
当前 UCS 名称：*没有名称*
指定 UCS 的原点或［面(F)/命名(NA)/对象(OB)/上一个(P)/视图(V)/世界(W)/X/Y/Z/Z 轴(ZA)］<世界>：NA （通过名称控制 UCS）
输入选项［恢复(R)/保存(S)/删除(D)/?］：R ［恢复名称为“dm”的 UCS，如图 7-78(b)所示］
输入要恢复的 UCS 名称或［?］：DM
命令：UCS （调用用户坐标命令）
当前 UCS 名称：DM
指定 UCS 的原点或［面(F)/命名(NA)/对象(OB)/上一个(P)/视图(V)/世界(W)/X/Y/Z/Z 轴(ZA)］<世界>：W （恢复世界坐标，如图 7-78(c)所示）

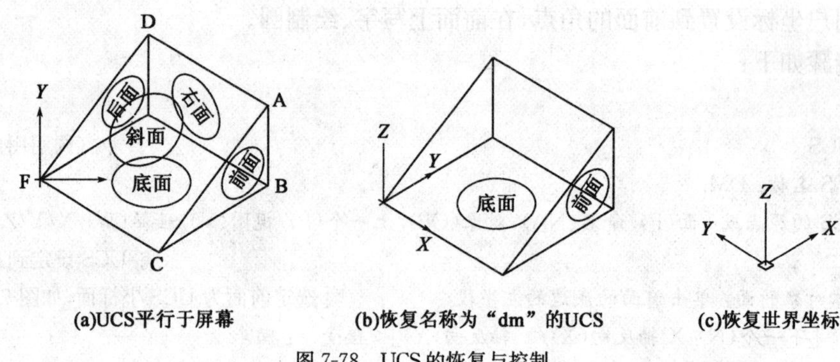

(a)UCS平行于屏幕 (b)恢复名称为“dm”的UCS (c)恢复世界坐标

图 7-78 UCS的恢复与控制

三 任务实施

(一)新建图形文件

新建图形文件,以文件名为**“笔架.dwg”**保存。

(二)建立图层

打开**“图层特性管理器”**对话框,建立图层,如图 7-79 所示。

状态	名称	开	冻结	锁定	颜色	线型	线宽
	0				白	Continuous	默认
	Defpoints				白	Continuous	默认
	尺寸标注				白	Continuous	0.30 毫米
	粗实线				白	Continuous	0.50 毫米
	点划线				白	CENTER2	0.25 毫米
	辅助线				白	Continuous	默认
✓	实体				白	Continuous	0.30 毫米

图 7-79 建立图层

(三)创建笔架母体

(1)创建第一个长方体

①将视图设置为**“东南等轴测”**;

②将视觉样式设为**“三维隐藏”**;

③进入**“实体”**图层,创建第一个长方体,长方体的长 300、宽 100、高 120,如图 7-80(a)所示。

(2)创建第二个长方体

创建第二个长方体,长方体的长 300、宽 100、高 30,第二个长方体的第一个角点与第一个长方体的角点重合,如图 7-80(b)所示。

(3)用并集命令 UNION 合并两个长方体,[如图 7-80(c)所示]

(4)旋转实体的表面 A

操作步骤如下:

用实体编辑—旋转面命令将表面 A 绕 A 面的上边 BC 向前旋转 20°，如图 7-80(d)所示。

命令：SOLIDEDIT

输入实体编辑选项［面(F)/边(E)/体(B)/放弃(U)/退出(X)］<退出>：FACE

输入面编辑选项

［拉伸(E)/移动(M)/旋转(R)/偏移(O)/倾斜(T)/删除(D)/复制(C)/颜色(L)/材质(A)/放弃(U)/退出(X)］<退出>：ROTATE

选择面或［放弃(U)/删除(R)］：选择面 A

指定轴点或［经过对象的轴(A)/视图(V)/X 轴(X)/Y 轴(Y)/Z 轴(Z)］<两点>：选择 B 点

在旋转轴上指定第二个点：选择 C 点

指定旋转角度或［参照(R)］：−20

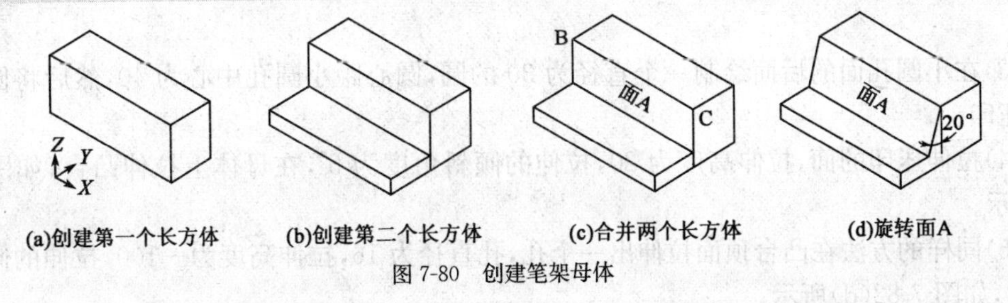

图 7-80　创建笔架母体

(四)在母体上拉伸出槽、孔

(1)在顶面上绘制圆、矩形

①用 UCS 命令将用户坐标的原点移到后面的高顶面上，如图 7-81(a)所示。

②按图 7-66 中投影图中的尺寸，绘制直径为 70 的三个圆，绘制一个长为 15、宽为 60 的矩形。

③同样的方法，将用户坐标的原点移到前面较低的顶面上，绘制一个直径为 55 的圆，绘制一个长为 120、宽为 55 的矩形、绘制一个边长为 40 的正方形，如图 7-81(b)所示。

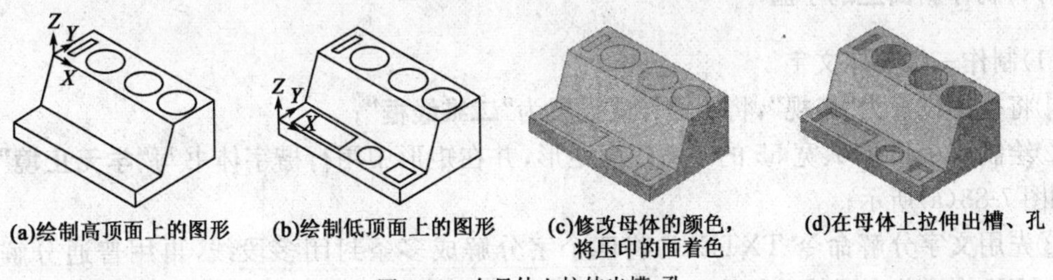

Z
Y
X
Z
Y
X
(a)绘制高顶面上的图形
(b)绘制低顶面上的图形
(c)修改母体的颜色，将压印的面着色
(d)在母体上拉伸出槽、孔

图 7-81　在母体上拉伸出槽、孔

(2)母体表面压印

用实体编辑—压印命令将上面绘制的七个图形在母体表面压印。

(3)修改母体的颜色及压印面的颜色

①修改母体的颜色为颜色**“41”**。

②用实体编辑—着色面命令将压印的面着色为颜色**“111”**，如图 7-81(c)所示。

(4)拉伸压印的面，在母体上拉伸出槽、孔

①高顶面上右面第一个圆面的拉伸高度为－100、拉伸的倾斜角度为 0；右面第二个圆面的拉伸高度为－100、拉伸的倾斜角度为 5°；右面第三个圆面的拉伸高度为－50、拉伸的倾斜角度为 5°；左面的矩形面的拉伸高度为－100、拉伸的倾斜角度为 0。

②低顶面上的三个压印面的拉伸高度都为－15、拉伸的倾斜角度为 5°，如图 7-81(d)所示。

(五)在母体顶面作出带孔的凸台

(1)用实体编辑—偏移面的命令偏移高顶面上的左边圆孔面，偏移距离为 20，如图 7-82(a)所示。

(2)用实体编辑—移动面的命令移动偏移得到小圆孔面，移动距离为 15，如图 7-82(b)所示。

(3)在小圆孔面的后面绘制一个直径为 30 的圆，圆心距小圆孔中心为 40，然后将圆在顶面上压印。

(4)拉伸压印的面，拉伸高度为 20，拉伸的倾斜角度为 5°，在母体上拉伸凸台，如图 7-82(c)所示。

(5)同样的方法在凸台顶面拉伸出一个孔，孔直径为 16，拉伸高度为－100，拉伸的倾斜角度为 0，如图 7-82(d)所示。

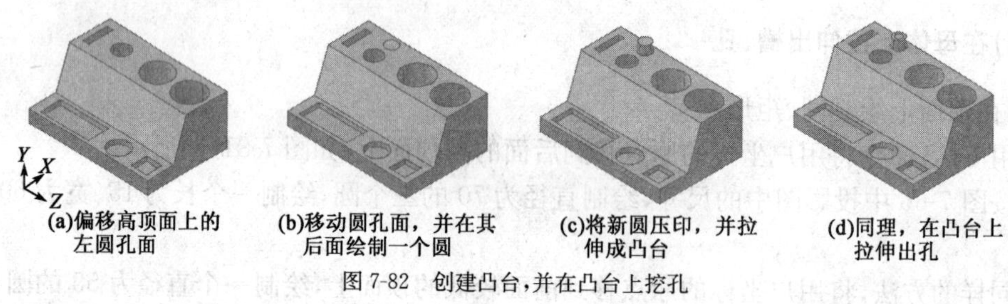

(a)偏移高顶面上的左圆孔面 (b)移动圆孔面，并在其后面绘制一个圆 (c)将新圆压印，并拉伸成凸台 (d)同理，在凸台上拉伸出孔

图 7-82 创建凸台，并在凸台上挖孔

(六)制作斜面上的字匾

(1)制作三维实体文字

①将视图设置为**“俯视”**，将视觉样式设置为**“二维线框”**；

②绘制一个长 240、宽 55 的字匾轮廓矩形，并在矩形中用行楷字体书写**“学无止境”**四个字，如图 7-83(a)所示；

③先用文字分解命令 TXTEXP 将四个字分解成多条封闭多段线，再用普通分解命令 EXPLODE 将这些多段线分解为无数条直线段，如图 7-83(b)所示；

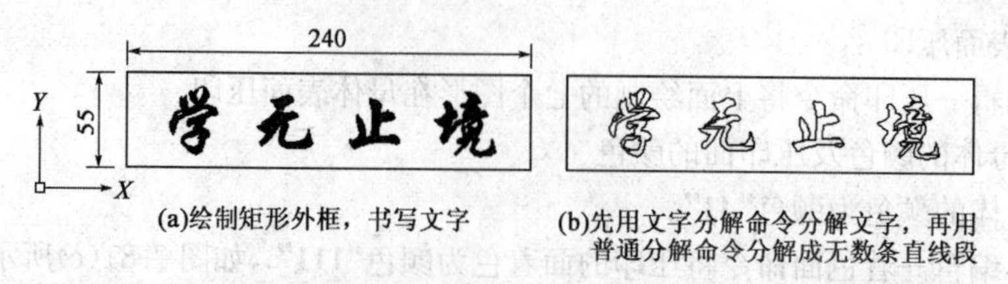

(a)绘制矩形外框，书写文字 (b)先用文字分解命令分解文字，再用普通分解命令分解成无数条直线段

图 7-83 书写文字，并进行两次分解

④删除文字内部多余的直线段，如图 7-84 所示；

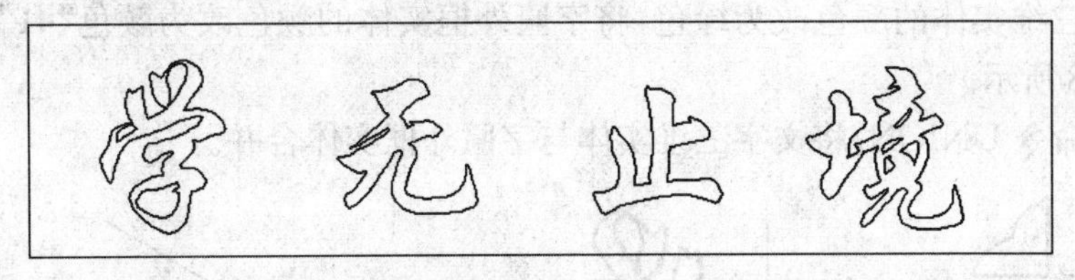

图 7-84　删除文字内部多余的直线段

⑤用边界命令 BOUNDARY 在文字轮廓内部拾取点的方式，将文字轮廓创建成几条封闭的多段线；

⑥用面域命令 REGION 将围成文字外轮廓的多段线转成面域，并将文字内部的 7 个孤岛多段线 1、2、3、4、5、6、7 也转成面域(图 7-85 中的 7 个白色区域)；

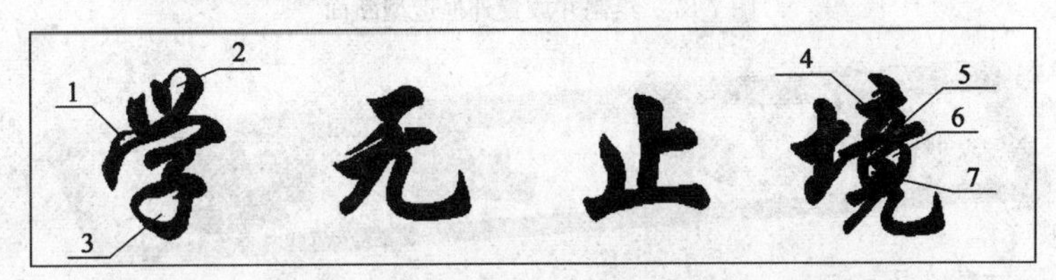

图 7-85　用差集命令创建出文字形状的文字面域

⑦用差集命令 SUBTRACT，选择文字外轮廓面域为被减对象，选择 7 个内部孤岛面域为要减去的对象，创建出与原文字形状相同的文字面域，如图 7-85 所示；

⑧将视觉样式设置为**“真实”**；

⑨用创建拉伸实体命令 EXTRUDE，将文字面域拉伸成三维实体，拉伸高度为 5，拉伸的倾斜角度为 0，用自由动态观察命令观察效果，如图 7-86 所示。

图 7-86　将文字面域拉伸成三维实体

(2)制作字匾外框造型

①将视图设置为**“俯视”**；

②绘制字匾外框造型的断面轮廓，如图 7-87(a)所示；

③用边界命令 BOUNDARY 将绘制的断面轮廓转成封闭多段线；

④将断面轮廓多段线移动到字匾外框的左下角，如图 7-87(b)所示；

⑤将视图设置为**“东南等轴测”**；

⑥用三维旋转命令 3DROTATE，将断面轮廓多段线绕 Y 轴旋转 90°，基点选择字匾外框的左下角点，如图 7-87(c)所示；

⑦用创建拉伸实体命令 EXTRUDE，采用沿路径拉伸的方式，选择断面轮廓多段线为拉

伸对象,选择字匾矩形外框为拉伸路径,拉伸出字匾外框实体;

⑧将文字三维实体的颜色改为绿色,将字匾外框实体的颜色改为颜色**"41"**,用自由动态观察,如图 7-88 所示。

⑨用并集命令 UNION,将文字三维实体与字匾外框实体合并。

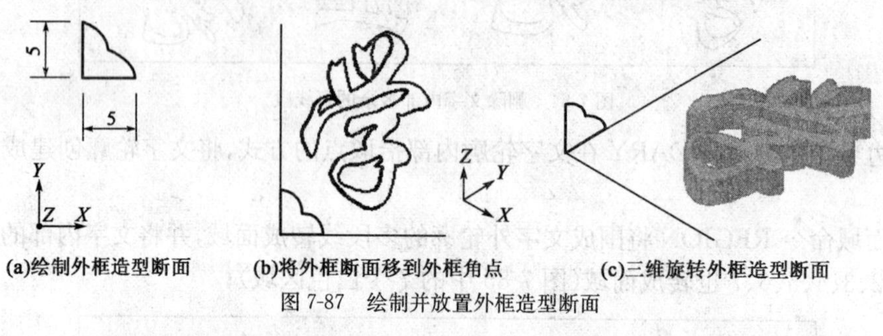

(a)绘制外框造型断面　(b)将外框断面移到外框角点　(c)三维旋转外框造型断面

图 7-87　绘制并放置外框造型断面

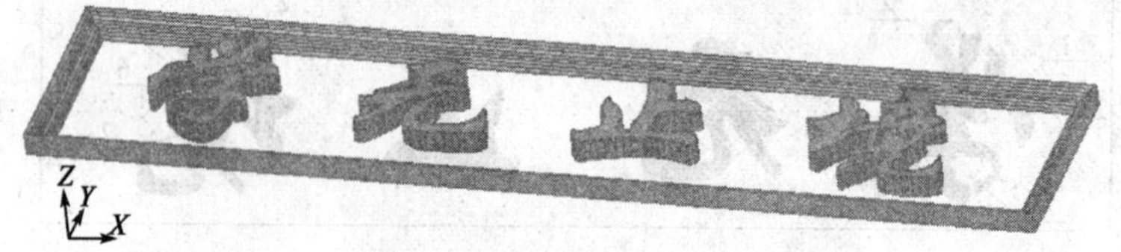

图 7-88　用拉伸实体命令创建外框实体

(七)将字匾安装到笔架斜面上去

(1)在笔架斜面上挖出一个字匾槽

①使用用户坐标命令 UCS 的**"面 F"**选项,将 UCS 坐标平面设置到笔架的斜面上。

②在斜面中间绘制一个矩形,矩形长 240、宽 55,如图 7-89(a)所示。

③用实体编辑—压印的命令将矩形在斜面上压印。

④用实体编辑—着色面的命令将矩形的压印面的颜色改为**"白色"**(实际效果为黑色)。

⑤用实体编辑—拉伸面的命令将矩形的压印面进行拉伸,拉伸高度为－5,拉伸的倾斜角度为 0,如图 7-89(b)所示。

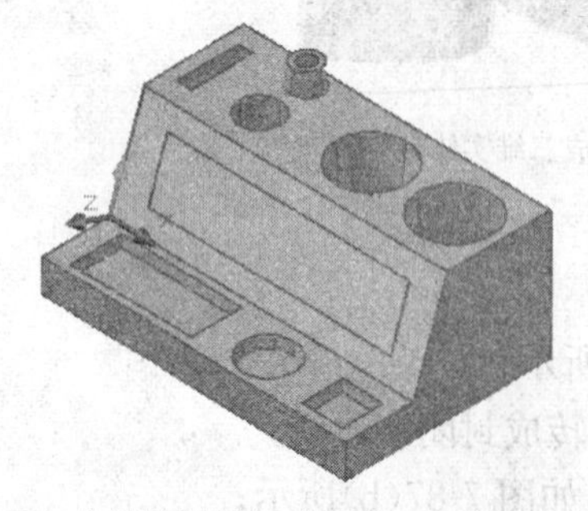

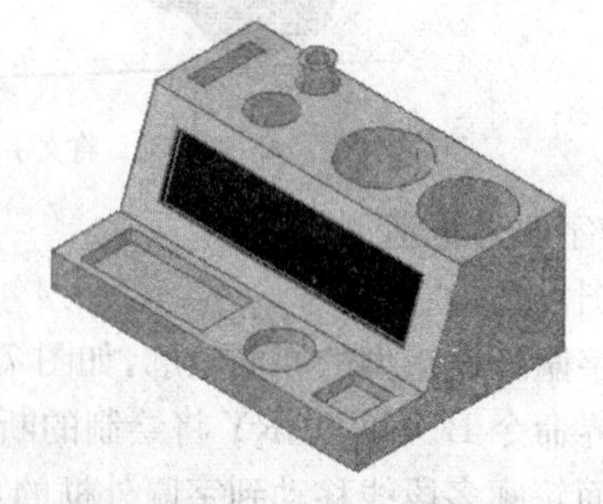

(a)在斜面上绘制一个矩形,半压印　(b)改变矩形压印面的颜色,并拉抻出一个槽

图 7-89　在笔架斜面上挖出一个字匾槽

(2)将字匾放入笔架斜面上的字匾槽中

①用三维对齐命令 3DALIGN 将字匾对齐放入字匾槽中,三维对齐的具体操作方式如图 7-90 所示,对齐结果如图 7-91 所示。

命令：3DALIGN
选择对象：选择字匾
选择对象：回车
指定源平面和方向 ...
指定基点或［复制(C)］：打开对象捕捉中的端点捕捉功能，选择字匾边框上的基点 1
指定第二个点或［继续(C)］<C>：选择字匾边框上的基点 2
指定第三个点或［继续(C)］<C>：选择字匾边框上的基点 3
指定目标平面和方向 ...
指定第一个目标点：选择字匾边框上的目标点 1
指定第二个目标点或［退出(X)］<X>：选择字匾边框上的目标点 2
指定第三个目标点或［退出(X)］<X>：选择字匾边框上的目标点 3

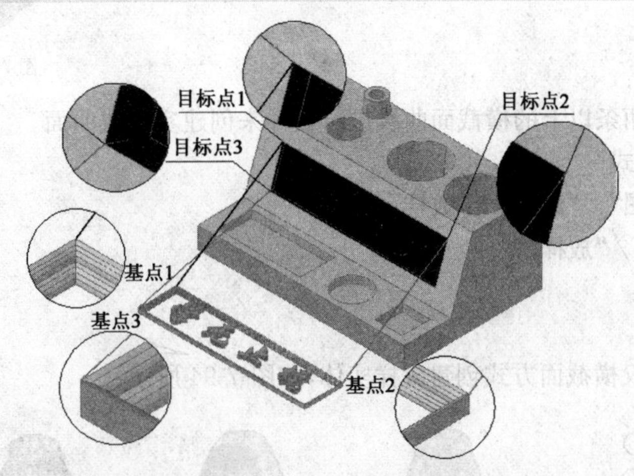

图 7-90　三维对齐的具体操作方式

②用并集命令 UNION 将字匾与笔架合并。

(3)对笔架的棱边进行圆角、倒角

①用圆角命令 FILLET 对笔架的棱边进行圆角，圆角半径为 2；

②用倒角命令 CHAMFER 对笔架高顶面上孔的边线进行倒角，第一、第二倒角距离均为 5，如图 7-92 所示。

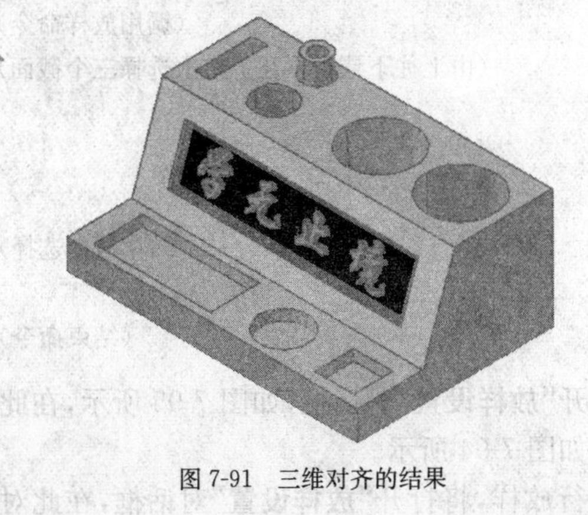
图 7-91　三维对齐的结果

图 7-92　倒角、圆角完成后的笔架模型

实例 7-5　制作茶壶模型

一　实例分析

图 7-93 为一个茶壶模型，它有壶身、壶嘴和壶柄三部分组成，壶身为一个回转体，壶嘴和壶柄都是放样实体。制作茶壶模型用到的新命令有放样实体创建命令 LOFT。

图 7-93　茶壶模型

二　相关知识

放样命令

(1)功能

通过对两条或两条以上的横截面曲线进行放样来创建实体或曲面。

(2)命令调用方式

下拉菜单：**“绘图”/“建模”/“放样”**

工具栏：**“建模”/“放样”**

命令行：LOFT

(3)命令举例

【例 7-35】　按仅横截面方式创建放样实体，如图-7-94 所示。

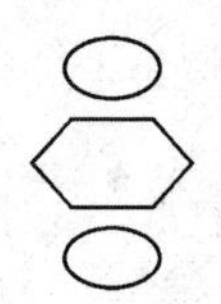

(a)三个截面

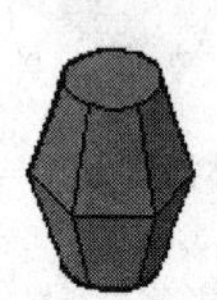

(b)直纹曲面实体

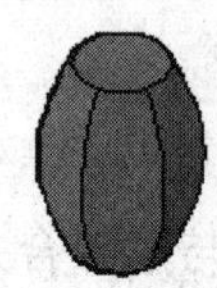

(c)平滑拟合曲面实体

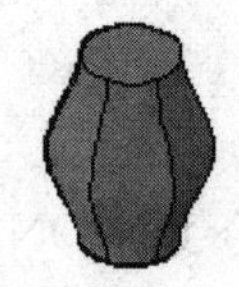

(d)法线指向曲面实体

图 7-94　按仅横截面放样实体

操作步骤如下：

```
命令：LOFT                                          (调用放样命令)
按放样次序选择横截面：选择圆          (由上往下或由下往上依次选择三个截面)
按放样次序选择横截面：选择六边形
按放样次序选择横截面：选择圆
找到 1 个，总计 3 个
按放样次序选择横截面：回车                          (结束截面选择)
输入选项［导向(G)/路径(P)/仅横截面(C)］
＜仅横截面＞：回车                                  (结束命令)
```

按**“仅横截面”**方式放样创建实体，回车后将打开**“放样设置”**对话框，如图 7-95 所示，在此对话框中可以设置放样参数，不同设置参数的结果如图 7-94 所示。

说明：选择**“仅横截面”**选项用于使用横截面进行放样，将打开**“放样设置”**对话框，在此对话框中,可以设置放样参数,如图 7-95 所示。

(1)直纹:指实体或曲面在横截面之间是直纹,并且在横截面处具有鲜明边界,如图 7-94(b)所示。

(2)平滑拟合:指在横截面之间绘制平滑实体或曲面,并且在起点和终点横截面处具有鲜明边界,如图7-94(c)所示;

(3)法线指向:控制实体或曲面在其通过横截面处的曲面法线方向,如图 7-94(d)所示。

(4)拔模斜度:控制放样实体或曲面的第一个和最后一个横截面的拔模斜度和幅值。拔模斜度为曲面的开始方向。拔模斜度为 0,定义为从曲线所在平面向外;介于 1°～180°之间的值表示向内指向实体或曲面;介于 181°和 359°之间的值表示从实体或曲面向外。

(5)闭合曲面或实体:使用该选项时,多个横截面应该摆放成圆环形图案,以便放样曲面或实体可以闭合。

【例 7-36】 按路径方式创建放样实体,如图 7-96 所示。

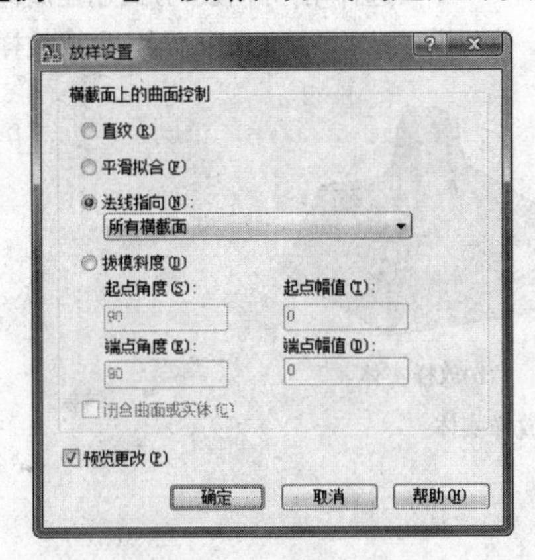

图 7-95 放样设置对话框

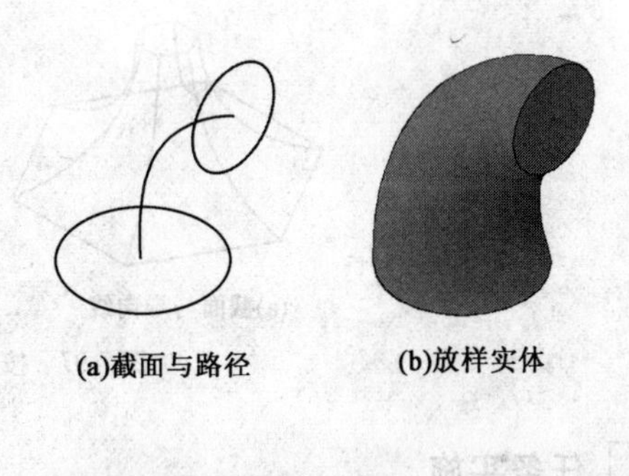

图 7-96 按路径方式创建放样实体

操作步骤如下:

```
命令:LOFT                                              (调用放样命令)
按放样次序选择横截面:选择大圆
按放样次序选择横截面:选择小圆
按放样次序选择横截面:回车                                    (结束选择)
输入选项[导向(G)/路径(P)/仅横截面(C)]<仅横截面>:P            (按路径方式放样)
选择路径曲线:选择圆弧
```

【例 7-37】 按导向方式创建放样实体。如图 7-97 所示。

操作步骤如下:

```
命令: POLYGON                                   (绘制横截面—正六边形 1)
输入边的数目<4>:6
指定正多边形的中心点或[边(E)]:0,0,0
输入选项[内接于圆(I)/外切于圆(C)]<I>:回车
指定圆的半径:100
命令:POLYGON
```

POLYGON 输入边的数目 ＜6＞：回车　　（绘制横截面—正六边形 2）

指定正多边形的中心点或［边(E)］：0,0,100

输入选项［内接于圆(I)/外切于圆(C)］＜I＞：回车

指定圆的半径：20

将当前视图调整为主视图，用圆弧连接两正六边形端点；调整到西南等轴测视图，然后以 0,0,0 为中心将圆弧环行阵

列六个，如图 7-93(a)所示　　（绘制导向线圆弧）

命令：LOFT　　（调用放样命令）

按放样次序选择横截面：选择正六边形 1

按放样次序选择横截面：选择正六边形 2

按放样次序选择横截面：回车　　（结束选择）

输入选项［导向(G)/路径(P)/仅横截面(C)］＜仅横截面＞：输入 g

（选择用“导向线”方式创建放样实体）

选择导向曲线：依次选择六个圆弧　　（结束命名，生成放样实体）

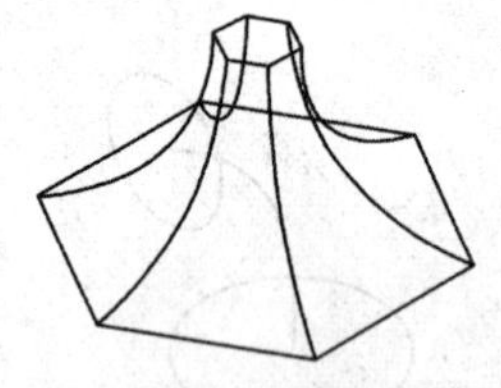

(a)截面与导向线

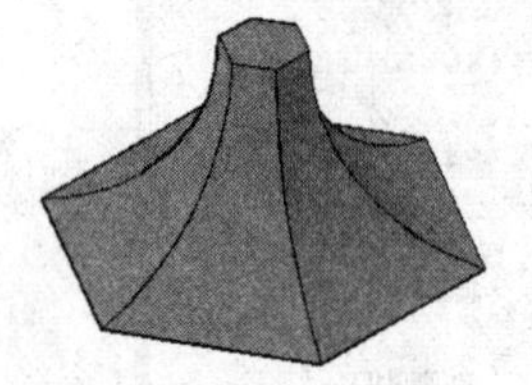

(b)放样实体

图 7-97　按导向方式创建放样实体

三　任务实施

(一)新建图形文件

新建图形文件，以文件名为**“茶壶.dwg”**保存。

(二)建立图层

打开**“图层特性管理器”**对话框，建立图层，如图 7-98 所示。

状态	名称	开	冻结	锁定	颜色	线型	线宽
✓	0				■ 白	Continuous	—— 默认
	Defpoints				■ 白	Continuous	—— 默认
	辅助线				■ 白	Continuous	—— 默认
	壶嘴				■ 绿	Continuous	—— 默认
	壶身				■ 洋红	Continuous	—— 默认
	壶柄				□ 蓝	Continuous	—— 默认

图 7-98　建立图层

(三)茶壶的整体形状设计

茶壶的整体形状设计包括:壶身的断面形状设计、壶嘴的路径曲线设计、壶柄的路径曲线设计。

(1)壶身的轮廓形状设计

①将视图设置为**"俯视"**。

②绘制壶底、壶口断面,并确定壶底与壶口相对位置,如图 7-99(a)所示。

③用多段线 PLINE 命令绘制壶身的轮廓形状,如图 7-99(b)所示。

④用多段线编辑命令 PEDIT 对壶身轮廓线进行样条化,使之圆滑,如图 7-99(c)所示。

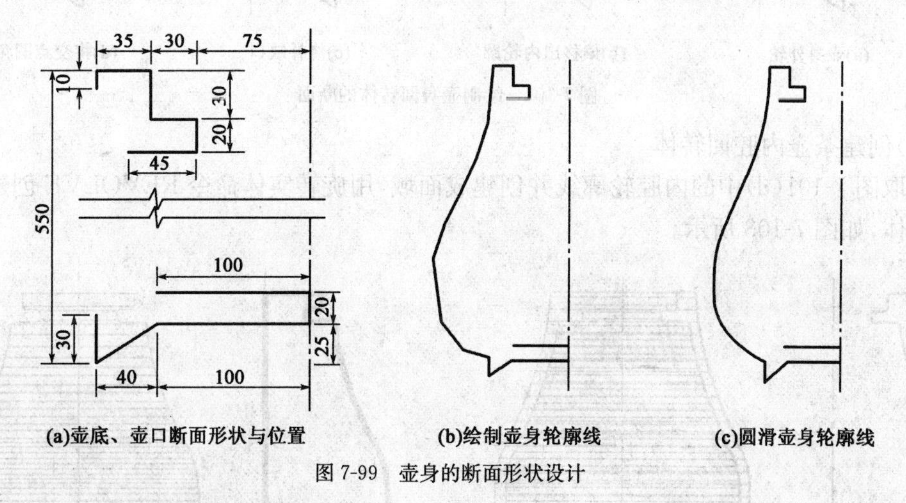

图 7-99　壶身的断面形状设计

(2)壶嘴与壶柄的路径曲线设计

壶嘴与壶柄的路径曲线设计,如图 7-100 所示。

①用镜像命令 MIRROR 将壶身轮廓线沿茶壶轴线镜像。

②用圆弧命令 ARC 绘制壶嘴的路径曲线。

③用样条曲线命令 SPLINE 绘制壶柄的路径曲线。

④将茶壶的整体轮廓曲线复制一个作为备用。

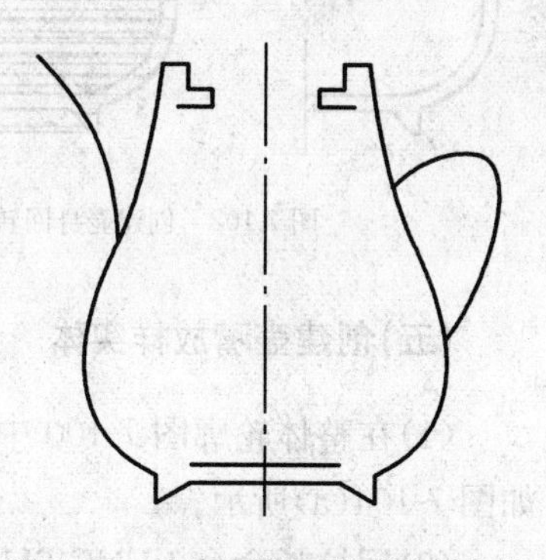

图 7-100　设计壶嘴与壶柄的路径曲线

(四)制作壶身模型

(1)绘制壶身回转体的断面形状

①用偏移命令 OFFSET 将图 7-101(a)中的壶身外轮廓线偏移得到内轮廓线,偏移距离为 20,如图 7-101(b)所示。

②用延伸命令 EXTEND 和修剪命令 TRIM 将缺口修补上,如图 7-101(c)所示。

③用圆角命令 OFFSET 将线与线的交点进行圆角(不包括与轴线的交点),圆角半径为 5,如图 7-101(d),并将此图复制一份作为备用。

④用边界命令 BOUNDARY 将图 7-101(d)中的断面图创建成面域。

(2)创建壶身回转体

用旋转实体命令 REVOLVE 创建壶身回转体,如图 7-102 所示。

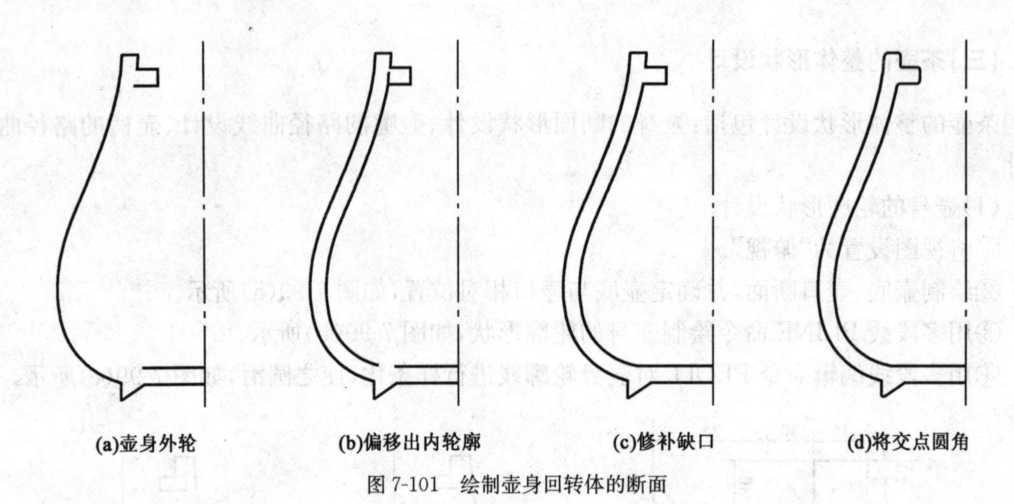

图 7-101 绘制壶身回转体的断面

(3)创建茶壶内腔回转体

提取图 7-101(d)中的内腔轮廓线并创建成面域,用旋转实体命令 REVOLVE 创建茶壶内腔回转体,如图 7-103 所示。

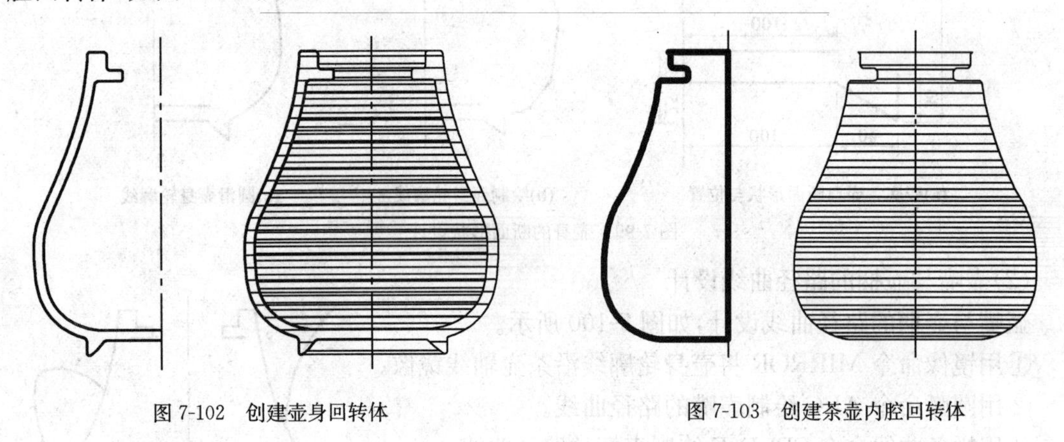

图 7-102 创建壶身回转体　　图 7-103 创建茶壶内腔回转体

(五)创建壶嘴放样实体

(1)在整体轮廓图 7-100 中提取壶嘴路径,用定数等分命令 DIVIDE 将壶嘴路径 4 等分,如图 7-104(a)所示。

(2)用拉长命令 LENGTHEN 的**"动态"**选项,将壶嘴路径拉长,如图 7-104(b)所示。

(3)使用用户坐标命令 UCS 调整用户坐标的工作面,如图 7-104(c)所示,并在壶嘴路径上绘制五个截面圆,圆心分别落在壶嘴路径的两个端点和中间 3 个等分点上,从上到下半径分别为 40、30、40、50、60,此时每个圆都积聚成一条直线段。

命令:UCS

指定 UCS 的原点或[面(F)/命名(NA)/对象(OB)/上一个(P)/视图(V)/世界(W)/X/Y/Z/Z 轴(ZA)]<世界>:X

指定绕 X 轴的旋转角度 <0>:-90

(4)使用旋转命令 ROTATE 将每个圆的积聚线绕各自的圆心旋转至壶嘴路径的法线方向,如图 7-104(d)所示。

(5)使用放样命令 LOFT 创建壶嘴放样实体,如图 7-104(e)所示。

```
命令：LOFT
按放样次序选择横截面：依次选择 5 个截面圆
按放样次序选择横截面：回车
输入选项［导向(G)/路径(P)/仅横截面(C)］<仅横截面>：P
选择路径曲线：选择壶嘴路径
```

(a)提取壶嘴路径

(b)拉长壶嘴路径

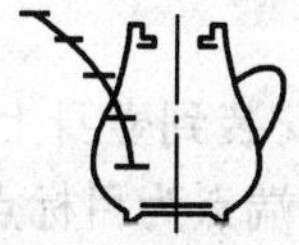
(c)设置用户坐标，绘制截面圆

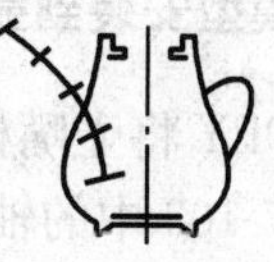
(d)旋转截面圆

(e)创建壶嘴放样实体

图 7-104 创建壶嘴放样实体

(6)将壶嘴模型复制一份作为备用。

(六)创建壶柄放样实体

(1)在整体轮廓图 7-100 中提取壶柄路径,用定数等分命令 DIVIDE 将壶柄路径 5 等分;

(2)使用用户坐标命令 UCS 调整用户坐标工作面,如图 7-105(a)所示,并在壶柄路径上绘制 6 个截面椭圆,椭圆中心分别落在壶柄路径的两个端点和中间四个等分点上,椭圆长轴沿 X 轴半周长为 10,沿 Y 轴半周长为 15,此时每个椭圆都积聚成一条直线段。

```
命令：ELLIPSE
指定椭圆的轴端点或［圆弧(A)/中心点(C)］：C
指定椭圆的中心点：单击路径端点或等分点
指定轴的端点：@10,0
指定另一条半轴长度或［旋转(R)］：@0,15
```

(3)用缩放命令 SCALE 改变六个椭圆的大小,从上到下分别输入的缩放比例因子为 1.4、1.2、1.0、1.1、1.3、1.5,如图 7-105(b)所示。

(4)使用旋转命令 ROTATE 将每个椭圆的积聚线绕各自的中心旋转至壶柄路径的法线方向,如图 7-105(c)所示。

(5)使用放样命令 LOFT 创建壶嘴放样实体,如图 7-105(d)所示。

```
命令：LOFT
按放样次序选择横截面：依次选择 6 个截面椭圆
按放样次序选择横截面：回车
输入选项［导向(G)/路径(P)/仅横截面(C)］<仅横截面>：P
选择路径曲线：选择壶柄路径
```

(6)实体编辑—拉伸面命令将壶柄实体端面各拉伸 50 高度,如图 7-105(e)所示。

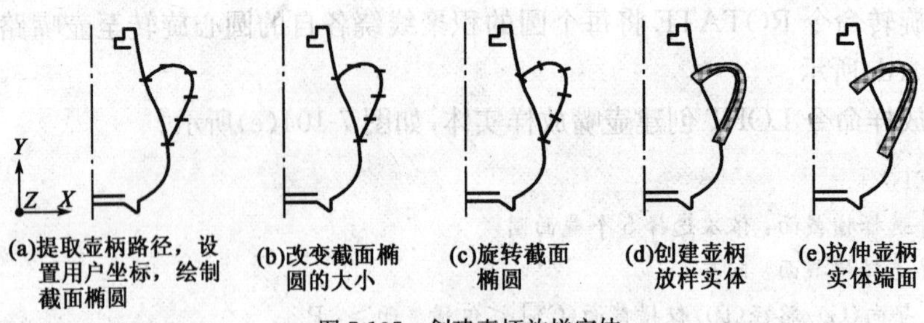

图 7-105　创建壶柄放样实体

(七)将壶嘴、壶柄模型安装到壶身上

(1)用复制命令 COPY 将壶嘴模型安装到壶身上。定位方式:选取图 7-104(e)中的轴线上端点为基点,选取图 7-102 中的轴线上端点为目标点,如图 7-106(a)所示。

(2)用差集命令在壶身上挖出一个孔。选择壶身为被减实体,选择壶嘴为要减去的实体,如图 7-106(b)所示。

(3)用复制命令 COPY 再次将壶嘴模型安装到壶身上,定位方法与第一步相同。

(4)用实体编辑—抽壳命令挖出壶嘴的出水孔。抽壳时删除两个端面,只选择壶嘴侧边的曲面进行抽壳,如图 7-106(c)所示。

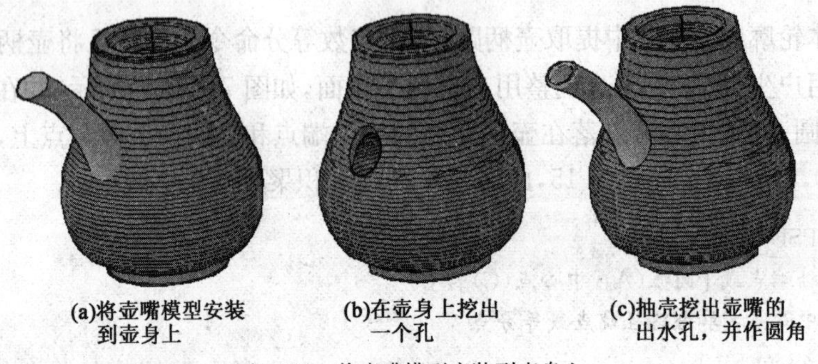

(a)将壶嘴模型安装到壶身上
(b)在壶身上挖出一个孔
(c)抽壳挖出壶嘴的出水孔，并作圆角

图 7-106　将壶嘴模型安装到壶身上

(5)用圆角命令 FILLET 壶嘴端部的两个棱边圆进行圆角,圆角半径为 5。

(6)用复制命令 COPY 将壶柄模型安装到壶身上。定位方式:选取图 7-105(e)中的轴线上端点为基点,选取图 7-106(c)中的轴线上端点为目标点,如图 7-107(a)所示。

(a)将壶柄模型、壶身内腔模型复制到壶身上
(b)切去深入壶身内腔中的壶嘴、壶柄部分
(c)合并壶身、壶嘴和壶柄三部

图 7-107　将壶柄模型安装到壶身上

(7)用复制命令 COPY 将壶身内腔模型安装到壶身上。定位方式:选取图 7-103 中的轴线上端点为基点,选取图 7-107(a)中的轴线上端点为目标点,如图 7-107(a)所示;

(8)切去深入壶身内腔中的壶嘴、壶柄部分。是用差集命令,选择壶嘴和壶身为被减实体,选择内腔模型为要减去的实体,如图 7-107(b)所示。

(9)用实体编辑—合并命令将壶身、壶嘴和壶柄三部分合并成一个实体,如图 7-107(c)所示。

(八)改变茶壶颜色、制作剖切模型

(1)先将茶壶整个实体改为青色,再用实体编辑—着色面命令将茶壶外表改为紫色,如图 7-108(a)所示。

(2)制作剖切模型:

用差集命令将茶壶做成剖切模型,并调整视觉样式,效果如图 7-108(b)所示。

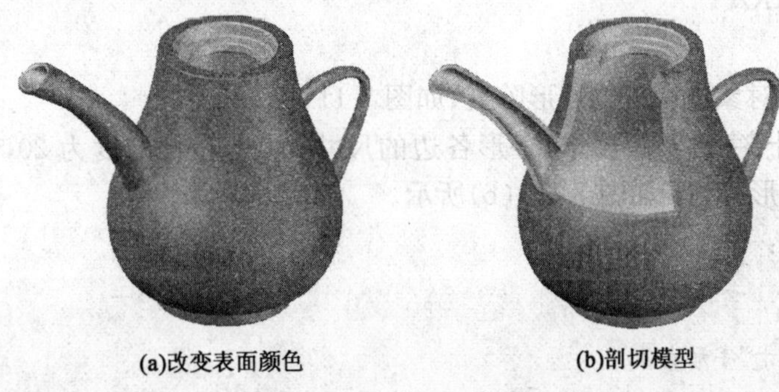

(a)改变表面颜色　　(b)剖切模型

图 7-108　完成后的茶壶模型

实例 7-6　制作排球模型

一　实例分析

图 7-109 中所示的排球模型,球面由 18 块构成,这 18 块一共分为上、下、前、后、左、右六组,每组中由红、黄、蓝三块组成,每组对球心的角度为 90°,每块所对球心的角度为 30°,如图 7-110 所示。制作排球模型可以做一个正四棱锥线框作为辅助线,正四棱锥的一对侧表面之间的夹角为 90°,用到的新命令由编组命令 GROUP,三维阵列命令 3DARRAY。

图 7-109　排球模型

二　相关知识

(一)三维阵列命令

(1)功能

在三维空间中,将对象进行空间**“矩形”**或**“环形”**阵列。

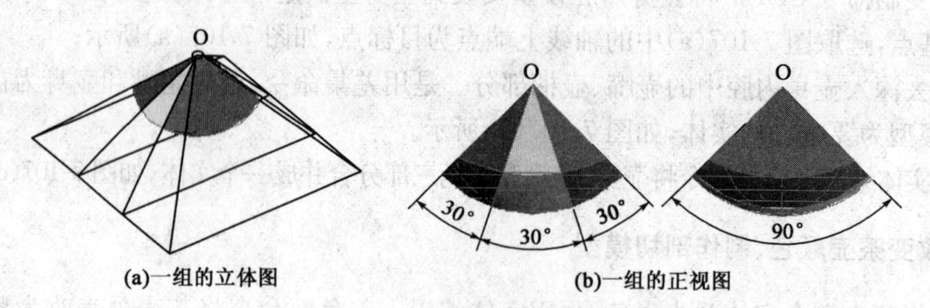

(a)一组的立体图　　(b)一组的正视图

图 7-110　一个块组的分析图

(2)命令调用方式

下拉菜单:**"修改"/"三维操作"/"三维阵列"**

命令行:3DARRAY

(3)命令举例

【例 7-38】 将对象进行三维矩形阵列,如图 7-111 所示。

先绘制一个"十"字形实体,"十"字形各边的尺寸为 10,拉伸厚度为 20,如图 7-111(a)所示。再进行三维矩形阵列,如图 7-111(b)所示。

步骤操作如下:

```
命令:3DARRAY                                        (调用三维阵列命令)
选择对象:选择"十"字形实体
找到 1 个
选择对象:回车                                        (结束选择)
输入阵列类型[矩形(R)/环形(P)]<矩形>:回车              (选择矩形阵列方式)
输入行数(---)<1>:3                                  (阵列三行)
输入列数(|||)<1>:4                                  (阵列四列)
输入层数(...)<1>:2                                  (阵列两层)
指定行间距(---):30                                  (输入行间距为 30)
指定列间距(|||):30                                  (输入列间距为 30)
指定层间距(...):20 回车                              (输入层间距为 20,回车结束命令)
```

(a)"十"字形实

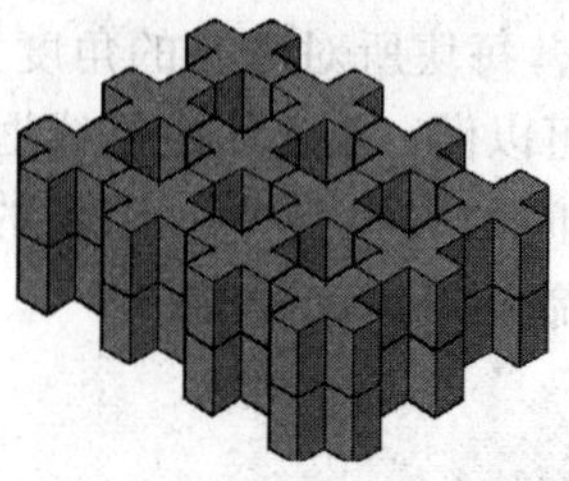

(b)阵列

图 7-111　三维矩形阵列

【例 7-39】 用环形阵列复制对象,如图 7-112 所示。

步骤操作如下:

将圆桌腿阵列复制，如图 7-112(a)所示　　（先画出要阵列的对象）
命令：3DARRAY　　（调用三维阵列命令）
选择对象：选择圆桌腿
选择对象：回车　　（结束选择）
输入阵列类型［矩形(R)/环形(P)］＜矩形＞：P　　（选择环形阵列方式）
输入阵列中的项目数目：3　　（输入阵列数目）
指定要填充的角度（＋＝逆时针，－＝顺时针）＜360＞：回车　　（选择默认选项）
旋转阵列对象？［是(Y)/否(N)］＜Y＞：回车　　（选择阵列时旋转对象）
指定阵列的中心点：拾取底端圆柱的圆心　　（选择旋转轴的第一个点）
指定旋转轴上的第二点：拾取中间圆柱的圆心　　（选择旋转轴的第二个点）

注意：**“三维阵列”**命令与**“二维阵列”**命令类似。不同的是三维阵列在作**“矩形”**阵列时，除了设置行数和列数外，还可设置层数和层间距；**“环形”**阵列是绕旋转轴复制对象，而不是绕旋转点。

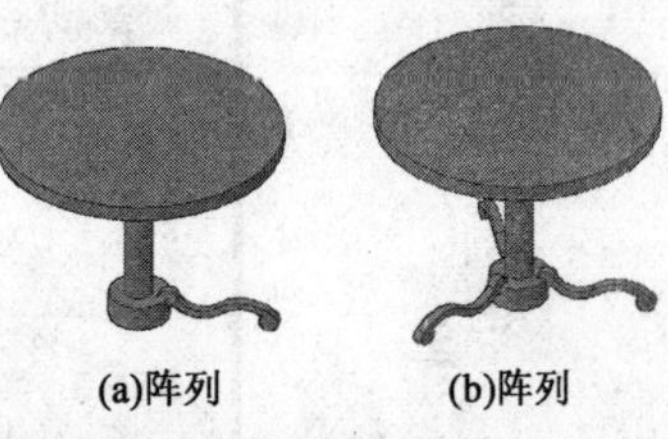

图 7-112　三维环形阵列

(二)编组命令

(1)功能

编组是将不同对象保存为一个的对象集，并给组起一个名称。编组提供了以组为单位操作图形的简单方法。

组在某些方面类似于图块，与块不同的是，在编组中的对象可以整体编辑，也可以单个对象编辑，而在图块中必须先分解才能编辑，另外编组不能与其他图形共享。

(2)命令调用方式

命令行：GROUP

(3)命令举例

【例 7-40】　将图 7-113 中的圆、矩形、圆弧创建一个编组，组名为**“3k”**。

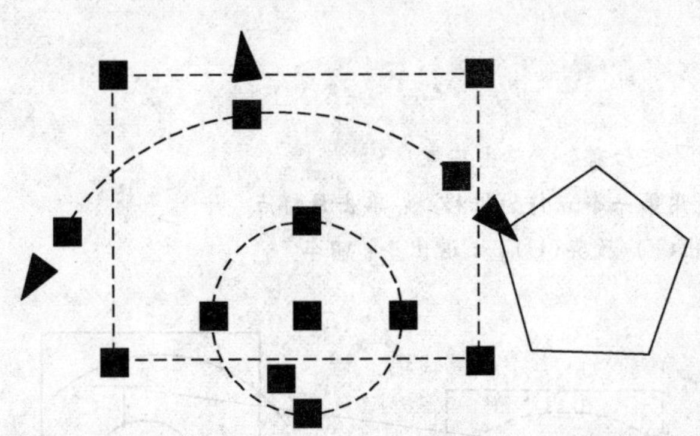
图 7-113　选择圆、矩形、圆弧创建一个编组

①调用编组命令 GROUP，打开**“对象编组”**对话框，如图 7-114 所示；

②在对话框中，编组名输入**“3k”**，点击**“新建”**按钮，选择图 7-113 中的圆、矩形、圆弧。

③完成对象选择后，按回车键，重新回到**“对象编组”**对话框，编组名列表中出现编组**“3k”**，点击**“确定”**按钮完成编组。

对象编组
编组名(P) 可选择的
编组标识
编组名(G)： 3k
说明(D)：
查找名称(F) < 亮显(H) < 包含未命名的(I)
创建编组
新建(N) < 可选择的(S) 未命名的(U)
修改编组
删除(R) < 添加(A) < 重命名(M) 重排(O)...
说明(D) 分解(E) 可选择的(L)
确定 取消 帮助(H)

图 7-114 “对象编组”对话框

【例 7-41】 执行复制命令时，调用编组**“3k”**来选择对象，如图 7-115 所示。

命令：COPY （调用复制命令）
选择对象：? （显示选择对象方式）
需要点或窗口(W)/上一个(L)/窗交(C)/框(BOX)/全部(ALL)/栏选(F)/圈围(WP)/圈交(CP)/编组(G)/添加(A)/删除(R)/多个(M)/前一个(P)/放弃(U)/自动(AU)/单个(SI)
选择对象：g （选择编组）
输入编组名：3k （输入要选的编组名称）
找到 3 个
选择对象：回车 （结束选择）
指定基点或 [位移(D)] <位移>：单击基点
指定第二个点或 <使用第一个点作为位移>：单击目标点
指定第二个点或 [退出(E)/放弃(U)] <退出>：回车 （结束命令）

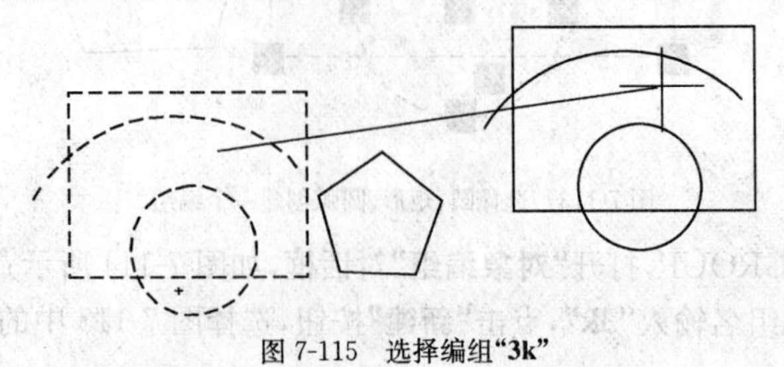

图 7-115 选择编组**“3k”**

【例 7-42】　将编组中的圆移动位置，如图 7-116 所示。

①单击编组**“3k”**中的图线，整体选中编组**“3k”**，如图 7-116(a)所示；

②按下**“shift”**键，单击矩形和圆弧，可使矩形和圆弧取消选中状态，如图 7-116(b)所示；

③用移动命令 MOVE 移动圆的位置，如图 7-116(c)所示。

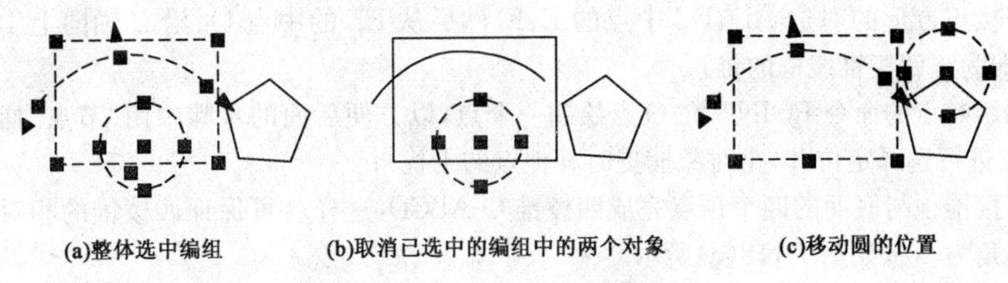

(a)整体选中编组　　(b)取消已选中的编组中的两个对象　　(c)移动圆的位置

图 7-116　单独移动编组“3k”中圆的位置

其他操作说明：

①通过编组命令可以增加或去掉原有编组中的对象；

②通过编组命令可以分解原有的编组，使被分解编组不再存在。

三　任务实施

(一)新建图形文件

新建图形文件，以文件名为**“排球. dwg”**保存。

(二)建立图层

打开**“图层特性管理器”**对话框，建立图层，如图 7-117 所示。

状态	名称	开	冻结	锁定	颜色	线型	线宽
	0				白	Continuous	—— 默认
	辅助实体				绿	Continuous	—— 默认
	辅助线				白	Continuous	—— 默认
	红块				红	Continuous	—— 默认
	黄块				黄	Continuous	—— 默认
	蓝块				蓝	Continuous	—— 默认
	组1				白	Continuous	—— 默认
	组2				白	Continuous	—— 默认
	组3				白	Continuous	—— 默认
	组4				白	Continuous	—— 默认
	组5				白	Continuous	—— 默认
	组6				白	Continuous	—— 默认

图 7-117　建立图层

(三)绘制一个正四棱锥线框作为辅助线

(1)作正四棱锥线框的底面及锥顶

①进入**“辅助线”**图层，将视觉样式设置为**“三维线框”**。

②将视图设置为**“东南等轴测”**。

③用直线命令绘制边长为300的正方形ABCD，正方形ABCD即为正四棱锥线框的底面。

④连接正方形的对边AD、BC中点的E、F，然后从EF的中点O_1沿Z轴向上150作O点，O点即为正四棱锥线框的锥顶。

⑤用绘制点的命令POINT在O点绘制一个点，以方便后面的步骤中用**“节点”**捕捉的方式对O点进行选择定位(防止对象捕捉时其他点的干扰)；

⑥连接锥顶与底面的四个顶点完成四棱锥O-ABCD，这样就可保证四棱锥的相对两个侧表面的夹角为90°，如图7-118(a)所示。

(2)作通过锥顶O点的两条直线OG、OH，使直线OG、OH的夹角为30°

①调用用户坐标UCS命令，将坐标绕X轴旋转90°，将用户坐标的工作平面调整到OEF面上。

②选中直线O_1O使用夹点编辑的旋转复制功能，将直线O_1O绕锥顶O点分别旋转15°、−15°，得到直线OG、OH，并用延伸命令EXTEND将直线OG、OH延长到直线EF上，交EF于G、H两点，如图7-118(b)所示。

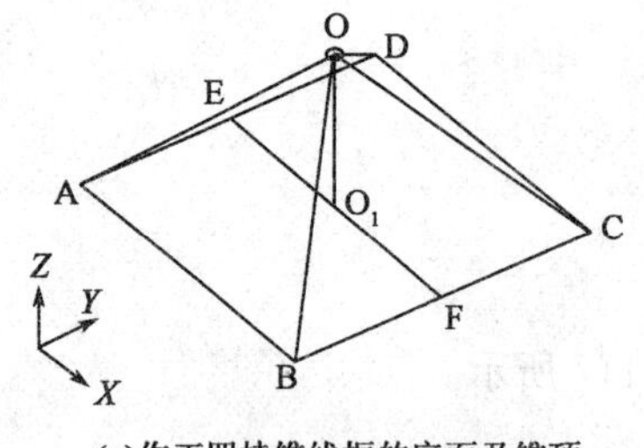

(a)作正四棱锥线框的底面及锥顶

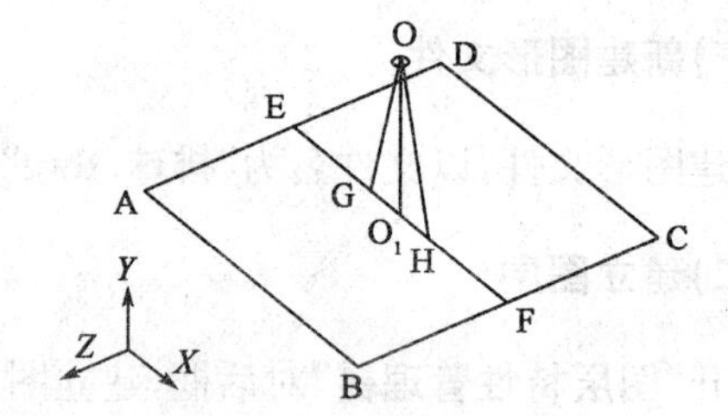

(b)作两条直线OG、OH，使直线OG、OH的夹角为30°

图7-118 绘制一个辅助的正四棱锥线框

(3)过锥顶O点作四棱锥一对侧面夹角的三等分截面

①调用用户坐标UCS命令的**“W”**选项，将用户坐标设置为世界坐标。

②过G、H点作正方形边AD的平行线M_1N_1、M_2N_2，如图7-119(a)所示。

③连接锥顶O点与M_1、N_1、M_2、N_2四点，得到四棱锥一对侧面夹角的三等分截面OM_1N_1、OM_2N_2，如图7-119(b)所示。

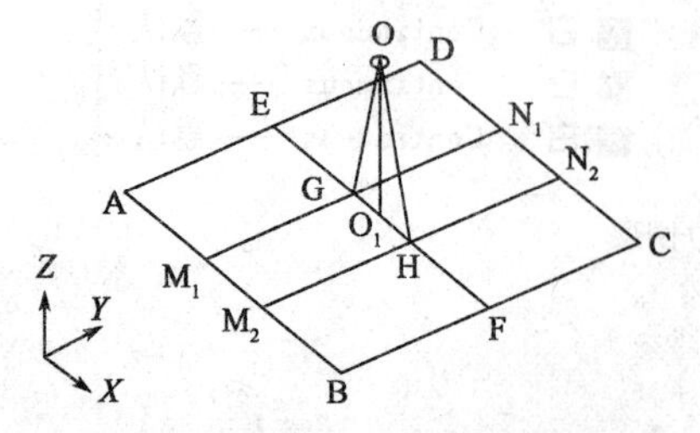

(a)过G、H点作边AD的平行线M_1N_1、M_2N_2

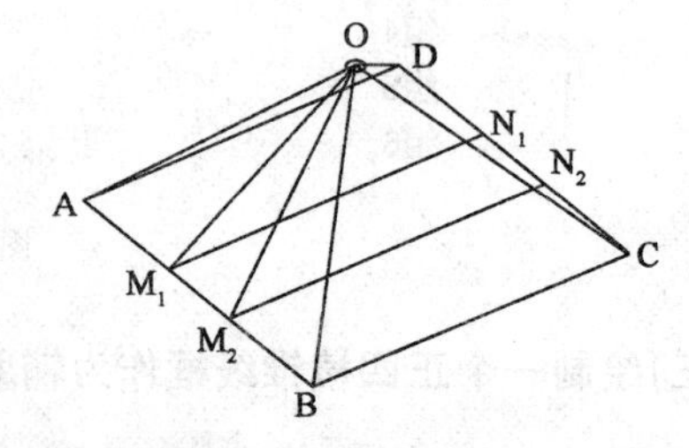

(b)连接得到三等分截面OM_1N_1、OM_2N_2

图7-119 作四棱锥一对侧面夹角的三等分截面

(四)创建排球的一个块组

(1)创建球体

进入图层**“球体辅助层”**,以锥顶 O 为球心创建球体,球体半径为 100,如图 7-120(a)所示。

(2)用四棱锥的四个侧面截切球体

①调用剖切命令 SLICE,用四棱锥四个侧面 OAB、OBC、OCD、OAD 依次截切球体,只保留截面下面的部分,如图 7-120(b)所示。

②将图 7-120(b)中的实体部分,用三等分截面 OM_1N_1、OM_2N_2 再次截切为相同的三块。

首先,将视觉样式设置为**“真实”**,其次,调用剖切命令 SLICE,用三等分截面 OM_1N_1、OM_2N_2 依次截切球体,采用保留两侧的截切方式。最后通过对象特性工具栏,将截切得到的三块分别改为红、黄、蓝三种颜色(不随层),如图 7-120(c)所示,再将红块移入**“红块”**图层、将黄块移入**“黄块”**图层、将蓝块移入**“蓝块”**图层。

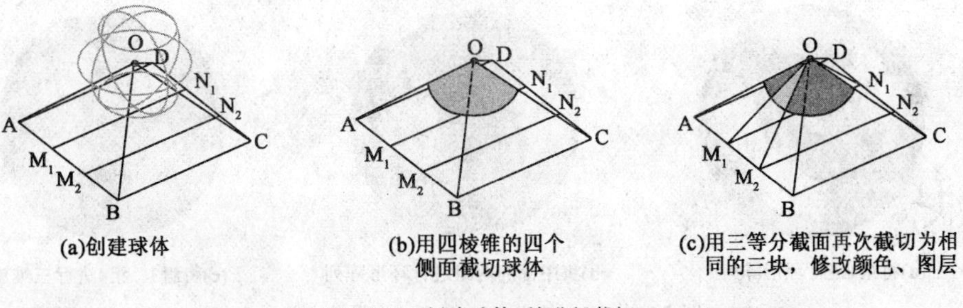

(a)创建球体　(b)用四棱锥的四个侧面截切球体　(c)用三等分截面再次截切为相同的三块，修改颜色、图层

图 7-120　创建球体,并进行截切

(五)对棱边进行圆角

(1)挖出排球的内腔,并将三块实体部分在外球面上的棱边进行圆角(以红块为例)挖出红块的内腔:

①进入**“辅助实体”**图层,以 O 为球心创建内腔球体,半径为 90,如图 7-121(a)所示;

②关闭**“黄块”**、**“蓝块”**图层;

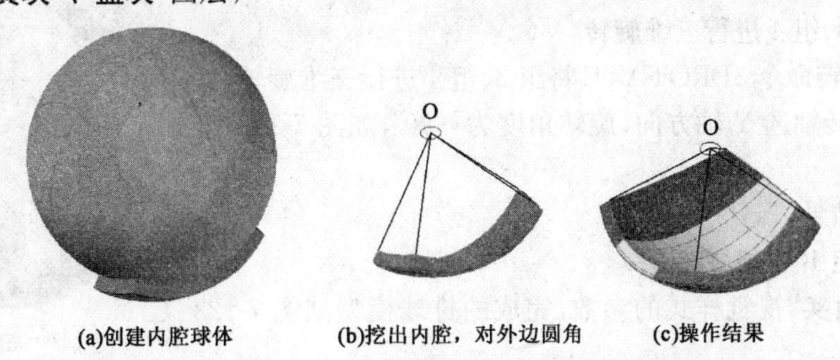

(a)创建内腔球体　(b)挖出内腔，对外边圆角　(c)操作结果

图 7-121　将三块挖出内腔,对外边进行圆角

③用差集命令 SUBTRACT 挖出红块内腔,选择红块为被减实体,选择内腔球体为要减去的实体,如图 7-121(b)所示。

(2)将红块的外球面棱边进行圆角

用圆角命令 FILLET 将红块在外球面上的棱边进行圆角，圆角半径为 3。用同样的方法，分别对黄块、蓝块重复以上两步操作，得到的实体如图 7-121(c)所示。

(六)制作其他块组

以三块组为基础，作出其他 5 个块组。

(1)将红、黄、蓝三块编组

①用编组命令 GROUP 将图 7-121(c)中的红、黄、蓝三块编组，组名为**"组 1"**。

②将组 1 放入**"组 1"**图层。

(2)将组 1 进行三维环形阵列

①用三维阵列命令 3DARRAY 将组 1 进行环形阵列，阵列中心为 O 点，环形阵列的旋转轴选 X 轴方向(使用极轴追踪)，阵列数目为 4，填充角度 360°，复制时旋转对象，如图 7-122(a)所示。

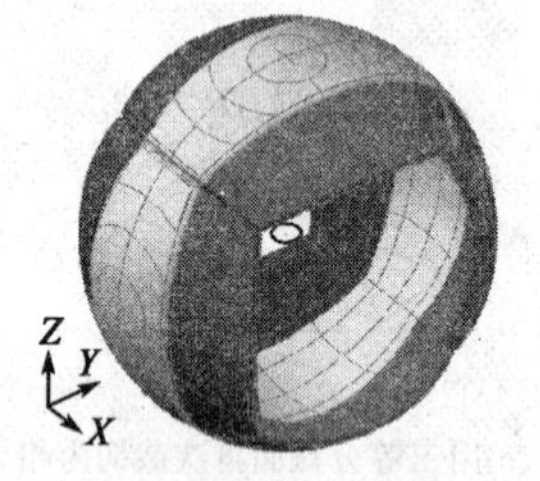

(a)将组1进行环形阵列

(b)将中部的两组进行环形阵列

(c)将组3、组4进行三维旋转

图 7-122　以三块组为基础，作出其他 5 个块组

②将顶部的一组放入**"组 2"**图层，将中部的两组分别放入**"组 3"**、**"组 4"**图层。

(3)将中部的两组进行环形阵列

①关闭**"组 1"**、**"组 2"**图层。

②用阵列命令 ARRAY 将中部的组 3、组 4 进行环形阵列，基点为 O 点，阵列数目为 2，填充角度 90°，复制时旋转对象，如图 7-122(b)所示。

③将新阵列出的两组分别放入**"组 5"**、**"组 6"**图层。

(4)将组 3、组 4 进行三维旋转

用三维旋转命令 3DROTATE 将组 3、组 4 进行三维旋转，基点为 O 点，旋转轴选 Y 轴方向，旋转角度为−90°，如图 7-122(c)所示。

(5)观察结果

①打开**"组 1"**、**"组 2"**图层；

②调整**"真实"**视觉样式的参数，完成的排球模型如图 7-123 所示。

图 7-123　完成排球模型

任务8

建立零部件三维实体模型

实例 8-1　制作阶梯轴模型

一　实例分析

图 8-1 为二级斜齿轮减速器低速轴(3 轴)零件图,图 8-2 为其模型。低速轴是一种典型的

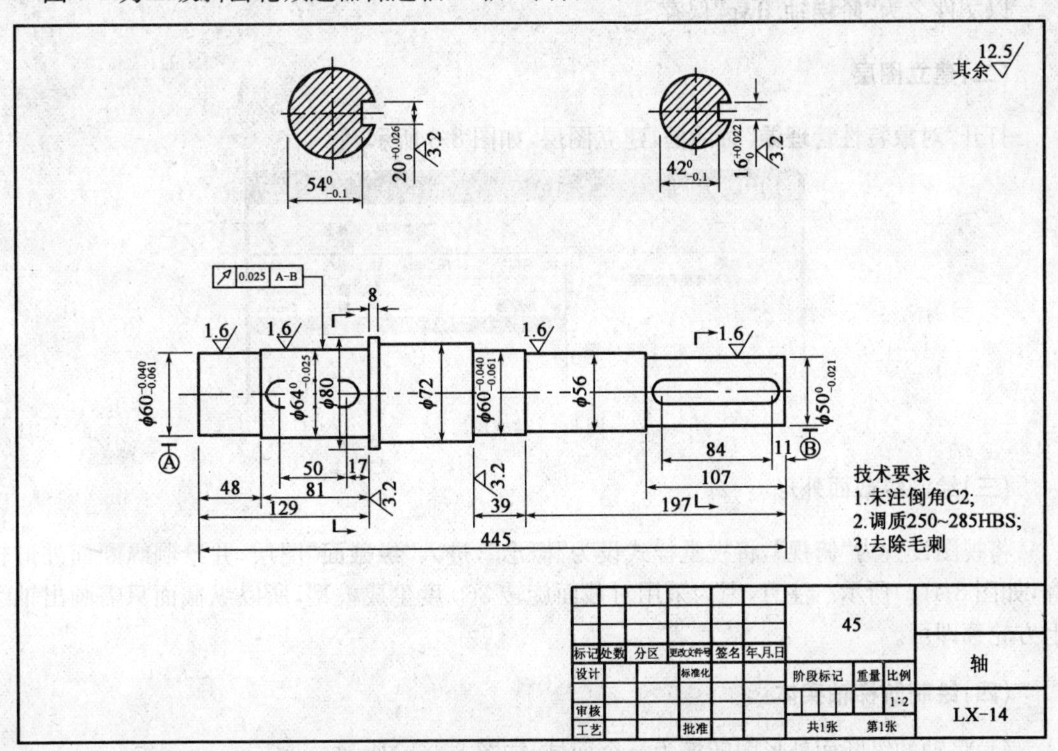

图 8-1　阶梯轴零件图

阶梯轴状零件，属于回转体。因此我们建立其模型的思路很明确，即画出低速轴纵截面外形，通过使用旋转 REVOLVE 命令创建出三维模型。

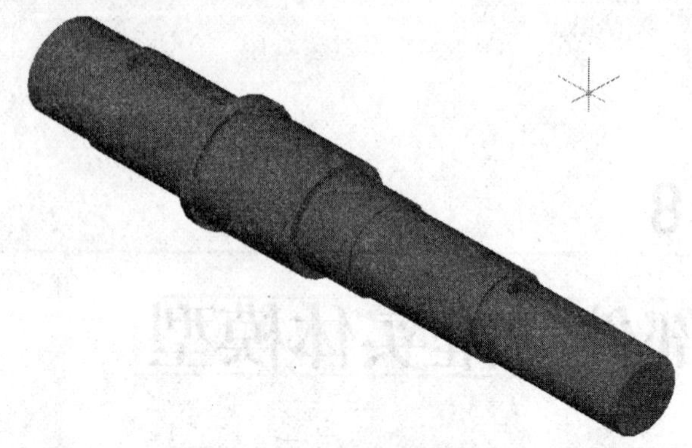

图 8-2 阶梯轴模型

阶梯轴上加工出键槽的部分称为轴头，主要是通过键连接安装上如齿轮、带轮等轴上回转零件。键槽的建模方法可以通过创建键槽底面形状，通过使用拉伸 EXTRUDE 命令拉伸生成键，在用差集 SUBTRACT 命令在轴上切出键槽。

二 任务实施

（一）新建图形文件

以文件名为**“阶梯轴.dwg”**保存。

（二）建立图层

打开**“对象特性管理器”**对话框，建立图层，如图 8-3 所示。

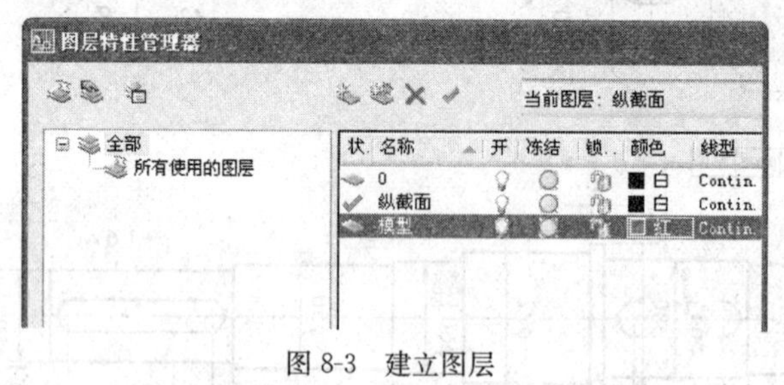

图 8-3 建立图层

（三）绘制纵截面外形

将视图设置为**“俯视”**，将视觉样式设为**“概念”**，进入**“纵截面”**图层，并绘制纵断面外形轮廓，如图 8-4(a)所示。注意，因为采用对截面旋转 360 度生成模型，所以纵截面只需画出轴线上方轮廓即可。

（四）绘制阶梯轴实体

(1)将轴的纵断面外形图转换为一个面域，如图 8-4(b)所示。

图 8-4　纵断面外形和面域

操作步骤如下：

命令：REGION　　　　　　　　　　　　　　　　　　　　　　　　　（调用面域命令）
选择对象：指定对角点：找到 26 个　　　　　　　　　　　　　　　　（框选所有外形线段）
已创建 1 个面域。　　　　　　　　　　　　　　　　　　　　　　　（如图 8-4(b)所示）

(2)将视图设置为**"西南等轴测"**，将视觉样式设为**"概念"**，进入**"模型"**图层。将创建的面域旋转成实体，如图 8-5 所示。

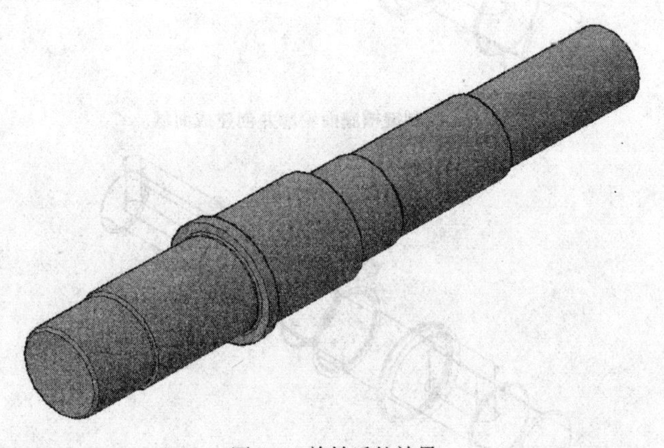

图 8-5　旋转后的效果

操作步骤如下：

命令：REVOLVE　　　　　　　　　　　　　　　　　　　　　　　　（调用旋转命令）
当前线框密度：ISOLINES=4
选择要旋转的对象：选择纵断面面域　　　　　　　　　　　　　　（选择纵断面为选择对象）
指定轴起点或根据以下选项之一定义轴[对象(O)/X/Y/Z]<对象>：选择阶梯轴轴线的两端点
（选择旋转轴）
指定旋转角度或[起点角度(ST)]<360>：回车　　　　　　　　　　（360 度旋转得到实体）

(五)绘制键槽

(1)绘制键槽切割体

①将视图设置为**"俯视"**，视觉样式设置为**"二维线框"**，绘制键槽底面轮廓并创建成面域，两个面域均处于 *XOY* 平面上，即与阶梯轴轴线共面。结果如图 8-6(a)所示。

②将创建好的面域拉伸成切割体，高度为 20。如图 8-6(b)所示。

(2)切割键槽

①在差集之前需要将键槽切割体向上移动，移动的距离可通过参照键槽剖视图计算出来，如图 8-7(a)所示。

②使用差集命令，选择阶梯轴为被减实体，选择两个键槽切割体为要减去的实体，即可生

成键槽。

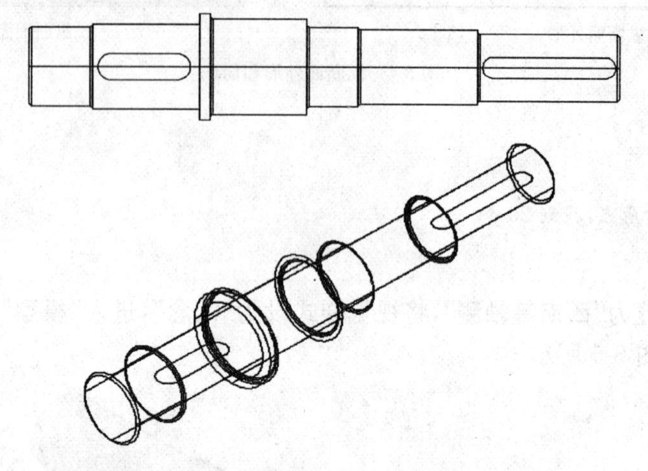

(a)绘制键槽底面轮廓并创建成面域

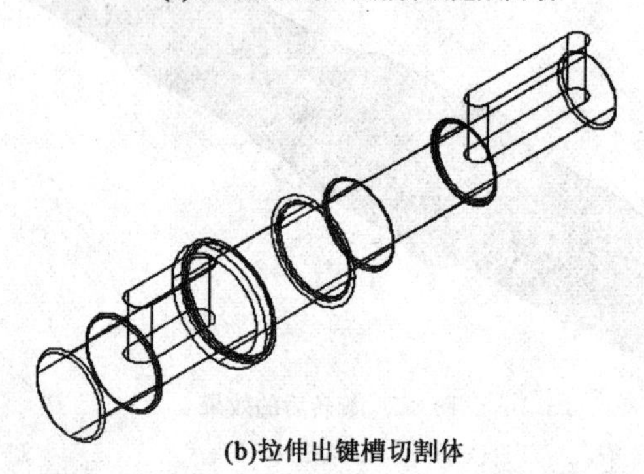

(b)拉伸出键槽切割体

图 8-6　绘制键槽切割体

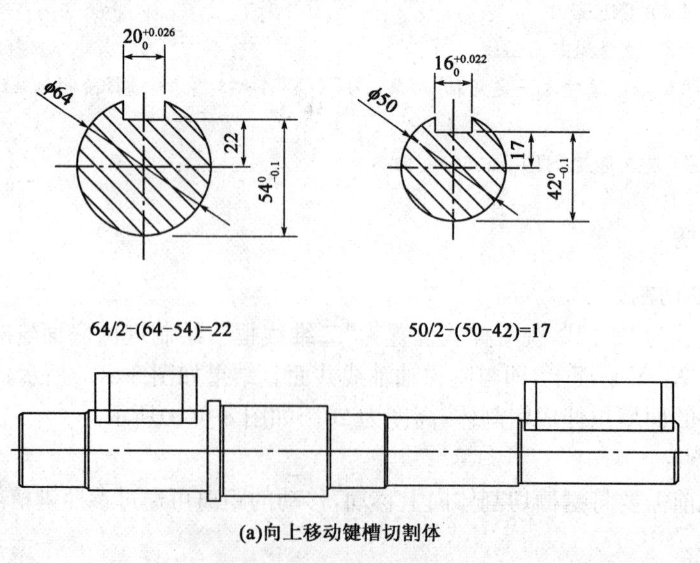

(a)向上移动键槽切割体

图　8-7

(b)差集键槽切割体

图 8-7　移动键槽切割体并作差集

三　知识拓展

制作圆锥滚子轴承模型

轴承类零件是轴系中必不可少的零件，它的造型特征也与轴类零件相似，主要由回转体组成。斜齿轮减速器轴承可以使用圆锥滚子轴承，它的特点是能承受一定的轴向压力，所以适合用在斜齿轮和圆锥齿轮类型的减速器上。现以 30212 型号的圆锥滚子轴承为例讲解模型的建立方法，图 8-8 是 30212 轴承的工程图，图 8-9 是其内部结构及模型图。

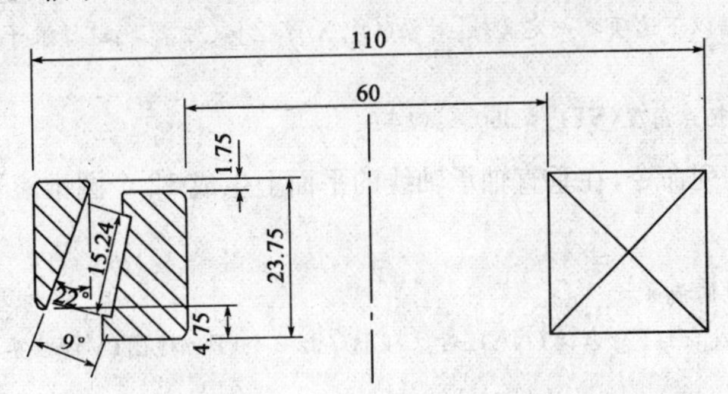

图 8-8　轴承 30212 工程图

图 8-9　轴承 30212 结构

从结构和模型图上可以看出，轴承是由诸多回转体组成的，包括内圈（绿色）、滚动体（黑色，12个）和外圈（红色）。因此用到的命令有旋转REVOLVE和环形阵列ARRAY命令。

操作步骤如下：

(1)由工程图分别绘制内圈、外圈和滚动体的回转截面。如图8-10所示。

注意：内圈（绿色）、外圈（红色）的回转轴是图右侧的点划线，滚子（黑色）的截面只画一半，其回转轴是它自身轴线（黑色和白色交界线）。

(2)使用旋转命令REVOLVE对滚子截面进行旋转。如图8-11所示。

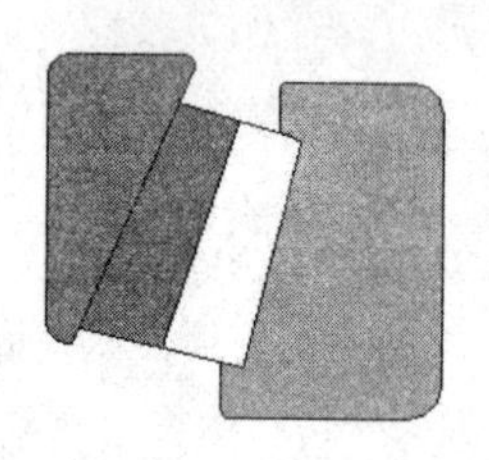

图8-10 各零件回转截面

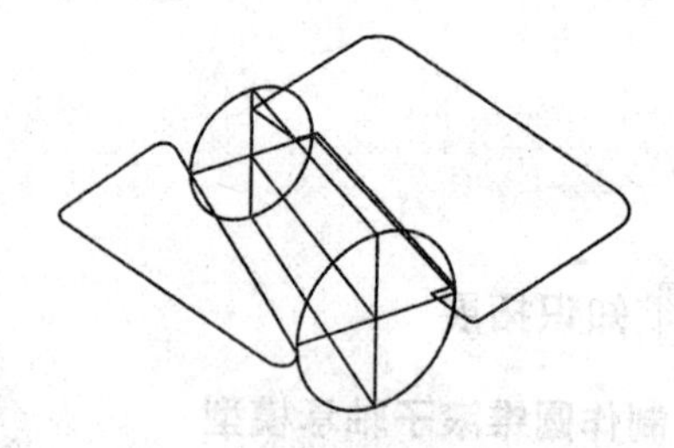

图8-11 使用"REVOLVE"命令生成圆锥滚子

命令：REVOLVE （调用旋转命令）
当前线框密度：ISOLINES=4
选择要旋转的对象：选择滚子截面 （选择滚子截面为选择对象）
指定轴起点或根据以下选项之一定义轴[对象(O)/X/Y/Z]<对象>：选择滚子自身的轴线 （选择旋转轴）
指定旋转角度或[起点角度(ST)]<360>：回车 （360度旋转得到实体）

(3)使用环形阵列命令，在垂直轴承轴线的平面上生成12个圆锥滚子，如图8-12所示。

命令：UCS （调用用户坐标系）
当前UCS名称：*俯视*
指定UCS的原点或[面(F)/命名(NA)/对象(OB)/上一个(P)/视图(V)/世界(W)/X/Y/Z/Z轴(ZA)]<世界>：za （使用Z轴方式）
指定新原点或[对象(O)]<0,0,0>：轴线右端点为原点
在正Z轴范围上指定点<1079.3712,355.5220,1.0000>：沿轴线方向指定一点 （设置阵列平面法线方向）

执行ARRAY命令，在打开的**"阵列"**对话框中，选择**"环形阵列"**，阵列中心为轴承轴线，阵列对象圆锥滚子，阵列个数为12，如图8-12所示。

(4)使用旋转命令REVOLVE对内圈、外圈进行旋转，如图8-13所示。

命令：REVOLVE （调用旋转命令）
当前线框密度：ISOLINES=4
选择要旋转的对象：找到1个 （选择内外圈截面）
选择要旋转的对象：找到1个，总计2个
指定轴起点或根据以下选项之一定义轴[对象(O)/X/Y/Z]<对象>：Z （选择旋转轴为图示Z轴）
指定旋转角度或[起点角度(ST)]<360>：回车 （360度旋转得到实体）

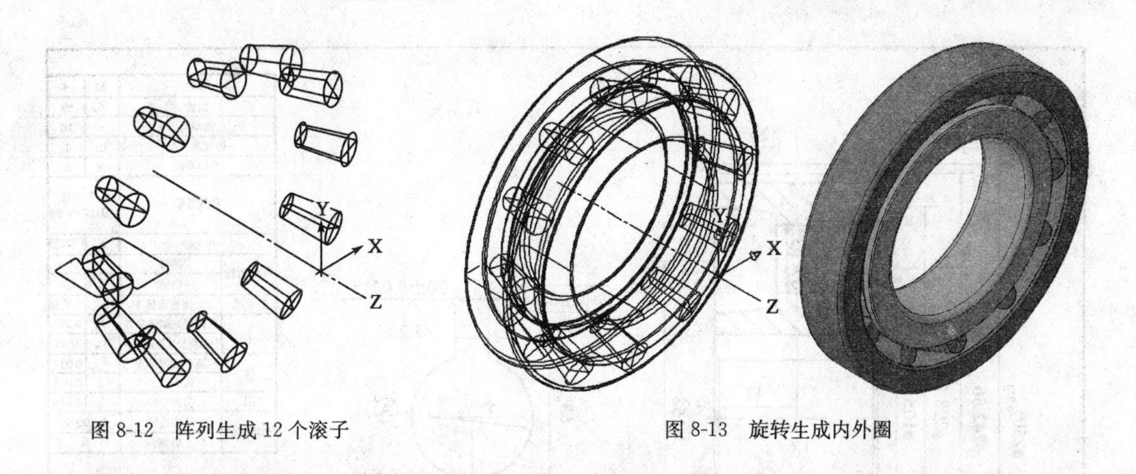

图 8-12　阵列生成 12 个滚子　　　图 8-13　旋转生成内外圈

实例 8-2　制作斜齿轮模型

一　实例分析

图 8-14 为二级斜齿轮减速器低速级大齿轮零件图，图 8-15 为其模型。斜齿轮是减速器中用来传递扭矩和转速的零件，属于回转体，其圆周方向等距分布数个轮齿。斜齿轮与直齿齿轮的外观区别在于其轮齿与圆柱素线不平行而呈现出一定的夹角，在空间上实际呈现螺旋线形状。因此我们建立其模型要先画出斜齿轮齿顶圆的纵截面外形，通过使用旋转命令 REVOLVE 创建出斜齿轮坯三维模型；然后在斜齿轮坯端面上绘制出单一齿槽的截面形状后，利用放样命令 LOFT 创建出齿槽实体；在使用环形阵列命令生成 Z 个（Z 为齿数）齿槽，并作差集，切出 Z 个齿槽。最后在斜齿轮坯腹板处使用差集切出多个孔。

从上面的过程可以看出，该方法与实际的仿形法加工齿轮过程类似，比较符合实际情况。

二　任务实施

（一）新建图形文件

以文件名为**"低速级大齿轮.dwg"**保存。

（二）建立图层

打开**"对象特性管理器"**对话框，建立图层，如图 8-16 所示。

（三）创建齿轮轮坯

（1）绘制齿轮齿顶圆的纵截面外形

将视图设置为**"俯视"**，将视觉样式设为**"概念"**，进入**"齿轮轮坯"**图层，绘制纵截面外形，并创建成面域。如图 8-17 所示。

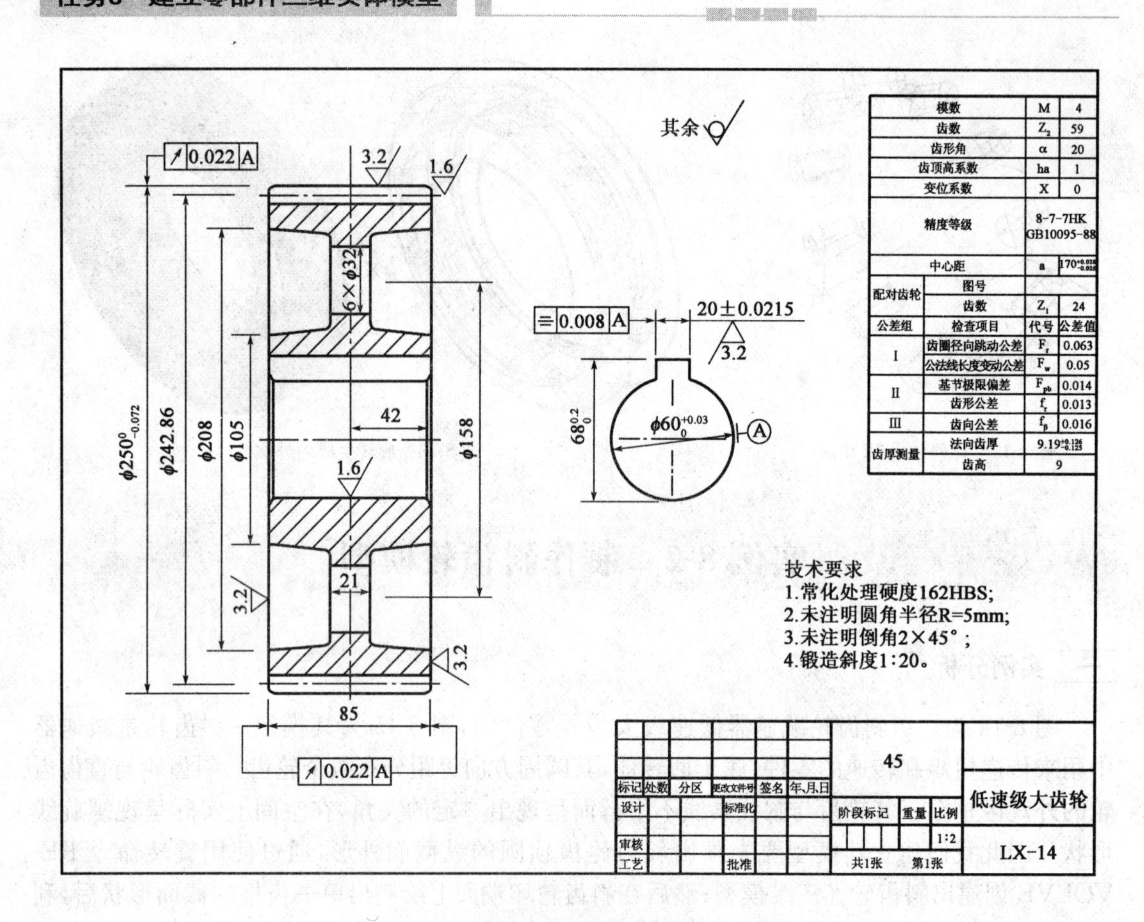

图 8-14　二级斜齿轮减速器低速级大齿轮零件图

图 8-15　二级斜齿轮减速器低速级大齿轮模型

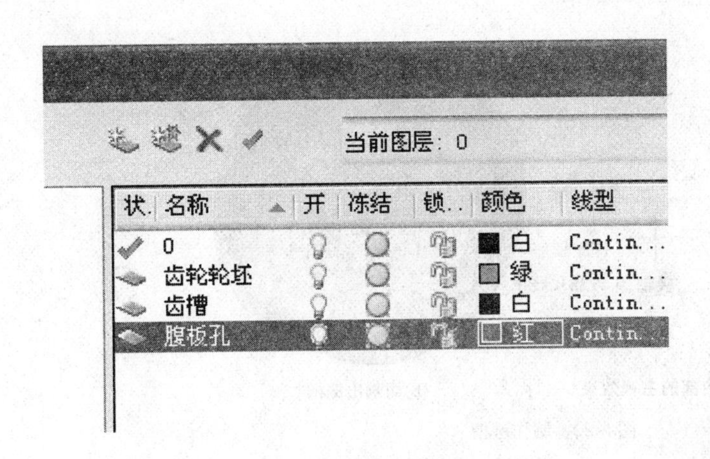

图 8-16　建立图层

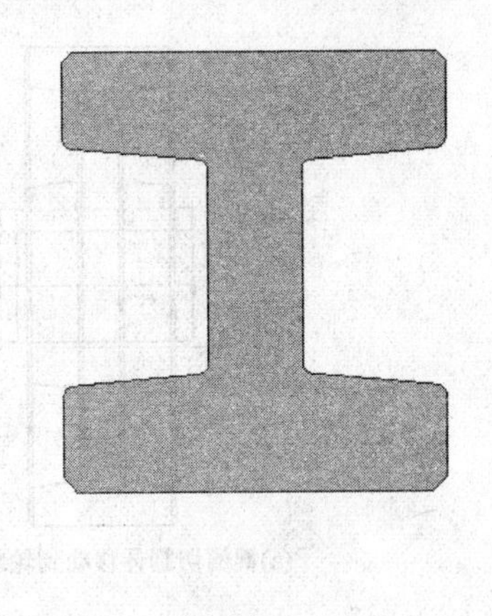

图 8-17　纵截面外形

(2)创建斜齿轮坯三维模型

将视图模式设为**"西南等轴测视图"**,将视觉样式设为**"概念"**,进入**"齿轮坯"**图层。调用旋转命令REVOLVE将面域旋转成实体,如图8-18所示。

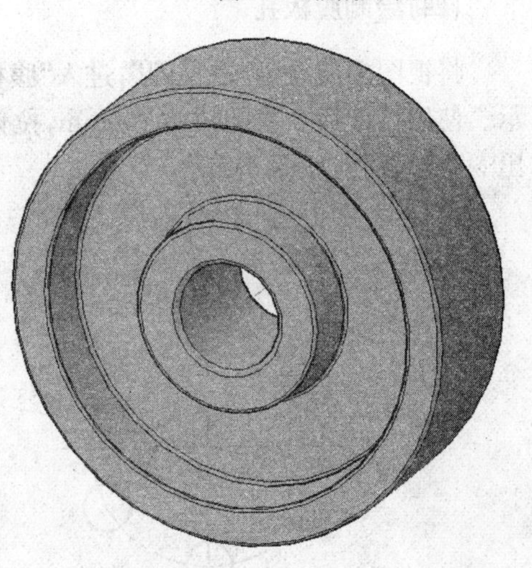

图 8-18　旋转后的效果

(3)创建键槽

①将视图模式设为**"左视"**,在左视图上绘制键槽轮廓并创建成面域,面域将处于YOZ平面上,这是一个与齿轮端面平行的平面。然后使用拉伸命令,将面域拉伸100高度。如图8-19所示。

②将视图模式设为**"主视"**,使用移动命令将键槽切割体移动到轮坯内部,基点为键槽切割体的圆心,目标点为轮坯内部的轴端点。使用**"差集"**命令切割出键槽,选择齿轮轮坯为被减实体,选择键槽切割体为要减去的实体,如图8-20所示。

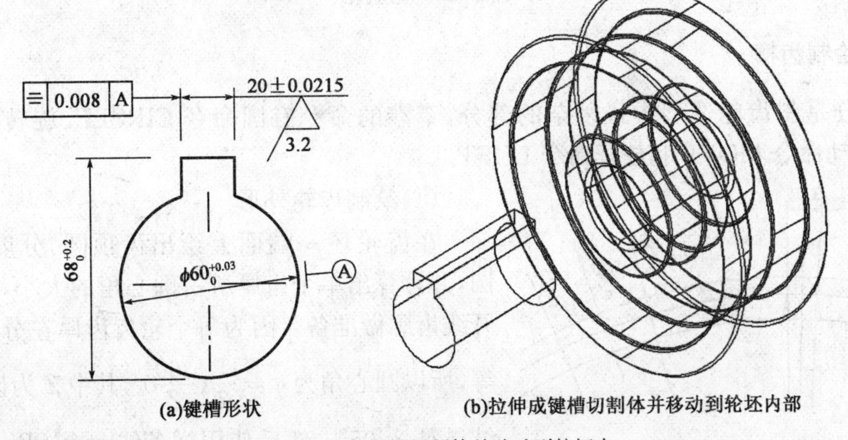

(a)键槽形状　(b)拉伸成键槽切割体并移动到轮坯内部

图 8-19　绘制键槽切割体并移动到轮坏内

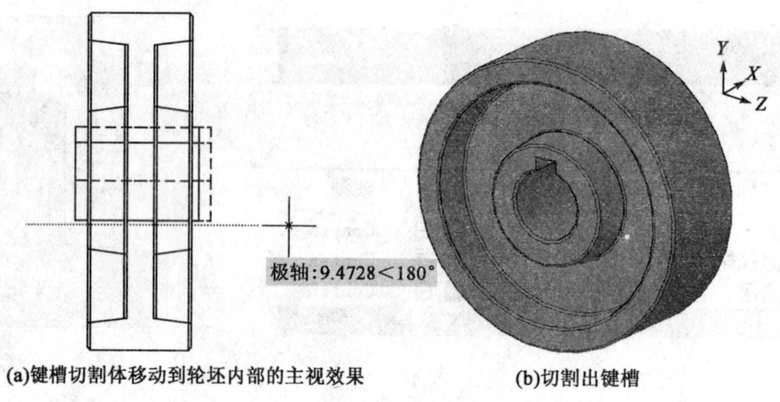

(a)键槽切割体移动到轮坯内部的主视效果　(b)切割出键槽

图 8-20　制作键槽

(四)绘制腹板孔

将视图模式设为**“左视图”**,进入**“腹板孔”**图层。绘制腹板孔的横截面图,如图 8-21(a)所示。使用拉伸命令将圆拉伸 100mm,拉伸出腹板孔切割体,最后使用差集命令在齿轮坯上开出 6 个腹板孔,如图 8-21(b)所示

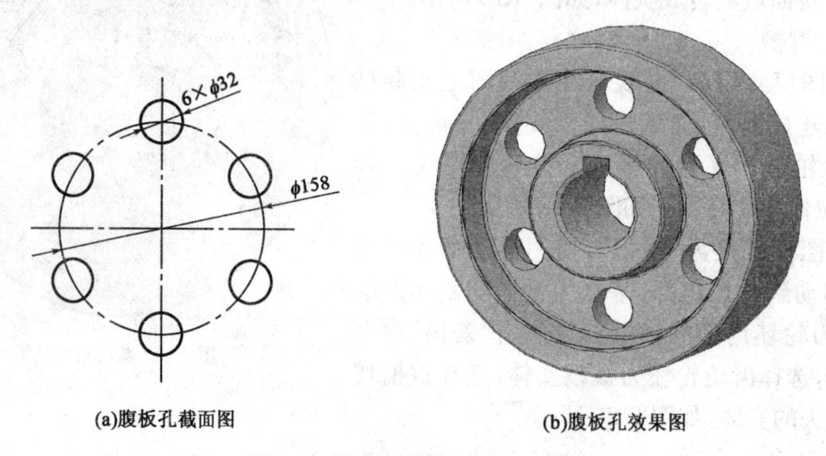

(a)腹板孔截面图　(b)腹板孔效果图

图 8-21　开腹板孔

(五)绘制齿槽

此部分是斜齿轮造型中最复杂的部分,牵涉的命令有圆命令 CIRCLE、旋转命令 ROTATE、移动命令 MOVE 和放样命令 LOFT。

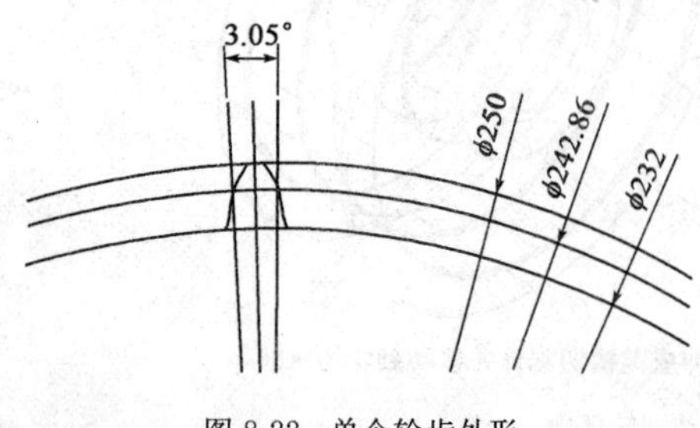

图 8-22　单个轮齿外形

(1)绘制齿轮外形

在齿轮坯一端面上绘出齿顶圆、分度圆、齿根圆,并计算出单个齿厚所占圆心角的大小,为绘制渐开线齿廓做准备。因为每个轮齿齿厚在分度圆上相等,所以圆心角为 $\varphi=\frac{1}{2}(\frac{360}{Z})$,其中 Z 为齿数,计算结果是 3.05°。然后使用样条线命令 SPLINE 绘制

单侧渐开线齿廓。齿根圆与齿廓之间圆角过渡半径1。使用镜像命令MIRROR生成完整的轮齿外轮廓,如图8-22所示。

(2)生成齿槽外形

齿槽是两个轮齿之间的缺口部分,所以可以得到齿槽的外形,并将外形图创建成面域,如图8-23所示。

齿槽是用来切割齿坯生成轮齿的,所以它的顶端应该比齿顶圆高一些。由于螺旋角$\beta=12^{\circ}$,斜齿轮两个端面上齿槽不重合,将刚才的齿槽顺时针旋转12°,并使用移动命令MOVE将其平移到另一端面上。如图8-24所示。

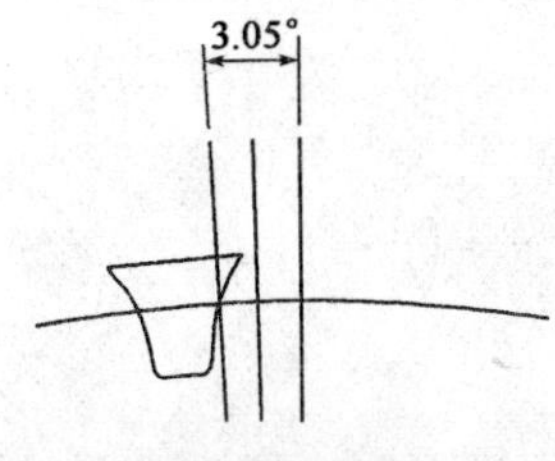

图8-23　齿槽外形

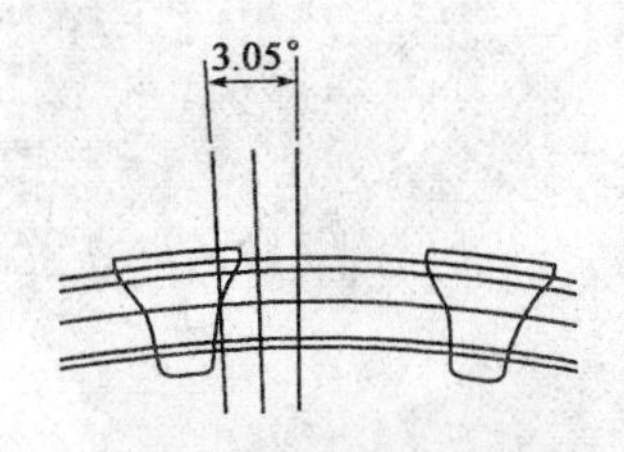

图8-24　两端面齿槽位置

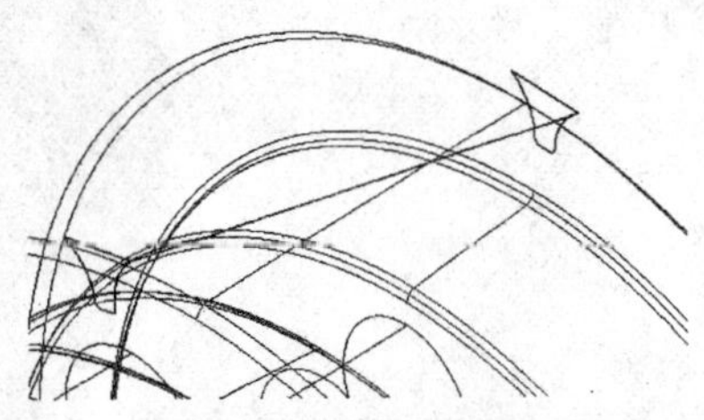

图8-25　放样路径

斜齿轮齿槽是一个类似螺旋线的形式盘绕在分度圆柱上,两个底面不重合但是相互平行,所以可以考虑使用放样命令LOFT生成齿槽切割体。

①绘制一条直线作为放样路径,连接两个端面齿槽对应点,如图8-25所示。

操作步骤如下:

```
命令:LOFT                                               (调用放样命令)
按放样次序选择横截面:找到1个,总计2个                   (选择两端面齿槽面域)
按放样次序选择横截面:
输入选项[导向(G)/路径(P)/仅横截面(C)]<仅横截面>:P      (按路径方式放样)
选择路径曲线:选择直线                                   (选择放样路径)
```

结果如图8-26所示。

②在齿轮一端面上进行平面环形阵列,将齿槽切割体阵列Z=59份,如图8-27所示。

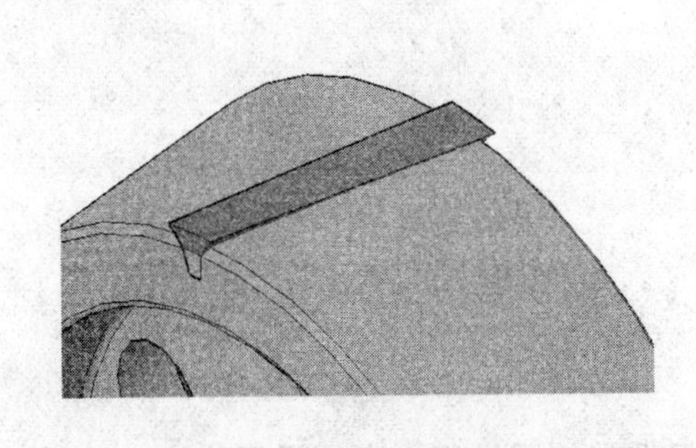

图8-26　放样效果

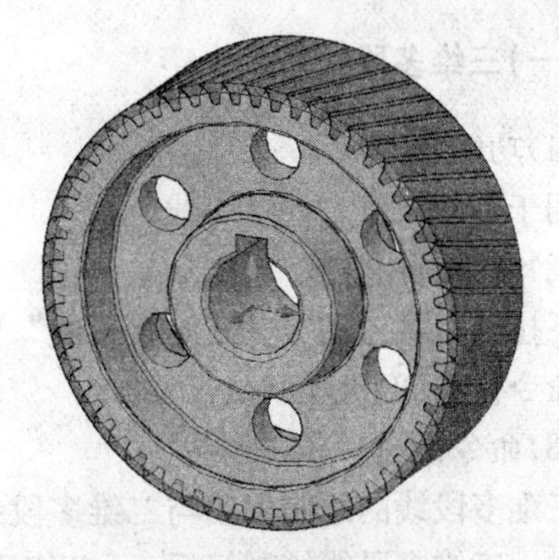

图8-27　环形阵列

(六)切割齿轮

使用**"差集"**命令,选择齿轮坯为被减实体,选择 59 个齿槽切割体为要减去的实体,如图 8-28 所示。

图 8-28　轮齿切割效果

实例 8-3　制作二级斜齿轮减速器箱体模型

一　实例分析

图 8-29 为二级斜齿轮减速器箱体装配图,它是由箱盖和底座等多个零件组成的装配体。先将各个零件的模型创建好之后,然后通过复制 COPY、移动 MOVE、三维对齐 3DALIGN 等命令装配而成。

二　相关知识

(一)三维多段线命令

(1)功能

用于创建三维空间多段线。

(2)命令调用方式

下拉菜单:**"绘图"/"三维多段线"**

命令行:3DPOLY

(3)命令说明

三维多段线的绘制方法与二维多段线的类似,但在其使用过程中不能设置线宽,也不能绘制弧线。三维多段线绘制好后,可以使用 PEDIT 命令对三维多段线进行编辑。图 8-30 所示为三维多段线和拟合后的空间样条曲线。

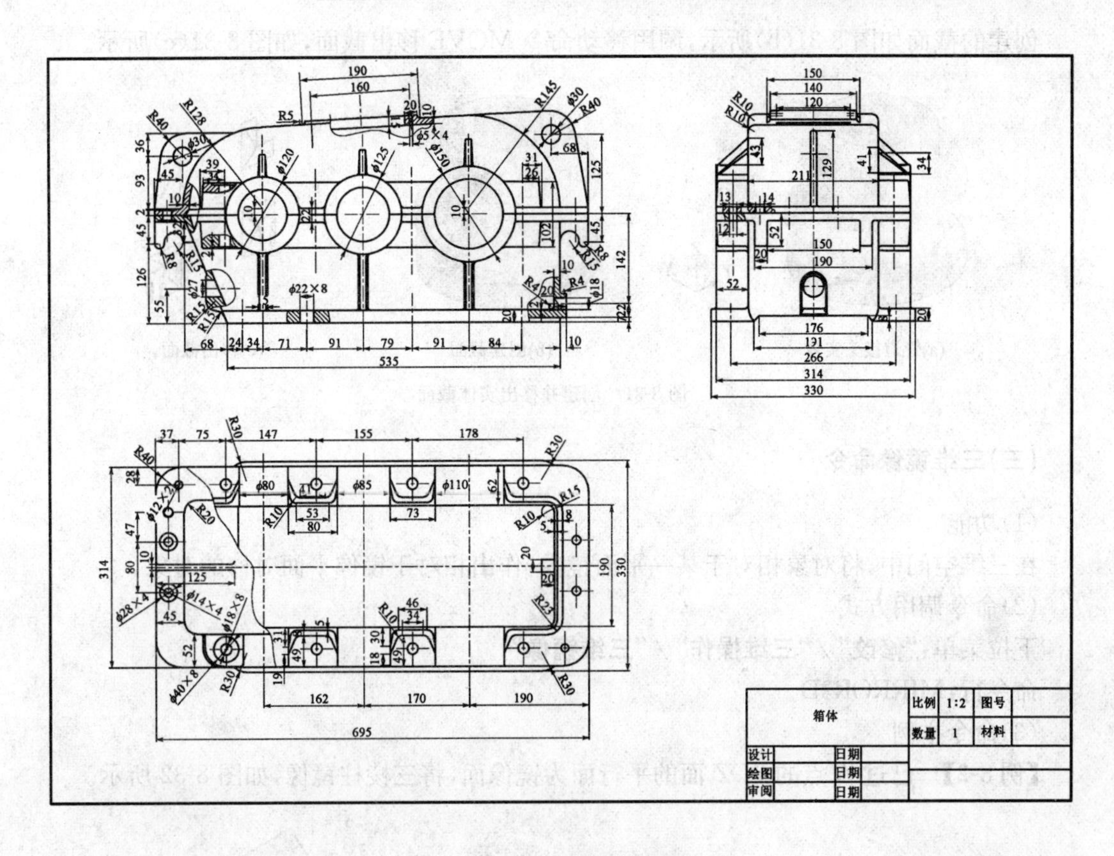

图 8-29　二级斜齿轮减速器箱体

(二)创建截面命令

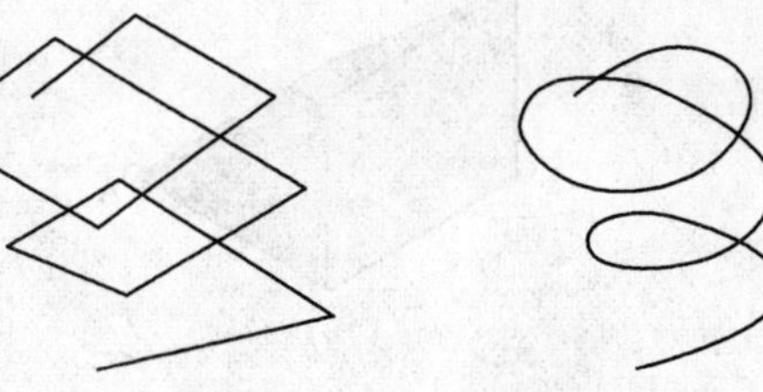

图 8-30　三维多段线和拟合后的空间样条曲线

(1)功能

在三维实体上创建并提取实体的截面,并不是真正剖切实体。

(2)命令调用方式

命令行:SECTION

(3)命令举例

【例 8-1】　将如图 8-31(a)所示的实体在指定位置创建截面。

操作步骤如下:

命令:SECTION　(调用创建截面命令)

选择对象:选择管道接头实体　(选择要提取截面的实体)

选择对象:回车　(结束选择)

指定截面上的第一个点,依照[对象(O)/Z 轴(Z)/视图(V)/XY/YZ/ZX/三点(3)]<三点>:YZ

(创建平行于 *YOZ* 面的截面)

指定 YZ 平面上的点<0,0,0>:选取顶面圆心　(指定截面上的点)

创建的截面如图 8-31(b)所示，调用移动命令 MOVE 移出截面，如图 8-31(c)所示。

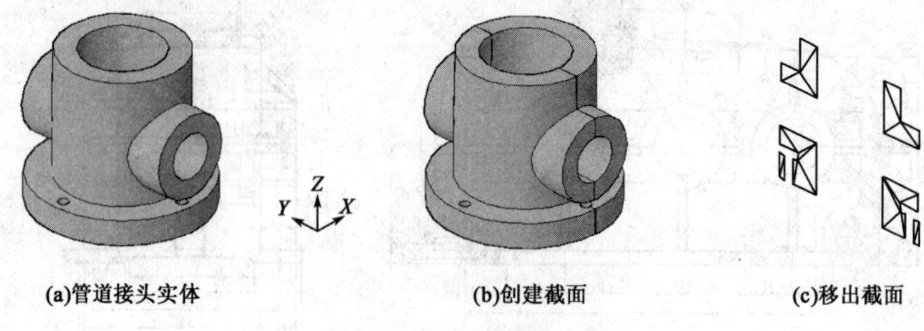

(a)管道接头实体　(b)创建截面　(c)移出截面

图 8-31　创建并移出实体截面

(三)三维镜像命令

(1)功能

在三维空间中，将对象相对于某一平面镜像，作出相对于镜像平面对称的对象。

(2)命令调用方式

下拉菜单：**“修改”/“三维操作”/“三维镜像”**

命令行：MIRROR3D

(3)命令举例

【例 8-2】 已过 A 点的 *YOZ* 面的平行面为镜像面，将三棱柱镜像，如图 8-32 所示。

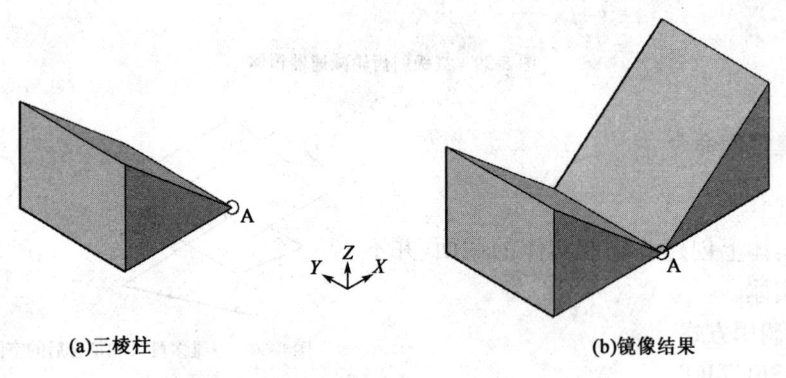

(a)三棱柱　(b)镜像结果

图 8-32　以过 A 点的三维镜像 *YOZ* 平行面镜像

操作步骤如下：

命令：MIRROR3D　　(调用三维镜像命令)

选择对象：选择三棱柱　　(选择要镜像的对象)

选择对象：回车　　(结束选择)

指定镜像平面(三点)的第一个点或[对象(O)/最近的(L)/Z 轴(Z)/视图(V)/XY 平面(XY)/YZ 平面(YZ)/ZX 平面(ZX)/三点(3)]<三点>：YZ　　(选择镜像面为 *YOZ* 的平行面)

指定 YZ 平面上的点<0,0,0>：选择 A 点　　(指定镜像面的通过点)

是否删除源对象？[是(Y)/否(N)]<否>：回车　　(保留源对象)

说明：镜像面选择方式有多种。

①对象(O)用指定对象所在的平面作为镜像面，这些对象可以是圆、圆弧或二维多段线。

②最近的(L)用最后定义的镜像平面作为当前镜像面。

③Z 轴(Z)通过确定平面上一点和该平面法线上的一点来定义镜像面。

④视图(V)用于当前视图平面(计算机屏幕)平行的面作为镜像面。

⑤XY 平面(XY)、YZ 平面(YZ)、ZX 平面(ZX)

这三个选项分别表示用与当前 UCS 的 XY、YZ 或 ZX 平面平行的平面作为镜像面。

⑥三点(3)通过指定三个不在同条直线上的点来作为镜像平面。

(四)创建扫掠体命令

(1)功能

通过沿路径扫掠的方式创建实体或曲面。其中路径可以是开放的，也可以是闭合的，可以是二维的，也可以是三维的；扫掠对象可以开放的，也可以是闭合的。

(2)命令调用方式

下拉菜单：**"绘图"/"建模"/"扫掠"**

工具栏：**"建模"/"扫掠"**

命令行：SWEEP

(3)命令举例

【例 8-3】 通过扫掠命令创建实体，如图 8-33 所示。

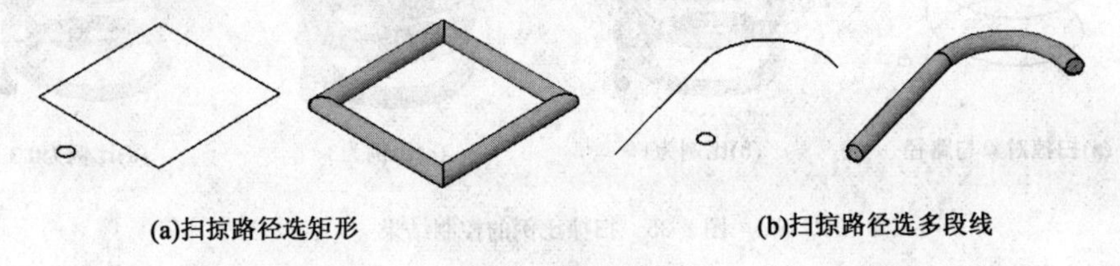

(a)扫掠路径选矩形　　(b)扫掠路径选多段线

图 8-33　创建扫掠实体

操作步骤如下：

命令：SWEEP　　(调用扫掠命令)

当前线框密度：ISOLINES=4

选择要扫掠的对象：选择圆

选择要扫掠的对象：回车　　(结束选择)

选择扫掠路径或[对齐(A)/基点(B)/比例(S)/扭曲(T)]：分别选择矩形与多段线作为扫掠路径

[扫掠结果如图 8-33(a)、(b)所示]

选项说明：

①**"对齐"**选项：用于设置扫掠轮廓与路径是否垂直对齐；指定是否对齐轮廓以使其作为扫掠路径切向的法向。

注意：如果轮廓曲线不垂直于(法线指向)路径曲线起点的切向，则轮廓曲线将自动对齐；

②**"基点"**选项:扫掠对象的基点经过扫掠后将落在扫掠路径上。

默认的基点为扫掠对象的质心,扫掠结果如图 8-34(b)所示;基点可以重新设置,以扫掠对象的角点 A 为基点的扫掠结果如图 8-34(c)所示。

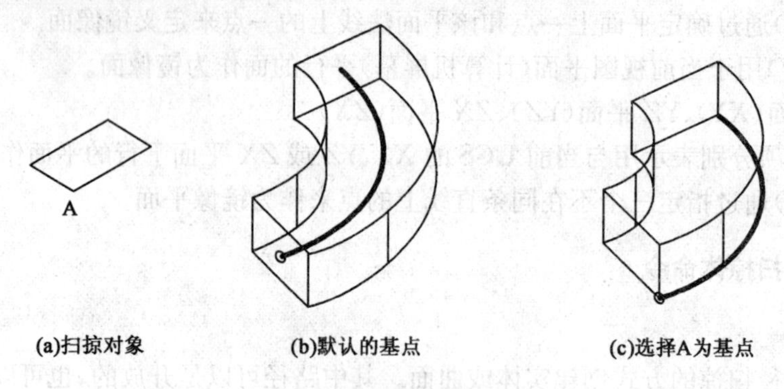

图 8-34　扫掠基点的控制结果

③**"比例"**选项:用于控制轮廓扫掠过程中路径的终点与起点处断面大小的比值,如图 8 -35(b)、(c)、(d)所示。

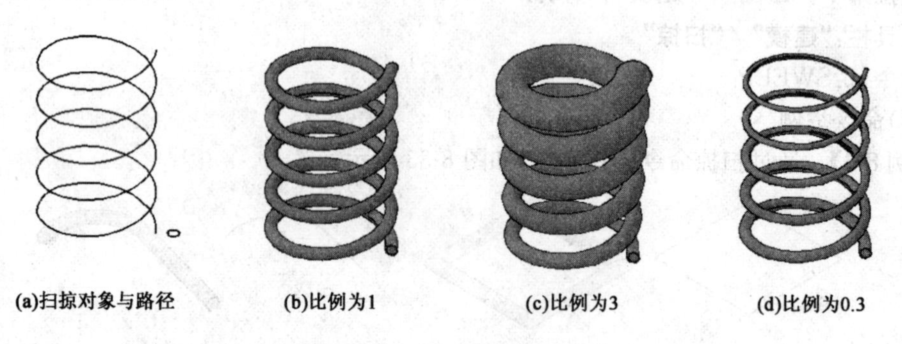

图 8-35　扫掠比例的控制结果

④**"扭曲"**选项:用于设置轮廓扫掠时的扭曲角度,如图 8-36(b)、图 8-36(c)所示。

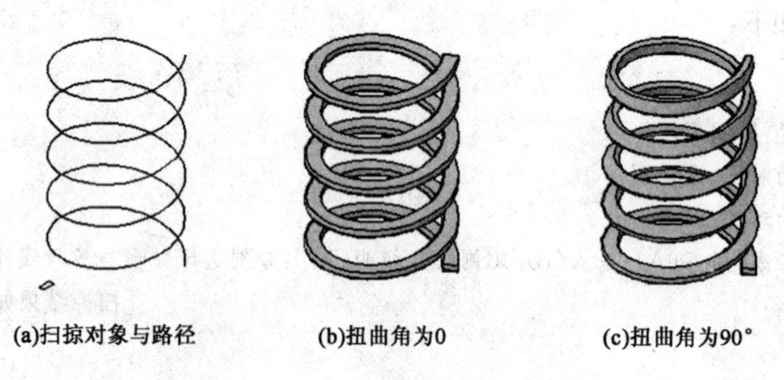

图 8-36　扭曲角的控制结果

⑤扫掠过程的断面方向的控制。

扫掠过程中,扫掠对象的 Y 轴方向转为扫掠后的起始断面的 Z 轴方向,如图 8-37(a)、图 8-37(b)所示。

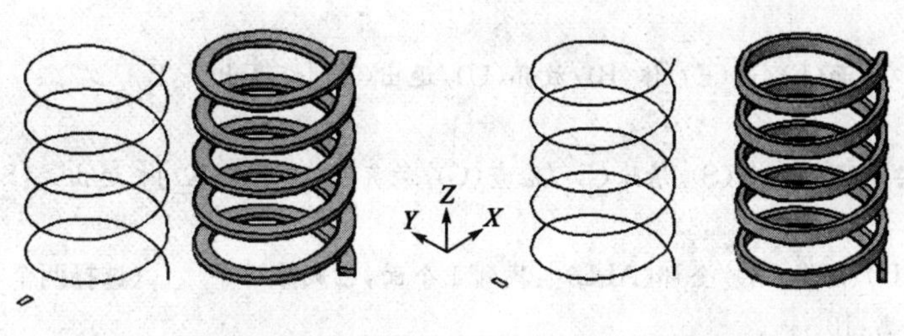

(a)扫掠对象Y轴方向较短　(b)扫掠对象Y轴方向较长

图 8-37　扫掠过程中的断面方向的控制

三　任务实施

齿轮箱体分为箱盖和底座两部分,其零件可以从装配图中拆画出来。作为齿轮传动主要的容器,起到保护齿轮不受外界环境的影响,为传动提供润滑容器,散热等诸多功能。

齿轮箱体外观大致成长方体,内部中空,箱壁厚度基本均匀,上面开了各种功能孔。由齿轮箱的大致形状可以得出造型的思路:可以先通过拉伸命令 EXTRUDE 生成主体,然后使用抽壳命令 SOLIDEDIT 抽成中空形状,随后采用拉伸和差集、并集等命令完成其他细节部分。

创建主体造型:

1)新建文件,起名为**"箱体.dwg"**。

2)创建图层,按照零部件归属分别建立**"箱盖"**、**"底座"**等图层。如图 8-38 所示。

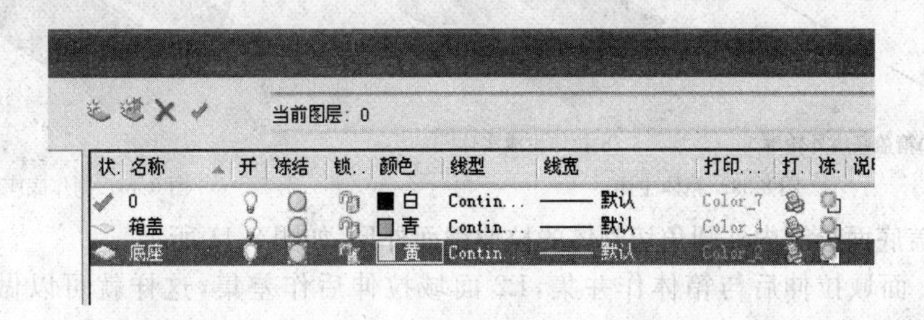

图 8-38　图层创建

3)拆画箱盖、底座工程图

(1)根据**"二级斜齿轮减速器箱体"**主视图中的尺寸绘制箱盖、底座的外轮廓,将外轮廓转化成面域并拉伸生成实体,如图 8-39 所示。

操作步骤如下:

命令:EXTRUDE　(调用拉伸命令)
当前线框密度:ISOLINES=4
选择要拉伸的对象:选择箱盖、底座主视图轮廓面域　(选择拉伸对象)
指定拉伸的高度或[方向(D)/路径(P)/倾斜角(T)]<210.0000>:210　(拉伸高度为 210mm)
命令:SOLIDEDIT　(调用抽壳命令)
实体编辑自动检查:SOLIDCHECK=1

输入实体编辑选项[面(F)/边(E)/体(B)/放弃(U)/退出(X)]<退出>:B

输入体编辑选项

[压印(I)/分割实体(P)/抽壳(S)/清除(L)/检查(C)/放弃(U)/退出(X)]<退出>:S

选择三维实体:　　(选择箱盖和底座)

删除面或[放弃(U)/添加(A)/全部(ALL)]:找到 1 个面,已删除 1 个　　(选择两个零件的两个结合面)

输入抽壳偏移距离:10　　(箱壁厚 10)

已开始实体校验

已完成实体校验

(2)绘制倒角

对底座的四条棱边进行倒圆角;箱盖棱线是圆弧,无法使用圆角命令,所以使用先拉伸再作差集、并集的方法获得最终结果。

①使用圆角命令将底座外表面四条棱线倒圆角,半径为 R30;内表面四条棱线半径 R20。如图 8-40 所示。

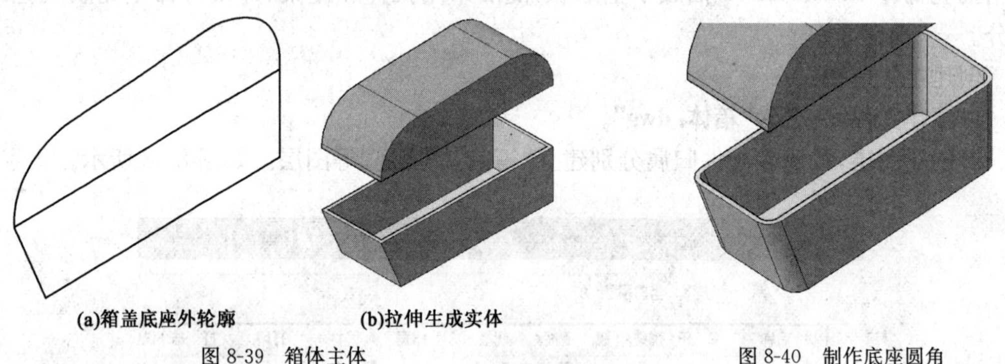

(a)箱盖底座外轮廓　(b)拉伸生成实体

图 8-39　箱体主体　　图 8-40　制作底座圆角

②在箱盖底面绘制内外圆角切割体的拉伸截面外形,如图 8-41 所示。

其中 L1 面域拉伸后与箱体作并集,L2 面域拉伸后作差集,这样就可以做出内外圆角的特征。拉伸路径用复制边然后合并为多段线的方法获取(图中曲线段)。需要注意的是,使用 PEDIT 命令合并多段线之前必须将多段线所在平面设为当前 *XOY* 面,如图 8-42所示。

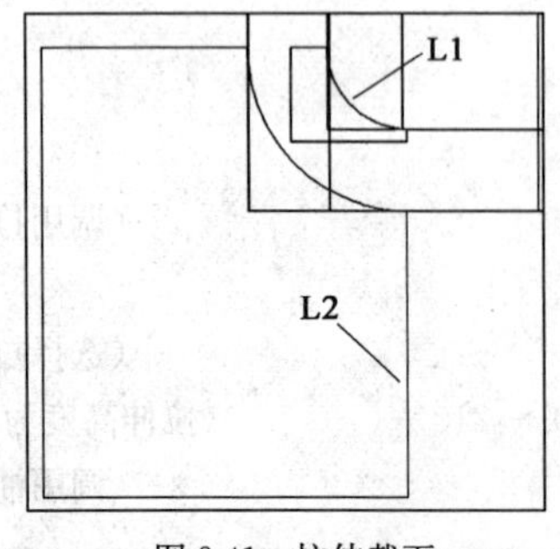

图 8-41　拉伸截面

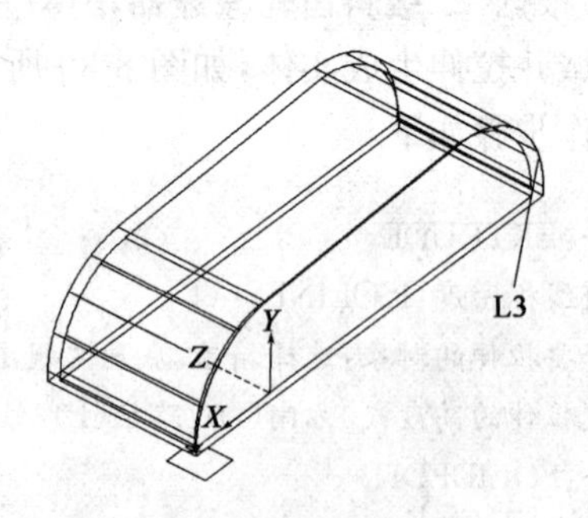

图 8-42　拉伸截面和拉伸路径

恢复坐标系为世界坐标系，拉伸截面，并沿对称轴镜像，最后使用并集、差集获得箱盖主体，如图 8-43、图 8-44 所示。

最终效果如图 8-45 所示。

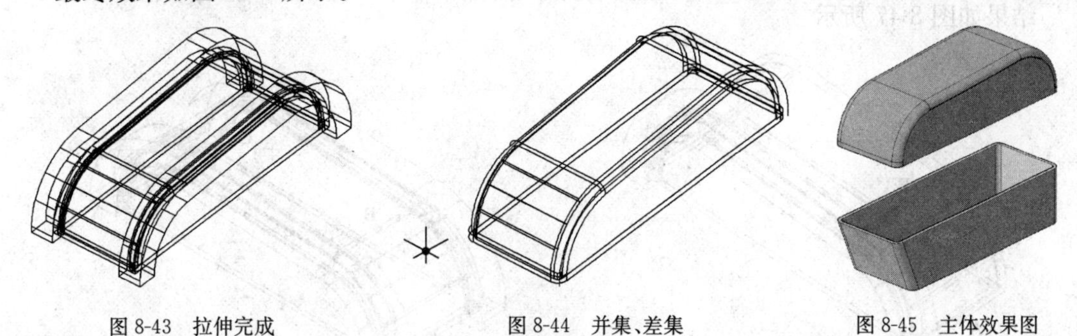

图 8-43　拉伸完成　　图 8-44　并集、差集　　图 8-45　主体效果图

另外，箱盖内外圆角特征的建立也可以使用扫掠**"SWEEP"**命令，先绘制图 8-41 所示的扫掠截面**"拉伸截面"**，使用 SWEEP 命令生成内外圆角切割体。

操作步骤如下：

命令：SWEEP　（调用扫掠命令）
当前线框密度：ISOLINES=4
选择要扫掠的对象：找到 1 个　（选择两个截面）
选择要扫掠的对象：找到 1 个，总计 2 个
选择扫掠路径或[对齐(A)/基点(B)/比例(S)/扭曲(T)]：B
指定基点：A　[指定扫掠"基点"为路径(起点)]
选择扫掠路径或[对齐(A)/基点(B)/比例(S)/扭曲(T)]：拾取 L3　（选择扫掠路径）

扫掠结果如图 8-46 所示。

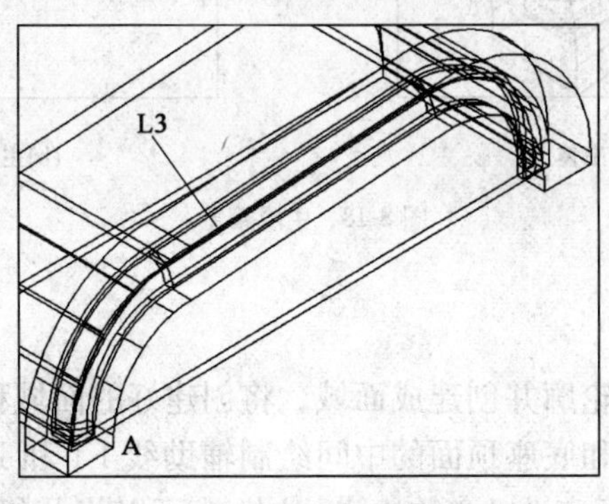

图 8-46　扫掠生成内外圆角切割体

命令：MIRROR3D　（调用三维镜像命令）
选择对象：找到 1 个　（选择内外圆角切割体）
选择对象：找到 1 个，总计 2 个
指定镜像平面(三点)的第一个点或[对象(O)/最近的(L)/Z 轴(Z)/视图(V)/XY 平面(XY)/YZ 平面(YZ)/ZX 平面(ZX)/三点(3)]<三点>：回车　（选择三点方式）

在镜像平面上指定第二点:在镜像平面上指定第三点:选择 A、B、C （选择镜像面）
是否删除源对象?[是(Y)/否(N)]<否>:回车 （保留源对象）

结果如图 8-47 所示。

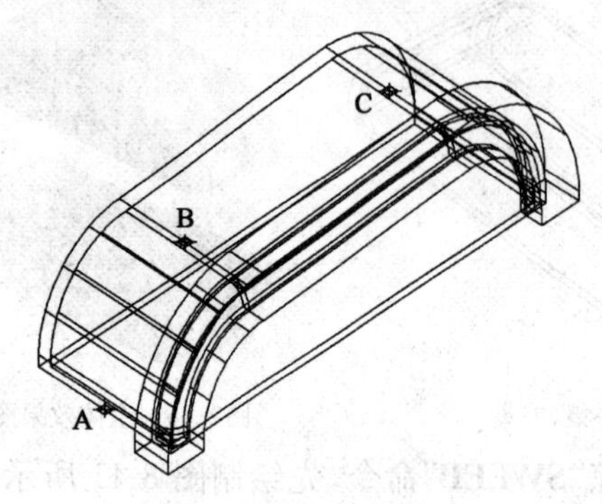

(a)确定镜像面上的点

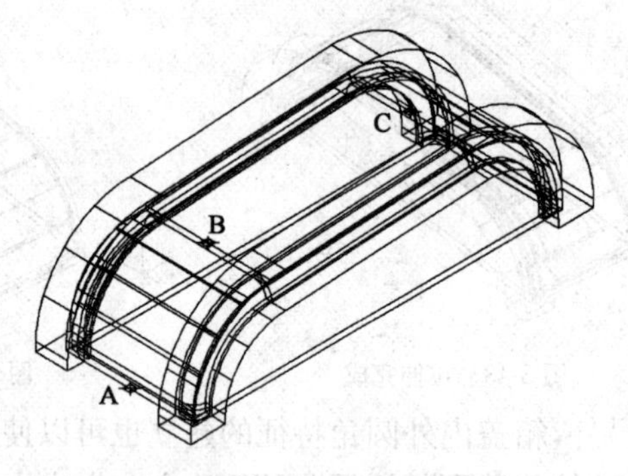

(b)镜像出后面的圆角切割体

图 8-47 使用三维镜像命令镜像圆角切割体

使用并集命令对主体和 2 个内圆角合并;然后使用差集命令为主体减去 2 个外圆角,最终生成箱盖,如图 8-48 所示。

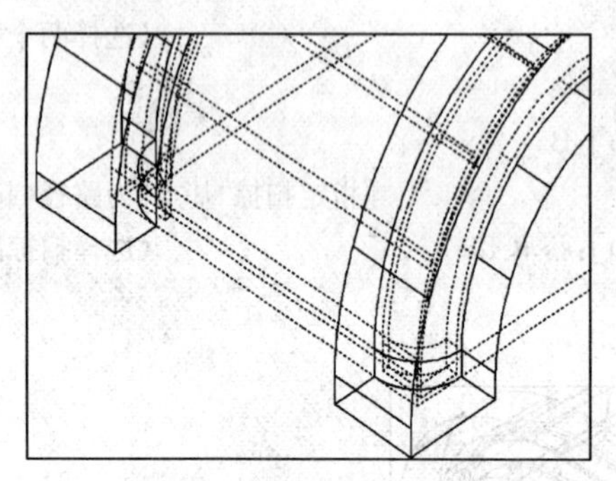

(a)合并内圆角和主体

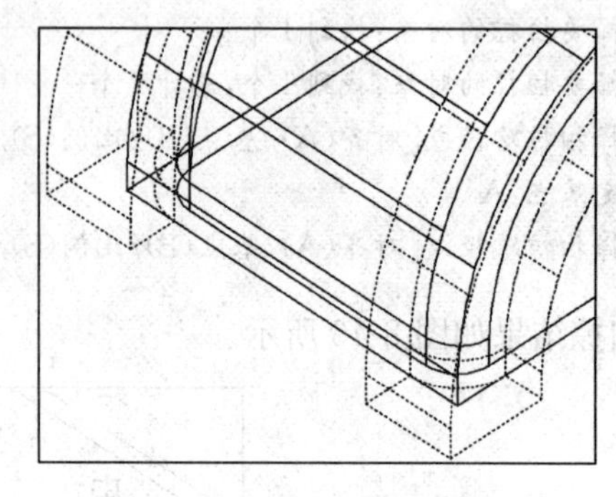

(b)主体减去2个外圆角

图 8-48 生成箱盖

(3)绘制凸缘、螺栓凸台

①绘制凸缘

在俯视图绘制出凸缘的轮廓并创建成面域。将创建好的面域移动到箱盖和底座的结合面上。分别在凸缘面域的中间和底座顶面的中间绘制辅助线 L1 和 L2,使用移动命令移动凸缘面域,基点为 L1 的中点,目标点为 L2 的中点,这样就可以将凸缘面域准确的放到底座的顶部。如图 8-49 所示。

用同样的方法复制一份到箱盖的结合面上,然后使用拉伸命令,分别将箱盖和底座上的凸缘面域拉伸 10mm 厚度,位于中间接合面上,如图 8-50 所示。

②绘制螺栓凸台

在主视图中绘制螺栓凸台并创建成面域,将面域移动到位于箱体表面上,如图 8-51 和图 8-52 所示。

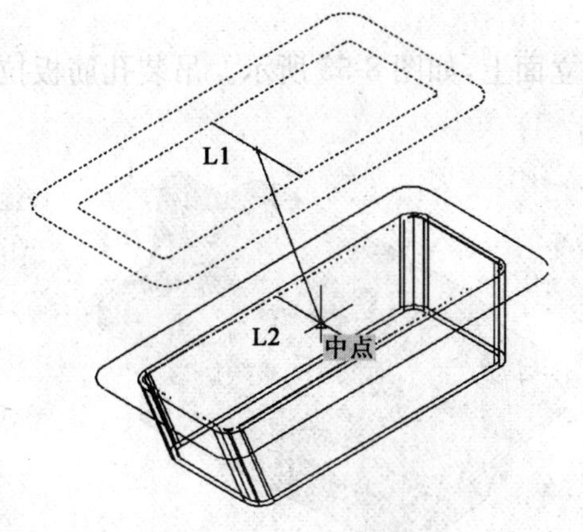

图 8-49　移动凸缘面域

图 8-50　凸缘面域的拉伸

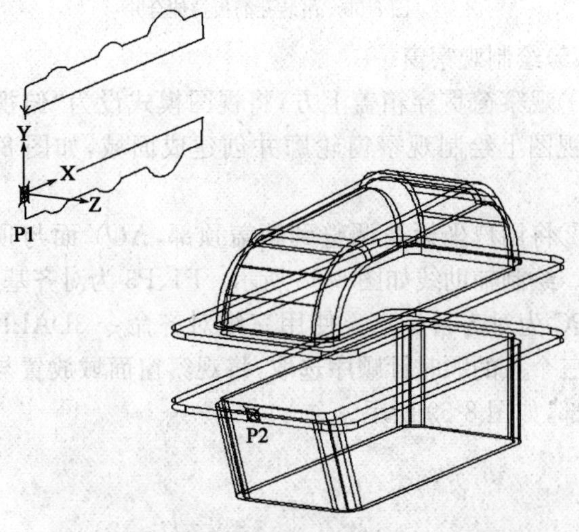

图 8-51　绘制螺栓凸台轮廓并确定移动的基点和目标点

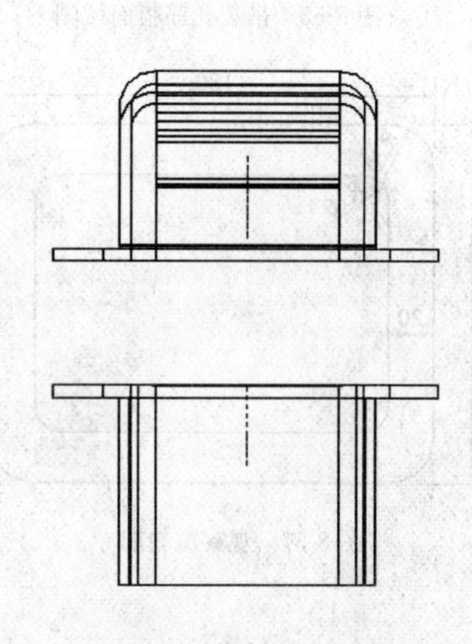

图 8-52　移动螺栓凸台面域

图 8-51 所示，P1 为基点，P2 为目标点，将螺栓凸台面域移动到位于箱体表面上，面域移动到箱体宽度的中间位置，然后向外移动 105mm 即可到达箱壁外侧，拉伸螺栓凸台面域，拉伸厚度为 52mm，如图 8-53 所示。拉伸完成后使用三维镜像命令 MIRROR3D，选择中间为镜像平面，镜像出另一侧的螺栓台，最后与箱盖、底座作并集，如图 8-54 所示。

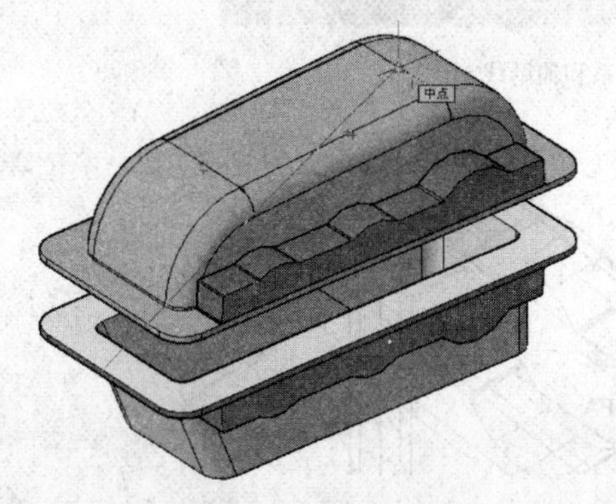

图 8-53　向外移动并拉伸

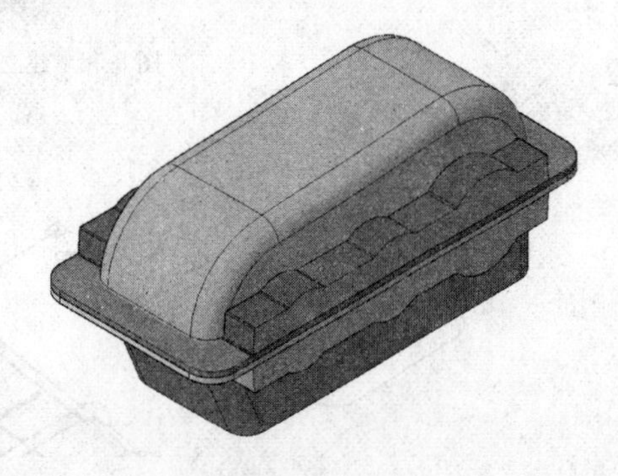

图 8-54　镜像出另一侧的螺栓凸台

(4)绘制吊装孔筋板

方法同上,依次建立拉伸面域,移动到宽度对称立面上,如图 8-55 所示。吊装孔筋板拉伸厚度 10mm,然后与箱盖、底座合并,如图 8-56 所示。

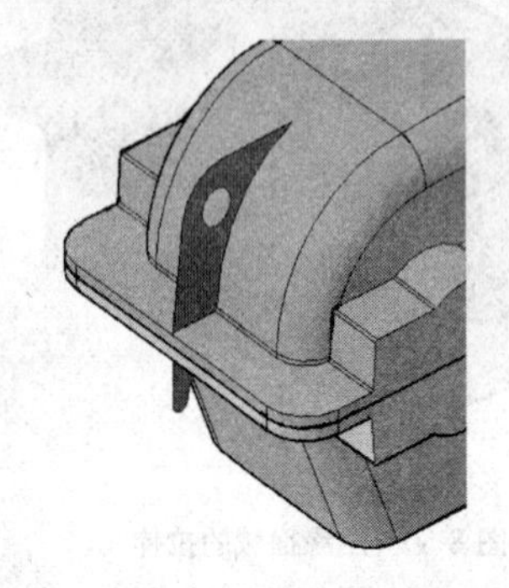

图 8-55 吊装孔筋板面域图

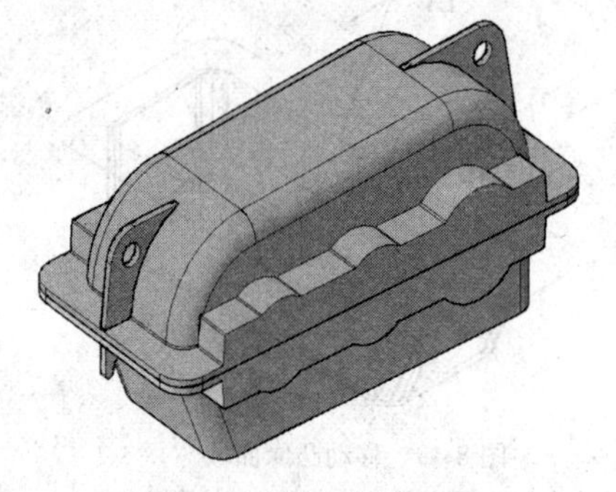

图 8-56 吊装孔筋板拉伸合并

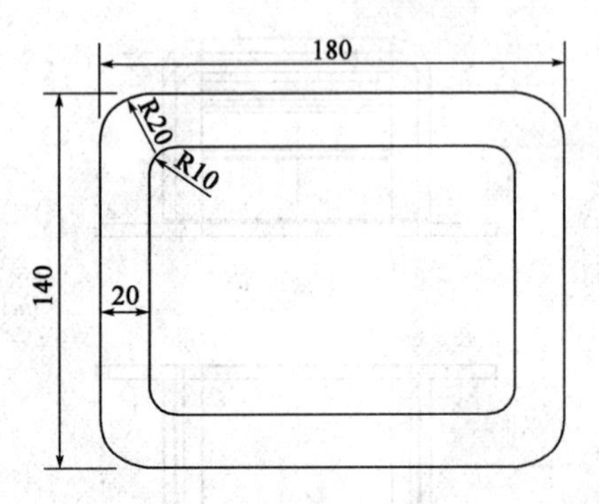

图 8-57 观察窗轮廓

(5)绘制观察窗

①观察窗贯穿箱盖上方,将视图模式设为**“俯视”**,在俯视图上绘制观察窗轮廓并创建成面域,如图 8-57 所示。

②将用户坐标系调整到箱盖顶部,*XOY* 面与顶面平行。绘制辅助线如图 8-58 所示。P1、P3 为对齐基点,PA、PC 为对齐目标点。使用三维对齐命令 3DALIGN 按照三个点的顺时针顺序选取,将观察窗面域放置与箱盖顶部,如图 8-59 所示。

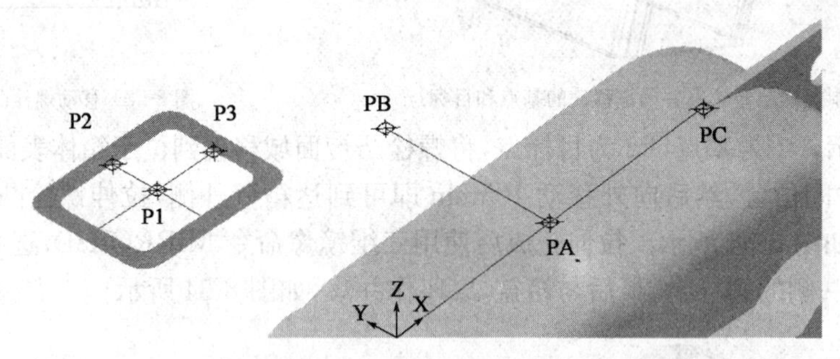

图 8-58 建立用户坐标系和辅助线

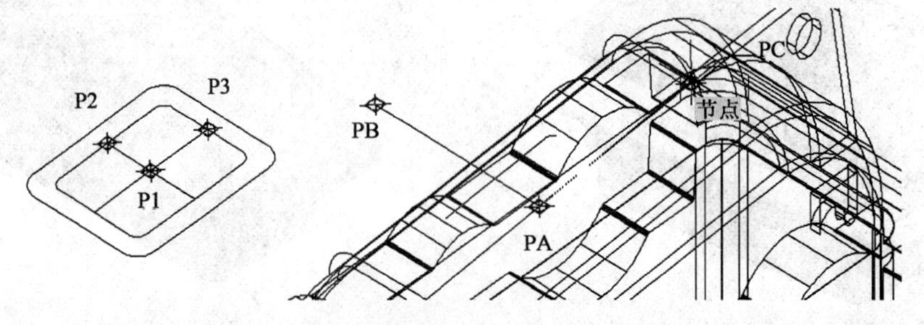

图 8-59 使用 3 维对齐命令放到箱盖顶部

③将观察窗面域拉伸高度为 5mm，用并集命令与箱盖合并，如图 8-60 所示。复制内圈边并创建成面域，向上拉伸一定高度，作为观察窗切割体，如图 8-61 所示。

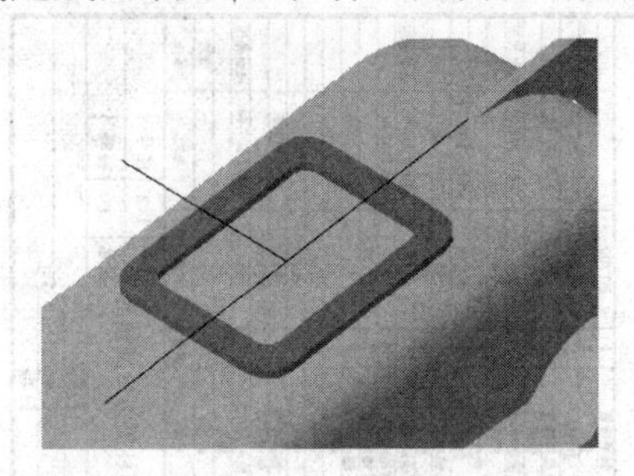

图 8-60　拉伸并与箱盖合并

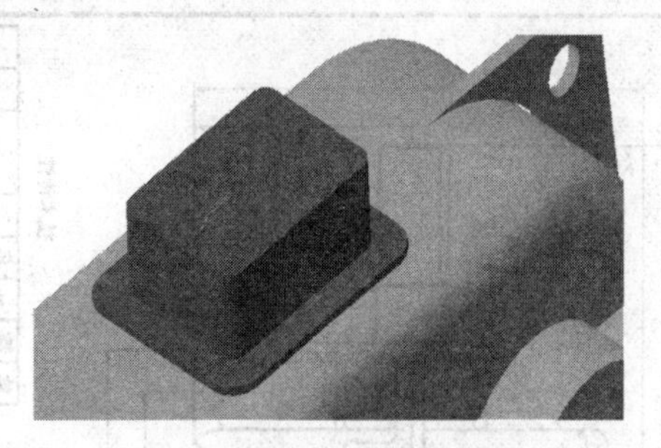

图 8-61　拉伸观察窗切割体

④沿用户坐标系 Z 轴负方向将切割体向下移动穿过顶盖，用差集命令在顶盖上挖出一个观察窗。选择顶盖为被减实体，选择观察窗切割体为要减去的实体，如图 8-62 所示。

(6)绘制底板、轴承座孔、筋板

绘制底板、轴承座孔、筋板的方法与步骤同上，需要先绘制出轮廓并创建面域，再将面域拉伸，最后做差集或并集，最终结果如图 8-63 所示，完成齿轮箱体模型的创建。

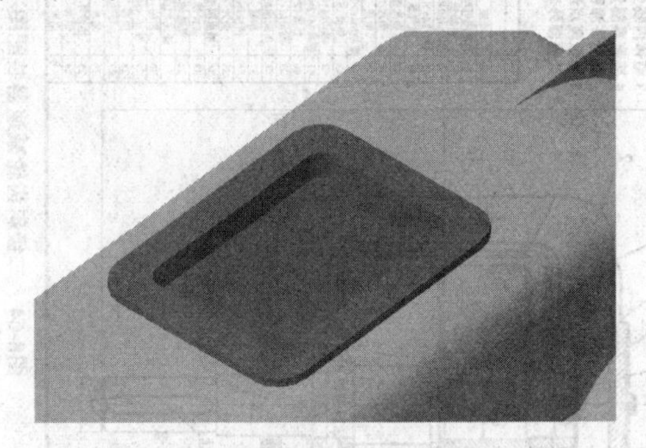

图 8-62　使用差集命令切出观察窗

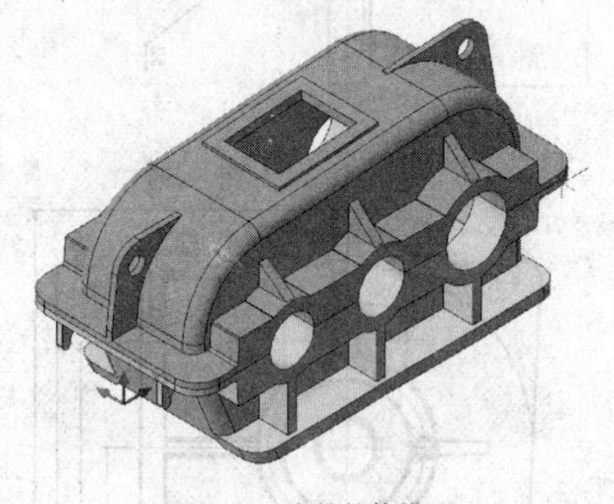

图 8-63　齿轮箱体模型

实例 8-4　制作二级斜齿轮减速器模型

一　实例分析

图 8-64 为二级斜齿轮减速器装配图，它是多个零件的装配体。图 8-65 为二级斜齿轮减速器模型，它是由实例 1、实例 2 和实例 3 中已创建好的三轴、低速级大齿轮模型以及齿轮箱体模型通过复制(COPY)、移动(MOVE)、三维对齐(3DALIGN)等命令装配而成。

二　任务实施

(一)各轴系零部件制作与装配

按照减速器功率传递的路线，绘制各个轴的模型，并将模型按照装配关系进行装配。

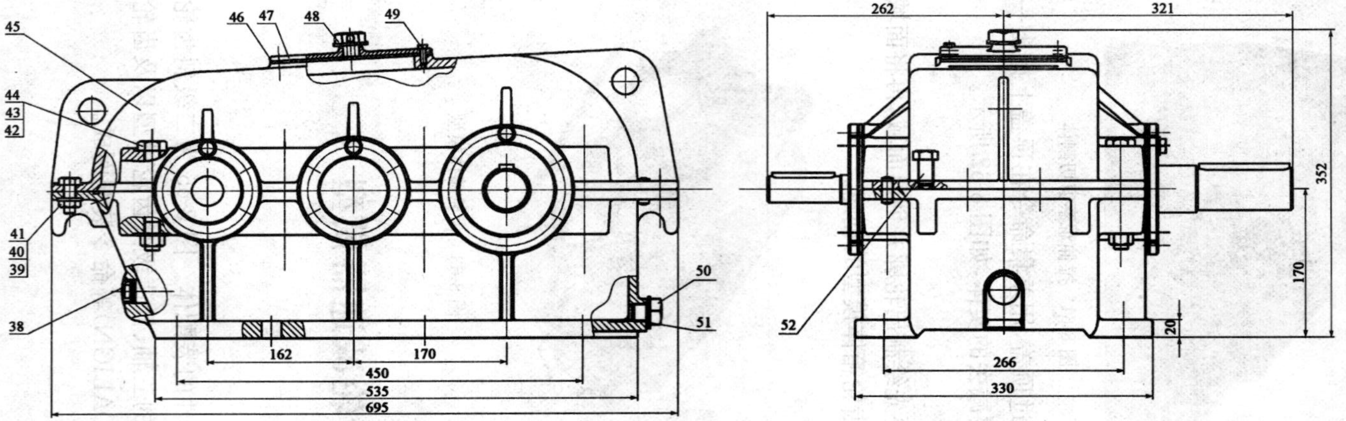

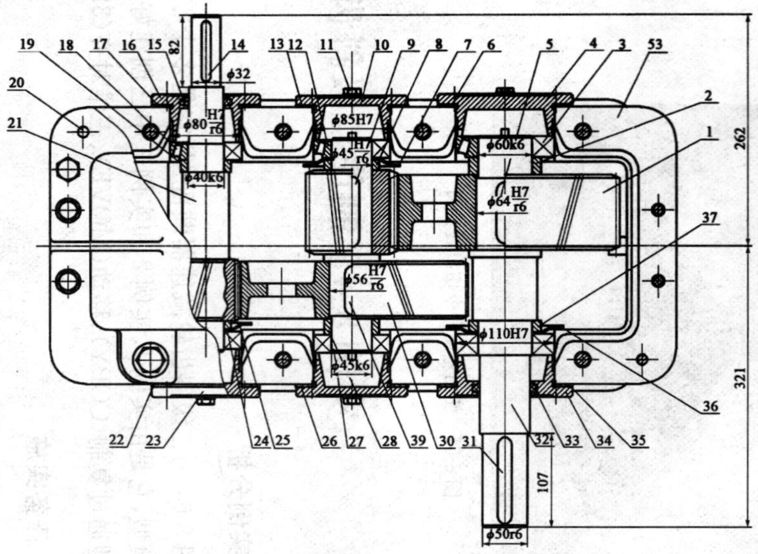

技术要求

1.在装配前煤油清洗所有零件，滚动轴承汽油清洗，箱体内不能有杂物；
2.调整，固定轴承时应留轴向间隙Δ=0.25~0.4mm；
3.箱体内装全系统用油L-AN68至规定高度；
4.减整器剖分面，各接触面及密封处不许漏油，剖分面允许涂密封胶或水玻璃，不允许使用垫片；
5.接触斑点沿齿高不小于45%，沿齿长不小于60%；减速器外表涂灰色油漆。

技术特性

输入功率	输入转速	效率i	总传动比	级别	mn	z1	z2	β
9.98 Kw	1460 r/min	0.84	18.25	高	2.5	28	99	11.5
				低	4	24	59	12.45

序号	名称	数量	材料	标准	备注
53	底座	1			
52	起盖螺钉M10	1	8.8级	GB 5782-86	
51	封油垫	1	工业皮革		
50	螺塞M20×1.5	1	Q235		
49	螺钉M6×20	6		GB 5782-86	
48	通气塞	1			组合件
47	检查孔盖	1	HT200		
46	垫片	1	08F		
45	箱盖	1	HT200		
44	螺栓M16×120	8	8.8级	GB 5782-86	
43	垫圈16	8	65Mn	GB\T 97.1-1985	
42	螺母M16	8	8级	GB\T 6170-2000	
41	螺栓M12×40	4	8级	GB 5782-86	
40	垫圈12	4	65Mn	GB\T 97.1-1985	
39	螺母M12	4	8级	GB\T 6170-2000	
38	压配油标	1			组合件
37	轴套	1	45		
36	挡油环	1	45		
35	垫片	1	08F		
34	轴承端盖	1	HT200		
33	密封圈	1	羊毛毡	JB\ZQ 4606-86	
32	低速轴	1	45		调质
31	键16×100	1	45	BG\T 1096	
30	齿轮	1	45		调质
29	键16×56	1	45	BG\T 1096	
28	轴套	1	45		
27	中间轴	1	45		调质
26	垫片	1	08F		
25	挡油环	1	45		
24	轴套	1	45		
23	轴承端盖	1	HT200		
22	垫片	1			
21	齿轮轴	1	45		
20	定位销12×32	2	35	GB 117-86	
19	轴套	1	45		
18	轴承30208	2		GB\T 297-94	成对使用
17	垫片	1	08F		
16	轴承端盖	1	HT200		
15	密封圈	1	羊毛毡	JB\ZQ 4606-86	
14	键10×70	1	45	GB\T 1096	
13	垫片	1	08F		
12	轴承30209	2		GB\T 297-94	成对使用
11	螺栓M10×38	36	8.8级	GB 5782-86	
10	轴承端盖	2	HT200		
9	键16×80	1	45	GB\T 1096	
8	轴套	1	45		
7	挡油环	1	45		
6	垫片	1	08F		
5	键20×70	1	45	GB\T 1096	
4	轴承端盖	1	HT200		
3	轴承30212	2	45	GB\T 297-94	成对使用
2	轴套	1	45		
1	齿轮	1	45		调质

双级圆柱斜齿轮减速器	比例	1:2	图号	
	数量	1	材料	
设计	日期			
绘图	日期			
审阅	日期			

图8-64 二级斜齿轮减速器装配图

(1)环境准备

新建一个文件,起名**“二级齿轮减速器模型.dwg”**。新建图层**“箱盖”**、**“底座”**、**“1轴系”**、**“2轴系”**、**“3轴系”**5个图层。在绘制过程中将各个部件分别放置到各自的图层中。

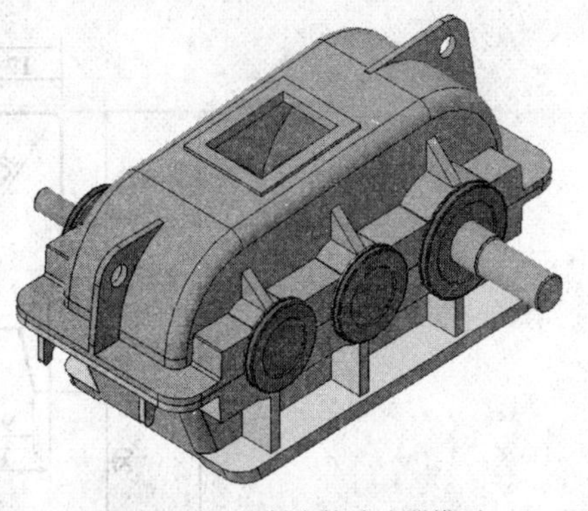

图8-65 二级斜齿轮减速器模型

(2)1轴系制作

下面以1轴系为例,简要说明各零部件的造型和装配过程。将当前图层设置为**“1轴系”**图层,在该图层中绘制1轴系。图8-66是该轴系所有零件的面域图,也就是其装配关系,因为轴系零件基本上都是回转体零件,所以有了面域图就可以使用旋转命令REVOLVE做出零件模型。

从图8-66可以看出,各个零件位置不同,功能各不相同,形态各异,互相之间具有装配关系。

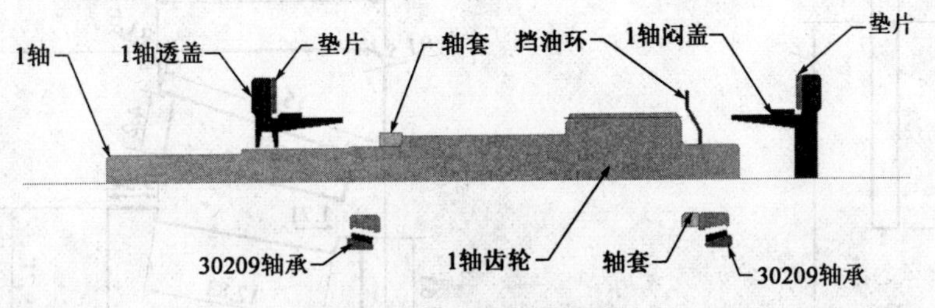

图8-66 1轴系零件装配关系

①1轴——阶梯轴,它的作用是将各个轴系零件连接在一起,以一个相同的轴线作回转运动。其外形尺寸如图8-67所示。

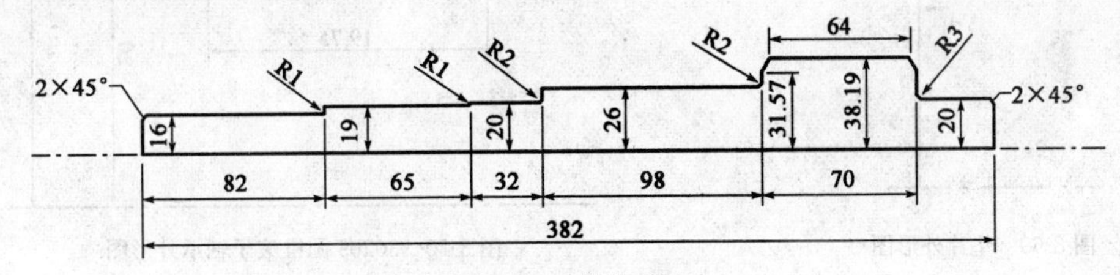

图8-67 1轴外形图

②1轴透盖——它的作用是负责承担整个轴系沿轴线方向的分力,并且把它传递到箱壁上去。透盖通过垫片和箱壁接触,它本身有挤压30209轴承的外圈,给轴承提供一定的预紧力。另外防止箱体中的润滑油泄露到外部,其外形尺寸如图8-68所示。

③垫片——它的作用是调节轴系左右方向位置,外形如图8-69所示。

④30209轴承——属于圆锥滚子轴承,在轴系里面成对使用。负责承受整个轴系的载荷,并把它传递到轴承座孔上去。轴承外圈与轴承座孔成过盈配合,内圈与轴成过盈配合,其外形如图8-70所示。

⑤轴套——主要负责将轴承的内圈压紧在轴环上,与轴成间隙配合,另外也起到调整轴系左右位置的作用,外形如图8-71所示。

⑥齿轮——1轴属于齿轮轴,齿轮直接制作在轴上,和轴属于同一个零件,它的工作是传递转速和扭矩。

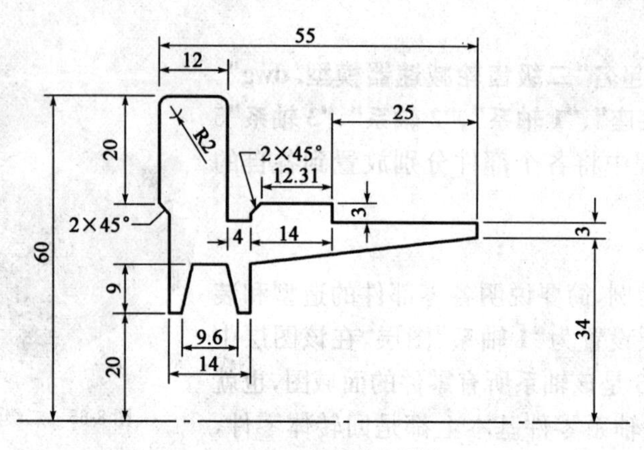

图 8-68　1 轴透盖外形图

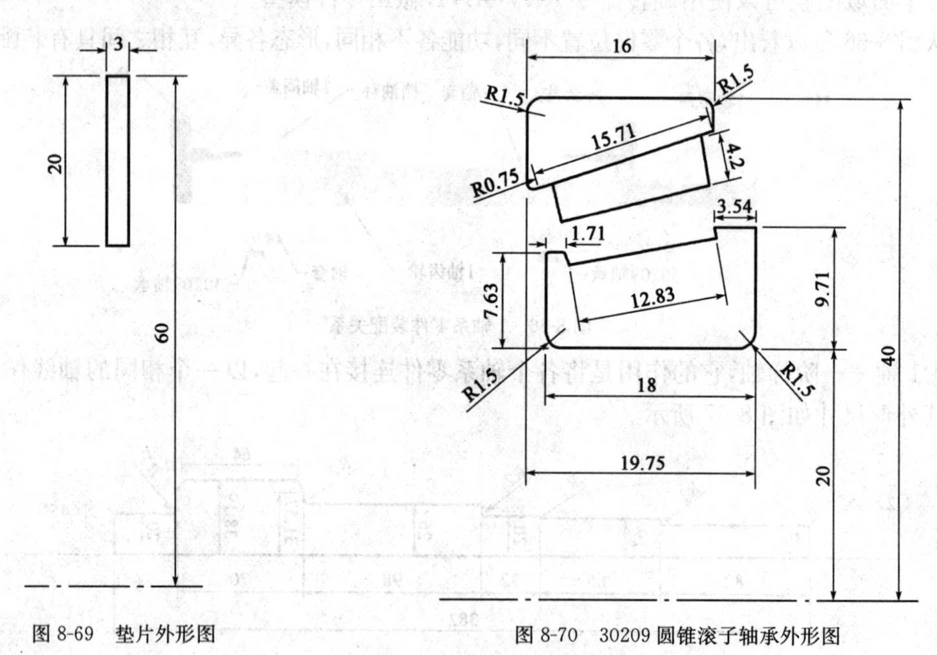

图 8-69　垫片外形图　　　　图 8-70　30209 圆锥滚子轴承外形图

⑦挡油环——与轴成间隙配合，主要工作是防止箱体内部的润滑油甩到轴承座孔里去，其外形如图 8-72 所示。

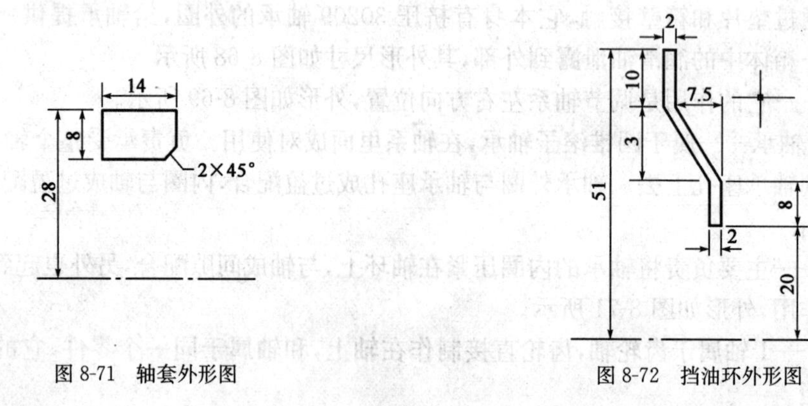

图 8-71　轴套外形图　　　　图 8-72　挡油环外形图

⑧1 轴闷盖——通过垫片与箱体相连接，作用同透盖，如图 8-73 所示。

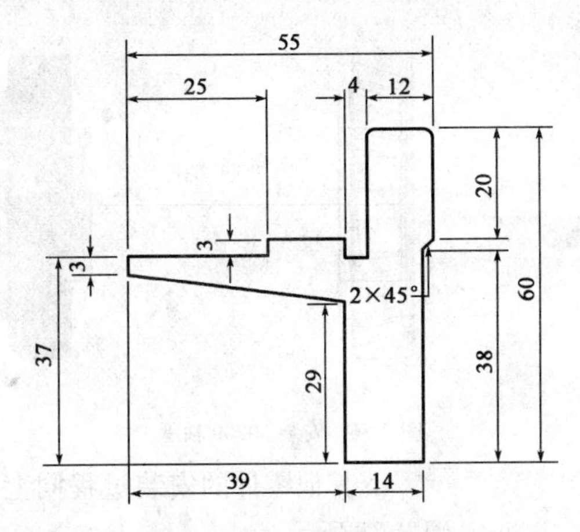

图 8-73　1 轴闷盖外形图

将 1 轴系上所有零件的外形图创建成面域，使用旋转命令 REVOLVE 生成回转体模型，将零件模型按照装配关系进行装配。

⑨装配

a. 将轴套从两头安装到轴上，保证轴套的端面与轴肩贴紧。调整到俯视图下，使用移动命令 MOVE，基点为轴套端面孔的圆心，目标点为轴肩圆棱线的圆心，如图 8-74 所示。

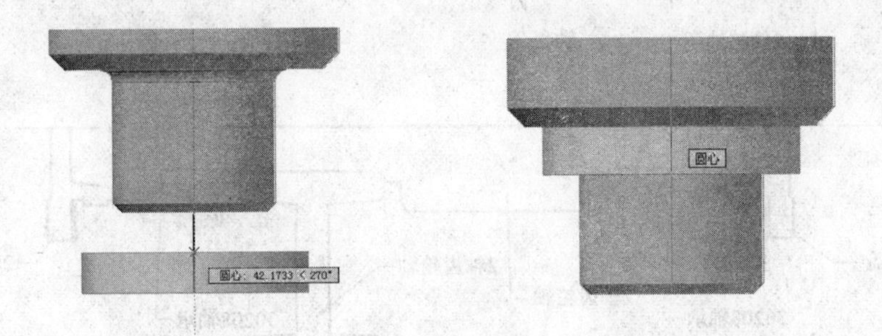

图 8-74　轴套安装到轴上

b. 安装挡油环，使用移动命令，基点和目标点的选择，如图 8-75 所示。

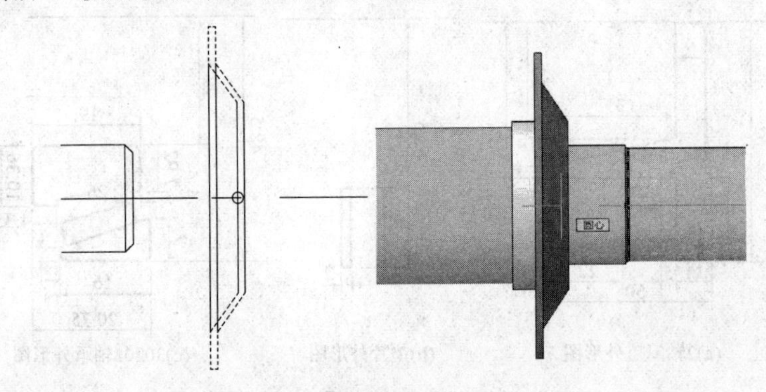

图 8-75　安装挡油环

c. 安装轴承，使用移动命令，基点和目标点的选择如图 8-76 所示。

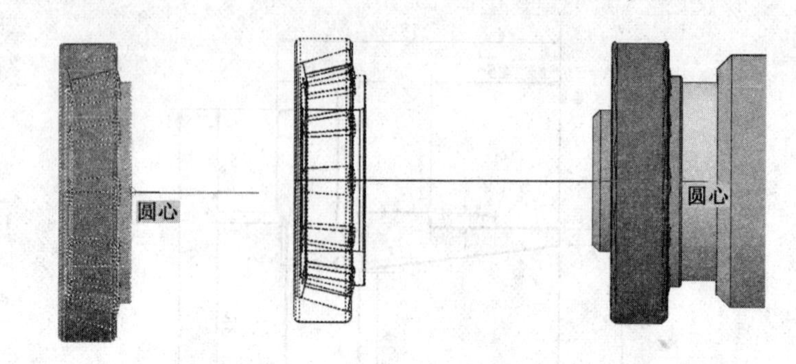

图 8-76　安装 30209 轴承

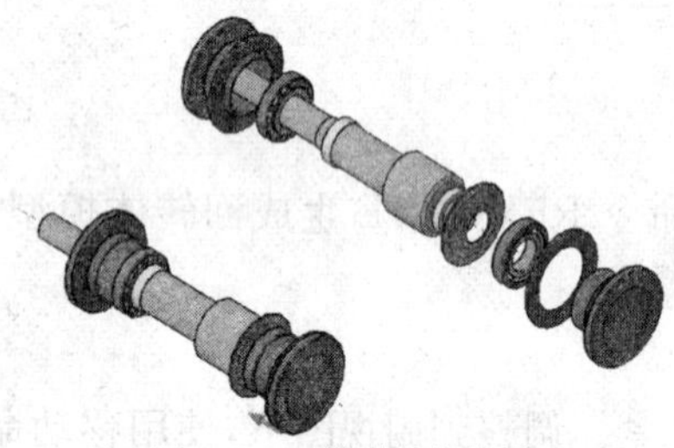

图 8-77　1 轴系安装效果

d. 其他零件的安装过程同上，轴系安装完成的结果如图 8-77 所示。

(3)2 轴系制作

①将当前图层设置为**"2 轴系"**图层，在该图层中绘制 2 轴系。

2 轴各零件装配关系如图 8-78 所示。

2 轴各零件外形尺寸如图 8-79 所示。

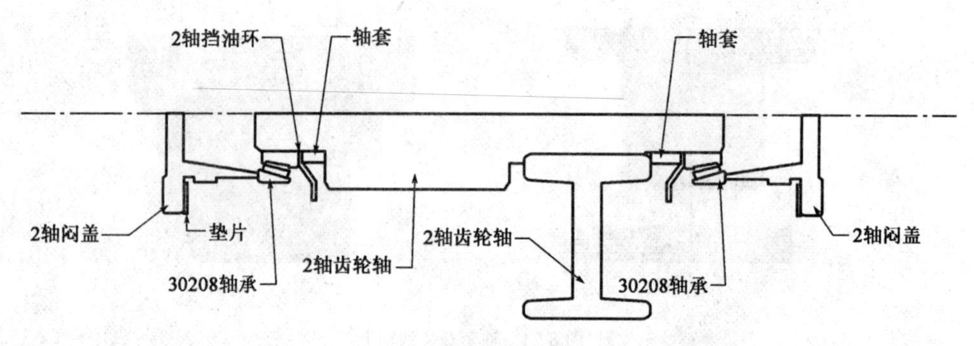

图 8-78　2 轴各零件装配关系

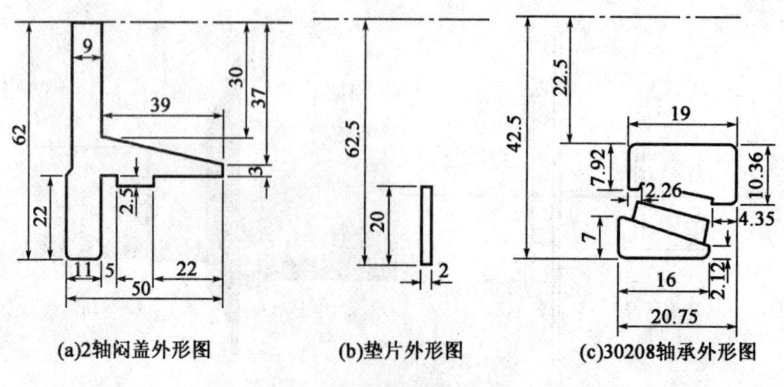

图　8-79

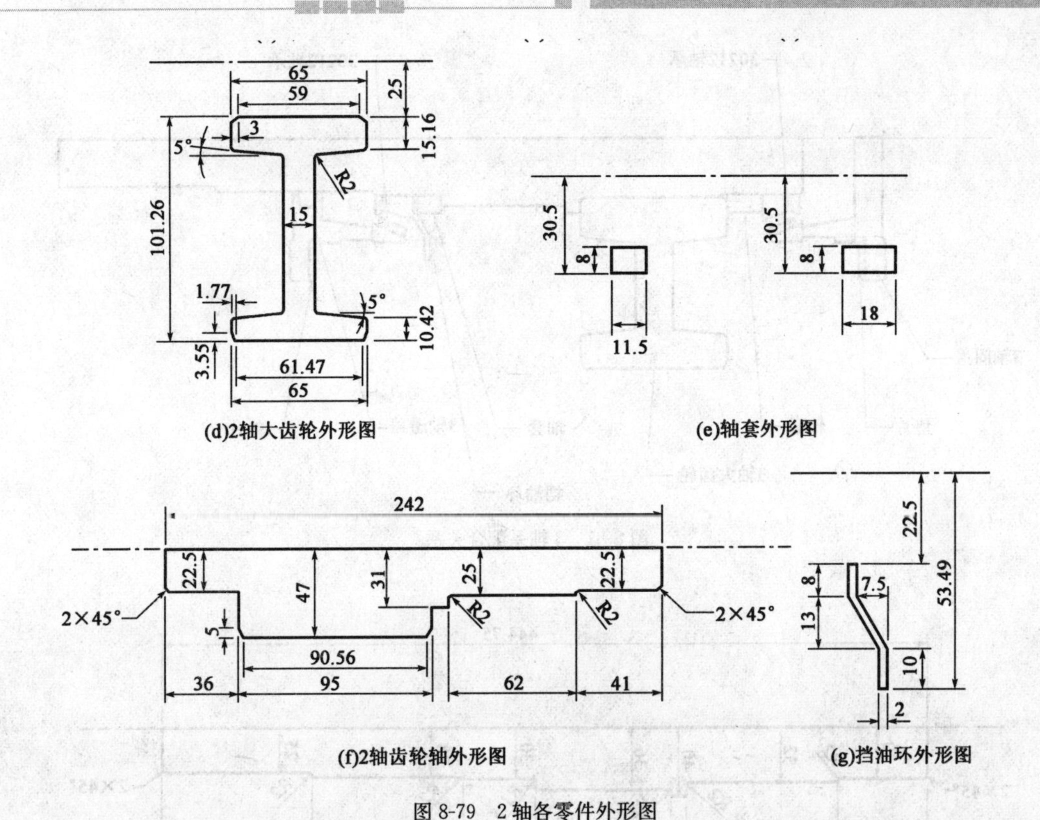

图8-79　2轴各零件外形图

②将2轴系上所有零件的外形图创建成面域，使用旋转命令，将各个面域创建成实体。按照装配关系，使用装配1轴系的方法装配2轴系，安装完成后的效果如图8-80所示。

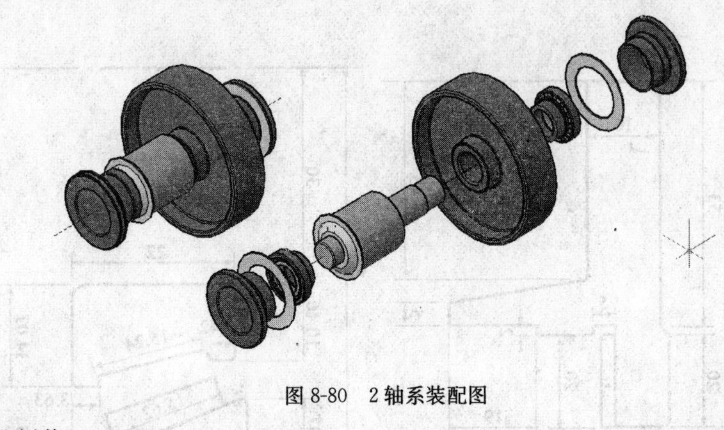

图8-80　2轴系装配图

(4)3轴系制作

①将当前图层设置为**"3轴系"**图层，在该图层中绘制3轴系。

3轴各零件装配关系如图8-81所示。

3轴各零件外形尺寸，如图8-82所示。

②将3轴系上所有零件的外形图创建成面域，使用旋转命令，将各个面域创建成实体。按照装配关系，使用装配1、2轴系的方法装配3轴系，完成3轴系的装配如图8-83所示。

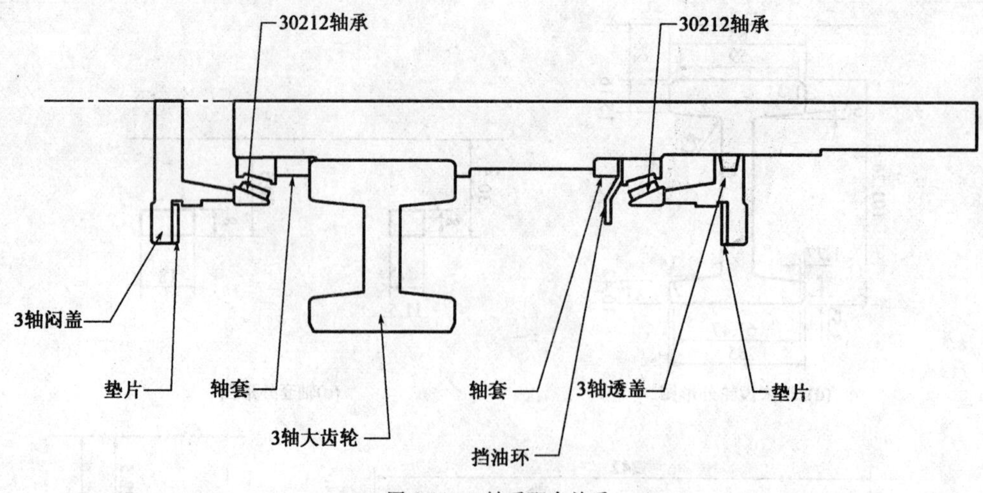

图 8-81　3 轴系配合关系

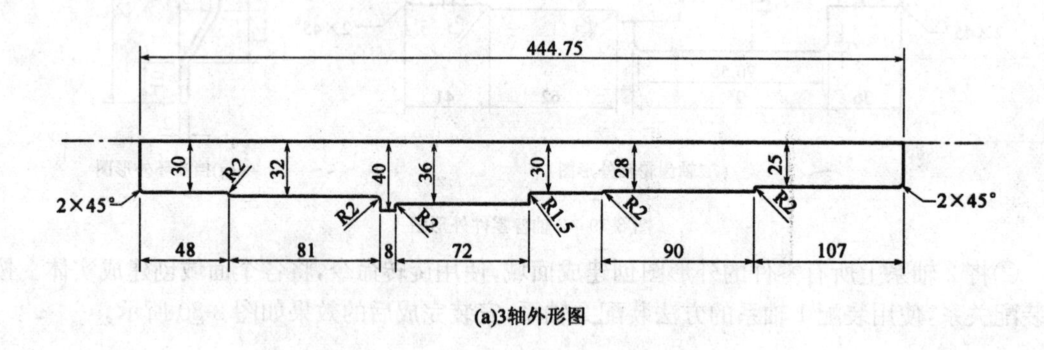

(a)3轴外形图

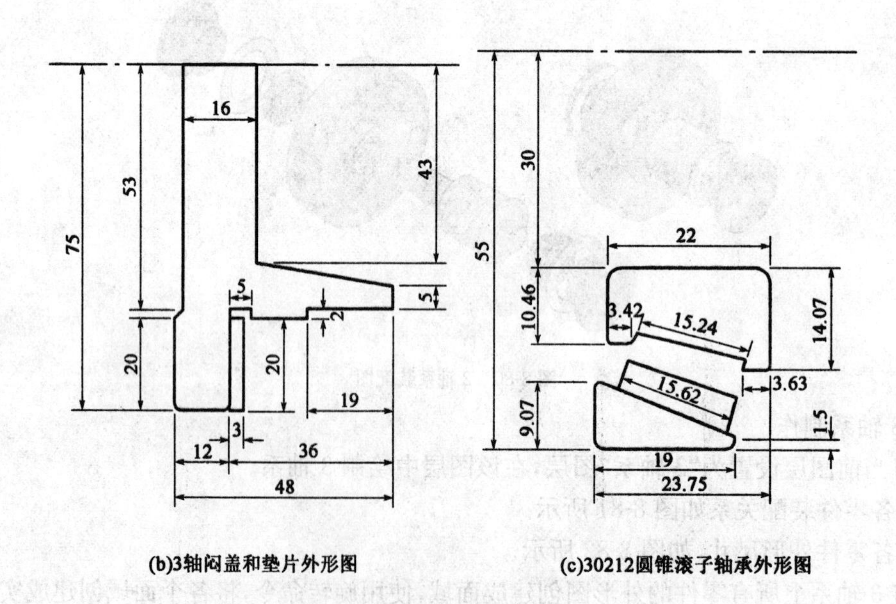

(b)3轴闷盖和垫片外形图　　(c)30212圆锥滚子轴承外形图

图　8-82

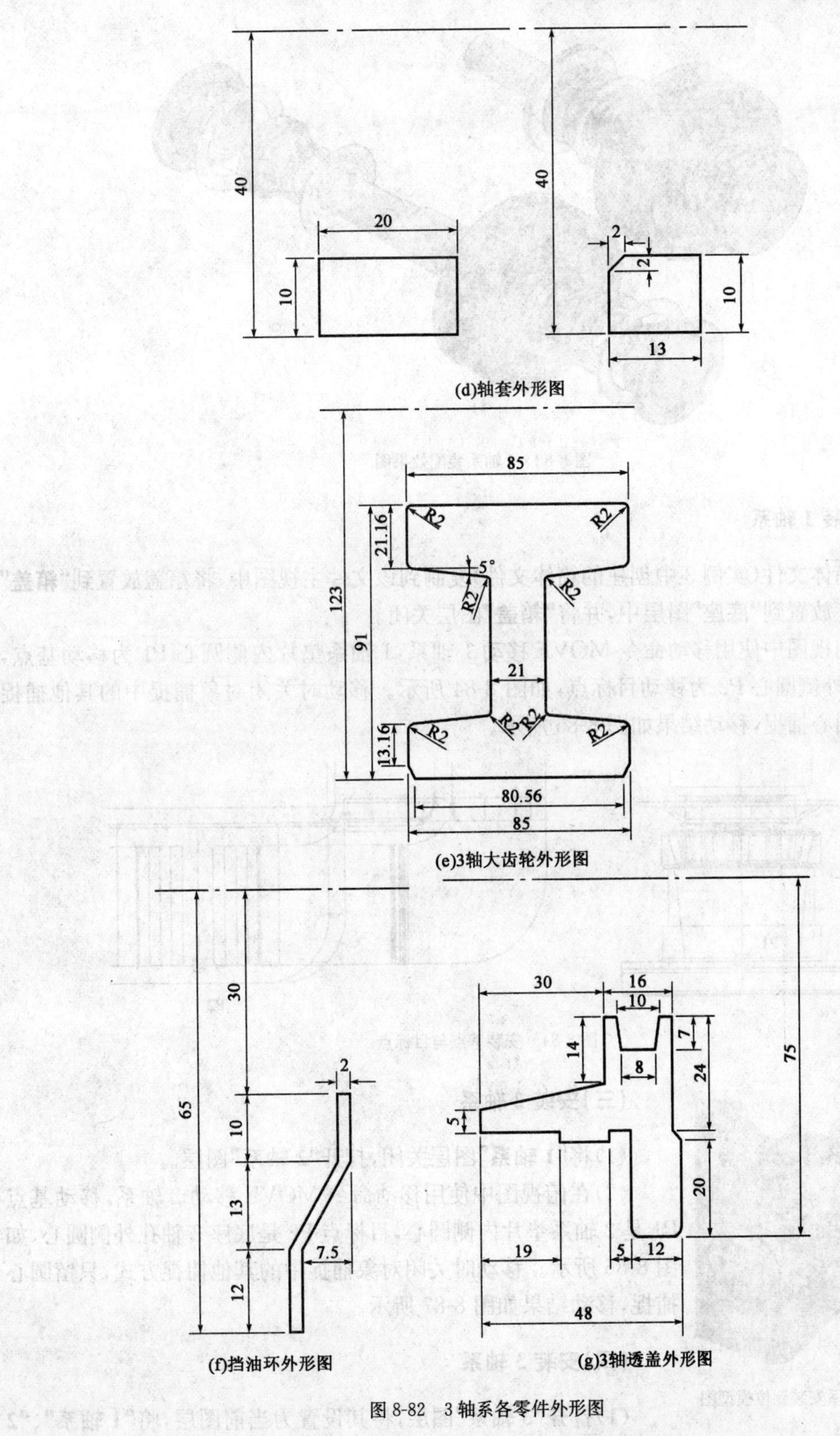

图 8-82 3轴系各零件外形图

图 8-83 3 轴系装配效果图

(二)安装 1 轴系

(1)将箱体文件(实例 3 中创建的箱体文件)复制到该文件主视图中,将箱盖放置到**“箱盖”**图层中,底座放置到**“底座”**图层中,并将**“箱盖”**图层关闭。

(2)在俯视图中使用移动命令 MOVE 移动 1 轴系,1 轴系垫片内侧圆心 P1 为移动基点,底座 1 轴孔外侧圆心 P2 为移动目标点,如图 8-84 所示。移动时关闭对象捕捉中的其他捕捉方式,只留圆心捕捉,移动结果如图 8-85 所示。

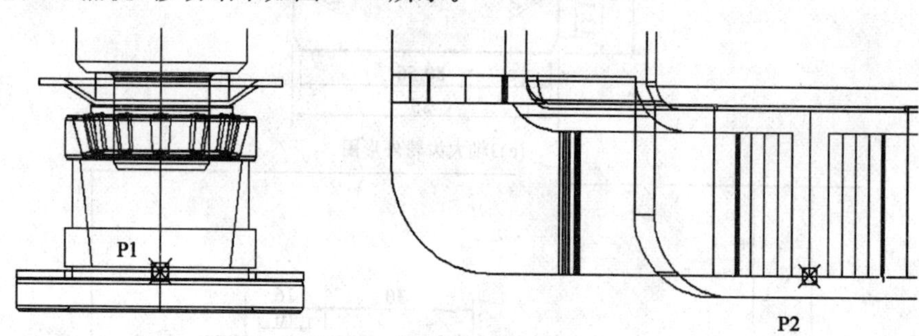

图 8-84 安装基点与目标点

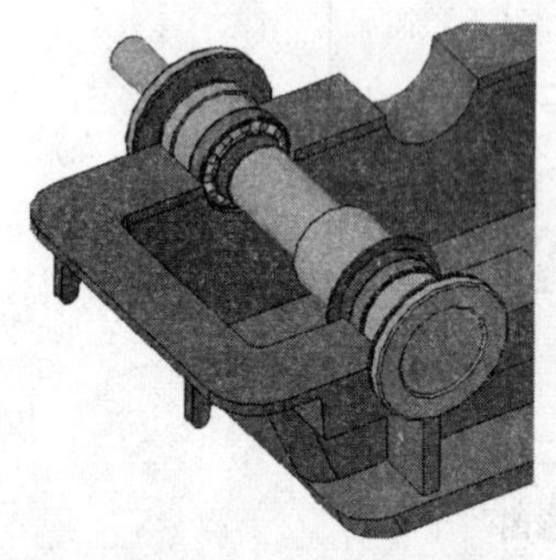

图 8-85 1 轴系安装到位模型图

(三)安装 2 轴系

(1)将**“1 轴系”**图层关闭,打开**“2 轴系”**图层。

(2)在俯视图中使用移动命令 MOVE 移动 2 轴系,移动基点 P1 是 2 轴系垫片内侧圆心,目标点 P2 是底座 2 轴孔外侧圆心,如图 8-86 所示。移动时关闭对象捕捉中的其他捕捉方式,只留圆心捕捉,移动结果如图 8-87 所示。

(四)安装 3 轴系

(1)打开**“3 轴系”**图层,将其设置为当前图层,将**“1 轴系”**、**“2**

轴系"图层关闭。

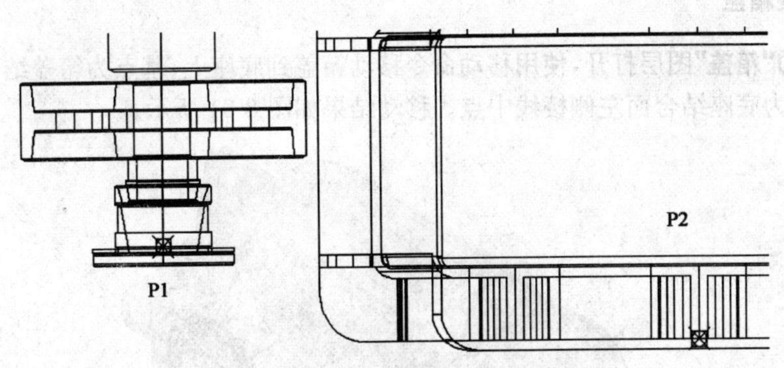

图 8-86 2 轴装配基点和目标点

(2)在俯视图中使用移动命令 MOVE 移动 3 轴系,移动基点 P1 是 3 轴系垫片内侧圆心,目标点 P2 是底座 3 轴孔外侧圆心,如图 8-88 所示。移动时关闭对象捕捉中的其他捕捉方式,只留圆心捕捉,移动结果如图 8-89、图 8-90 为 3 个轴系安装到位的效果图。

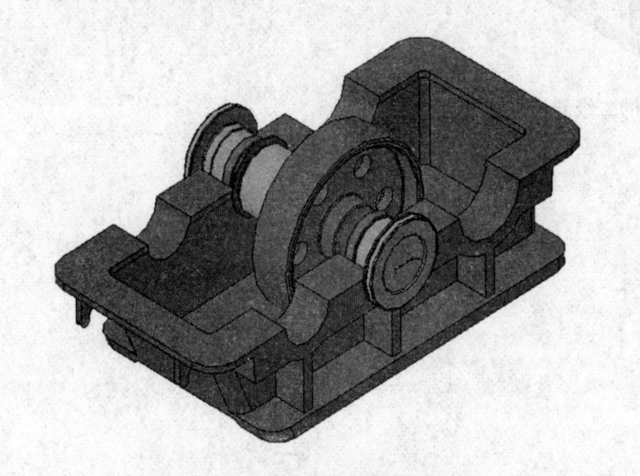

图 8-87 2 轴系安装到位模型图

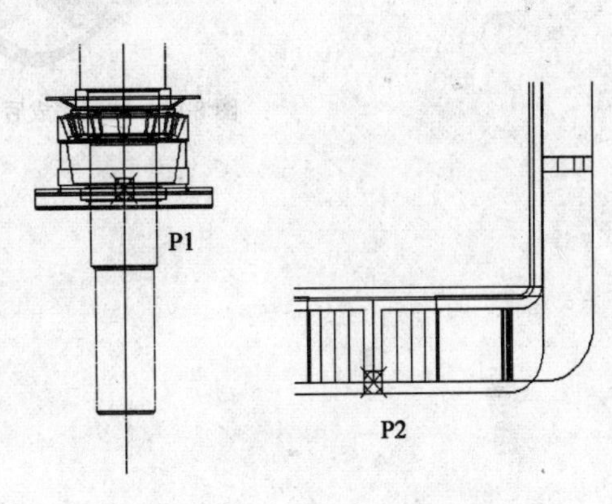

图 8-88 3 轴装配基点和目标点

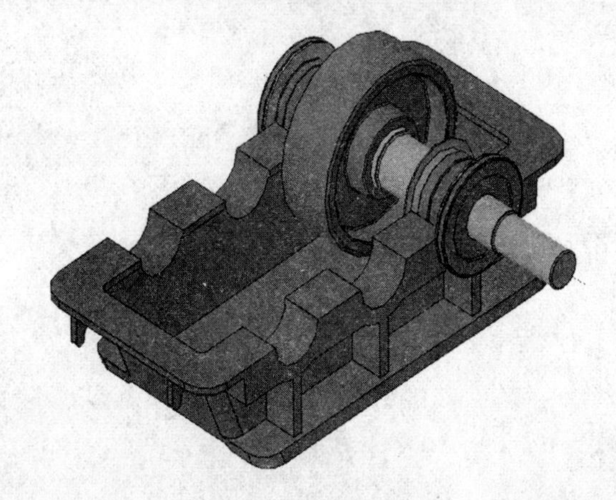

图 8-89 3 轴系安装到位

图 8-90 3 个轴系安装到位效果图

(五)安装箱盖

将关闭的**“箱盖”**图层打开，使用移动命令移动箱盖到底座上，基点为箱盖结合面左侧棱线中点，目标点为底座结合面左侧棱线中点。移动结果如图 8-91 所示。

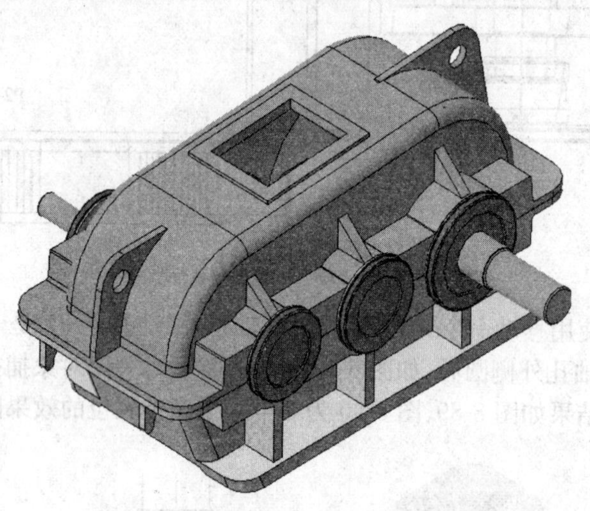

图 8-91　装配完成后的二级斜齿轮减速器模型

任务9

将三维实体模型转化成三视图

实例　将物体的三维模型转化成三视图

一　实例分析

图 9-1 为一个零件的三维实体模型，图 9-2 则是由零件的三维实体模型转化成的投影图。图中包括主视图、俯视图、左视图和一个轴测图，其中左视图为剖面图的形式。

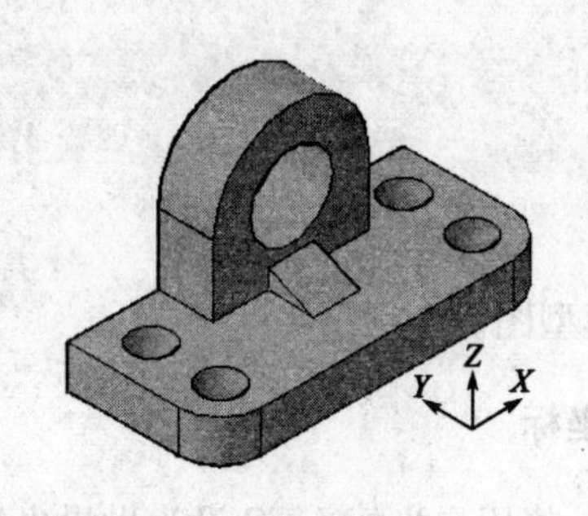

图 9-1　零件的三维模型

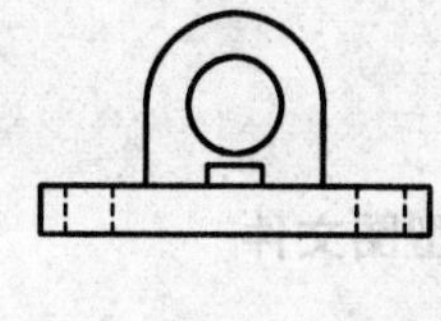

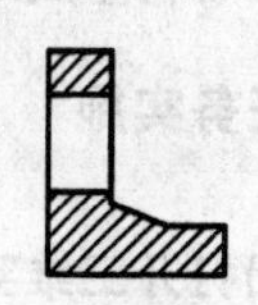

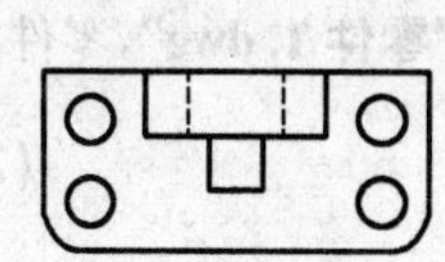

图 9-2　由三维实体模型转成的投影图

零件的三维实体模型转化投影图过程中用到的新命令有：创建视图视口的命令 SOLVIEW 和在视口中生成投影图的命令 SOLDRAW。

二　相关知识

(一)创建视图视口命令

(1)功能

在图纸空间的布局中用创建视图视口，可以创建的视图有正视图、斜视图、轴测图和截面图。

(2)命令调用方式

下拉菜单:**“绘图”/“建模”/“设置”/“视图”**

命令行:SOLVIEW

(3)命令说明

①自动为视口创建图层

每创建一个视图视口,系统将自动为这个视口创建4个图层,分别放置该视口中的可见线、隐藏线、尺寸标注、截面填充图案,假如视口的名称为**“主视图”**,则为这个视口自动创建的4个图层名称分别为**“主视图—VIS”**、**“主视图—HID”**、**“主视图—DIM”**、**“主视图—HAT”**。

②创建视口之前必须先加载线型**“HIDDEN”**

自动为视口创建4个图层中,系统自动将放置隐藏线的图层**“XXX—HID”**中的线型设置为**“HIDDEN”**。

(二)在视口中生成投影图的命令

(1)功能

在用SOLVIEW命令创建的视口中自动生成投影轮廓图和剖视图。

(2)命令调用方式

下拉菜单:**“绘图”/“建模”/“设置”/“图形”**

命令行:SOLDRAW

(3)命令说明

①将视口生成投影图只限于用SOLVIEW命令创建的视口,其他视口不行;

②自动将生成的图线分类放入该视口的相应图层。

三　任务实施

(一)打开三维实体模型图文件

打开一个文件命名为**“零件1.dwg”**,零件的三维实体模型图。

(二)设置世界坐标

调用UCS命令,将用户坐标UCS设为世界坐标,将视图类型设为**“西南等轴测”**,如图9-3所示。

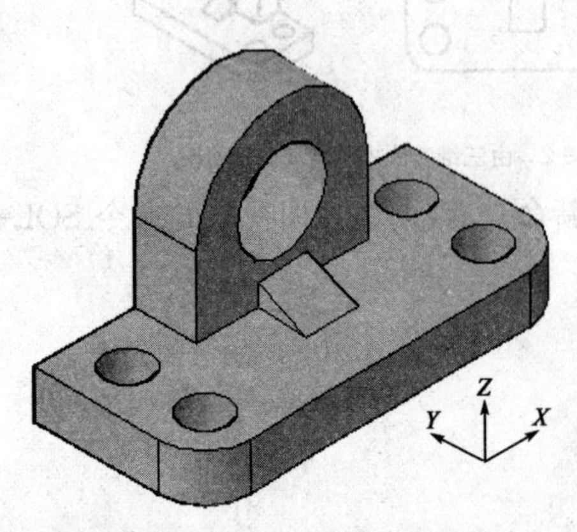

图9-3　零件1的三维实体模型

(三)设置布局中的系统配置参数

单击下拉菜单**“工具”/“选项”**,打开**“选项”**对话框,在**“显示”**选项卡**“布局元素”**选项组中,取消**“在新布局中创建视口(N)”**选项。

(四)加载HIDDEN线型

选择菜单**“格式”/“线型”**命令,打开**“线型管理**

器”对话框，加载 HIDDEN 线型，线型比例的大小设为 0.3。

（五）新建布局“投影图-A3”

（1）调用创建布局 LAYOUT 命令，创建新布局，命名为**“投影图-A3”**。

（2）点击绘图区下面工作空间选项卡中的布局名称**“投影图-A3”**，进入图纸空间的这个布局。

（3）点击下拉菜单的**“文件”—“页面设置管理器”**，选中布局**“投影图-A3”**，单击**“修改”**按钮，选择打印设备。按**“特性”**按钮—**“修改标准图纸尺寸”**，将该设备的 A3 图纸取消边界区域。

（六）创建三视图视口

点击布局**“投影图-A3”**，进入图纸空间，调用设置视图 SOLVIEW 命令，创建俯视图、主视图、左视图的视口，其中左视图创建成剖面图，剖切位置在零件模型的左右对称面上。

操作步骤如下：

命令：SOLVIEW	（调用创建视图视口的命令）
输入选项[UCS(U)/正交(O)/辅助(A)/截面(S)]：U	（选择视图的用户坐标）
输入选项[命名(N)/世界(W)/？/当前(C)]＜当前＞：回车	（使用当前坐标）
输入视图比例＜1＞：2	（视图比例设为 2）
指定视图中心：在图纸空间中单击俯视图的大致位置	（指定视口的中心点位置）
指定视图中心＜指定视口＞：调整合适后，回车确认	（确定视口的中心点位置）
指定视口的第一个角点：在显示的零件模型周围单击一点	（指定视口的大小与位置）
指定视口的对角点：单击视口的对角顶点	
输入视图名：俯视图	（完成“俯视图”视口的创建，如图 9-4 所示）
（继续执行命令创建主视图）	
输入选项[UCS(U)/正交(O)/辅助(A)/截面(S)]：O	（启动“正交”模式，定位下一视图的中心）
指定视口要投影的那一侧：单击俯视图视口下边的中点	（指定投影方向）
指定视图中心：在图纸空间中单击主视图大致位置	（指定视口的中心点位置）
指定视图中心＜指定视口＞：调整合适后，回车确认	（确定视口的中心点位置）
指定视口的第一个角点：在零件模型周围单击一点	
指定视口的对角点：单击视口的对角点	（指定视口的大小与位置）
输入视图名：主视图	（完成“主视图”视口的创建，如图 9-5 所示）
（继续执行命令创建其他视图）	
输入选项[UCS(U)/正交(O)/辅助(A)/截面(S)]：S	（选择创建截面视口）
指定剪切平面的第一个点：在主视图中选择大圆孔的中心	（指定剪切平面的位置）
指定剪切平面的第二个点：在主视图中选择底边的中点	
指定要从哪侧查看：单击主视图左边的中点	（指定投影方向）
输入视图比例＜1＞：2	（视图比例设为 2）
指定视图中心：在图纸空间中单击左视图大致位置	（指定视口的中心点位置）

指定视图中心＜指定视口＞:调整合适后,回车确认　　（确定视口的中心点位置）
指定视口的第一个角点:在零件模型周围单击一点
指定视口的对角点:单击视口的对角点　　（指定视口的大小与位置）
输入视图名:左视图　　（完成“左视图”视口的创建,如图 9-6 所示）
输入选项[UCS(U)/正交(O)/辅助(A)/截面(S)]:回车　　（结束命令）

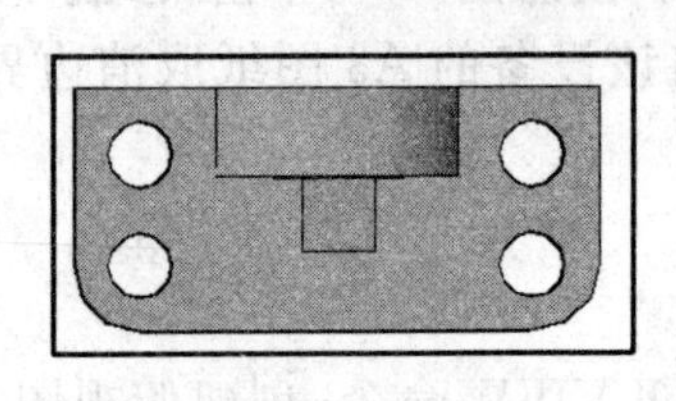

图 9-4　创建**“俯视图”**

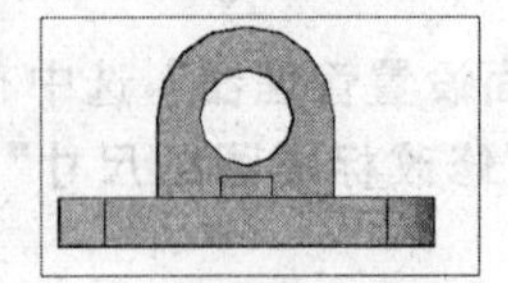

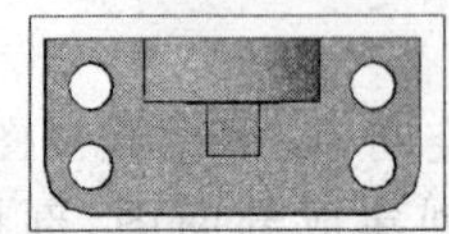

图 9-5　创建**“主视图”**视口

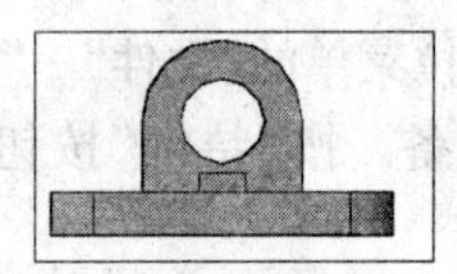

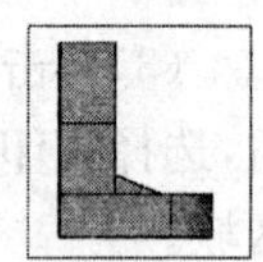

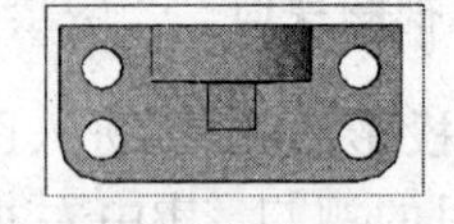

图 9-6　创建**“左视图”**视口

(七)创建轴测图视口

再次调用设置视图 SOLVIEW 命令,创建一个轴测图的视口。

(1)点击工作空间选项卡中的**“模型”**,回到模型空间。

(2)用 UCS 命令将用户坐标设为与屏幕平行,如图 9-7 所示。

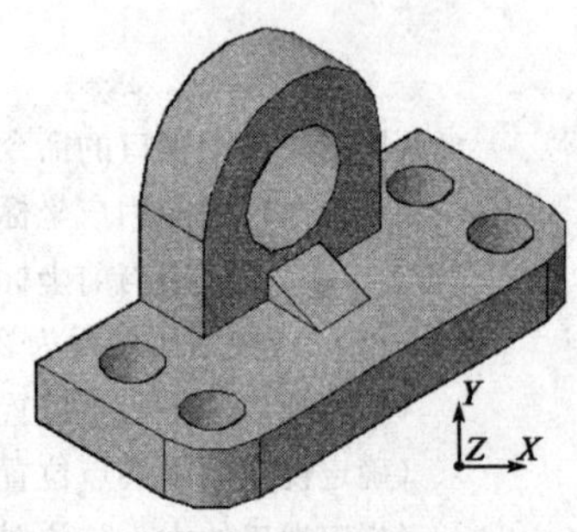

图 9-7　将用户坐标设为**“视图”**模式

操作步骤如下:

命令:UCS
当前 UCS 名称:*没有名称*
指定 UCS 的原点或[面(F)/命名(NA)/对象(OB)/上一个(P)/视图(V)/世界(W)/X/Y/Z/Z 轴(ZA)]＜世界＞:V

(3)点击布局**“投影图-A3”**,回到图纸空间。

(4)调用视图设置命令 SOLVIEW,创建一个轴测图的视口。

操作步骤如下:

命令:SOLVIEW　　（调用创建视图视口的命令）
输入选项[UCS(U)/正交(O)/辅助(A)/截面(S)]:U　　（选择视图的用户坐标）
输入选项[命名(N)/世界(W)/?/当前(C)]＜当前＞:回车　　（使用当前坐标）
输入视图比例＜1＞:1.5　　（视图比例设为 1.5）
指定视图中心:在图纸空间中单击轴测图的大致位置　　（指定视口的中心点位置）
指定视图中心＜指定视口＞:调整合适后,回车确认　　（确定视口的中心点位置）
指定视口的第一个角点:在显示的零件模型周围单击一点

指定视口的对角点：单击视口的对角顶点　　(指定视口的大小与位置)
输入视图名：轴测图　　(完成"轴测图"视口的创建，如图 9-8 所示)
输入选项[UCS(U)/正交(O)/辅助(A)/截面(S)]：回车　　(结束命令)

(八)调用在视口中生成投影图的命令 SOLDRAW，生成实体轮廓线及剖视图的剖面线

操作步骤如下：

命令：SOLDRAW
选择要绘图的视口...
选择对象：单击选中图 9-8 中四个视口的边框
选择对象：回车

系统自动画出这四个视图的投影图，如图 9-9 所示。

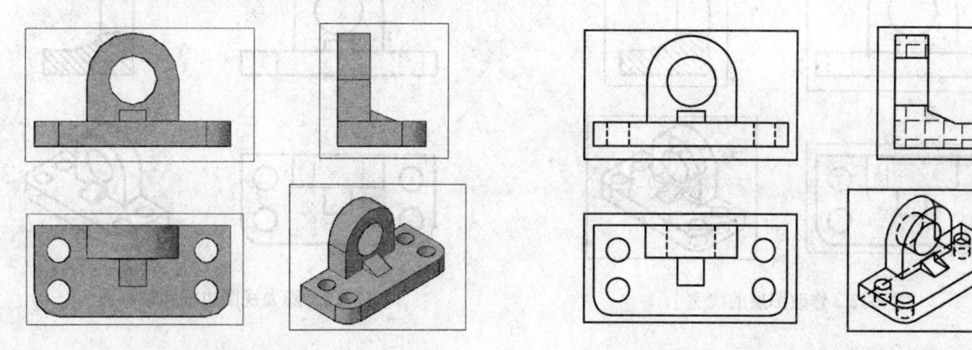

图 9-8　创建"轴测图"视口　　图 9-9　在四个视口中生成投影图

(九)调整视图中的线型比例

选择菜单**"格式"**/**"线型"**命令，打开**"线型管理器"**对话框，调整线型比例的**"全局比例因子"**的大小，直到显示合适，如图 9-10 所示。

(十)修改截面的填充图案类型与填充比例

单击截面中的填充图案，右击鼠标，在弹出的菜单中选择**"编辑填充图案"**，打开**"图案填充编辑"**对话框，填充图案类型选择**"ANSI31"**，调整填充比例大小，预览观察结果，直到合适后按**"确定"**键，如图 9-11 所示。

(十一)修改图层的线宽

打开**"图层特性管理器"**对话框，将所有的**"xxx-VIS"**图层的线宽修改为 0.7mm，将所有的**"xxx-HID"**图层的线宽修改为 0.35mm，其余的 HID、HAT 和 DIM 图层的线宽修改为 0.18mm，如图 9-12 所示。

(十二)隐去视图边框和轴测图中的虚线

关闭**"VPORTS"**图层，冻结**"轴测图-HID"**图层，即可隐去视图边框和轴测图中的虚线，完成投影图的创建，如图 9-13 所示。

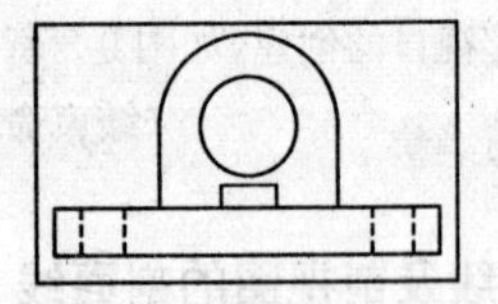
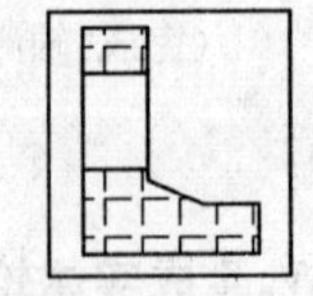
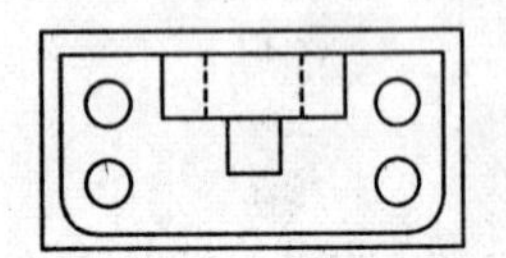
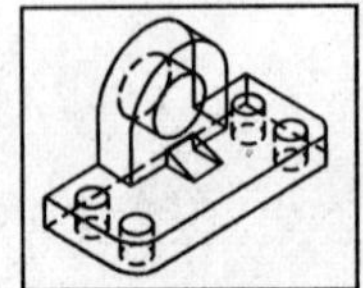
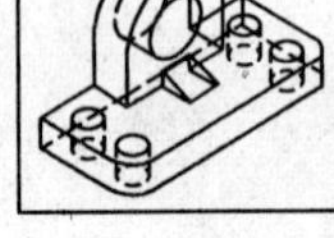

图 9-10 调整线形比例

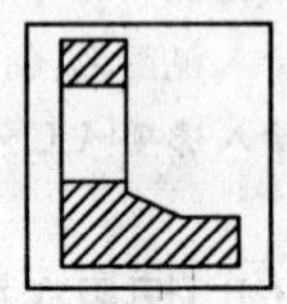
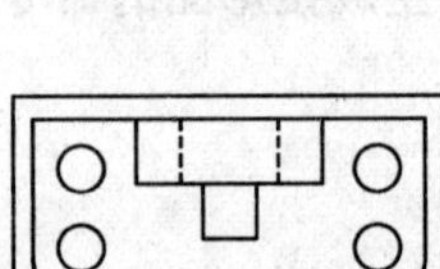
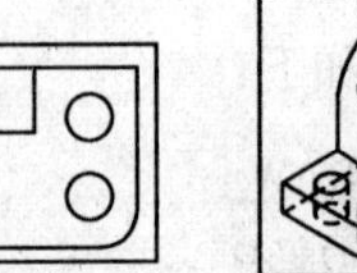
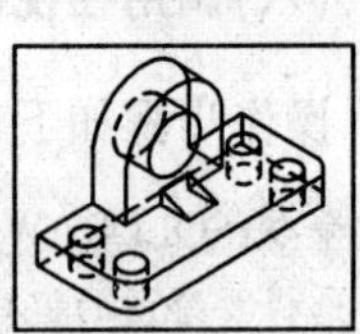

图 9-11 修改截面的填充图案类型与填充比例

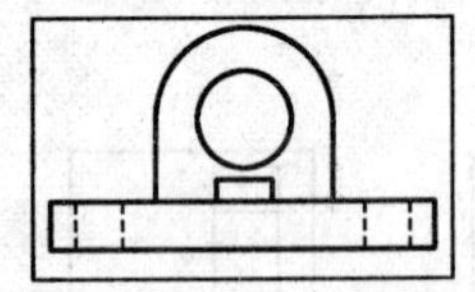
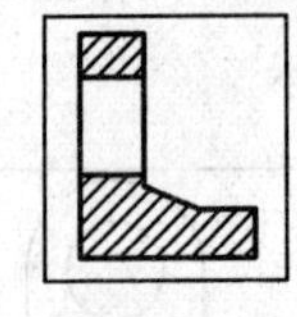
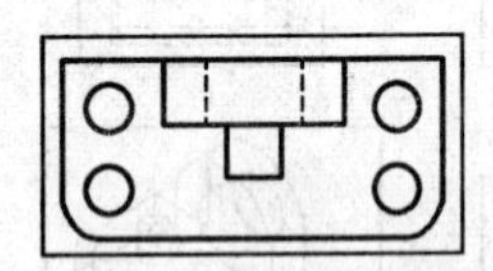
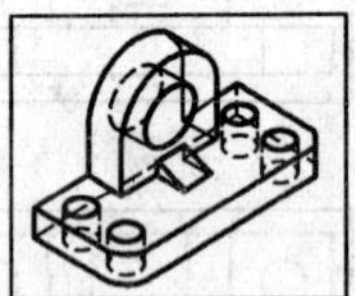

图 9-12 修改图层的线宽

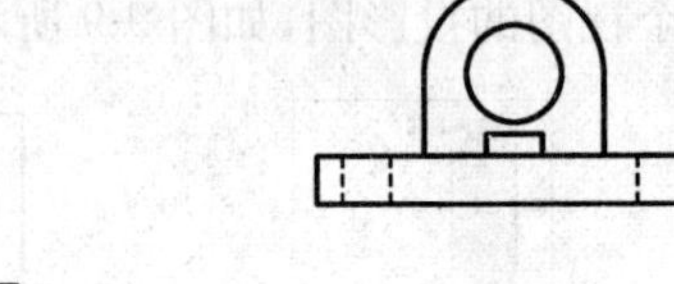
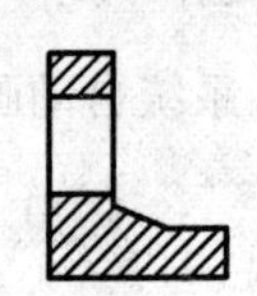
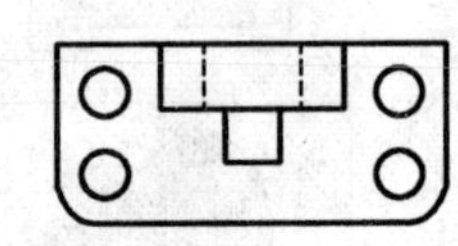

图 9-13 隐去视图边框和轴测图

参 考 文 献

[1] 欧阳全会,李光平.AutoCAD机械绘图基础教程和实训.北京:中国林业出版社,2007.
[2] 及秀琴,杨小军.AutoCAD中文版实用教程.北京:中国电力出版社,2008.
[3] 刘哲,刘宏丽.中文版AutoCAD2006实例教程.大连:大连理工大学出版社,2006.
[4] 贺振通,徐光华.AutoCAD工程制图实例教程.成都:西南交通大学出版社,2011.
[5] 季明善.机械设计基础,北京:高等教育出版社,2005.
[6] 陈立德.机械设计基础,北京:高等教育出版社,2007.